建筑结构裂缝
治理与加固技术实例

孙勇　王志　王晖　编著

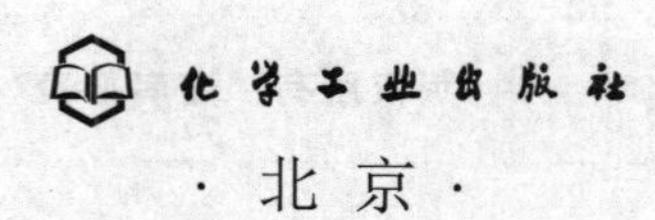

·北京·

内容简介

建筑结构裂缝不仅影响建筑物的美观，同时还影响建筑物的整体性以及耐久性，加强建筑结构裂缝的治理与加固技术显得尤为重要。本书介绍了多种结构裂缝的检测、处理，详细阐述了结构裂缝检测的方法、步骤和要求，以及处理裂缝的原则，结合具体的工程案例进行介绍，通过剖析工程实际情况，用深入浅出的语言来解读建筑结构裂缝治理与检测加固技术。

全书内容系统，论述简明扼要，重点突出，图文并茂，反映了近年来建筑结构裂缝治理与检测加固技术的新进展，可为从事建筑工程设计、施工、质量监测、监理的工程技术人员和科研人员提供具体指导，也可作为大专院校相关专业师生的教学参考书或教材使用。

图书在版编目（CIP）数据

建筑结构裂缝治理与加固技术实例/孙勇，王志，王晖编著．—北京：化学工业出版社，2021.6（2023.8重印）

ISBN 978-7-122-35609-3

Ⅰ.①建…　Ⅱ.①孙…②王…③王…　Ⅲ.①建筑结构-加固-工程施工　Ⅳ.①TU746.3

中国版本图书馆CIP数据核字（2021）第067585号

责任编辑：朱　彤
文字编辑：王　琪
责任校对：宋　玮
装帧设计：刘丽华

出版发行：化学工业出版社
（北京市东城区青年湖南街13号　邮政编码100011）
印　　装：北京天宇星印刷厂
787mm×1092mm　1/16　印张17¼　字数460千字
2023年8月北京第1版第4次印刷

购书咨询：010-64518888
售后服务：010-64518899
网　　址：http://www.cip.com.cn
凡购买本书，如有缺损质量问题，本社销售中心负责调换。

定　　价：98.00元

前言

我国许多既有房屋建筑结构，由于长期使用年久失修、使用功能改变、加层改造和不满足抗震设防等原因，需要进行安全性、可靠性、正常使用性的检测鉴定和加固。建筑结构裂缝对建筑物的长期耐久性、使用性甚至安全可靠性可能会产生严重危害，是一直困扰建筑工程领域的重大课题。同时，既有建筑物因受使用功能的改变、自然灾害、老化等因素的影响也会产生各种风险。因此，对老旧建筑的加固可以避免工程事故的发生，延长使用寿命，建筑加固技术也逐渐受到建筑行业及各级政府的重视，在建筑行业中也已广泛推广。

本书以国家现行结构试验、鉴定与加固相关标准为依据，结合领域内近年来更新的研究成果，力求反映检测新理论、新加固技术；同时还介绍了既有建筑物在使用、改造加固前或工程事故后、司法鉴定等不同目的的结构鉴定方法。

本书共分为10章，主要内容包括：现行检测与加固的目的和意义；结构裂缝检测及处理方法；结构安全性鉴定、正常使用性鉴定及抗震鉴定；混凝土结构、砌体结构及钢结构加固技术；结构抗震加固；最后补充了不同结构体系的检测加固实例。

本书编写过程中尽量做到概念明确、理论联系实际，满足工程结构试验、检测与加固的需求与实践要求，将结构试验、检测与加固技术有机地结合起来，可以作为工程技术人员或科研人员从事相关工作的参考用书。本书还兼顾了土木工程本科教学大纲要求，可以作为土木工程专业教学参考书。

全书由孙勇、王晖，山东省建筑科学研究院王志共同编著而成。此外，济南市规划局赵素菊，山东省煤田地质局杨楠、石翔、曲泽良，山东农业大学张坤强对本书的编写给予了大力支持和帮助。山东农业大学硕士研究生孙学儒、吴文杰参与整理了书稿，在此谨致谢意。

由于本书内容涉及专业面广，编写过程中参考和引用了一些文献资料，对相关作者深表谢意。限于编著者水平，如有疏漏和不当之处，敬请广大读者批评、指正。

编著者

2021年5月

目录

第1章　概述

第2章　裂缝检测

第3章　裂缝处理

第4章　结构鉴定

第5章 加固技术

第6章 混凝土结构加固

第7章 砌体结构加固

第8章 钢结构加固

第9章 建筑结构抗震加固

第10章 建筑结构的检测与加固实例

参考文献

概　述

在房屋建筑的砖砌体以及钢筋混凝土结构中，裂缝是一种具有普遍性的现象，是最常见的缺陷。工程实践表明，房屋结构中的许多可见裂缝并非由于荷载所引起的，混凝土构件的多数轻微细小的裂缝，对承载力、使用功能和耐久性不会有大的影响，建筑物出现的裂缝不仅影响建筑物的美观，造成建筑渗漏，甚至会影响到建筑物的强度、刚度、稳定性和耐久性，也会给房屋使用者造成较大的心理压力和负担。本章将从引起裂缝问题的原因谈起，总体介绍结构裂缝对建筑的影响和对结构的鉴定与加固。

1.1 引起裂缝问题的原因以及结构裂缝的影响

在多层住宅、小高层及高层建筑中，钢筋混凝土现浇楼面常会出现不同程度的裂缝，其中以多层住宅现浇楼面出现的裂缝最多，其次是小高层和高层建筑的裂缝。裂缝问题，量大而面广，对建筑工程的质量危害极大。

裂缝产生的形式和种类很多，有设计方面的原因，但更多的是施工过程的各种因素组合产生的，要根本解决混凝土中裂缝问题，还是需要从混凝土裂缝的形成原因入手。

1.1.1 引起裂缝问题的原因

1.1.1.1 设计原因

（1）设计结构中的断面突变而产生的应力集中所产生的构件裂缝。

（2）设计中对构件施加预应力不当，造成构件裂缝（偏心、应力过大等）。

（3）设计中构造钢筋配置过少或过粗等，引起构件裂缝（如墙板、楼板）。

（4）设计中未充分考虑混凝土构件的收缩变形。

（5）设计中采用的混凝土等级过高，造成用灰量过大，对收缩不利。

（6）荷载收缩，使用环境温度变化，管线配置不当，保护层厚度不足，抗温度收缩配筋不足。

1.1.1.2 材料原因

（1）粗细集料含泥量过大，造成混凝土收缩增大。集料颗粒级配不良或采取不恰当的间断级配，容易造成混凝土收缩增大，诱导裂缝的产生。

（2）骨料粒径越细、针片含量越大，混凝土单方用灰量、用水量越多，收缩越大。

（3）混凝土外加剂、掺和料选择不当或掺量不当，严重增加混凝土收缩。

（4）水泥品种原因，矿渣硅酸盐水泥收缩比普通硅酸盐水泥收缩大，粉煤灰及矾土水泥收缩较小，快硬水泥收缩大。

（5）水泥等级及混凝土强度等级原因，水泥等级越高、细度越细、早强越高，对混凝土开裂影响越大。混凝土设计强度等级越高，混凝土脆性越大、越易开裂。

（6）设计中水泥等级或品种选用不当，配合比中水灰比（水胶比）过大，单方水泥用量越大、用水量越高，表现为水泥浆体积越大、坍落度越大、收缩越大。

1.1.1.3 施工及现场养护原因

（1）现场浇捣混凝土时，振捣或插入不当，漏振、过振或振捣棒抽撤过快，均会影响混凝土的密实性和均匀性，诱导裂缝的产生。

（2）拌和不均匀（特别是掺用掺和料的混凝土），搅拌时间不足或过长，拌和后到浇筑时间间隔过长，易产生裂缝。

（3）连续浇筑时间过长，接茬处理不当，易产生裂缝。

（4）高空浇筑混凝土，风速过大、烈日暴晒，混凝土收缩大。

（5）对大体积混凝土工程，缺少两次抹面，易产生表面收缩裂缝。

（6）大体积混凝土浇筑，对水化计算不准，现场混凝土降温及保温工作不到位，引起混凝土内部温度过高或内外温差过大，混凝土产生温度裂缝。

（7）现场养护措施不到位，混凝土早期脱水，引起收缩裂缝。

（8）现场模板拆除不当，引起拆模裂缝或拆模过早。

（9）现场预应力张拉不当（超张、偏心），引起混凝土张拉裂缝。

这些因素都会造成混凝土较大的收缩，产生龟裂裂缝或疏松裂缝，致使混凝土微观裂缝迅速扩展，形成宏观裂缝。养护是使混凝土正常硬化的重要手段。养护条件对裂缝的出现有着关键的影响。在标准养护条件下，混凝土硬化正常，不会开裂，但只适用于试块或是工厂的预制件生产，现场施工中不可能拥有这种条件。但是必须注意到，现场混凝土养护越接近标准条件，混凝土开裂的可能性就越小。

1.1.1.4 使用原因

（1）构筑物基础不均匀沉降，产生沉降裂缝。

（2）野蛮装修，随意拆除承重墙或凿洞等，引起裂缝。

（3）周围环境影响，酸、碱、盐等对构筑物的侵蚀，引起裂缝。

（4）意外事件，火灾、轻度地震等引起构筑物的裂缝。

（5）使用中短期或长期超载。

（6）结构构件各区域温度、湿度差异过大。

正确判断和分析混凝土裂缝的成因是有效地控制和减少混凝土裂缝产生的最有效的途径。裂缝原因是设计、施工、材料、环境及管理等相互影响的综合性问题，解决裂缝控制问题应当采取综合方法。

1.1.2 结构裂缝的影响

1.1.2.1 影响结构承载力和使用安全性

对于受弯构件的楼板，尽管受弯区允许在一定范围内的裂缝宽度存在，但是裂缝对结构承载力的影响是不可忽视的，尤其是一些使用者在装修和使用时又给楼面增加了很多设计者没有考虑的荷载时。

1.1.2.2 影响结构的防水性

具有防水要求的部位产生裂缝，除了影响结构安全性外，对使用者所带来的最直接的新问题是渗漏水的危害，尤其是在没有做防水的部位表现突出。

1.1.2.3 影响结构的耐久性和使用寿命

化学侵蚀、冻融循环、碳化、钢筋锈蚀、碱集料反应等都会对结构体产生破坏功能。这些破坏功能的发生进行得快慢，除了受建筑结构自身材料性质的影响外，裂缝就是一个重要的影响因素。空气中的CO_2、SO_2气体及雨水等会顺着裂缝进入结构构件内部，促成钢筋锈蚀的加快，碱集料反应及碳化速度的加快进行，从而引起耐久性的下降和缩短建筑物的使用寿命。

1.2 裂缝的种类及特征

裂缝在结构中是十分普遍的一种现象，我们不妨先对它们的产生、出现位置、走向进行认识与了解，归纳出它们的特点，并找到裂缝治理与建筑加固的高效方法。工程中，我们已经对裂缝的特征做了如下归纳整理，表 1-1、表 1-2 列出了砌体结构和混凝土结构裂缝的种类及特征。

表 1-1 砌体结构裂缝的种类及特征

原因	裂缝主要特征		裂缝表现
	裂缝常出现位置	裂缝走向及形态	
受压	承重墙或窗间墙中部	多为竖向裂缝，中间宽、两端窄	
偏心受压	受偏心荷载的墙或柱	压力较大一侧产生竖向裂缝；另一侧产生水平裂缝，边缘宽，向内渐窄	
局部受压	两端支承墙体受集中荷载处	竖向裂缝并伴有斜裂缝	

续表

原因	裂缝主要特征		裂缝表现
	裂缝常出现位置	裂缝走向及形态	
受剪	受压墙体受较大水平荷载处	水平通缝	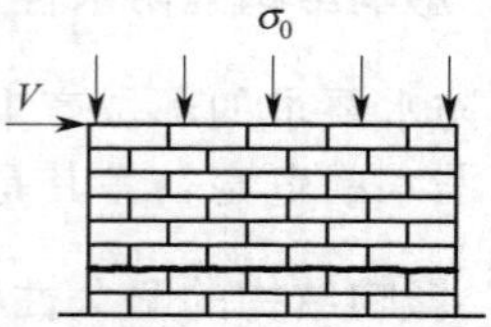
		沿灰缝阶梯形裂缝	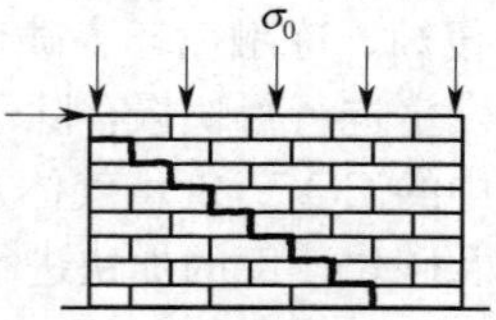
		沿灰缝和砌块阶梯形裂缝	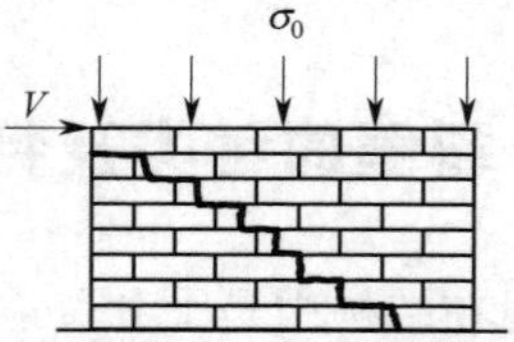
地震作用	承重横墙、纵墙及窗间墙	斜裂缝，X 形裂缝	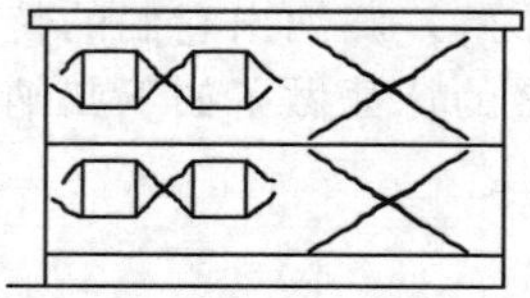
不均匀沉降	底层大窗台下、建筑物顶部、纵横墙交接处	竖向裂缝，上部宽、下部窄	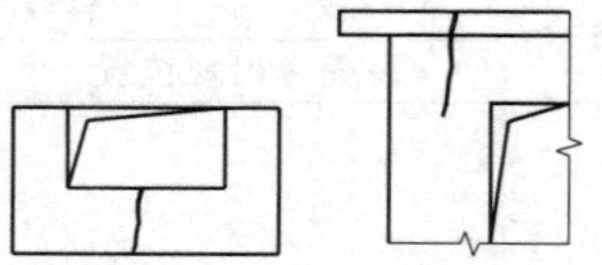
	窗间墙上下对角	水平裂缝，边缘宽、向内渐窄	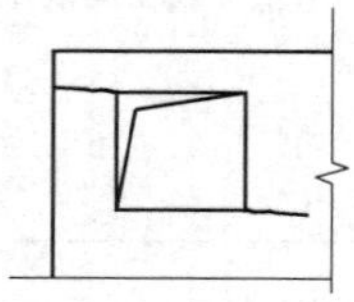
	纵墙、横墙竖向变形较大的窗口对角，下部多、上部少，两端多、中部少	斜裂缝，正八字形	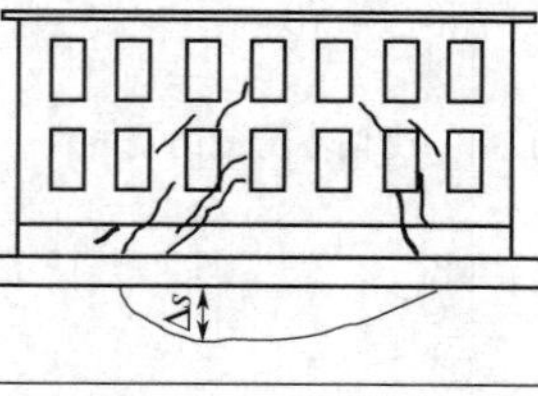
	纵墙、横墙挠度较大的窗口对角，下部多、上部少，两端多、中部少	斜裂缝，倒八字形	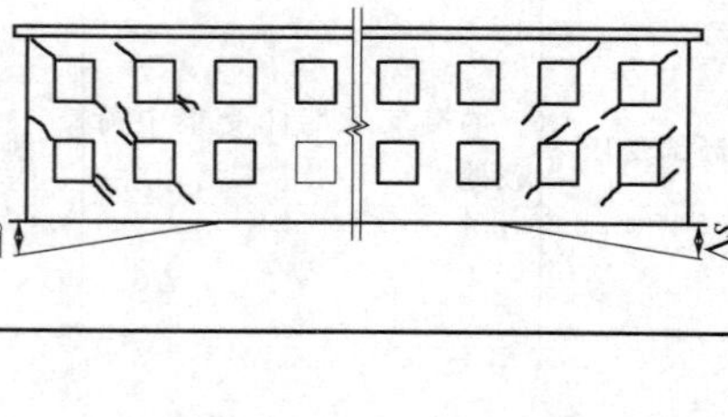

续表

原因	裂缝主要特征		裂缝表现
	裂缝常出现位置	裂缝走向及形态	
温度变化砌体干缩变形	纵墙两端部靠近屋顶处的外墙及山墙	斜裂缝，正八字形	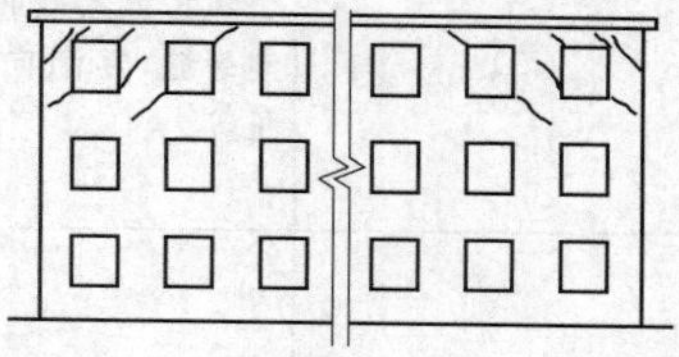
	外墙屋顶、靠近屋面圈梁墙体、女儿墙底部、门窗洞口	水平裂缝，均宽	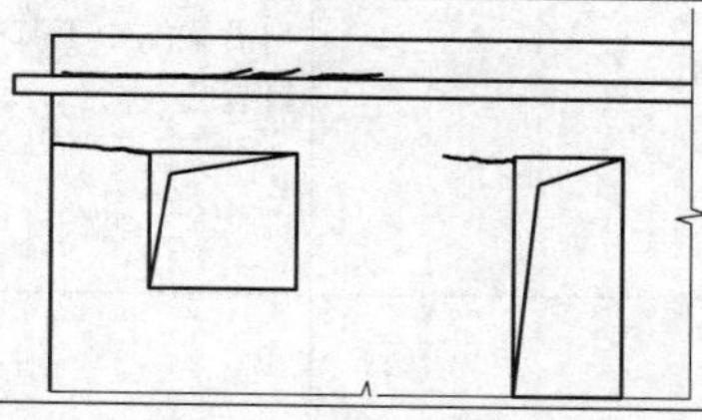
	房屋两端横墙	X形	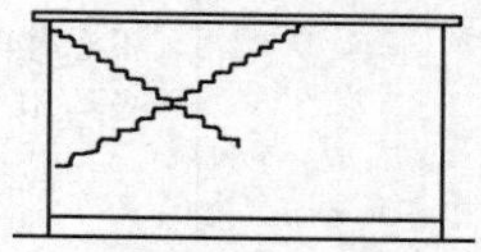
	门窗、洞口、楼梯间等薄弱处	竖向裂缝，均宽，贯通全高	

表 1-2　混凝土结构裂缝的种类及特征

原因	裂缝主要特征	裂缝表现
轴心受拉	裂缝贯穿构件全截面，大体等间距（垂直于受力方向）；用螺纹筋时，裂缝间出现位于钢筋附近的次裂缝	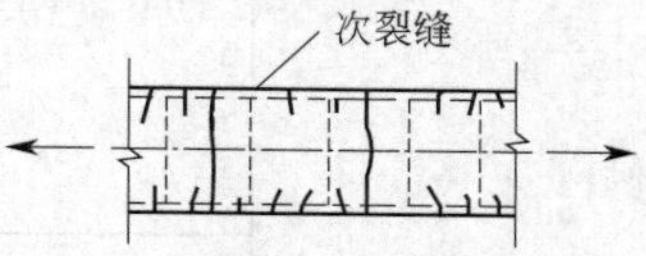 次裂缝
轴心受压	沿构件出现短而密的平行裂缝（平行于受力方向）	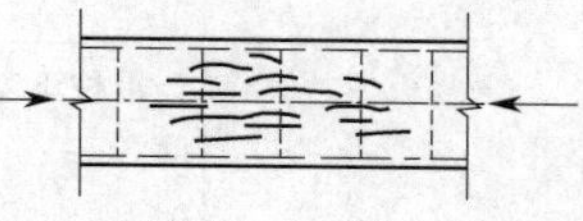
偏心受压	弯矩最大截面附近从受拉边缘开始出现横向裂缝，逐渐向中和轴发展；用带肋钢筋时，裂缝间可见短向次裂缝	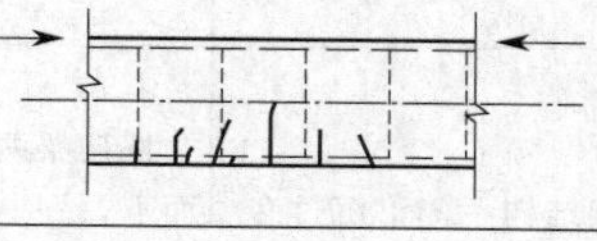
	沿构件出现短而密的平行于受力方向的裂缝，但发生在压力较大一侧，且较集中	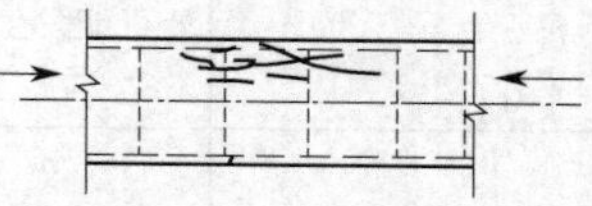
局部受压	在局部受压区出现大体与压力方向平行的多条短裂缝	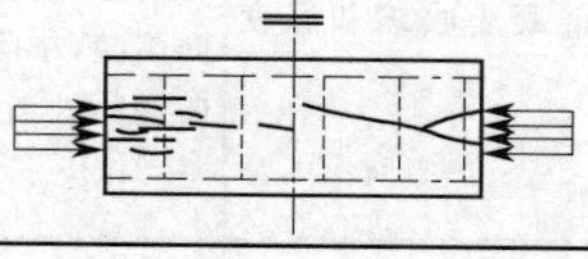

续表

原因	裂缝主要特征	裂缝表现
受弯	弯矩最大截面附近从受拉边缘开始出现横向裂缝，逐渐向中和轴发展，受压区混凝土压碎	次裂缝
受剪	沿梁端中下部分发生约45°方向相互平行的斜裂缝	
受剪	沿悬臂剪力墙支承端受力一侧中下部发生一条约45°方向的斜裂缝	
受扭矩	某一面腹部先出现多条约45°方向斜裂缝，向相邻面以螺旋方向展开	
受冲切	沿柱头板内四侧发生45°方向的斜裂缝	
	沿柱下基础体内柱边四侧发生45°方向斜裂缝	
框架结构一侧下沉过多	框架梁两端发生裂缝的方向相反(一端自上而下，另一端自下而上)；下沉柱上的梁柱接头处可能发生细微水平裂缝	(下沉)
梁的混凝土收缩和温度变形	沿梁长度方向的腹部出现大体等间距的横向裂缝，中间宽、两头尖，呈枣核形，至上下纵向钢筋处消失，有时出现整个截面裂通的情况	

续表

原因	裂缝主要特征	裂缝表现
混凝土内钢筋锈蚀膨胀引起混凝土表面出现胀裂	形成沿钢筋方向的通长裂缝	
板的混凝土收缩和温度变形	沿板长度方向出现与板跨度一致的大体等间距的平行裂缝，有时板角出现斜裂缝	板角斜裂缝 平行裂缝 跨度方向
混凝土浇筑速度过快	浇筑1～2h后在板与墙、梁，梁与柱交接部位的纵向裂缝	梁 板 墙 柱
水泥安定性不合格或混凝土搅拌、运输时间过长，使水分蒸发，引起混凝土浇筑时坍落度过低；或阳光照射、养护不当	混凝土中出现不规则的网状裂缝	
混凝土初期养护时急骤干燥	混凝土与大气接触面上出现不规则的网状裂缝	次裂缝
用泵送混凝土施工时，为了保证流动性，增加水和水泥用量，导致混凝土凝结硬化时收缩增加	混凝土中出现不规则的网状裂缝	次裂缝
木模板受潮膨胀上拱	混凝土板面产生上宽下窄的裂缝	
模板刚度不够，在刚浇筑混凝土的侧向压力作用下发生变形	混凝土构件出现与模板变形一致的裂缝	模板变形 模板变形
模板支承下沉或局部失稳	已浇筑成型的构件产生相应部位的裂缝	自然地面浸水下沉 基槽回填土浸水下沉

1.3 结构的鉴定与加固

1.3.1 建筑结构鉴定的类型

建筑物的结构鉴定，常分为安全性鉴定和正常使用性鉴定。结构鉴定的安全性、适用性和耐久性能否达到规定要求，是以结构鉴定的两种极限状态来划分的，其中承载力极限状态主要考虑安全性功能，正常使用极限状态主要考虑适用性和耐久性功能，这两种极限状态均规定有明确的标志和限值。

1.3.1.1 承载能力极限状态

承载能力极限状态对应于结构或结构构件达到最大承载力或产生不适于继续承载的变形，当结构或结构构件出现下列状态之一时，即认为超过了承载能力极限状态。

（1）整个结构或结构的一部分作为刚体失去平衡（如倾覆等）。

（2）结构构件或连接因材料强度被超过而破坏，或因过度的塑性变形而不适于继续承载。

（3）结构转变为机动体系。

（4）结构鉴定或结构构件丧失稳定（如压屈等）。

1.3.1.2 正常使用极限状态

正常使用极限状态对应于结构或结构构件达到正常使用或耐久性能的某项规定限值。当结构或结构构件出现下列状态之一时，即认为超过了正常使用极限状态。

（1）影响正常使用或外观的变形。

（2）影响正常使用或耐久性能的局部破坏（包括裂缝）。

（3）影响正常使用的振动。

（4）影响正常使用的其他特定状态。

1.3.1.3 鉴定的类别及使用范围

按照结构功能的两种极限状态，结构鉴定的可靠性可以分为两种，即安全性鉴定和使用性鉴定。根据不同的鉴定目的和要求，安全性鉴定与使用性鉴定可分别进行，或选择其一进行，或合并为可靠性鉴定。各类别的鉴定有不同的使用范围，按不同要求，选用不同的鉴定类别。

（1）可仅进行安全性鉴定的情况

① 危房鉴定及各种应急结构鉴定。

② 房屋改造前的安全检查。

③ 临时性房屋需要延长使用期的检查。

④ 使用性鉴定中发现有安全问题。

（2）可仅进行使用性鉴定的情况

① 建筑物日常维护的结构检查。

② 建筑物使用功能的结构鉴定。

③ 建筑物有特殊使用要求的专门结构鉴定。

（3）应进行可靠性鉴定的情况

① 建筑物大修前的全面检查。

② 重要建筑物的定期检查。

③ 建筑物改变用途或使用条件的结构鉴定。

④ 建筑物超过设计基准期继续使用的结构鉴定。

⑤ 为制定建筑群维修改造规划而进行的普查。

当鉴定评为需要加固处理或更换构件时，根据加固或更换的难易程度、修复价值及加固修复对原建筑功能的影响程度，可补充结构的适修性评定，作为工程加固修复决策时的参考或建议。当要确定结构继续使用的寿命时，还可以进一步做结构的耐久性鉴定。有时根据需要还可以进行专项鉴定，如抗震鉴定。

1.3.2 鉴定评级的层次与等级划分

将建筑结构鉴定体系按照结构失效的逻辑关系，划分为相对独立的3个层次，即构件、子单元和鉴定单元3个层次。构件是鉴定的第1层次，也是最基本的鉴定单位。它可以是1个构件，如1根梁、柱或1面墙；也可以是1个组合件，如1榀屋架。子单元由构件组成，是鉴定的第2层次，一般将建筑物划分为地基基础、上部承重结构鉴定和围护系统3个子单元。鉴定单元由子单元组成，是鉴定的第3层次。鉴定单元通常是指一个完整的建（构）筑物，也可根据建筑物的构造特点和承重体系的种类，将建筑物划分为1个或若干个可以独立进行鉴定的区段，将每1个区段视为1个鉴定单元。对安全性或可靠性鉴定，每个层次划分为4个等级；对使用性鉴定，每个层次划分为3个等级。鉴定从第1层次开始，根据构件各检查项目的评定结果，确定单个构件等级；根据子单元各项目及各种构件的评定结果，确定子单元等级；再根据子单元的评定结果，确定鉴定单元等级。构件或子单元的检查项目是针对影响其可靠性的因素所确定的调查、检测或验算项目。如混凝土构件的安全性鉴定，涉及承载能力、构造、不适于继续承载的位移及裂缝4个检查项目。检查项目的评定结果最为重要，它不仅是各层次、各组成部分鉴定评级的依据，而且还是处理所查出问题的主要依据。子单元和鉴定单元的评定结果，由于经过了综合，是被鉴定建筑物进行宏观决策和科学管理的依据。

1.3.2.1 安全性鉴定

民用建筑安全性鉴定分为构件、子单元和鉴定单元3个层次，每个层次分成4个等级进行鉴定。构件的4个安全性等级用a_u、b_u、c_u、d_u表示，子单元的4个安全性等级用A_u、B_u、C_u、D_u表示，鉴定单元的4个安全性等级用A_{su}、B_{su}、C_{su}、D_{su}表示。安全性鉴定评级的层次、等级划分及工作内容详见《民用建筑可靠性鉴定标准》（GB 50292—2015）。

已有建筑物在鉴定后，通常采用加固措施，一般还要继续使用，不论从保证其下一个目标使用期所必需的可靠度或是从标准规范的适用性和合法性来说，均不能采用已被废止的原设计、施工规范作为鉴定的依据。现行的设计、施工规范可以作为鉴定的依据之一，但其针对的是已建或既有建筑工程，不可能系统地考虑已有建筑物所能遇到的各种问题。鉴定工作应该依据的是鉴定标准，鉴定标准概括了现行设计、施工规范中的有关规定，也体现原设计、施工规范中行之有效，而由于某种原因已被现行规范删去的有关规定。此外，针对已有建筑物的特点和工作条件，鉴定标准还有专门的规定。

1.3.2.2 使用性鉴定

民用建筑使用性鉴定按构件、子单元和鉴定单元3个层次，每个层次分成3个等级进行鉴定。由于使用性鉴定的内容和复杂程度相对比较简单，所以使用性鉴定分级的挡数比安全性和可靠性鉴定少一挡。构件的3个使用性等级用a_s、b_s、c_s表示，子单元的3个使用性等级用A_s、B_s、C_s表示，鉴定单元的3个使用性等级用A_{ss}、B_{ss}、C_{ss}表示。使用性鉴定评级的层次、等级划分及工作内容、各层次分级标准详见《民用建筑可靠性鉴定标准》（GB

50292—2015）。

1.3.2.3 可靠性鉴定

建筑结构鉴定可靠性按构件、子单元和鉴定单元3个层次，每个层次分为4个等级进行鉴定。各层次的可靠性鉴定评级，以该层次的安全性和使用性等级的评估结果为依据综合确定。构件的4个可靠性等级用a、b、c、d表示，子单元的4个可靠性等级用A、B、C、D表示，鉴定单元的4个可靠性等级用Ⅰ、Ⅱ、Ⅲ、Ⅳ表示。可靠性鉴定评级的层次、等级划分及工作内容、各层次分级标准详见《民用建筑可靠性鉴定标准》（GB 50292—2015）。

1.3.2.4 适修性鉴定

所谓适修性，是指一种能反映残损结构鉴定适修程度与修复价值的技术与经济的综合特性。对于这一特性，建筑物所有部门或管理部门尤为关注。因为残损结构鉴定的评级固然重要，但鉴定评级后更需要关于结构鉴定能否修复及是否值得修复的评价意见。民用建筑适修性子单元和鉴定单元，分别按4个等级进行评定，子单元或其中某组成部分的4个适修性等级用Ar′、Br′、Cr′、Dr′表示，鉴定单元的4个适修性等级用Ar、Br、Cr、Dr表示，各层次适修性的评级标准详见《民用建筑可靠性鉴定标准》（GB 50292—2015）。

1.3.3 建筑结构加固原因分类

1.3.3.1 结构设计有人为错误或材料选择不当，使结构建成后，发现有不安全的隐含因素

我国台湾维冠金龙大楼，在设计过程中存在不合理之处，且施工过程中存在严重的偷工减料，在1999年9月21日时就曾经受损，被判定是危楼，但并没有采取行之有效的加固措施。2016年2月6日因地震，屋龄仅21年的维冠大楼竟像“豆腐大楼”一样倒塌（图1-1）。

图1-1 我国台湾维冠金龙大楼

图1-2 合肥某天桥

1.3.3.2 未严格控制施工质量，出现裂缝等损伤、缺陷

合肥某天桥由于施工过程中没有控制好伸缩缝的尺寸，致使整个天桥钢板台阶向外膨胀，挤压水泥台阶底座，导致天桥底座出现了很大的裂缝，对天桥的结构体系带来了负面影响，因此需采用加固措施（图 1-2）。

1.3.3.3 结构长期受环境作用，使用、维护不当，结构性能老化或出现损伤

南京鼓楼区某小区，有数十户居民家中的房子地基出现不同程度的沉降，导致家里的阳台倾斜、房屋开裂，一共有 35 户家中不同程度受损。而引起这一现象的原因就是邻近一处工地在挖掘深基坑，抽取了地下水，这才导致房屋地基出现新的沉降，需要按照实际情况选择建筑结构加固方案（图 1-3）。

1.3.3.4 结构变更使用性，出现加层、使用荷载发生改变等

北京市某环保产业发展有限公司某加固工程（车间）为在建的框架结构，地上三层，无地下室，现由于该楼局部功能发生变化，根据原设计院提供的图纸及甲方要求，现仅对一层不满足使用要求的柱及地梁采用粘钢、包钢加固补强（图 1-4）。

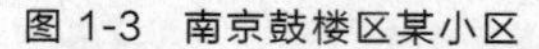

图 1-3 南京鼓楼区某小区

图 1-4 北京某公司车间

1.3.3.5 结构遭受突然灾害，发生火灾、风灾、震灾、爆炸等

2010 年智利地震，通过 ASCE 对某框架剪力墙结构的调查分析，可以明显看到原结构混凝土保护层有脱落，墙体出现裂缝。但是，根据 ASCE 分析，结构主体状态较为良好，可以在加固后继续使用（图 1-5）。

1.3.4 建筑结构加固技术

1.3.4.1 增大截面加固法

对钢筋混凝土结构而言，增大截面加固法是通过采用同种材料（钢筋混凝土）来增大原混凝土结构截面面积，从而达到提高结构承载能力的目的。当梁、柱构件抗力不够时，常采用增大截面加固法，增大截面加固法主要适用于梁、板、柱、墙等一般结构，其优点如下。

图 1-5 2010 年智利地震后某框架剪力墙结构

(1) 施工技术成熟，便于施工。

(2) 质量好，可靠性强。

(3) 提高抗力及构件刚度的幅度大，尤其对柱的稳定性提高较大。增大截面、增加刚度，首先要考虑分析整体结构，不能仅为局部加大而加大，这样会引起整体结构的局部薄弱层发生重大事故。

此外，增大截面加固法还有一些不利因素，使用时要予以考虑。

(1) 因构件质量和刚度变化较大，结构固有频率会发生变化，因此，应避免使结构加固后的固有频率进入地震或风震的共振区域，造成新形式的破坏。

(2) 现场湿作业工作量大，养护时间较长，对生产和生活有一定影响。

(3) 构件的截面增大后对结构的外观以及房屋或桥梁净空也有一定影响。

1.3.4.2 外包钢加固法

外包钢加固法是一种以角钢外包于构件四角，角钢之间用缀板连接的加固方法。外包钢加固法分为干式和湿式两种情况。

(1) 湿式外包钢法是在型钢与原构件之间用乳胶水泥或环氧树脂等黏结，使新旧材料之间有较好的协同工作能力，其整体性好，但湿作业工作量大。

(2) 干式外包钢法是型钢与原构件之间无任何黏结，有时虽填以水泥砂浆，但并不能确保结合面剪力和拉力的有效传递，型钢与原构件不能整体工作，彼此只能单独受力。与湿式外包钢相比，干式外包钢施工更为简便，但承载力提高不如湿式外包钢有效。

该法能在基本上不改变原结构构件截面尺寸的情况下，大幅度提高构件承载力，增大延性和刚度，适用于混凝土柱、梁、屋架和砖窗间墙以及烟囱等结构构件和构筑物的加固。外包钢加固法特别适用于使用上不允许增大截面尺寸，而又需要大幅度提高承载力的轴心和偏心受压构件的加固。该法施工速度快，现场工作量较小，加固效果好，但用钢量大，加固费用较高。

1.3.4.3 预应力加固法

预应力加固法是一种采用外加预应力钢拉杆（分为水平拉杆和组合式拉杆）或型钢撑杆对结构进行加固的方法。通过施加预应力强迫钢拉杆或型钢撑杆受力，影响并改变原结构应力分布，并降低结构原有应力水平，致使一般加固方法中普遍存在的应力应变滞后现象的影响能较好地消除。因此，后加部分与原结构能较好地共同工作，结构的总体承载能力可显著提高。预应力加固法具有加固、卸载和改变结构应力分布的三重效果，适用于大跨度结构加固，以及采用其他方法无法加固或加固效果很不理想的较高应力应变状态下的大型结构加固。预应力加固法的主要优点如下。

（1）体外配筋张拉预应力可以增加主筋，提高正截面及斜截面的强度，同时也提高了刚度，有效地改善了使用性且效果好。

（2）预应力能消除或减缓后加杆件的应力滞后现象，使后加杆件有效地工作。

（3）预应力产生的负弯矩可以抵消部分荷载弯矩，减小原构件的挠度，缩小原构件的裂缝宽度，甚至使原裂缝完全闭合。

因此，预应力加固法是一种加固效果好且费用低的加固方法，具有广阔的应用前景。该法的缺点是增加了施加预应力的工序和设备。

1.3.4.4 外部粘钢加固法

外部粘钢加固法是将钢板通过黏结剂，按加固设计要求，粘贴于混凝土或钢结构表面，使之共同工作。这种加固法的优点是取材容易，施工方便、快捷，能在几乎不改变构件的外观和使用空间的条件下，大大提高结构构件的承载力和正常使用阶段的性能。

采用外部粘钢加固时，通常是将钢板粘于梁底受拉区，以提高梁的承载力，当在梁侧贴钢板时还可以提高梁斜截面承载力。目前，外部粘钢加固法主要用于承受静力作用的一般受弯构件及受拉构件的补强加固，要求环境温度不宜超过60℃，相对湿度不宜大于70%，并要求无化学腐蚀。当工作条件不满足上述要求时，应当采取相应的处理措施。粘贴钢板对施工工艺要求较高，一般需要专业施工队伍才能保证施工质量。

1.3.4.5 增设支点加固法

增设支点加固法是一种通过增设支承点来减小结构计算跨度，达到减小结构内力和提高其承载能力的加固方法。该法简单可靠，但对于使用空间有一定影响，适用于梁、板、桁架、网架等水平结构的加固。

按照增设的支承结构的变形性能，增设支点法可分为刚性支点法和弹性支点法两种情况。刚性支点法是通过支承结构的轴心受压或轴心受拉将荷载直接传给基础或柱子等构件的加固方法，由于支承结构的轴向变形远远小于被加固结构的挠曲变形，对被加固结构而言，支承结构可简化按不动支点考虑，结构受力较为明确，内力计算大为简化。弹性支点法通过支承结构的受弯或桁架作用间接地传递荷载的加固方法，由于支承结构的变形和被加固结构的变形属同一数量级，支承结构只能按弹性支点考虑，内力分析较为复杂。相对而言，刚性支点加固对结构承载能力提高幅度较大，弹性支点加固对结构使用空间的影响程度较低。

1.3.4.6 化学灌浆补强法

化学灌浆补强法是将一定化学材料配制成浆液，用压送设备将其灌入混凝土结构裂缝内，使其扩散、胶凝或固化，达到补强的目的。化学灌浆材料主要有两种：一种是以环氧树脂为主剂配制成的环氧树脂灌浆材料，它具有化学稳定性好、可以室温固化、收缩小、强度高、黏结力强等一系列优点，而且因为环氧树脂灌浆材料的黏结力和内聚力均大于混凝土的内聚力，能有效地修补混凝土的裂缝，恢复结构的整体性，目前是一种较好的补强固结化学灌浆材料，一般用于修补宽度为0.2～0.5mm的裂缝；另一种是以甲基丙烯酸甲酯为主剂配制的甲基丙烯酸酯类灌浆材料，它具有可灌性好的特点，能灌入0.05mm宽的细微裂缝中，一般用来修补缝宽在0.2mm以下的裂缝。

化学灌浆补强法主要用来修补因出现裂缝而影响使用功能的结构，如水池、水塔、水坝等，也可用来修补混凝土梁、板、柱等构件及因钢筋锈蚀而导致结构耐久性降低的构件。

1.3.4.7 水泥压浆补强法

水泥压浆补强法是一种用压力设备将水泥浆液压入结构构件的蜂窝、孔洞或裂缝中，充填并固结这些缺陷，以达到补强加固目的的加固方法。水泥灌浆具有强度高、材料来源广、价格低、运输和储存方便及灌浆工艺比较简单等优点，至今仍是应用最广泛的灌浆材料。该法的缺点是需要专门的设备，主要用于因地震、温度、沉降等原因引起的砖墙裂缝的修补。

1.3.4.8 喷射混凝土补强法

喷射混凝土补强法是一种用混凝土喷射机将混凝土拌和料和水（干喷机）或混凝土湿料（湿喷机）以高速喷射到混凝土结构上，并快速凝固成型的加固方法。喷射混凝土不需要振捣，它借助水泥与骨料之间的连续冲击实现密实化，也不需要支模或只需部分支模，施工方便、速度快、工期短、喷射凝固层与原结构黏结力强，所以在大范围加固工程中具有独特优势。其缺点是需要专门的设备，对混凝土的配合比设计要求较高。这种方法常用于：病弱混凝土的局部或全部更换；在梁、板等构件的下面增补混凝土；填补混凝土和砖石结构中的孔洞、缝隙及混凝土墙的麻面。

1.3.4.9 粘贴纤维材料加固法

纤维复合材料作为一种新型的混凝土结构补强加固材料在我国逐渐兴起，纤维增强复合材料是利用树脂类胶结材料将纤维布粘贴于混凝土表面，从而达到对结构构件补强加固及改善结构受力性能的目的。结构加固中常用的 FRP（纤维增强复合材料）有 CFRP（碳纤维增强塑料）、GFRP（玻璃纤维增强塑料）和 AFRP（芳纶增强复合材料），与传统混凝土结构加固技术相比具有明显的优越性。

(1) 高强高效。在加固修补混凝土结构中可以充分利用其高强度的特点来提高混凝土结构的承载力和延性，改善其受力性能，达到高效加固修补的目的，对于柱的抗震加固尤其具有重要意义。

(2) 施工便捷。施工工效高，没有湿作业，不需要大型施工机具，无须现场固定设施，施工占用场地少。

(3) 具有极佳的耐腐蚀性能及耐久性能。

(4) 施工质量易保证。

(5) FRP 材料重量轻且薄，粘贴后每平方米质量不到 1.0kg（包括树脂质量），一层粘贴后厚度仅 1.0mm 左右，加固修补后，基本不增加原结构自重及原构件尺寸。

(6) 适用面广。

1.3.5 建筑结构加固特点和原则

1.3.5.1 加固特点

建筑结构的加固要比新建工程复杂，加固设计和施工有其特殊性。加固工程主要有以下特点。

(1) 补强加固工程是针对已建的结构，受客观条件所约束，针对具体现有条件进行加固设计和施工。

(2) 补强加固工程往往在不停产或尽量少停产的条件下施工，要求施工速度快，工期短。

（3）施工现场狭窄、拥挤，常受生产设备、管道和原有结构、构件的制约，大型施工机械难以发挥作用。

（4）施工常分段分期进行，还会因各种干扰而中断。

（5）清理、拆除工作量往往较大，工程较烦琐复杂，并常常存在许多不安全因素。

1.3.5.2 加固原则

另外根据结构加固的特点，在进行加固设计时应遵循以下原则。

（1）充分调查研究并掌握建筑等的原始资料、受力性能和事故状况，并做周密细致的全面评定，再根据结构特点、材料情况、施工条件以及使用要求等综合考虑进行加固设计。

（2）应尽量保留和利用有价值的结构，避免不必要的拆除，同时又要能保证保留部分的安全可靠和耐久性，若要拆除也应考虑对拆除材料加以回收及重新利用的可能性。

（3）加固工作直接影响生产和群众生活，因此，在确定加固方案和做法时，要尽量减少对生产的影响及搬迁。

（4）加固方案应切实可行、安全可靠、施工方便，尽量减少施工难度。

（5）由于高温、腐蚀、冻融、振动、地基不均匀沉降等原因造成的结构损坏，加固时必须同时考虑消除、减少或抵御这些不利因素的有效措施，以免加固后的结构继续受害，避免二次加固。

（6）加固方案设计应考虑建筑美观，结合立面造型和室内装修，尽量避免遗留加固的痕迹。

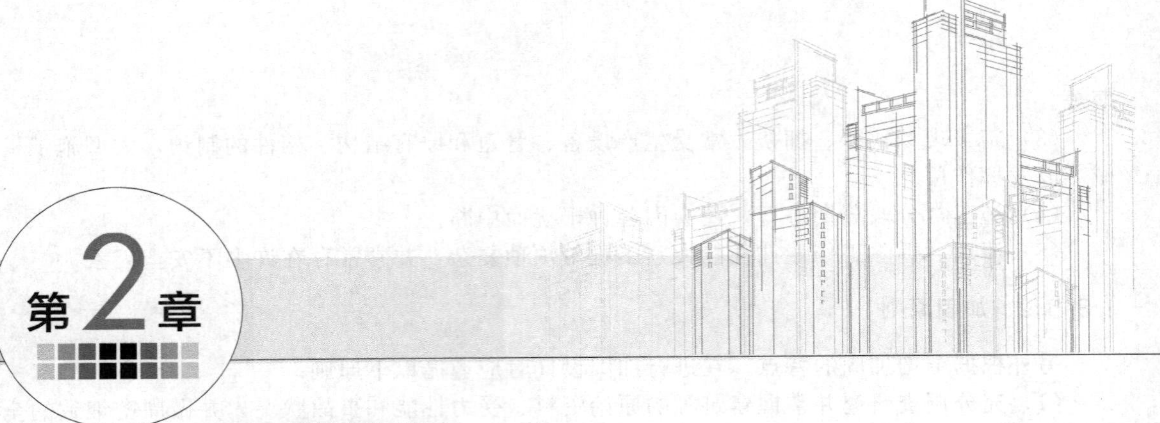

第2章 裂缝检测

2.1 裂缝检测的原则

在房屋建筑的砖砌体以及钢筋混凝土结构中，裂缝是一种具有普遍性的现象，是最常见的缺陷之一。工程实践表明，房屋结构中的许多可见裂缝并非由于荷载所引起，多数轻微细小的裂缝，对承载力、使用功能和耐久性不会有大的影响，建筑物出现的裂缝不仅影响建筑物的美观，造成建筑渗漏，甚至会影响到建筑物的强度、刚度、稳定性和耐久性，也会给房屋使用者造成较大的心理压力和负担。因此，需要对建筑结构中的裂缝进行检测，鉴别出每种裂缝对结构的影响程度，并有针对性地进行建筑加固。裂缝检测的一般规定如下。

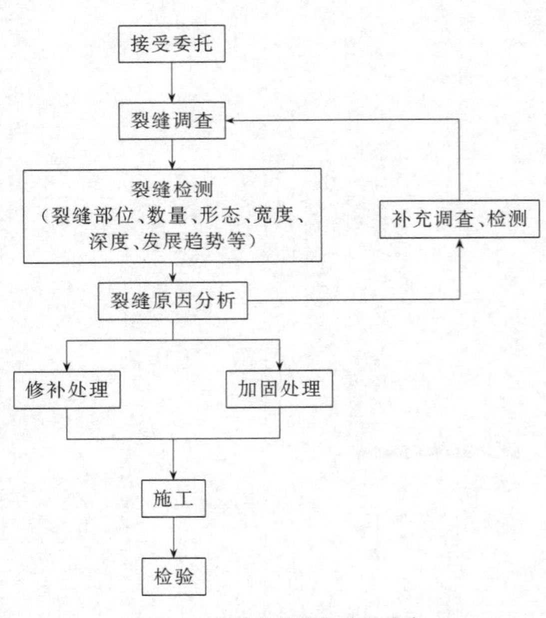

图 2-1 裂缝的检测与处理程序

（1）在结构裂缝宏观观测的基础上，应绘制典型的或主要的裂缝分布图，并应结合设计文件、建造记录和维修记录等综合分析裂缝产生的原因以及对结构安全性、适用性、耐久性的影响，初步确定裂缝的严重程度。

（2）对于结构构件上已经稳定的裂缝可做一次性检测；对于结构构件上不稳定的裂缝，除按一次性观测做好记录统计外，还应进行持续性观测。每次观测应在裂缝末端标出观察日期和相应的最大裂缝宽度值，当出现新裂缝时，应标出发现新增裂缝的日期。

（3）裂缝观测的数量应根据需要确定，并宜选择宽度大或变化大的裂缝进行观测。

（4）对需要观测的裂缝应进行统一编号，每条裂缝宜布设两组观测标志，其中一组应在裂缝的最宽处，另一组可在裂缝的末端。

（5）裂缝观测的周期应根据裂缝变化速度确定，且不应超过 1 个月。

（6）每次观测裂缝均应绘出裂缝的位置、形态和尺寸，注明日期，并应附上必要的照片资料。裂缝的检测与处理应按图 2-1 规定的程序进行。

2.2 混凝土结构的裂缝检测

土木建筑工程以混凝土结构占主导地位，混凝土结构由于内外因素的作用不可避免地存在裂缝，而裂缝是混凝土结构物承载能力、耐久性及防水性降低的主要原因。混凝土结构进行裂缝检测对增加结构承载能力、耐久性及防水性具有十分重要的意义。

2.2.1 混凝土结构裂缝检测的一般规定

结构或结构构件裂缝的检测应遵守下列规定。

(1) 检测项目应包括裂缝的位置、长度、宽度、深度、形态和数量，裂缝的记录可采用表格或图形的形式。

(2) 裂缝深度可采用超声波法检测，必要时可钻取芯样予以验证。

(3) 对于仍在发展的裂缝应进行定期观测，提供裂缝发展速度的数据。

(4) 裂缝的观测应按《建筑变形测量规范》(JGJ 8—2016) 的有关规定进行。

2.2.2 混凝土结构裂缝检测方法

《房屋裂缝检测与处理技术规程》(CECS 293：2011)对混凝土结构裂缝进行了如下规定。

(1) 结构构件裂缝观测标志，应具有可供测量的明晰端面或中心。观测期较长时，可采用镶嵌或埋入墙面的金属标志、金属杆或楔形板标志；观测期较短或要求不高时可采用油漆平行线标志或用建筑胶粘贴的金属片标志。要求较高、需要测出裂缝纵横向变化值时，可采用坐标方格网板标志。使用专用仪器设备观测的标志可按具体要求另行设计。

(2) 对于数量不多、易于测量的裂缝，可视标志形式不同，用比例尺、小钢尺或游标卡尺等工具定期量出标志间距离求得裂缝变化位置，或用方格网板定期读取“坐标差”计算裂缝变化值；对于较大面积且不便于人工测量的众多裂缝宜采用近景摄影测量方法；当需连续检测裂缝变化时，还可采用测缝计或传感器自动测记方法观测。

(3) 在宽度最大的裂缝处采用垂直于裂缝贴石膏饼的方法（石膏饼直径宜为 100mm，厚度宜为 10mm）进行持续观测，若发现石膏开裂，应立即在紧靠开裂石膏处补贴新石膏饼。

结构构件裂缝宽度的测量可选用下列方法。

① 对于精度要求低的初步测量，可采用塞尺或裂缝宽度对比卡。

② 裂缝显微镜，读数精度在 0.02～0.05mm，是目前裂缝测试的主要方法。

③ 测试精度在 0.05～2.00mm，可采用裂缝宽度测试仪器。

④ 对于某些特定裂缝，可使用柔性的纤维镜和刚性的管道镜观察结构的内部状况。

2.2.3 混凝土结构裂缝宽度、深度测量要求

(1) 当裂缝宽度变化时，宜使用机械检测仪测定，直接读取裂缝宽度。混凝土结构构件和砌体结构构件裂缝宽度检测精度不应小于 0.1mm，测试部位（测位）表面应保持清洁、平整，裂缝内部不应有灰尘或泥浆。

（2）结构构件裂缝深度检测部位，宜选取裂缝宽度最大处；混凝土结构构件裂缝深度可用钻芯法和超声波法检测。

（3）采用混凝土钻芯法时，可从混凝土钻芯和抽芯孔处测量裂缝深度。

（4）采用超声波法检测混凝土结构构件裂缝深度时，根据裂缝深度与被测构件厚度的关系以及测试表面情况，可选择采用单面平测法、双面斜测法、钻孔对测法。

① 当结构裂缝部位只有一个可测表面，估计的裂缝深度不大于被测构件厚度的一半且不大于 500mm 时，可采用单面平测法进行裂缝深度检测。

② 当结构的裂缝部位具有两个相互平行的测试表面时，可采用双面斜测法进行裂缝深度检测。

③ 当大体积混凝土的裂缝预测深度在 500mm 以上时，可采用钻孔对测法进行裂缝深度检测。

2.2.4 混凝土裂缝检测的一般步骤

为了查明混凝土裂缝的形式、裂缝位置、裂缝走向、裂缝宽度、裂缝深度、裂缝长度、裂缝发生及开展变化的时间过程，裂缝是否稳定，裂缝内有无盐析、锈水等渗出物，裂缝表面的干湿度，裂缝周围材料的风化剥离程度等，绘制裂缝分布图，为进行裂缝分析和危害性评定提供依据。

使用刻度放大镜、裂缝对比卡对裂缝外观进行检测（图 2-2），采用超声波法探测或直接钻芯法检测对裂缝深度检测。裂缝检测的一般步骤如下。

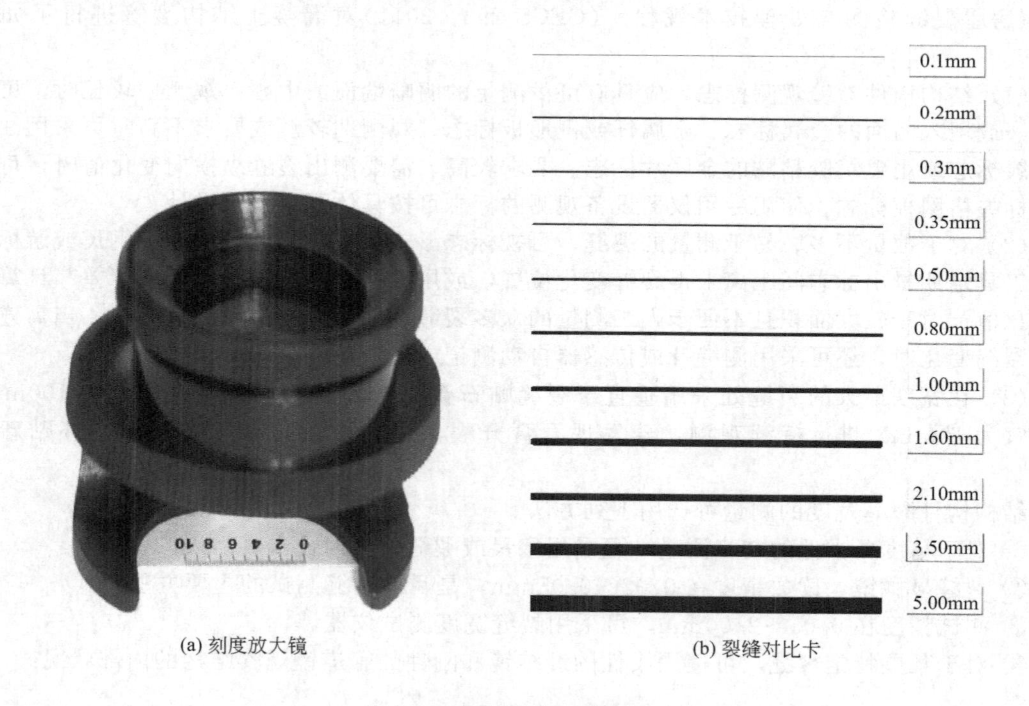

(a) 刻度放大镜　　(b) 裂缝对比卡

图 2-2 刻度放大镜和裂缝对比卡

（1）绘制裂缝分布图。先画出产生裂缝构件的形状，然后将裂缝的位置、长度标于图上，并对每条裂缝进行编号和注明裂缝出现时间。为便于研究分析，裂缝图应根据构件逐一绘制展开图，并在图上表明方位。当裂缝数量较多时，可在构件有裂缝的表面画上方格，方格尺寸依据构件的大小以200～500mm为宜，在裂缝的一侧用毛笔或粉笔沿裂缝画线，然后依据同样的位置翻样到记录本上，对于特殊形状的裂缝还要拍照和摄像。

（2）测定裂缝宽度。裂缝宽度是确定裂缝性质、危害程度的重要指标，是裂缝观测必须检测的内容。测定时把裂缝全长分为四等份，中央点和两端，以及中央点和中间的第三分点。测定裂缝方向上的垂直宽度，使用带有刻度的专用显微镜，将刻度与缝口垂直，量出缝口宽度，记下读数并标于图上。也可以采用裂缝对比卡通过放大镜估计裂缝宽度，但这种方法误差较大。裂缝长度可用钢尺测量，在裂缝的末端部要有标志，标上年月日，以观测裂缝的发展，在测定裂缝长度和宽度的同时，须同时确认保护层厚度，保护层混凝土不宜用錾凿开时，可用钢筋探测器测出其厚度。

（3）测定裂缝深度。裂缝深度是否到达了钢筋表面，对结构的耐久性是十分重要的。如果裂缝深度贯穿了构件的断面，那么防水方面就成为问题了。检测裂缝的深度通常用超声波法。超声波法是利用声波在两种不同介质的交界面上会发生反射这一性质，透过的能量减小，通过所测得的声时与探头之间的关系推算出裂缝的深度。这种方法检测方便，但受所检测构件中钢筋的影响，对钢筋间距较密的结构，其检测结果的可信度受到一定的影响。因此用超声波测试裂缝深度，要在避开钢筋的位置上进行，而且仅对一些受力裂缝比较合适，因为这种裂缝两边的混凝土一般是完全分离的。而有些裂缝，虽然比较深，但两边的混凝土并未完全分离，这样的裂缝用超声波检测其深度是不太准确的。对于裂缝不深且其走向大致呈一直线的构件，可以采用直接取芯的方法进行检测。这种方法是在有裂缝的位置，沿深度方向钻取混凝土芯样，这样可以在芯样侧面直接测量裂缝深度，其缺点是对构件有一定的损伤。

（4）裂缝发展情况观测。对于活动裂缝，应进行定期观测，专用仪器有接触式引伸仪、振弦式应变仪等，最简单的办法是骑缝涂抹石膏饼并观察。在典型裂缝位置处抹50mm左右见方的石膏饼，由于石膏饼一般凝固较快，且不会产生收缩裂缝，只要观察石膏饼是否沿原裂缝开裂，就可确定裂缝是否在继续发展。石膏饼裂缝宽度大，说明裂缝增长也大，将裂缝的变化情况亦记于图上。通过以上观测绘制形成的裂缝图，即可作为裂缝分析的数据。

2.3 砌体结构的裂缝检测

2.3.1 砌体结构常见裂缝

砌体结构常见裂缝一般有荷载裂缝、结构沉降裂缝以及收缩、温度裂缝等。我们可以通过现场裂缝的主要发展形态和特征来大致判断裂缝的性质。

2.3.1.1 砌体结构荷载裂缝

砌体结构荷载裂缝由于结构构件受力形式不同，产生的裂缝形态及特点也不同，不同受力构件的荷载裂缝特征和形态见表2-1。

遭受地震震害砖墙上产生的交叉裂缝。这类裂缝是由于在水平地震作用下，砖墙受剪所引起的剪切裂缝，这类裂缝宽度较大，长度较长。

砖砌体墙垛及柱子由于轴向力或偏心受压承载力不足产生的裂缝。墙垛及柱子由于轴向受压或偏心受压其受压承载力不足，砌体产生竖向裂缝；偏心受压或弯曲，砌体由于受拉承载力不足产生水平裂缝。砌体震害裂缝及砖墙柱裂缝如图2-3所示。

表 2-1 各种典型荷载裂缝特征

原因	裂缝主要特征		裂缝表现
	裂缝常出现位置	裂缝走向及形态	
受压	承重墙或窗间墙中部	多为竖向裂缝,中间宽、两端窄	
偏心受压	受偏心荷载的墙或柱	压力较大一侧产生竖向裂缝;另一侧产生水平裂缝,边缘宽,向内渐窄	
局部受压	梁端支承墙体;受集中荷载处	竖向裂缝并伴有斜裂缝	
受剪	受压墙体受较大水平荷载处	水平通缝	σ_0 V
		沿灰缝阶梯形裂缝	σ_0 V
		沿灰缝和砌块阶梯形裂缝	σ_0 V
地震作用	承重横墙及纵墙窗间墙	斜裂缝,X 形裂缝	

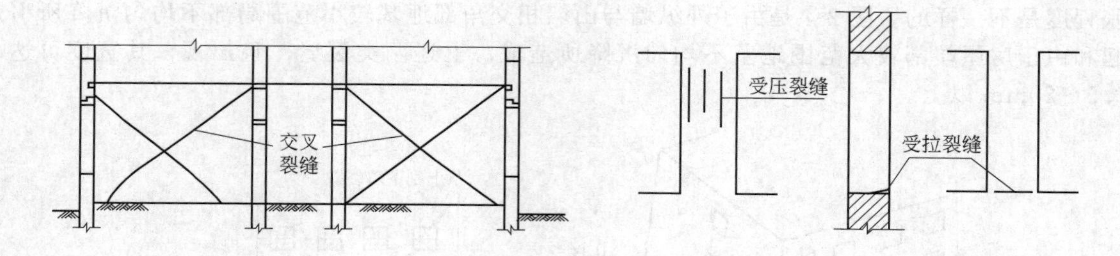

图 2-3　砌体震害裂缝及砖墙柱裂缝

砌体结构出现荷载裂缝，标志着砌体的安全产生了问题，是砌体破坏的特征和前兆。砌体结构是脆性材料的结构，一旦出现贯通性的多皮砖的裂缝，就表明砌体所承受的荷载已经达到了破坏荷载的 0.8～0.9 倍。砌体结构发生荷载裂缝一般主要有以下两个原因：一个是设计方面，结构方案不当，截面设计较小，计算错误，荷载考虑不正确等；另一个是施工方面，砂浆强度较低。

2.3.1.2　砌体结构沉降裂缝

砌体结构因地基沉陷、基础下沉而发生不均匀沉降，沉降部位对应的上部砌体结构产生附加应力，当附加应力超过了砌体极限强度，则在砌体薄弱处发生沉降裂缝。结构沉降裂缝特征和形态见表 2-2。

表 2-2　结构沉降裂缝特征

原因	裂缝主要特征		裂缝表现
	裂缝常出现位置	裂缝走向及形态	
不均匀沉降	底层大窗台下、建筑物顶部、纵横墙交接处	竖向裂缝 上部宽、下部窄	
	窗间墙上下对角	水平裂缝 边缘宽，向内渐窄	
	纵、横墙竖向变形较大的窗口对角，下部多、上部少，两端多、中部少	斜裂缝，正八字形	
	纵、横墙挠度较大的窗口对角，下部多、上部少，两端多、中部少	斜裂缝，倒八字形	

地基差异沉降或冻胀产生的墙体裂缝，其形状特征随不同部位、沉降差异量的不同及冻胀程度是不一样的。图 2-4 是由于外纵墙与山墙相交角部地基较小范围局部不均匀沉降所引起和由于房屋端部较大范围地基不均匀沉降所造成。上述两类裂缝一旦出现，其宽度可达 0.5～20mm 以上。

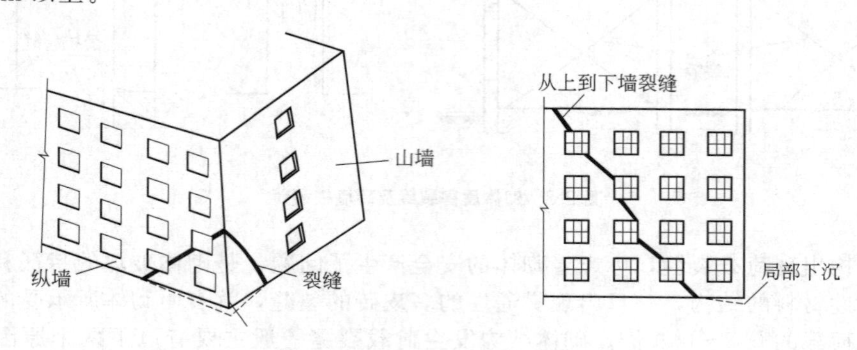

图 2-4 沉降裂缝

砌体结构房屋发生沉降裂缝，主要是由于地基不均匀沉降所造成，而造成地基不均匀沉降的主要原因有以下几个。

（1）设计地基处理不当，特别是对于不利地段的地基土层未能有效处理，地基压缩变形过大，造成房屋不均匀沉降。

（2）管道漏水或地表水排泄不畅渗入地基，造成地基湿陷，基础下沉。

（3）房屋高度、荷载差异较大处，基础类型不同处，这些部位易引起房屋沉降的较大差异，导致房屋沉降裂缝的产生。

（4）新建建筑沉降对相邻旧有房屋的影响，致使旧有房屋产生沉降裂缝。

（5）深基坑开挖支护失效，土体移位，或基坑降水，造成相邻建筑产生沉降裂缝。

2.3.1.3 砌体结构温度裂缝

温度裂缝，顾名思义，主要是由于温度作用引起的。对于砌体结构，由于其结构体系、组成材料的性质和施工技术条件的限制，由砖、砂浆、混凝土组成，各个材料的温度膨胀系数各不相同。当砌体结构受到温度作用时，各个构件发生温度胀缩变化，各个材料变形不一致，加之结构之间的互为约束，就会产生较高的温度应力，使得砌体产生裂缝。

温度裂缝是砌体结构常见的一种裂缝，也是我们检测鉴定工作中经常遇到的。一般有斜向、竖向和水平向三种形态。温度裂缝一般有以下特点：裂缝一般为对称分布，如房屋尽端成对出现；裂缝多发生在房屋顶层，特别是顶层两端山墙及内纵墙，部分房屋有向下发展的趋势；裂缝较多发生在房屋竣工后的夏季及冬季，裂缝往往随着环境温度变化，有大有小，一般经过一年后基本稳定；向阳面裂缝较大，背阴面裂缝较小，现浇板裂缝较大，预制板裂缝较小。

温度变形砌体干缩变形裂缝特征见表 2-3。

（1）屋顶层横向墙及纵向墙有八字裂缝（图 2-5）。此类裂缝发生在横墙的外端和纵墙两端的角部或第一个门窗洞口上方，从屋顶板或圈梁底向下斜方延伸，宽度常在 20mm 以上。这类裂缝是由于现浇钢筋混凝土屋顶板或装配整体式预制板及灌缝严实的屋顶板受阳光照射，因屋面隔热材料性能差（设计考虑不周或施工时保温层充水造成夏天蓄热效应使隔热失效）产生膨胀所引起。因保温层充水造成蓄热效应是非常可观的，根据试验测定，将干燥蛭石和含水率 40％的蛭石分别密封在两个直径为 200mm、高度为 160mm 的镀锌薄钢板圆桶内，在炎热夏天阳光照射下 5d 后，测得的温度分别为 38℃和 47℃。在阳光照射下，因混凝土线膨胀系数与砖砌体线膨胀系数不同，使屋顶板变形比墙体变形大，在墙体内产生拉应力和剪应力引起开裂。

表 2-3　温度变形砌体干缩变形裂缝特征

原因	裂缝主要特征		裂缝表现
	裂缝常出现位置	裂缝走向及形态	
温度变形、砌体干缩变形	纵墙两端部靠近屋顶处的外墙及山墙	斜裂缝，正八字形	
	外墙屋顶、靠近屋面圈梁墙体、女儿墙底部、门窗洞口	水平裂缝，均宽	
	房屋两端横墙	X 形	
	门窗、洞口、楼梯间等薄弱处	竖向裂缝，均宽，贯通全高	

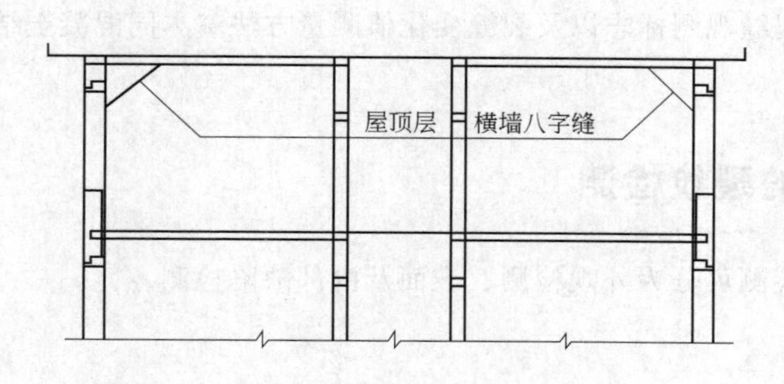

图 2-5　横墙八字缝

（2）屋顶砖砌体女儿墙有水平裂缝（图 2-6）。这类裂缝在女儿墙根部沿房屋的纵向和横向分布，裂缝宽度靠端部大，中部小，南向及西向比北向及东向严重。裂缝是由于温度变化引起热胀冷缩，因混凝土与砖砌体的线膨胀系数不相等，相互错动所引起的。

（3）屋顶层砖砌体女儿墙有外错的根部水平裂缝（图 2-7）。这类裂缝从立面外观上看类似第二类，而区别于在裂缝以上的女儿墙与下边的墙面有向外错开现象。裂缝是由于屋顶保温层漏雨或施工时充水（尤其是焦渣、蛭石等松散材料），严寒冬天保温层结冰冻胀；或者由于钢筋混凝土刚性防水屋面面积较大而未留伸缩缝，并且与女儿墙顶紧连接，夏天太阳照射下受热膨胀，将女儿墙外推，产生外错的水平裂缝。

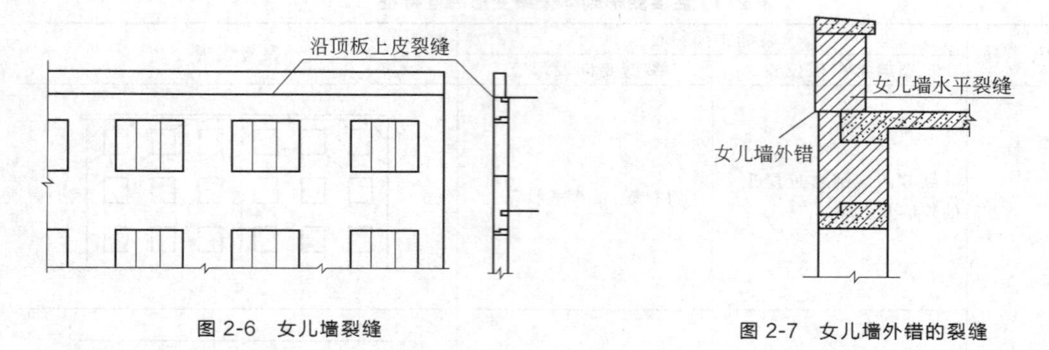

图 2-6 女儿墙裂缝

图 2-7 女儿墙外错的裂缝

通过以上三种常见的砌体结构裂缝的特征，我们在检测鉴定工作中遇到裂缝需要根据裂缝的形态特征以及其他相关资料来判断裂缝的性质，根据裂缝的性质进行有针对性的检测和采取相应的防护措施。

2.3.2 砌体结构裂缝检测规定

砌体结构裂缝的检测应遵守下列规定。

(1) 对于结构或结构构件上的裂缝，应测定裂缝的位置、裂缝长度、裂缝宽度和裂缝的数量。

(2) 必要时应剔除构件抹灰层，确定砌筑方法、留茬、洞口、线管及预制构件对裂缝的影响。

(3) 对于仍在发展的裂缝应进行定期的观测，提供裂缝发展速度的数据。

2.3.3 砌体结构裂缝测量

砌体结构构件裂缝观测标志以及裂缝变化值测量方法基本同混凝土结构裂缝观测。

2.4 钢结构的裂纹检测

钢结构裂纹的检测可分为外观检测、表面及内部缺陷检测。

2.4.1 外观检测

将裂纹附近 10～20mm 范围内金属上所有飞溅及其他污物清除干净，用砂纸将被检部位打磨干净，然后用浓度为 10% 的乙醇溶液将其浸润，擦净后可通过肉眼观察，并借助标准样板、量规和放大镜等工具进行检测。

(1) 用包有橡胶的木槌敲击构件的多个部位，声音不清脆、传音不匀则表明有裂纹损伤存在。

(2) 采用 10 倍以上放大镜检查时，在有裂纹的构件表面划出方格网，再进行观察。

(3) 采用滴油扩散法时，应在构件表面滴油剂，无裂纹处油渍呈圆弧状扩散，有裂纹处油渗入裂缝，油渍呈线状扩散。

2.4.2 表面及内部缺陷检测

（1）当进行非破坏性检验焊缝内部的裂纹时，可采用折断面法进行检测，或采用对裂纹进行局部钻孔检查的方法。采用折断面法进行检测时，应预先在裂纹表面沿裂纹方向刻一条长约为构件厚度1/3的沟槽，然后用拉力机或锤子将试样折断，并保证裂纹在沟槽处断开。

（2）采用超声波检测法对母材壁厚为4～8mm、曲率半径为60～160mm的钢管对接焊缝与相贯节点焊缝进行检测时，应按照《钢结构超声波探伤及质量分级法》（JG/T 203—2007）执行；对母材厚度不小于8mm、曲率半径不小于160mm的普通碳素钢和低合金钢对接全熔透焊缝进行A型脉冲反射式手工超声波的检测时，应按照以下要求进行。

① 检测前应对探测面进行修整或打磨，清除焊接飞溅、油垢及其他杂质，表面粗糙度不应超过6.3μm。

② 按照不同厚度的工件，选择仪器时间基线水平、深度或声程的调节。

③ 当受检工件的表面耦合损失及材质衰减与试块不同时，宜考虑表面补偿或材质补偿。

④ 耦合剂应具有良好透声性和适宜流动性，不应对材料和人体有损伤作用，同时应便于检测后清理。

⑤ 探伤灵敏度不应低于评定线灵敏度。扫查速度不应大于150mm/s，相邻两次探头移动间隔应有探头宽度10%的重叠。

⑥ 对所有反射波幅超过定量线的缺陷，均应确定其位置、最大反射波幅所在区域和缺陷指示长度。

⑦ 在确定缺陷类型时，将探头对准缺陷做平动和转动扫查，观察波形的相应变化，并结合操作者的工程经验，做出大致判断。

（3）钢结构金属熔化焊对接接头的表面和内部缺陷，应按照《金属熔化焊焊接接头射线照相》（GB/T 3323—2005）的要求，采用射线照相检测法进行检测。射线照相检测应按照布设警戒线、表面质量检查、设标记带、布片、透照、暗室处理、缺陷的评定等步骤进行。在确定缺陷类型时，宜从多个方面分析射线照相的影像，并结合操作者的工程经验，做出大致判断。

（4）铁磁材料的表面和近表面缺陷检测，可采用磁粉检测法，奥氏体不锈钢铝镁合金制品中的缺陷探伤检测不适用于此法，应按照现行国家标准《无损检测　磁粉检测　第1部分：总则》（GB/T 15822.1—2005）的要求执行。磁粉检测应按以下程序进行。

① 磁粉检测前，应对受检部位表面进行干燥和清洁处理，用干净的棉纱擦净油污、锈斑。

② 进行检测时，必须边磁化边向被检部位表面喷洒磁悬液，每次磁化时间为0.5～1s，磁悬液浇到工件表面后再通电2～3次。

③ 喷洒磁悬液时，应不断搅拌或摇动磁悬液，必须缓慢且用力轻而均匀，停止浇液后再通电1～2次。

④ 观察磁粉痕迹时现场光线应明亮，可在亮度较高的灯下进行观察。当发生疑问时，应重新探测。

（5）各种金属、非金属、磁性和非磁性材料的检测，可采用渗透检测法，此法不适用于非表面缺陷、多孔材料的检测。应按照现行国家标准《无损检测　渗透检测　第1部分：总则》（GB/T 18851.1—2012）的要求执行。渗透检测法应按以下程序进行。

① 将检测部位的表面及其周围20mm范围内打磨光滑，不得有焊渣、飞溅、污垢等。

② 将打磨表面清洗干净，干燥后喷涂渗透剂，渗透时间不得少于10min，并将表面多余的渗透剂清除。

③ 喷涂显示剂，应停留10～30min，观察是否有裂纹显示。

（6）检测人员应根据检测结果并结合工程实际经验判断裂纹的扩展性及脆断倾向性。

第3章 裂缝处理

房屋结构中经常会碰到结构物出现各种各样的不同程度的裂缝，有的是肉眼看不到的微细裂纹，属于微观裂缝，有的是肉眼可见的粗大裂纹，属于宏观裂缝。多数轻微细小的微观裂缝以及部分宏观裂缝，如果不出现继续扩展，对结构承载力、使用功能和耐久性不会有大的影响。如果宏观裂缝继续扩展，不仅影响建筑物的美观，造成建筑渗漏，甚至会影响到建筑物的强度、刚度、稳定性和耐久性，对于这样的裂缝就需要采取相应的加固措施。

3.1 裂缝处理的原则

我们在进行裂缝处理时，应综合考虑不同的结构特点、材料性能及技术经济效果，合理选择裂缝处理方法。

验算开裂结构构件的承载力是否满足设计要求时，应遵守下列规定。

（1）结构构件验算采用的结构分析方法，应符合国家现行有关设计规范的规定。

（2）结构构件验算使用的抗力（R）和作用效应（S）计算模型，应符合其实际受力和构造状况。

（3）结构构件作用效应（S）的确定，应符合下列要求。

① 作用的组合和组合值系数及作用的分项系数，应按现行国家标准《建筑结构荷载规范》（GB 50009—2012）的规定执行。

② 当结构受到温度、变形等作用，且对其承载有显著影响时，应计入由此产生的附加内力。

承载力验算应依据的国家现行有关结构设计规范选择安全性等级，并确定结构重要性系数（γ_0）。

当材料种类和性能符合原设计要求时，材料强度应按原设计值取用；当材料的种类和性能与原设计不符时，材料强度应采用实测试验数据。材料强度的标准值应按相应的国家现行有关结构设计规范的规定确定。

3.2 荷载裂缝处理

3.2.1 混凝土结构荷载裂缝

一般钢筋混凝土结构，在使用荷载的作用下，由截面上的弯矩、剪力、轴向拉力以及扭矩等荷载作用下引起钢筋混凝土构件产生裂缝。大致可以划分为抗弯裂缝、剪切裂缝，此外，还有弯剪联合作用产生的裂缝、钢筋的黏结力不足而造成的开裂等。代表的结构裂缝的形态如图 3-1、图 3-2 所示。此外，与结构裂缝容易混同的裂缝形态也示于图 3-3、图 3-4，以便参考。

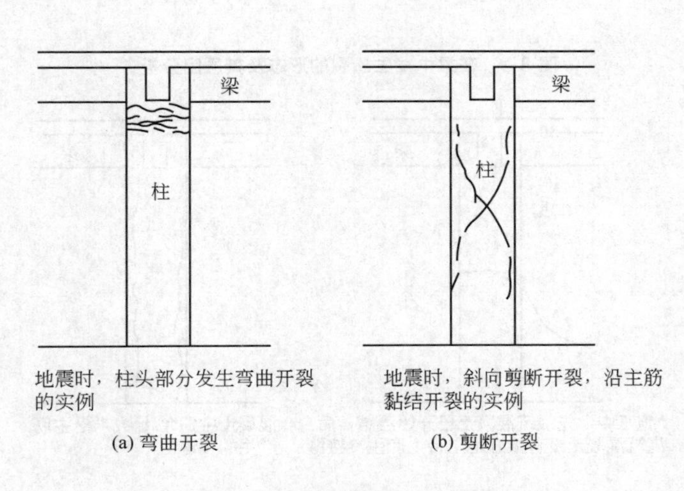

图 3-1 在柱子中产生的裂缝形态及其原因推断

钢筋混凝土构件（RC）中，如果构件发生的抗拉应力超过了混凝土的抗拉强度，就会产生裂缝。至今为止在钢筋混凝土结构中，以钢筋承担抗拉应力。一旦钢筋应力增大，即使是在弹性范围内，卸荷以后，多多少少都会有裂缝残留下来，但这种裂缝属于内部封闭式裂缝。

在建筑结构物中，即使发现由于结构原因而出现的裂缝，也不一定要修补、补强。但是，要根据发生裂缝的部位和裂缝宽度等，对美观、安全性及耐久性等方面进行综合判断，采取相应的对策。如果判断是有害的裂缝，就需要进一步弄清楚内部的钢筋的应力是否已经达到了屈服强度，再决定修补或补强，这是十分重要的。

在本节按照不同类型的荷载引起的结构裂缝分别整理介绍如下。

3.2.2 施工荷载引起结构的开裂

混凝土施工浇灌完成以后，经凝结硬化后逐渐产生强度，但早期混凝土的强度是很低的，不应受到荷载的作用。模板的各种支承也需要稳固在原来的位置，这是十分重要的。早期混凝土强度还没有充分发展起来，如果受到荷载的作用，必然引起开裂。

所受到的荷载，除了外荷载之外，本身重量也是荷载之一。如果模板支承被拆除，会引起模板下沉，因为早期楼板混凝土的强度很低，所以会产生早期裂缝。特别是支承在土壤上的立柱，立柱支点周围要保证十分牢固。以免因支柱下沉，造成模板下沉，导致早期硬化的楼板开裂，如图 3-5 所示。

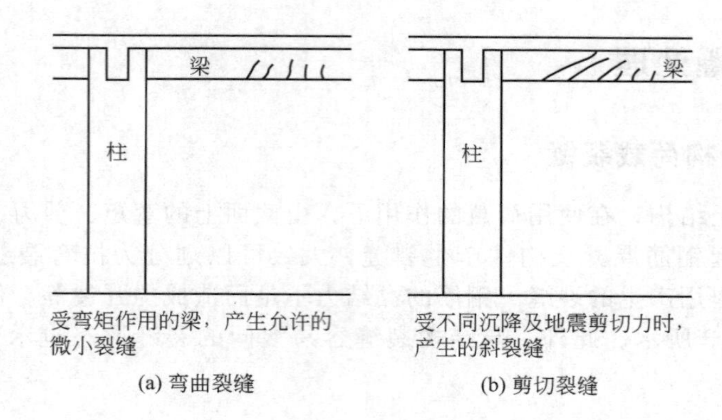

(a) 弯曲裂缝　　(b) 剪切裂缝

图 3-2　在梁中发生断裂的形态及其原因分析

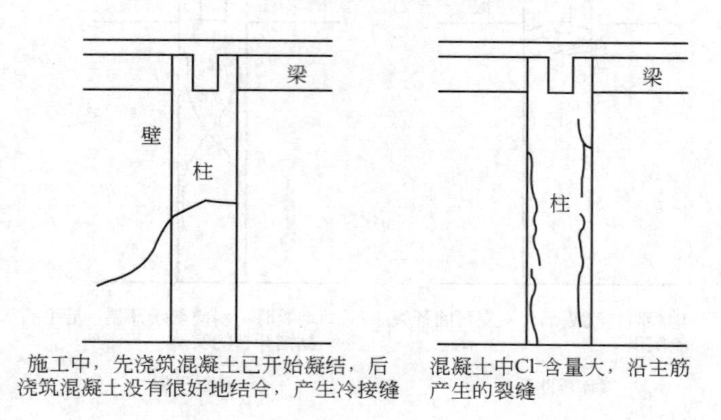

图 3-3　与结构裂缝容易混同的柱子开裂

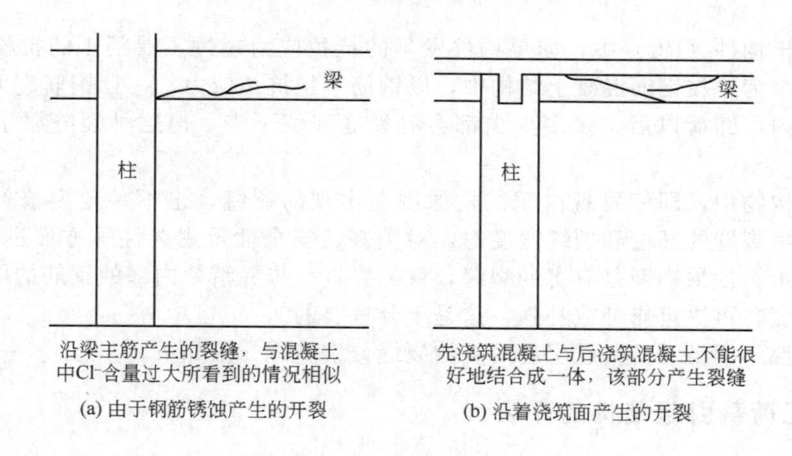

(a) 由于钢筋锈蚀产生的开裂　　(b) 沿着浇筑面产生的开裂

图 3-4　与结构裂缝容易混同的梁开裂

如果梁、板等抗弯构件浇筑混凝土后，在未达到必要强度之前，就撤去模板支承，在楼板上表面会出现圆形的弯曲裂缝；或者由于上层的施工荷载过大，也会产生这种弯曲裂缝。

在 2 层或 3 层模板支承上层的混凝土自重或施工荷载时，通常作用在楼板的最大施工荷载（包括楼板本身自重）预计是自重加模板重的 2.1 倍左右。特别是施工荷载超过设计荷载的情况下，验算结构开裂是很重要的。

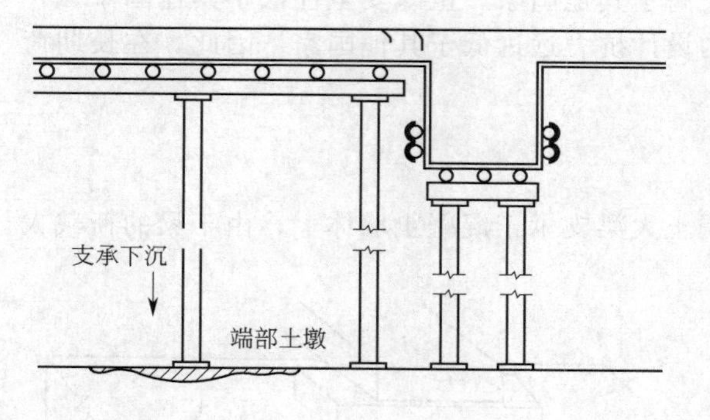

图 3-5 施工时的混凝土楼板早期裂缝

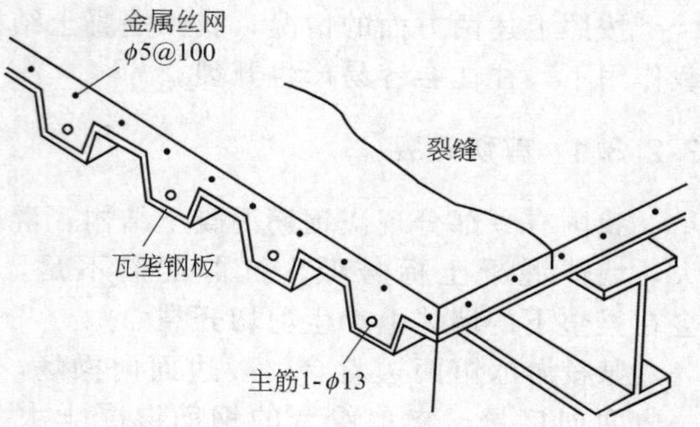

金属丝网
φ5@100
裂缝
瓦垄钢板
主筋1-φ13

图 3-6 发生于复合板的裂缝

此外，预留洞穴的楼板，在洞穴附近如堆存过多的施工材料和器具，也要注意由于上面受弯而产生的开裂问题。最近有一种复合式楼板施工的新工艺，没有立柱支承模板（包括楼板混凝土自重），而是用一种镀锌铁皮做成模板，模板也是结构的一部分。把混凝土浇筑在这种模板上，混凝土硬化后镀锌铁皮就是楼板的一部分。这种复合式的钢筋混凝土楼板多用于事务所的楼板，如图 3-6 所示。这种施工方法，特别是没有设置支承、板的跨度大时，在支承端附近会产生裂缝，应加以注意。除了弯曲应力之外，也会产生收缩应力而引起的裂缝。这就需要增加补强钢筋，以降低对混凝土的收缩应力，从而降低这种复合板的收缩开裂。

3.2.3 长期荷载引起的开裂

钢筋混凝土结构在长期荷载作用下产生的开裂，可认为是由于设计时结构抗力太低造成的。作用在结构构件上的长期荷载，包括结构自身重量和作用在结构上的活荷载。各个国家在结构设计时，活荷载取值的标准不同，荷载系数不同，设计出来的结构构件的抗力也不同。也就是说，抵抗长期荷载时的抗裂性能也不同。例如，一些国家办公楼楼层设计活荷载的标准值见表 3-1。

表 3-1 一些国家办公楼楼层设计活荷载的标准值

国家	中国	美国	英国	法国	加拿大	日本	澳大利亚	意大利
活荷载标准值/MPa	20	24	25	20	24	29	30	34

注：法国、德国、俄国的标准值均相同。

有关一些国家设计时的荷载系数见表 3-2。

表 3-2 荷载系数

荷载系数	中国	英国	美国	日本
活荷载	1.4	1.6	1.7	1.8
恒荷载	1.2	1.4	1.4	1.4

由表 3-1、表 3-2 可见，我国设计时活荷载的设计标准值低于其他国家，而活荷载系数及恒荷载系数又低于其他国家。故我国在结构设计时，荷载设计值是最低的。

在结构设计时，荷载设计值＝荷载的标准值×荷载系数。

而对材料强度设计值（材料强度标准值除以材料强度系数），我国又高于其他国家。例如混凝土的强度系数，我国为 1.35，英国、美国、日本等国家均为 1.5。这样，在相同的混凝土强度标准值下，我国混凝土强度设计值又高于其他国家。也即安全性低于其他国家。

按照上述两方面的情况，我国混凝土结构设计抗力远远低于其他国家。因此，在长期荷载作用下，往往会容易产生开裂。

3.2.3.1 剪切开裂

我国有一部分现浇钢筋混凝土结构，混凝土大梁支承于混凝土墙体上，由于梁的荷载太大，墙体混凝土标号低，抗剪配筋不足，会在梁垫下的墙体上产生剪切开裂。

某校游泳馆两边看台，一边面向操场，一边面向广场。支承看台的钢筋混凝土大梁，一端支承在墙体上，另一端支承在屋架大梁上。支承钢筋混凝土梁的墙体，混凝土强度低（C20 以下），只有一般钢筋网片，无抗剪配筋。而看台本身的自重荷载已很大，遇上比赛和观礼时，活荷载又很大，都通过梁传到支承的墙体上，剪切的作用力很大，造成墙体开裂，如图 3-7 所示。

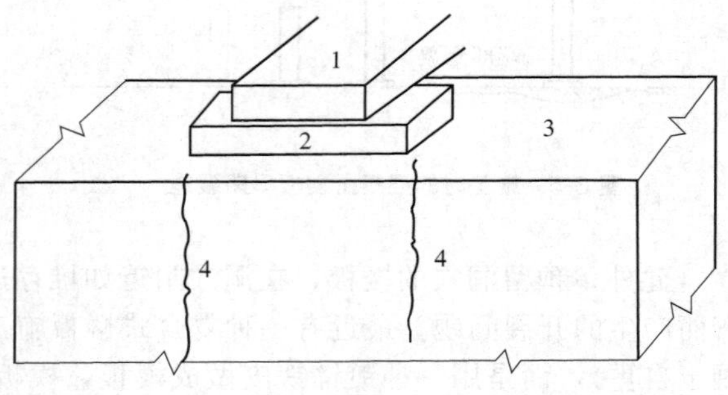

图 3-7 钢筋混凝土墙体开裂

1—梁；2—梁垫；3—墙体；4—剪切裂缝

3.2.3.2 板的挠度过大引起的开裂

日本调查了 1960～1970 年竣工的钢筋混凝土建筑结构物，由于设计荷载标准低、混凝土质量控制不良等种种原因，这些建筑物中的楼板和梁等构件，在长期垂直荷载作用下，楼板支承端的上表面和下面的跨中央会产生开裂，而且裂缝和板的挠度都一直在继续增长。楼板发生的弯曲开裂如图 3-8 所示。

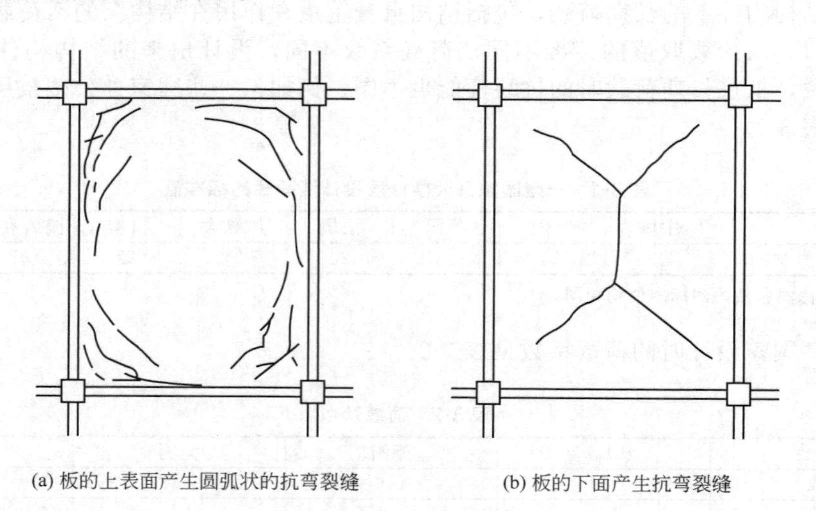

(a) 板的上表面产生圆弧状的抗弯裂缝 (b) 板的下面产生抗弯裂缝

图 3-8 发生在楼板的弯曲开裂

设计的基准低，挠度过大，是产生裂缝的主要原因。楼板上表面出现开裂，在饰面砂浆表面上能观察到宽度超过 1mm 的裂缝。楼板钢筋混凝土表面上有许多宽度在 0.3mm 以下的裂缝。这是因为在楼板的上面是拉应力，下面是压应力，在这种弯曲应力作用下，以及由于楼板上端部配筋不足，在楼板饰面砂浆上看到比较大的裂缝。由于楼板支承端部的开裂，产生弯矩重分配，跨中的弯矩增加，挠度变形也进一步增大。

3.2.3.3 黏结徐变的性能

在荷载作用下，钢筋缓慢地从混凝土中拔出，这称为钢筋和混凝土黏结徐变的性能。由于黏结徐变，降低了钢筋与混凝土的黏结力，降低了钢筋混凝土的承载力，从而引发钢筋混凝土结构的开裂，如图 3-9 所示。

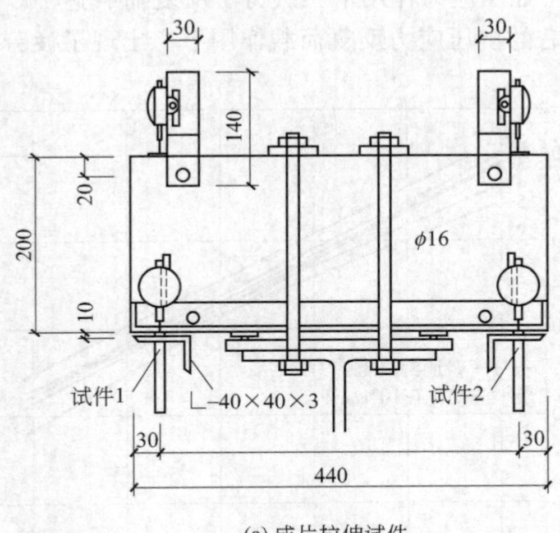

(a) 成片拉伸试件

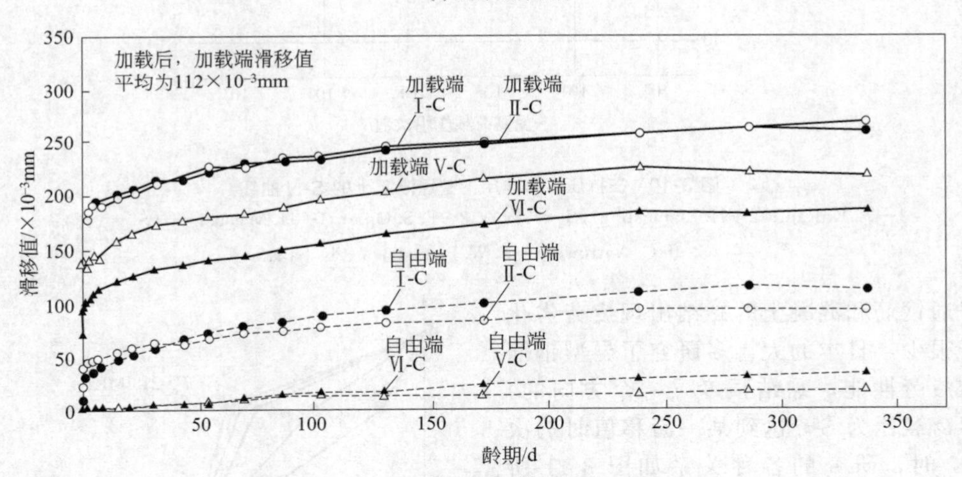

(b) 成片拉伸试件滑移变形值(σ=200MPa)

图 3-9 钢筋与混凝土黏结徐变试验结果

在静态持续荷载的作用下，加载初期，钢筋从混凝土中拔出的移动量大，在加荷 10d 时的变形值是初期值的 1.5 倍。但其后，钢筋拔出的移动量小，在加荷 1 年时的变形值只是初始值的 2 倍。这种现象与后面所述的，在反复荷载作用下钢筋被拔出的情况有很大不同。

如住宅和事务所的楼板，由于长期荷载作用，发生裂缝与挠度等问题；而徐变、干燥收缩又会产生新的开裂，随着时间的延长，挠度也逐渐增大。如果不及时修补，其后的问题会很多。这些都与钢筋和混凝土黏结徐变有关。

3.2.4 疲劳荷载作用下的开裂

钢筋混凝土构件受到反复荷载作用时，与静力试验相比，在比较低的荷载作用下，构件就受到损伤。也就是说，由于反复疲劳作用，即使作用荷载在开裂荷载以下，在板的下面就产生了受弯裂缝；而且随着裂缝增多，裂缝宽度也逐渐扩大。这是由于反复荷载作用，产生疲劳，造成混凝土强度降低而引起的。钢筋和混凝土的黏结劣化，也是其中原因之一。

日本学者松下等对混凝土在压应力作用下，进行了反复荷载达 200 万次的试验，得出了这样的结论：在静力强度 65%左右的抗压应力反复荷载作用下，出现了疲劳破坏，如图 3-10 所示。

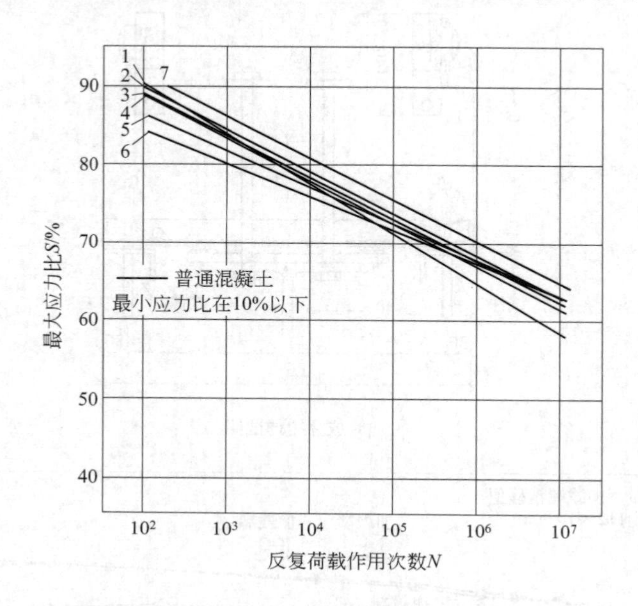

图 3-10 在抗压应力作用下普通混凝土的 S-N 曲线

1—N. K. Raju；2—H. Matsushita（$S_2=8\%$）；3—F. S. Ople；4—H. Maisushita（$S_2=2\%$）；5—J. C. Antrim；6—E. W. Bennett；7—K. Sakata

普通钢筋和混凝土的黏结出现疲劳劣化的例子很少。日本的大喜多研究了异型钢筋的黏结疲劳性能，黏结强度（一个方向的）与疲劳荷载比为 S，达到某一滑移值时的次数为 N 时，研究的各种关系如图 3-11 所示。由图 3-10 可见，应力比 S 在 80%～90%的疲劳荷载作用下，作用次数 N 为 1000 万次就发生破坏。图 3-11 说明，S 为 0.6，滑移值达到 0.5mm 时，疲劳荷载作用仅 10 万次；滑移值达到 1.0mm 时，疲劳荷载作用约 500 万次。

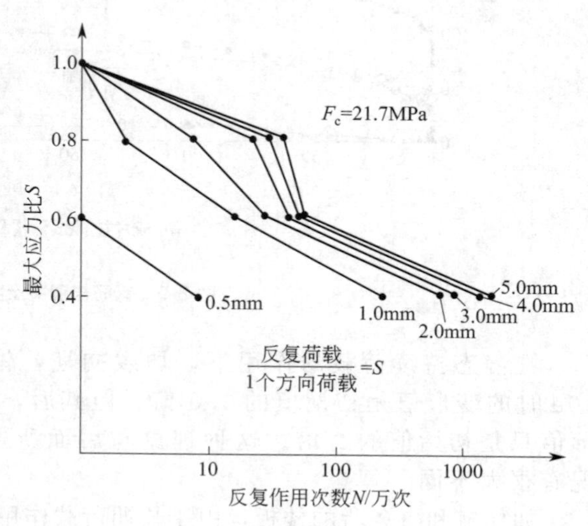

图 3-11 钢筋与混凝土黏结滑移试验结果

3.2.5 动荷载作用引起的开裂

许多钢筋混凝土公路桥，在超载行车和频繁的行车频率作用下，会产生严重的开裂损伤，有的甚至因开裂损伤严重而无法修复。在建筑物中，如仓库和配送中心的楼板上，经常行走的吊车也是一种动荷载和高频率的荷载作用。在这种动荷载高频率作用下，在早期不易发现问题。但经过一定时期以后，行车通过时会观察到裂缝，过后裂缝又闭合。从某一时期开始，行车通过时发生裂缝，过后裂缝也不闭合。在这种情况下，结构已发生严重的损伤开裂。我国沿海的许多公路桥，受到超载车的高频率作用以及 Cl^- 等各种劣化因子的作用，发生了日益严重的开裂损伤，甚至破坏。

在仓库和配送中心的钢筋混凝土楼板，由于动荷载和高频率作用，一方面，在板的上表面，一开始出现圆形的弯曲裂缝，沿着梁的四周发生，并逐渐扩大。开裂部分发生角部损伤，其后发生挠度变形及有感振动，严重时部分圆形裂缝发生凹陷。另一方面，在板的下面，发生弯曲裂缝。由于损伤扩大，以及开裂掉角，混凝土发生剥落掉粉现象。进一步发展严重时，在板的一面发生格子状的裂缝，如图 3-12 所示。混凝土出现小片掉落，其后，板的上表面的开裂沉陷与下面贯通，发展到不能使用。

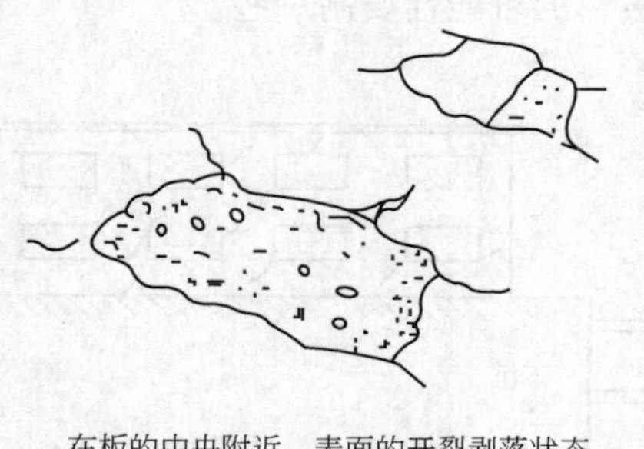

在板的中央附近，表面的开裂剥落状态

(a) 板的上面

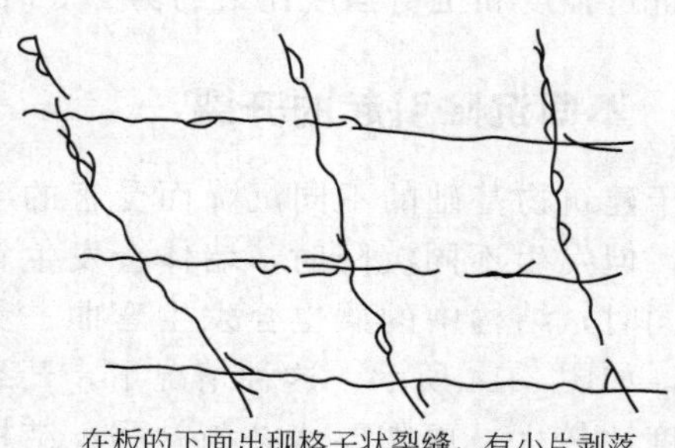

在板的下面出现格子状裂缝，有小片剥落

(b) 板的下面

图 3-12　动荷载引发的楼板损伤

日本的圆田等在实验室进行楼板的疲劳试验时，在疲劳荷载作用点的正下方，发现放射状的裂缝。如果是多点移动荷载疲劳试验，就能再现车辆运行时特有的开裂损伤——格子状的开裂损伤。这就展示了格子状开裂损伤的原因和移动荷载之间的关系。动荷载作用下仓库楼板设计程序如图 3-13 所示。

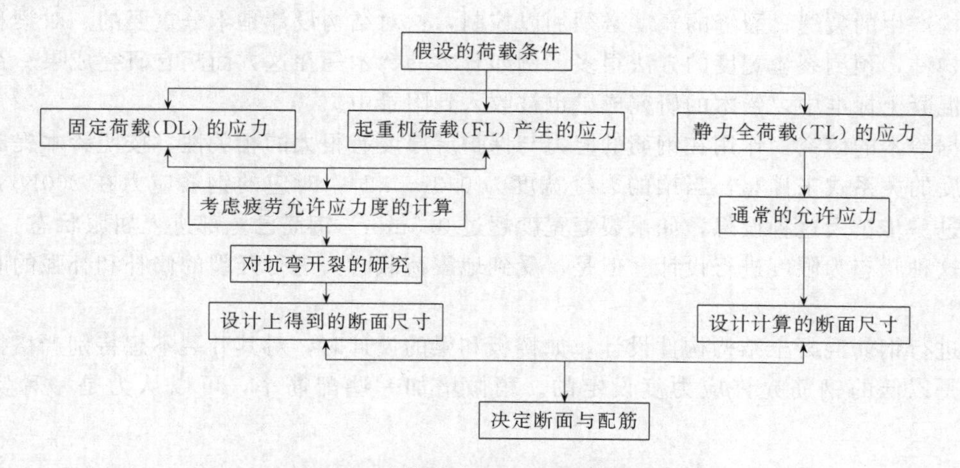

图 3-13　动荷载作用下仓库楼板设计程序

3.2.6 地震荷载作用引起的开裂破坏

在地震荷载作用下，结构物的开裂损伤是以抗弯开裂和抗剪开裂为代表的裂缝形态。结构构件的跨度越短，抗弯的承载能力越高，但抗剪的承载能力没有提高。因此，地震时，掺杂在墙体中建造的短柱、短梁等构件，经常看到的是剪切开裂破坏。

抗弯作用下的开裂具有韧性，即具有充分的变形能力。但是，抗剪作用下的开裂破坏通常都是脆性破坏。

现在，新的抗震设计方法是根据柱子的剪切破坏，以保证建筑结构物有充分的抗剪强度。也即按照抗震时的抗剪补强配筋（箍筋），以免地震时的崩裂破坏。

日本的阪神、淡路大地震时对结构的破坏，也多为抗剪破坏，使许多钢筋混凝土结构物都崩裂倒塌。因为按日本旧标准设计的钢筋混凝土柱，抗剪增强筋（箍筋）太少，没有足够的抗剪能力，发生地震时，钢筋混凝土结构物大片倒塌。

当抗弯强度和抗剪强度比大约为 1.0 时，剪切破坏的可能性要高一些。

3.2.7 不同沉降引起的开裂

由于建筑物基础的不同沉降而受害的事例不太多，但发生不同沉降时，墙体会发生斜向开裂，同时，结构中的梁也会发生弯曲、剪切开裂等，如图 3-14 所示。这种情况下，开裂的裂缝宽度比较大，更需要修补与补强。结构体系中构件梁的受害，特别是与基础接触的地基梁受害的可能性很大。对不同沉降引起开裂存有疑虑时，应进一步了解地下结构物的损伤状况，进行诊断。

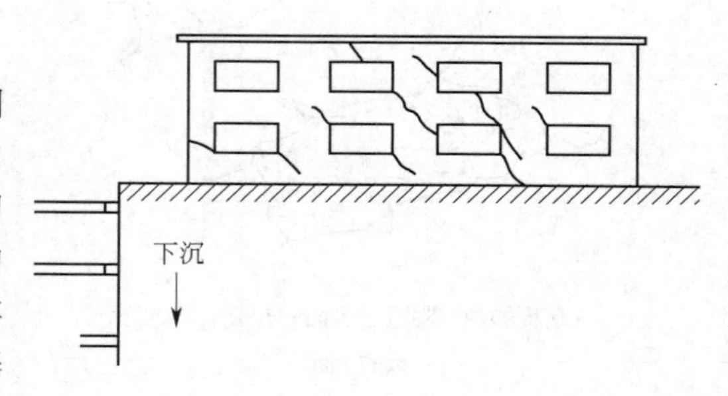

图 3-14 由于结构不同沉降而引起的开裂

3.2.8 预测抗弯开裂的裂缝宽度

在钢筋混凝土结构中，多多少少会存在一些结构裂缝，这是允许的。但是，在荷载作用下，结构产生的裂缝，裂缝的宽度必须加以控制，这对结构设计是十分重要的。对梁和楼板等抗弯构件，预测裂缝宽度的方法很多。例如日本的铃木等在这方面颇有研究成果。在日本的钢筋混凝土标准中，铃木的研究成果也被收入到附录中。

根据铃木的研究，作用在钢筋的应力与保护层厚度有很大的相关性。按照铃木提出计算裂缝宽度的关系式来计算，当梁的裂缝宽度为 0.3mm 时，对应的钢筋应力在 $200N/mm^2$[❶] 左右。进一步扩大这种设想，如果裂缝宽度超过 0.5mm，钢筋已全部进入屈服状态。当然，不能以这种状态为限度进行设计。但是，受到地震荷载时，进行开裂的修补和补强的时候可以参考。

在进行钢筋混凝土结构构件设计，如楼板和梁的设计时，对其开裂不想特别严格抑制的时候，是以低的钢筋允许应力度设定的。稍微增加一些配筋率，可以认为是一种实用的对策。

---

❶ $1N/mm^2=1MPa$。

3.2.9 砌体结构荷载裂缝

砌体结构荷载裂缝出现下列情况时，必须进行裂缝处理。

(1) 受压墙、柱沿受力方向产生缝宽大于 2mm、缝长超过层高 1/2 的竖向裂缝，或产生缝长超过层高 1/3 的多条竖向裂缝。

(2) 支承梁或屋架端部的墙体或柱截面因局部受压产生多条竖向裂缝，或裂缝宽度已超过 1mm。

(3) 墙、柱因偏心受压产生水平裂缝，裂缝宽度大于 0.5mm。

(4) 墙、柱刚度不足，出现挠曲外闪，且在挠曲部位出现水平或交叉裂缝。

(5) 砖过梁中部产生明显的竖向裂缝，或端部产生明显的斜裂缝，或支承过梁的墙体产生水平裂缝。

(6) 砖筒拱、扁壳、波形筒拱、拱顶沿母线出现裂缝。

(7) 其他显著影响结构整体性的裂缝。

砌体结构构件裂缝处理的宽度限值，应按表 3-3 的规定选取。

表 3-3 砌体结构构件裂缝处理的宽度限值

区分	构件类别	
	主要构件	一般构件
必须修补的裂缝宽度/mm	>1.5	>5
宜修补的裂缝宽度/mm	0.3～1.5	1.5～5
不须修补的裂缝宽度/mm	<0.3	<1.5

注：该表中为室内正常环境下的裂缝宽度限值，对其他情况应根据环境恶劣程度相应减小。

砌体结构构件裂缝修补，可选用外加钢筋混凝土面层加固法、外加钢筋网片水泥砂浆面层加固法、外包型钢加固法等方法进行加固处理。

3.3 非荷载裂缝处理

3.3.1 混凝土结构非荷载裂缝

对于混凝土结构构件非荷载裂缝应按裂缝宽度限值，并按表 3-4 要求进行处理。

表 3-4 混凝土结构构件裂缝修补处理的宽度限值

区分	构件类别		环境类别和环境作用等级			
			I-C(干湿交替环境)	I-B(非干湿交替的室内潮湿环境及露天环境、长期湿润环境)	I-A(室内干燥环境、永久的静水浸没环境)	防水防气防射线要求
(A)应修补的弯曲、轴拉和大偏心受压荷载裂缝及非荷载裂缝的裂缝宽度/mm	钢筋混凝土构件	主要构件	>0.4	>0.4	>0.5	>0.2
		一般构件	>0.4	>0.5	>0.6	>0.2
	预应力混凝土构件	主要构件	>0.1(0.2)	>0.1(0.2)	>0.2(0.3)	>0.2
		一般构件	>0.1(0.2)	>0.1(0.2)	>0.3(0.5)	>0.2

续表

区分	构件类别		环境类别和环境作用等级			防水防气防射线要求
			I-C(干湿交替环境)	I-B(非干湿交替的室内潮湿环境及露天环境、长期湿润环境)	I-A(室内干燥环境、永久的静水浸没环境)	
(B)宜修补的弯曲、轴拉和大偏心受压荷载裂缝及非荷载裂缝的裂缝宽度/mm	钢筋混凝土构件	主要构件	0.2～0.4	0.3～0.4	0.4～0.5	0.05～0.2
		一般构件	0.3～0.4	0.3～0.5	0.4～0.6	0.05～0.2
	预应力混凝土构件	主要构件	0.02～0.1(0.05～0.2)	0.02～0.1(0.05～0.2)	0.05～0.2(0.1～0.3)	0.05～0.2
		一般构件	0.02～0.1(0.05～0.2)	0.02～0.1(0.1～0.2)	0.05～0.3(0.1～0.5)	0.05～0.2
(C)不需要修补的弯曲、轴拉和大偏心受压荷载裂缝及非荷载裂缝的裂缝宽度/mm	钢筋混凝土构件	主要构件	<0.2	<0.3	<0.4	<0.05
		一般构件	<0.3	<0.3	<0.4	<0.05
	预应力混凝土构件	主要构件	<0.02(0.05)	<0.02(0.05)	<0.05(0.1)	<0.05
		一般构件	<0.02(0.05)	<0.02(0.05)	<0.05(0.1)	<0.05
需修补的受剪(斜拉、剪压、斜压)、轴压、小偏心受压、局部受压、受冲切、受扭裂缝/mm	钢筋混凝土构件或预应力混凝土构件	任何构件	出现裂缝			

注：1. I-C、I-B、I-A级环境类别和环境作用等级按《混凝土结构耐久性设计规范》(GB/T 50476—2019)的标准确定。

2. 配筋混凝土墙、板构件的一侧表面接触室内干燥空气、另一侧表面接触水或湿润土体时，接触空气一侧的环境作用等级宜按干湿交替环境确定。

3. 表中的规定适用于采用热轧钢筋的钢筋混凝土构件和采用预应力钢丝、钢绞线及热处理钢筋的预应力混凝土构件；当采用其他类别的钢丝或钢筋时，其裂缝控制要求可按专门标准确定。

4. 表中括号内的限值适用于冷拉Ⅰ、Ⅱ、Ⅲ、Ⅳ级钢筋的预应力混凝土构件。

5. 对于烟囱、筒仓和处于液体压力下的结构构件，其裂缝控制要求应符合专门标准的有关规定。

6. 对于钢筋混凝土构件室内正常环境的屋架、托架、托梁、主梁、吊车梁裂缝宽度大于0.5mm的必须处理，而在高湿度环境构件裂缝宽度大于0.4mm的必须处理。

3.3.1.1 非荷载裂缝修补方法

混凝土结构的非荷载裂缝修补方法有表面封闭法、注射法、压力注浆法、填充密封法。

(1) 表面封闭法是最简单和最普通的裂缝修补方法，对宽度较小的裂缝通过密封来防止水汽、空气、化学物质的侵入。在封闭前应对裂缝表面进行处理，用钢丝刷等工具清除裂缝表面的灰尘、浮渣及松散层等污物，然后再用乙醇等有机溶剂沿裂缝两侧擦洗并保持干净。裂缝处理好后，先在裂缝两侧涂一层环氧树脂，然后抹一层薄的环氧树脂胶泥，表面刮平整，保证密闭。表面封闭法如图3-15所示。

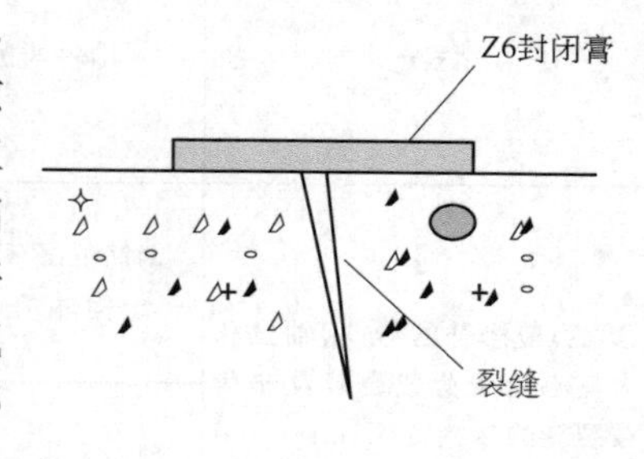

图3-15 表面封闭法

(2) 注射法是以一定的压力将低黏度、高强度的裂缝

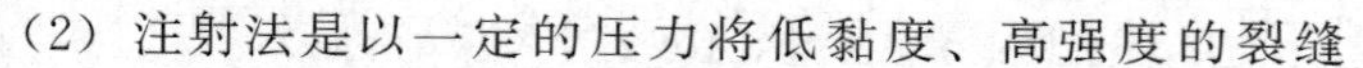

修补胶液注入裂缝腔内。注射前，应按产品说明书的规定，对裂缝周边进行密封。

（3）压力注浆法是在一定时间内，以较高压力（以产品使用说明书确定）将修补裂缝用的注浆料压入裂缝腔内。此方法适用于处理大型结构贯穿性裂缝、大体积混凝土的蜂窝状严重缺陷以及深而蜿蜒的裂缝。压力注浆法如图 3-16 所示。

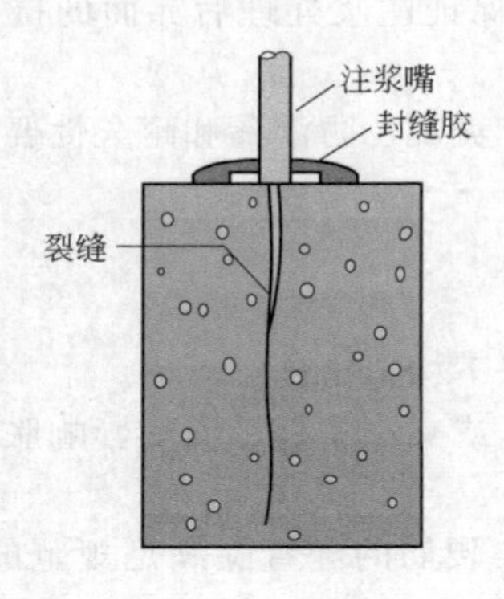

图 3-16 压力注浆法

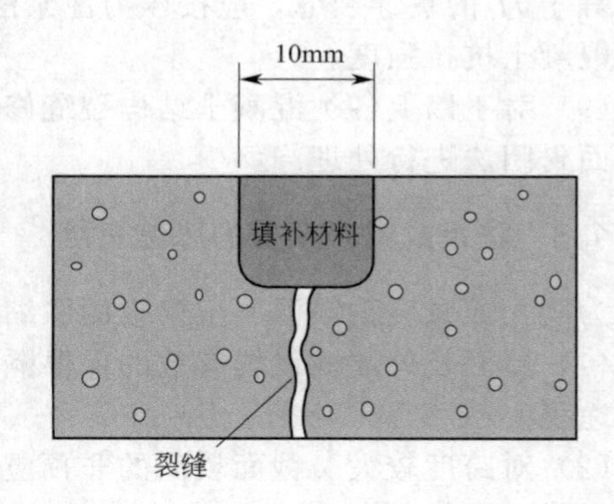

图 3-17 填充密封法

（4）填充密封法是在构件表面沿裂缝走向骑封凿出槽深和槽宽分别不小于 20mm 和 15mm 的 U 形沟槽。当裂缝较细时，亦可凿成 V 形沟槽。当为活动裂缝时，槽宽应大于或等于 15mm 与 5 倍最大裂缝宽度之总和，然后用灌缝胶填充，并粘贴纤维复合材料以封闭其表面。填充密封法如图 3-17 所示。

3.3.1.2 非荷载裂缝修补方法的选用

混凝土结构构件的非荷载裂缝的修补方法，按下列情况分别选用。

（1）应修补的钢筋混凝土构件沿受力主筋处的弯曲、轴拉和大偏心受压荷载裂缝及非荷载裂缝，其宽度在 0.4～0.5mm 时可使用注射法进行处理，宽度大于或等于 0.5mm 时可使用压力注浆法进行处理。

（2）宜修补的钢筋混凝土构件沿受力主筋处的弯曲、轴拉和大偏心受压荷载裂缝及非荷载裂缝，其宽度在 0.2～0.5mm 时可使用填充密封法进行处理，宽度在 0.5～0.6mm 时可使用压力注浆法进行处理。

（3）应修补的沿受力主筋处的弯曲、轴拉和大偏心受压荷载裂缝及非荷载裂缝，其宽度大于 0.2mm 且有防水防气防射线要求的钢筋混凝土构件或预应力混凝土构件，可使用填充密封法进行处理。

（4）应修补的预应力混凝土构件沿受力主筋处的弯曲、轴拉和大偏心受压荷载裂缝及非荷载裂缝，其宽度小于 0.5mm 时可使用注射法进行处理，宽度大于 0.5mm 时可使用压力注浆法进行处理。

（5）宜修补的预应力混凝土构件沿受力主筋处的弯曲、轴拉和大偏心受压荷载裂缝及非荷载裂缝，其宽度在 0.02～0.2mm 时可按表面封闭法进行处理，宽度在 0.2～0.3mm 时可使用填充密封法进行处理，宽度在 0.3～0.5mm 时可使用注射法进行处理。

（6）宜修补的沿受力主筋处的弯曲、轴拉和大偏心受压荷载裂缝及非荷载裂缝，其宽度在 0.05～0.2mm 时且有防水防气防射线要求的钢筋混凝土构件或预应力混凝土构件，可使用注射法并结合表面封闭法进行处理。

（7）受剪（斜拉、剪压、斜压）、轴压、小偏心受压、局部受压、受冲切、受扭裂缝的钢筋混凝土构件或预应力混凝土构件，应使用注射法进行处理。

(8) 裂缝修补除了满足上述要求外，尚应按混凝土结构裂缝深度 h 与构件厚度 H 的关系选择处理方法：h 小于或等于 $0.1H$ 的表面裂缝，应按表面封闭法进行处理；h 在 $0.1H \sim 0.5H$ 时的浅层裂缝，应按填充密封法进行处理；h 大于或等于 $0.5H$ 的纵深裂缝及 h 等于 H 的贯穿裂缝，应按压力注浆法进行处理，且保证注浆处理后界面的抗拉强度不小于混凝土抗拉强度。

(9) 对于以上各类混凝土结构裂缝修补方法，如果有美观、防渗漏和耐久性要求，应结合表面封闭法进行处理。

3.3.1.3 防止或减轻梁板的胀缩裂缝

为防止或减轻钢筋混凝土梁板的胀缩裂缝，应采取以下构造措施。

(1) 屋面及外墙面设置有效的保温隔热措施，是防止或减小梁板受温度影响胀缩裂缝的主要途径。

(2) 对跨度较大、截面较高的非预应力混凝土大梁，腰筋的配置除满足规范的规定外，直径宜适当加大，间距适当减小。

(3) 平面楼层每隔 30m 左右设置施工后浇缝（图 3-18），待一个月后采用比设计强度等级提高一级的无收缩混凝土（采用硫铝酸盐水泥或加产生自应力的外加剂配制）灌填严实，并加强养护。

(4) 外露的挑檐、雨罩、阳台、挑廊等结构，每隔 10～15m 留一道伸缩缝，位置宜在柱子处，宽度为 10mm。挑檐、雨罩如采用卷材防水，在伸缩处或连通铺设；当刚性防水时，则应同阳台、挑廊一样采用防水密封胶嵌缝（图 3-19）。这些构件的分布钢筋直径宜适当加大，间距减小。

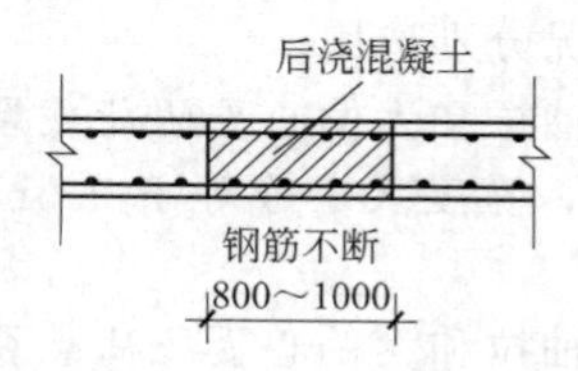

图 3-18　施工中的后浇缝

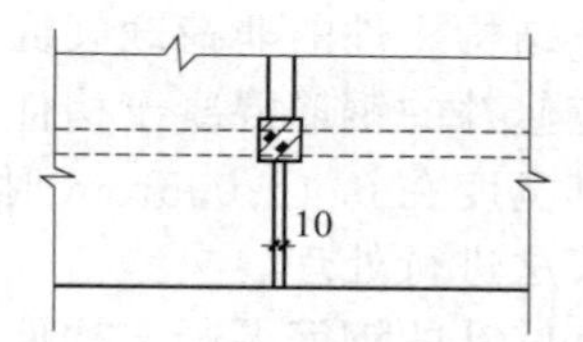

图 3-19　预留伸缩缝

(5) 厚度大于 160mm 的大跨度现浇板，单向板的分布钢筋直径宜适当加大，间距减小；双向板宜增设跨中上部钢筋，可将支座上钢筋的 1/3 拉通，或另设阳 $\phi 8@200$ 双向防裂网，与板支座上钢筋搭接。施工中浇灌混凝土后应加强养护。

3.3.2 砌体结构非荷载裂缝

砌体结构构件裂缝修补，可选用裂缝表面封闭法或压力注浆法。对于地基不均匀沉降引起的裂缝，应结合地基加固进行修补，对于温差产生的裂缝，还应采取适当的构造措施。

控制和减轻砌体裂缝的构造措施如下。

(1) 为控制或减轻砖砌体房屋的第 1、2、3 类裂缝，加强和保证屋面的隔热保温性能是十分重要的。屋面隔热保温材料的选取，在设计时应考虑节能和温度影响的需要，在施工过程中应严格采取措施，防止使隔热保温材料淋雨充水，保持干燥至关重要。

（2）为防止第3类女儿墙水平裂缝的出现，在砖女儿墙设置钢筋混凝土构造柱是有效的措施。钢筋混凝土构造柱的间距，当女儿墙高度超过500mm时，按抗震要求3m左右一个；当非抗震设防或女儿墙高度小于或等于500mm时，可4m左右设置一个。女儿墙混凝土压顶，每15～20m留伸缩缝，用柔性防水膏填堵。

为防止第3类女儿墙水平裂缝的出现，避免屋顶外墙的钢筋混凝土圈梁外露，靠外侧有120mm砌砖砌体，实践表明也是有效的。

（3）为避免由于屋面钢筋混凝土刚性防水层受热膨胀而将女儿墙外推产生水平裂缝，应将钢筋混凝土刚性防水层设置伸缩缝（分格缝），缝应设置在屋架、承重墙或承重大梁上，且间距不宜超过6m；在屋脊处及沿女儿墙边，必须设置伸缩缝。在伸缩缝处钢筋断开，缝宽度为20mm，缝内填堵聚氯乙烯胶泥、聚氨酯弹性密封膏等防水嵌缝膏。

（4）为防止第4类墙体裂缝，可采取下列措施。

① 在基础施工时，应严格进行基底验槽工作，检验基底土质是否符合勘察报告和设计要求，对局部松软土层及坟坑、土井等进行必要的处理。

② 为避免墙基础不均匀沉降，设计时应控制基础各部位基底反力值一致，防止由于基底反力悬殊，使基础产生不均匀沉降而造成墙体开裂。

③ 不宜将建筑物设置在不同刚度的地基上，如同一区段建筑，一部分用天然地基，一部分用桩基等。必须采用不同地基时，要妥善处理，进行必要的计算分析。

④ 加强上部的刚度和整体性，提高墙体的抗剪能力，这样可适应甚至调整地基的不均匀沉降。减少建筑物端部的门、窗洞口，增大端部洞口到墙端的墙体宽度，加强圈梁布置，都可加强结构的整体性。

⑤ 为防止由于墙基础底部土冻胀造成墙体开裂，寒冷地区的墙基础底必须埋置在冰冻线以下。单层厂房或空旷房屋外墙采用墙梁托墙时，如梁底在冰冻线以上时，梁底必须采用砂石等不会冻胀的材料替代易冻胀的土层。

3.3.3 钢结构非荷载裂缝

钢结构一旦出现裂纹，应按《钢结构加固设计标准》（GB 51367—2019）的规定采取相应的修复与加固措施。

3.3.4 砖砌体裂缝的加固补强

砌体一旦发生裂缝，应首先分析开裂原因，鉴别裂缝性质，并观察裂缝是否稳定及其发展状态。这可以从构件受力的特点、建筑物所处的环境条件、裂缝所处的位置、出现的时间及形态综合加以判断。如果在裂缝上抹一层石膏饼，经一段时间后，若石膏饼不开裂，说明裂缝已经稳定。在裂缝原因已经查清的基础上，采取有效措施进行补强。对于除荷载裂缝（受力裂缝）外，不至于危及结构安全且已经稳定的裂缝，常常采用填缝封闭、配筋填缝封闭、灌浆等修补方法。

3.3.4.1 对于第1类墙面处理

对第1类墙体斜向裂缝的处理，首先应把屋面隔热保温层更换或采取加强措施（如增设架空板隔热）；其次，根据墙体裂缝宽度及长度，采取不同的加固补强方法。当裂缝宽度较细、长度较短时，可将表面抹灰层剔深10mm左右，剔宽50mm左右，粘贴玻璃丝布，然后抹平喷浆或贴壁纸恢复表面层，清水外墙面可采用 1：1 水泥砂浆勾缝，并将外表面涂成与砖墙同一颜色。当裂缝宽度较宽且长度较长，影响墙体的整体性及承载力时，应采取压力灌浆加固补强，其方法见 3.4.3 节。

3.3.4.2 对于不均匀沉降墙面处理

对由于基础不均匀沉降产生的墙体裂缝处理，首先应观测沉降是否已稳定，如果确认已处稳定状态，则可根据裂缝宽度及长度按 3.4.1 节方法区别处理。如果沉降尚未稳定，在沉降较大部位应进行勘察，探明土质情况，然后再确定加固处理地基的方案，采用灌浆固结地基土的方法；或采用补桩设梁托墙体的方法，防止继续发生不均匀沉降，对墙体裂缝再按上述方法进行处理。

3.3.4.3 压力灌浆

压力灌浆加固补强砖砌体裂缝，可恢复墙体的刚度、强度及整体性，适用于用满丁满条、满铺满挤法砌筑的黏土砖、灰砂砖、煤渣砖的墙体，不适用空心砖墙、空斗墙。

（1）灌浆的浆液材料及其配合比（质量比）见表 3-5 和表 3-6，水泥强度等级不低于 32.5 级，少量凝块要过 0.6mm 筛，砂用窗纱过筛，粒径不大于 1.2mm，108 胶的固体含量为 12%，pH 值为 7～8。

表 3-5 浆液配方及适宜裂缝宽度

浆别	配合比				悬浮 /(mm/30min)	流动度 /s	适应裂缝宽度 /mm
	水泥	108 胶	砂	水			
稀浆	1	0.25		0.9	2	12.5	0.2～1
稠浆	1	0.2		0.6	1	19	1～5
砂浆	1	0.2	1	0.5	1	133	5～15

表 3-6 裂缝灌浆浆液配合比

浆别	配合比			
	水泥	水	胶结料	砂
稀浆	1	0.9	0.2(108 胶)	
	1	0.9	0.2(二元乳胶)	
	1	0.9	0.01～0.02(水玻璃)	
	1	1.2	0.06(聚醋酸乙烯)	
稠浆	1	0.6	0.2(108 胶)	
	1	0.6	0.15(二元乳胶)	
	1	0.7	0.01～0.02(水玻璃)	
	1	0.74	0.055(聚醋酸乙烯)	
砂浆	1	0.6	0.2(108 胶)	1
	1	0.6～0.7	0.5(二元乳胶)	1
	1	0.6	0.01～0.02(水玻璃)	1
	1	0.4～0.7	0.06(聚醋酸乙烯)	1

注：稀浆用于 0.3～1mm 宽的裂缝；稠浆用于 1～5mm 宽的裂缝；砂浆则适用于宽度大于 5～15mm 的裂缝。

（2）灌浆设备采用灌浆罐、储气罐和空气压缩机，其构造要求和相互连接见图 3-20；也可采用手压泵和浆液容器，手压泵应设有压力表，进浆口和出浆口等装置及泵的工作压力均需大于 0.2MPa。

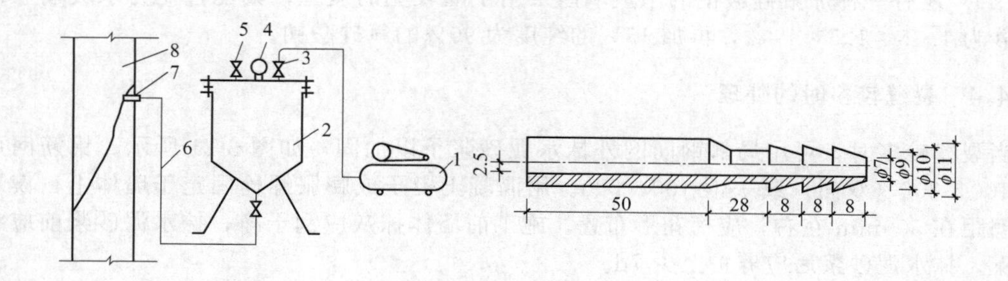

图 3-20 砌体压力灌浆

(3) 灌浆前应用水泥砂浆抹严墙面漏浆的孔洞与缝隙。清水墙面勾缝不牢时，应将松动部位清除后进行勾缝封闭，混水墙面空鼓处应铲除，重新抹面封闭。如果对原墙体还需进行水泥砂浆面层或钢筋网水泥砂浆面层加固时，则应先进行面层加固，然后再进行压力灌浆。

(4) 灌浆嘴子位置和间距。在裂缝的两端、水平缝与立缝交接处、裂缝拐弯处应设置嘴子。嘴子的距离，当缝宽在1mm以下时，在200mm左右；缝宽为1～5mm时，在300mm左右；缝宽为5～15mm时，在500mm左右。

(5) 粘贴灌浆嘴子，当采用直接粘贴法时，用水润湿砖面，嘴子底盘抹少量粘贴砂浆（水泥：108胶：砂：水=1：0.3：1：0.15）把嘴子骑缝粘贴，再用粘贴砂浆将嘴子底盘埋封，在常温下1～2d后即可灌浆。当采用剔洞埋灌浆嘴子时，在裂缝上剔凿小洞，然后将灌浆嘴子管插入小洞用粘贴砂浆埋封稳住，在常温下1～2d后即可灌浆。对宽度在5mm以下的裂缝，宜采用直接粘贴法，避免剔凿小洞时堵塞进浆通路。

(6) 灌浆嘴子粘贴后，沿裂缝已铲除灰皮部位先用水润湿，然后采用1：2水泥砂浆抹封裂缝，宽度在50mm左右。在常温下抹砂浆2d后可灌浆。

(7) 在灌浆前，为了检查封闭是否严密及缝隙是否畅通，必须进行灌水试验，试验应在粘贴嘴子及封缝砂浆硬化后进行，水压为0.2MPa。试水时，进水嘴对竖向或斜向裂缝选用下端，水平缝选一端，试水可冲刷掉缝隙内的尘土，润湿缝隙，观察缝隙灌浆时畅通情况及是否有封闭不严情况。在试水时，漏水厉害处可采用水玻璃砂浆拌成速凝剂堵漏。在灌浆时，有漏浆情况也可采用此法堵漏。

(8) 压力灌浆是灌浆加固补强墙体裂缝的关键工序。灌浆顺序应由下而上或自一端至另一端循序渐进逐嘴灌入，切不可颠倒顺序。灌浆压力应视裂缝宽窄而异，通常为0.15～0.2MPa。灌浆前将浆液倒入灌浆罐后，盖上进料口并拧紧，检查各管路接头，打开储气罐出气阀门，借助压缩空气把浆液顶入输浆管，再通过嘴子压入缝隙内。待邻近的嘴子冒浆后，随即用塞子堵上，然后卡住输浆管并拔离嘴子，并将此灌浆嘴用塞子堵上，把输浆管换插到原已冒浆的嘴子，放松输浆管继续灌浆，如此逐孔灌浆，直至整条裂缝灌满为止。

灌浆后应及时清洗外墙面，并清洗灌浆罐、输浆管。浆液凝固后取下嘴子，清理干净以便再用。

灌浆时储气罐应紧挨灌浆罐，以便随时调整气压。灌浆罐距离裂缝不宜太远，输浆管不宜过长，以便灌浆过程方便、及时。

(9) 可用纯水泥浆，因纯水泥浆的可灌性较好，可顺利地灌入贯通外露的孔隙，对于宽度在3mm左右的裂缝可以灌实。若裂缝宽度大于5mm时，可采用水泥砂浆。

（10）还有一种加氟硅酸钠的水玻璃砂浆用于灌较宽的裂缝，其配合比为水玻璃：矿渣粉：砂为1.15：1.5：1：2，再加15%的纯度为90%的氟硅酸钠。

3.3.4.4 裂缝较多时的处理

当裂缝较多时，可用局部钢筋网外抹水泥砂浆予以加固，如图3-21所示。钢筋网可用ϕ6@100～300（双向）或ϕ4@100～200。用混凝土楔子或膨胀螺栓固定于墙体上，楔子或螺栓间距在500mm左右，应梅花形布置。施工前墙体抹灰应刮干净，抹水泥砂浆前应将砌体浸湿，抹水泥砂浆后应养护至少7d。

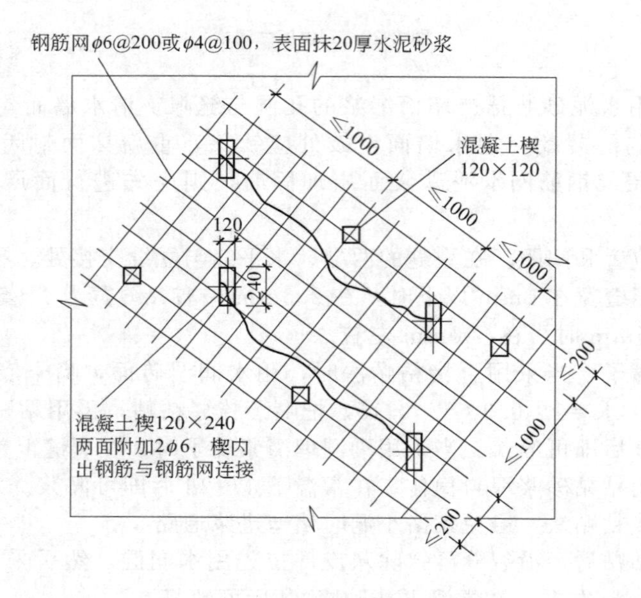

图3-21 混凝土块加钢筋网

3.3.4.5 钢筋或型钢拉杆加固

墙体因受水平推力、不均匀沉降、温度变化引起伸缩等原因而发生外闪，墙体产生较大的裂缝或使外纵墙与内横墙拉结不良时，可用钢筋或型钢拉杆予以加固。设钢筋拉杆如图3-22所示。

如采用钢筋拉杆，宜通长拉结，并沿墙两边设置。较长的拉杆中间应加花篮螺栓，以便拧紧拉杆。拉杆接长时应采用焊接。露在墙外的拉杆或垫板螺帽，可做适当建筑处理。拉杆和垫板都要涂防锈漆。在拉结水平层处，可以增设外圈梁，以增强加固效果。

3.3.4.6 墙体开裂严重的加固

墙体开裂比较严重，为了增加房屋的整体刚性，则可以在房屋墙体一侧或两侧增设钢筋混凝土圈梁。圈梁采用的混凝土强度等级为C15～C20，截面至少为120mm×180mm，钢筋间隔200～250mm，每隔1.5～2.5m应有牛腿（或螺栓、锚固件等）伸进墙内与墙拉结好，并承受圈梁自重。浇筑圈梁时，应将墙面凿毛、淋水，以加强黏结。增设圈梁如图3-23所示。

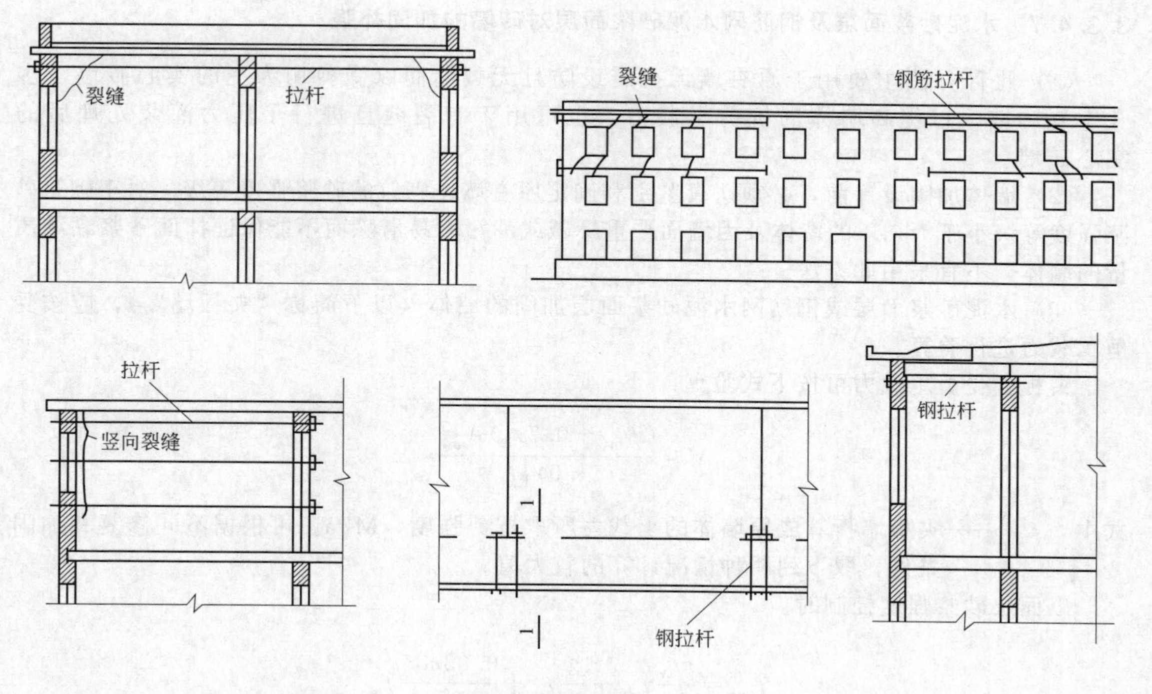

图 3-22　设钢筋拉杆

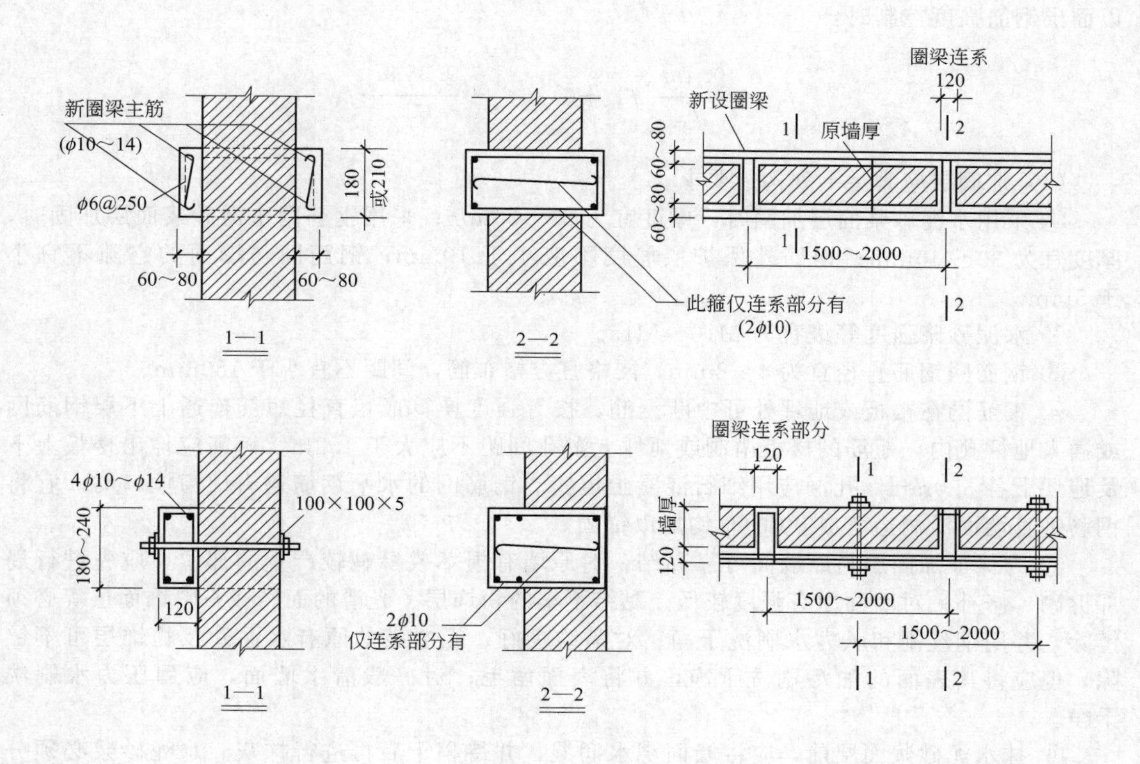

图 3-23　增设圈梁

3.3.4.7 水泥砂浆面层及钢筋网水泥砂浆面层对砖墙的加固补强

(1) 此种方法主要用于原有墙无抗震设防且无裂缝而以受剪切为主的实心砖墙、多孔空心砖墙，以提高墙体的抗剪承载力，也可用于有裂缝且进行了压力灌浆处理后的实心砖墙。

(2) 墙体加固设计前，必须认真鉴别和确定原有墙体砌筑的砂浆强度等级。对于砌筑砂浆强度等级小于 M0.4 的墙体及因墙面严重酥碱或油污不易清除而不能保证抹面砂浆黏结质量的墙体，不宜采用此方法。

(3) 水泥砂浆面层或钢筋网水泥砂浆面层加固的墙体（以下简称“夹板墙”），应按受剪承载力进行验算。

夹板墙受剪承载力可按下式验算：

$$V \leqslant \frac{(f_{mv}+0.7\sigma_0)A_{mk}}{1.9\gamma_{RE}}$$

式中 f_{mv}——夹板墙折算成原墙体的承载力所取抗剪强度，MPa。可根据不同修复和加固条件，取下列两种情况计算的较大值。

以面层砂浆强度控制时：

$$f_{mv}=\frac{nt_v}{t_m}f_{sv}+\frac{2}{3}f_v+\frac{0.03na_s}{\sqrt{s}t_m}f_y$$

以面层钢筋强度控制时：

$$f_{mv}=\frac{0.4nt_v}{t_m}f_{sv}+0.26f_v+\frac{0.35na_s}{\sqrt{s}t_m}f_y$$

(4) 加固层应满足下列构造要求。

① 采用水泥砂浆面层加固时，厚度宜为 20～30mm；采用钢筋网水泥砂浆面层加固时，厚度宜为 30～40mm；钢筋外保护层厚度不应小于 10mm；钢筋网与墙面的空隙不宜小于 5mm。

② 水泥砂浆强度等级宜为 M10～M15。

③ 钢筋网钢筋直径宜为 4～8mm，网格宜方格布筋，间距不宜小于 150mm。

④ 钢筋网在楼板或地坪处可中断钢筋，按等强度换算成粗直径短筋连通上下层钢筋网或插入地坪孔内，短筋的楼板凿洞或地坪上凿孔间距不应大于 1.2m，短筋应伸出楼板上下及地坪下各 500mm，孔洞应用细石混凝土填实。钢筋网的水平钢筋遇有门窗洞口时，宜将钢筋垂直墙面沿洞边弯成 90°的直钩加以锚固。

⑤ 为保证加固层与原墙面可靠黏结，对原墙有损坏或酥碱较严重的部位，应先进行局部拆砌、修补；对墙面原有强度较低、黏结不牢的粉饰层、光滑的面砖或石料饰面层等必须铲除，并用钢丝刷和压力水刷洗干净；对黏结良好、无空鼓的原有水泥砂浆粉饰层可不铲除，但应将其表面的油污刷洗干净，并将表面凿毛；对一般清水墙面，应用压力水刷洗干净。

⑥ 抹水泥砂浆面层前，应将墙面浇水润湿，并待稍干后再进行抹灰。水泥砂浆必须分层抹至设计厚度，每层厚度不宜大于 15mm，要求压实粘牢。

夹板墙面层最好采用喷射砂浆施工方法，使夹板墙面层与原有墙面有较高的黏结强度，施工进度也快。

⑦ 夹板墙应在环境气温为5℃以上时进行施工，并应认真做好养护。室内墙体抹面后要将门窗关闭，以免通风过强造成表面干裂。水泥砂浆终凝后，室内墙体面层每天浇水 2～3 遍，室外墙体面层每天浇水 3～6 遍。

3.3.4.8 工程实例

(1) 女儿墙裂缝处理　秦皇岛市某宾馆，砖砌体多层房屋，投入使用后不久发现屋顶女儿墙与屋顶混凝土圈梁之间有通长水平裂缝，并有女儿墙错出下部墙面现象，在东南角及西南角部位尤为严重。经检测了解到，该建筑的屋顶保温防水层上有现浇刚性防水混凝土整浇层，刚性整浇层与女儿墙没有设缝分开，也没有按正常做法间隔不大于 6m 设缝断开，因此出现上述女儿墙裂缝是完全符合规律的。处理措施有以下两方面。

① 屋面刚性现浇混凝土层沿女儿墙锯（采用无齿锯）开一条宽度 20mm 的缝，然后采用嵌缝膏填堵。

② 沿女儿墙水平裂缝在外边剔凿外宽 20～30mm、深不小于 20mm 的三角形缝，清理干净并在干燥的状况下填抹环氧胶泥，以防止雨水渗漏，外表面涂刷与清水墙一样颜色。

(2) 八字墙裂缝处理　北京某招待所，六层砖砌体房屋，南侧设有通长外挑阳台及顶层雨罩，外挑长度均为 1.5m，横墙承重；房间采用预应力圆孔板，靠外墙部分与阳台、雨罩为现浇混凝土板，屋面保温采用加气混凝土块，投入使用后的夏天发现屋顶层横墙南侧顶部及内走廊纵墙靠外横墙顶部出现八字裂缝。

经了解，屋面加气混凝土保温层是在头年夏天雨季期间施工，由于加气混凝土可能吸水会对将来的隔热造成影响，且出现墙体胀裂形成八字裂缝。因为该招待所属重要机关，采用稀浆压力灌浆处理，并且屋面增设架空板（经验算墙及基础承载力可以增设），以便达到有较好的隔热效果，避免墙体再开裂。

(3) 地下汽车库柱断裂破坏加固　某地下汽车库建筑面积约 $3500m^2$，采用钢筋混凝土板柱结构，天然地基，由结构自重和上部 1m 厚覆土抵抗水浮力，设计抗浮安全系数为 1.22，底板厚 600mm，柱断面 400mm×400mm，柱顶设柱帽，混凝土外墙厚 300mm，顶板厚 300mm，混凝土 C35P6。车库主体结构完成后，利用场内其他建筑的施工弃土对车库周边外侧进行回填，而顶板上覆土因缺少施工场地而未先行或同时回填。

① 事故情况　2001 年 2 月 11 日，发现少数柱子有细小裂缝。2 月 15 日，两根柱的最大水平裂缝宽度已达 1mm 以上，数小时后裂缝斜向贯通，表面裂缝宽度达 1 cm，至此两柱处于破坏状态，另外两柱的最大水平裂缝宽度已超过 0.5mm，同时有斜向细微裂缝，其他柱多出现水平裂缝，部分外侧墙渗水，底板后浇带处明显开裂，先冒气泡，后冒水，顶板基本未发现裂缝。随着底板上水不断冒出，上浮情况有所缓解。为防止倒塌，在裂缝宽约 0.5mm 时，对所有裂缝柱采用钢结构进行紧急临时支承。

根据车库内底板上 85 个沉降观测点的观测结果，车库周边基本未上浮，中部上浮最大，呈现出有规律的上浮曲面，说明车库整体稳定，中部局部上浮，由上浮变形引起结构附加内力，造成车库底板及柱子开裂。经计算，此时的整体抗浮安全系数为 0.81，中部局部抗浮安全系数为 0.72，车库还存在整体上浮的可能。车库未整体上浮的原因可能是其周边与土体存在摩擦力和抗剪强度，实际地下水位比长年地下水位低，基底土透水性弱等原因。

② 加固设计及施工

a. 变形恢复　变形恢复有降水、在底板上临时堆载、在顶板上临时堆载三种方案，但降水需在底板上凿洞，柱加固前在顶板上堆载对柱很不利，故采用在底板上堆载的方案，力求使上浮的变形缓慢恢复。在底板上堆砂石等建筑材料（局部留出柱子加固施工场地），堆料 $18kN/m^2$。此时实际抗浮安全系数为 1.2，每天沉降观测不少于 1 次。15d 后沉降基本稳定，此时最大残余上浮量为 39mm。堆载待顶板上永久覆土分层加上后，可相应分批撤除。

b. 承载能力恢复　经观察与分析，底板与顶板的承载能力损失不大，大部分柱子裂缝细微。对 2 根断裂破坏的柱，可凿除原柱混凝土，绑扎箍筋 $\phi10$@ 100/150，周边加大截面 60mm，重新浇捣混凝土，使截面变为 520mm×520mm；对弯曲裂缝宽度大于 0.3mm 的 2 根柱，分两层粘贴碳纤维布补强，内层为 0.2mm 厚竖向条补强柱纵筋，外层为 0.1mm 厚环向封闭条补强箍筋，碳纤维布极限抗拉强度为 3550MPa，弹性模量为 235GPa。其他开裂柱子采用灌缝或粘贴碳纤维布补强，顶板和底板上均做配筋现浇层。

③ 变形维持与使用功能恢复　柱加固完成、承载能力恢复后，在顶板做现浇层与防水层，顶板上永久覆土分层加上后，相应分批撤除堆载。此时变形可永久保持稳定，抗浮达到原设计要求。通过对底板等的防水堵漏处理，车库的使用功能得到恢复。

结构鉴定

随着国家经济的发展、人民生活水平的提高，一方面需要建造大量的新建筑满足人们需求，另一方面既有建筑结构随着服役时间的增长、使用环境的变化，结构性能逐渐衰退，出现结构使用性或安全性等不满足新标准的情况。新建建筑工程的质量检查与评定，新的结构计算理论、结构形式、新材料的大量应用，也需要对结构进行必要的试验与检测。此外，既有建筑为改变用途、延长服役期、提高结构安全性、可靠性或抗震性能等级而实施维护与加固处理前，要对结构进行必要的检测与鉴定。如 2008 年汶川地震后，国家有关研究部门及研究机构总结经验教训，为保障校舍安全，建议提高中小学校舍房屋结构安全和抗震等级。在结构维护和加固处理前，则必须对学校校舍进行房屋可靠性及抗震性能鉴定等。

4.1 建筑可靠性鉴定

4.1.1 建筑可靠性鉴定的概念

建筑在自然环境和使用荷载的长期作用后，或者是结构的使用功能要求和使用状态发生改变，其完成预定功能的能力将逐渐减弱。建筑可靠性鉴定就是采取科学的方法分析结构损伤的演化规律，评估结构损伤的程度，对其完成预定功能的能力进行评价和鉴定，继而采取及时、有效的处理措施，从而延缓结构损伤的进一步演化，达到延长结构使用寿命的目的。

既有建筑物的可靠性鉴定与新建建筑物的可靠性设计有其相似之处。二者的理论基础都是基于结构可靠性理论，即通过对各种不确定因素的分析，控制（可靠性设计）或评估（可靠性鉴定）建筑物的可靠性水平。但是，由于可靠性鉴定是基于自然环境、使用荷载长期作用后或使用状态发生改变后的建筑物，其分析方法并不能完全套用新建建筑物结构设计中的校核方法，二者区别主要表现在以下几个方面。

4.1.1.1 设计基准期和目标使用期

对于新建建筑物的可靠性设计，设计基准期为规范规定的基准期。《建筑结构可靠度设计统一标准》(GB 50068—2018) 规定了统一的设计使用年限（一般为 50 年），但对于现有建筑物的可靠性鉴定，特别是工业建筑物的可靠性鉴定，目标使用期宜根据国民经济和社会发展状况、工艺更新、服役结构的技术状况（包括已使用年限、破损状况、危险程度、维修状况）等综合确定，一般由使用者或业主提出，且较目前规定的设计使用年限短。

4.1.1.2 前提条件

新建建筑物可靠性分析的前提条件，是建筑物能够按照国家相关标准、规范的要求得到正常设计、正常施工、正常使用和正常维护。而对于现有建筑物，设计和施工已完成，其可靠性分析的前提条件较新建建筑物有较大不同。如果原设计或施工存在缺陷，则必须考虑它们对建筑物可靠性的影响；若使用期间没有得到正常的维护或受到破坏，还必须考虑这些附加条件的影响。

4.1.1.3 设计荷载和验算荷载

进行结构设计时，采用的荷载值为设计荷载，它是根据《建筑结构荷载规范》（GB 50009—2012）及生产工艺要求而确定的。对使用若干年后的服役结构进行承载力验算时采用的荷载值则是根据服役结构在使用期间的实际荷载，并考虑荷载规范规定的基本原则经过分析研究核准确定的。对一些无规范可遵循的荷载，如温度应力作用、超静定结构的地基不均匀下沉所造成的附加应力作用等，均应根据《建筑结构可靠度设计统一标准》（GB 50068—2018）的基本原则和现场测试数据的分析结果来确定。

4.1.1.4 抗力计算依据

新建建筑物的可靠性设计时，抗力是根据结构设计规范规定的材料强度和计算模式来进行计算的。而建筑物的可靠性鉴定中验算结构抗力时，结构的材性和几何尺寸是通过查阅设计图纸、施工文件和现场检测结果等综合考虑确定的，对结构抗力的验算模式是根据需要对规范提供的计算模式加以修正的。对情况比较复杂的结构或难以计算的结构问题，还必须参考结构试验的结果。

4.1.1.5 可靠性控制级别

在新建建筑物的可靠性设计中可靠性控制是以满足现行设计规范为准则，其设计结果只有两种结论，即满足或不满足。在建筑物的可靠性鉴定中可靠性是以某个等级指标给出的，例如a、b、c、d级。这是因为在验算和评估工作中必须考虑结构设计规范的变迁、服役结构的使用效果及对目标使用期的要求等问题。因而其鉴定结论不能按满足或不满足来评定，而应更细化。所以，目前颁布的民用建筑可靠性鉴定标准按四个级别来反映服役结构的可靠度水平。

4.1.2 建筑可靠性鉴定的工作程序与基本规定

4.1.2.1 鉴定方法及工作程序

建筑物可靠性鉴定的目的是全面、准确地掌握建筑物的性能、状况和所承受的各种作用，准确评价其可靠度水平，为建筑物的使用和管理提供技术依据。已有建筑物的可靠性鉴定方法，正在从传统经验法和实用鉴定法向可靠度鉴定法过渡。目前采用的仍然是传统经验法和实用鉴定法，可靠度鉴定法尚未达到应用阶段。

（1）传统经验法　传统经验法是在不具备检测仪器设备的条件下，对建筑结构的材料强度及其损伤情况，按目测调查，或结合设计资料和建筑年代的普遍水平，凭经验进行评估取值，然后按相关设计规范进行验算。主要从承载力、结构布置及构造措施等方面，通过与设计规范相比较，对建筑物的可靠性做出评定。这种方法快速、简便、经济，适合于构造简单的旧房的普查和定期检查。由于未采用现代测试手段，故鉴定人员的主观随意性较大，鉴定质量由鉴定人员的专业素质和经验水平决定，鉴定结论容易出现争议。

(2) 实用鉴定法　实用鉴定法是运用现代检测技术手段，对结构材料的强度、老化、裂缝、变形、锈蚀等问题通过实测确定，然后按照现行规范进行验算校核。实用鉴定法将鉴定对象从构件到鉴定单元划分成共三个层次，每个层次划分为三四个等级。评定顺序是从构件开始，通过调查、检测、验算确定等级，然后按该层次的等级构成评定上一层次的等级，最后评定鉴定单元的可靠性等级。

实用鉴定法包括初步调查、详细调查、补充调查、检测、试验、理论计算、可靠性分析、可靠性评定及确定鉴定目的、范围和内容等多个环节。

建筑物可靠性鉴定的范围、内容和要求需根据具体的鉴定任务确定，一般以合同的形式予以规定，如果不是对整个建筑物进行鉴定，鉴定对象则应具有一定的独立性，如由变形缝所划分的建筑物单元、屋盖系统、吊车梁系统等。

建筑物和环境的调查检测主要是了解建筑物和环境的历史，全面、准确地掌握建筑物当前的实际性能、使用状况以及所处的环境，收集涉及建筑物及其环境未来变化的有关信息等，为建筑物的可靠性分析和评定提供依据。

建筑物的可靠性分析是根据调查检测结果以及可靠性鉴定的目的和要求，通过力学和必要的物理、化学分析，确定建筑物在目标使用期里的可靠度水平，包括建筑物整体和各个组成部分的可靠度水平，并综合分析建筑物所存在问题的原因。

建筑物的可靠性评定是根据调查检测和可靠性分析的结果，按照一定的评定标准和方法，逐步评定建筑物各个组成部分以及建筑物整体的可靠性，确定相应的可靠性等级，指明建筑物中不满足可靠性要求的具体部位和构件，并提出初步处理意见。

(3) 可靠度鉴定法　实用鉴定法比传统经验法有较大的突破，评价的结论比传统经验法更接近实际。已有建筑物的作用力、结构抗力等影响建筑物的诸因素，实际上都是随机变量，甚至是随机过程，采用现有规程进行应力计算、结构分析均属于定值法的范围，用定值法的固定值来估计已有建筑物的随机变量的不定性的影响，显然是不合理的。近几年，随着概率论和数理统计的应用，采用非定值理论的研究已经有所进展，对已有建筑物可靠性的评价和鉴定已形成一种新的方法——可靠度鉴定法。

可靠度鉴定就是用概率的概念来分析已有建筑物的可靠度，即已有建筑物结构抗力 R、作用力 S 都是随机变量，它们之间的关系为：$R>S$ 表示可靠；$R=S$ 表示恰好达到极限状态；$R<S$ 表示失效，失效的可能性有大有小，用概率来表示，称为失效概率，一般用 P_f 表示。如果已有建筑物可靠度用概率来表示，显然，保证概率 P_s 与失效概率 P_f 是互补的，即 $P_s+P_f=1$。因此，只要能计算失效概率，便可得到保证概率，即已有建筑物的可靠度。

应该指出，可靠度鉴定法在理论上是完善的，但要达到实用的程度，还有很大困难。为了达到实用的目的，目前大多采用近似概率可靠度鉴定。

4.1.2.2　基本规定

(1) 鉴定评级层次的划分　将建筑结构体系按照结构失效的逻辑关系，划分为相对简单的三个层次，即构件、子单元和鉴定单元三个层次。

构件是鉴定的第一层次，是最基本的鉴定单位。它可以是一个单件，如一根梁或柱；也可以是一个组合件，如一品桁架；还可以是一个片段，如一面墙。子单元由构件组成，是鉴定的第二层次。子单元层次一般包括地基基础、上部承重结构和围护系统三个子单元。鉴定单元由子单元组成，是鉴定的第三层次。根据建筑物的构造特点和承重体系的种类，将建筑物划分为一个或若干个可以独立进行鉴定的区段，则每一个区段就是一个鉴定单元。

（2）鉴定评级 《民用建筑可靠性鉴定标准》（GB 50292—2015）按构件、子单元、鉴定单元三个层次，将安全性、适用性、可靠性分别划分为四级、三级和四级。工程实践说明，这个标准所采用的等级级数和分级原则总体上是适合的，能够有效区别可靠度水平不同的建筑物，满足工程决策的需要。

综合这个标准的分级原则，按构件、子单元、鉴定单元三个层次将安全性、适用性和可靠性均划分为四个等级，并采用统一的分级原则。为便于叙述，安全性、适用性、可靠性的等级均采用相同的符号表示。

① 构件

a. a级：符合国家现行规范要求，安全、适用，不必采取措施。

b. b级：略低于国家现行规范要求，基本安全、适用，可不必采取措施。

c. c级：不符合国家现行规范要求，影响安全或正常使用，应采取措施。

d. d级：严重不符合国家现行规范要求，危及安全或不能正常使用，必须立即或及时采取措施。

② 子单元

a. A级：主要项目符合国家现行规范要求，次要项目可略低于国家现行规范要求，不影响系统整体的安全、适用功能，不必采取措施。

b. B级：主要项目符合或略低于国家现行规范要求，个别次要项目可不符合国家现行规范要求，尚不显著影响系统整体的安全、适用功能，宜采取适当措施。

c. C级：主要项目略低于或不符合国家现行规范要求，个别次要项目可严重不符合国家现行规范要求，显著影响系统整体的安全、适用功能，应采取措施。

d. D级：主要项目严重不符合国家现行规范要求，严重影响系统整体的安全、适用功能，必须立即或及时采取措施。

③ 鉴定单元

a. Ⅰ级：符合国家现行规范要求，个别项目宜采取措施，不影响鉴定单元整体的安全、适用功能。

d. Ⅱ级：略低于国家现行规范要求，尚不显著影响鉴定单元整体的安全、适用功能，个别项目应采取措施。

c. Ⅲ级：不符合国家现行规范要求，影响鉴定单元整体的安全、适用功能，有些项目应采取措施，个别项目必须立即或及时采取措施。

d. Ⅳ级：严重不符合国家现行规范要求，严重影响鉴定单元整体的安全、适用功能，必须立即或及时采取措施。

上述的措施，对于评为b、B及Ⅱ级的，一般是指维护，个别的为耐久性处理或加固等措施；对于评为c、C及Ⅲ级的，是指加固、补强或个别更换等措施；对于评为d、D及Ⅳ级的，是指应急、加固、更换或报废等措施。

4.2 民用建筑可靠性适用范围及鉴定程序

4.2.1 适用范围

4.2.1.1 安全性鉴定的范围

（1）危房鉴定及各种应急鉴定。

（2）房屋改造前的安全检查。

（3）临时性房屋需要延长使用期的检查。

（4）使用性鉴定中出现的安全问题。

4.2.1.2 正常使用性鉴定的范围

（1）建筑物日常维护的检查。

（2）建筑物使用功能的鉴定。

（3）建筑物有特殊使用要求的专门鉴定。

4.2.2 鉴定程序

《民用建筑可靠性鉴定标准》（GB 50292—2015）采用了以概率理论为基础、以结构各种功能要求的极限状态为鉴定依据的可靠性鉴定方法，简称为概率极限状态鉴定法；并将已有建筑物的可靠性鉴定划分为安全性鉴定与正常使用性鉴定两个部分，采用等级评定对建筑物的安全性和正常使用性现状做出评价。根据分级模式设计的评定程序，将复杂的建筑结构体系分为相对简单的若干层次，然后分层分项进行检查，逐层逐步进行综合，以取得能满足实用要求的可靠性鉴定结论。具体实施时是进行安全性鉴定，还是进行正常使用性鉴定，或是两者均需进行（即可靠性鉴定），应根据鉴定的目的和要求按照标准所述的原则进行选择。

民用建筑可靠性鉴定程序可按图 4-1 进行。

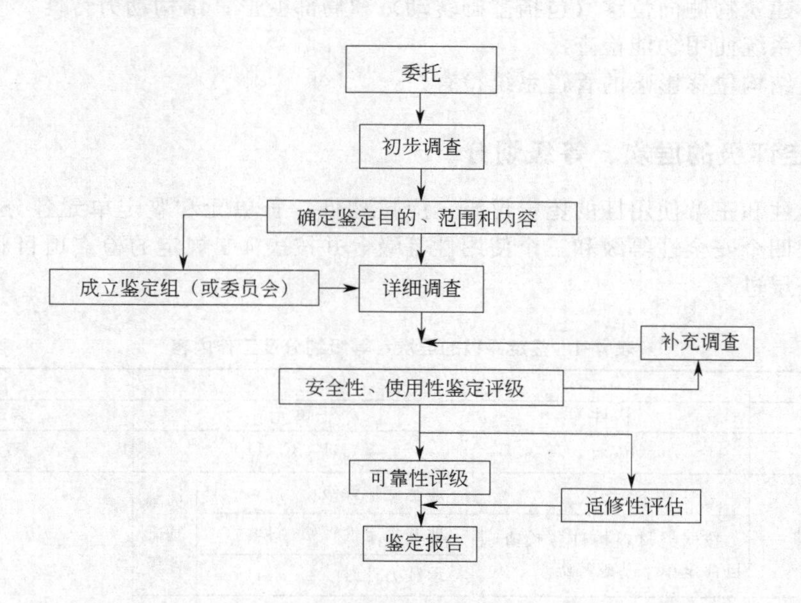

图 4-1 民用建筑可靠性鉴定程序

鉴定程序流程可分为初步调查、详细调查和补充调查。

4.2.2.1 初步调查

初步调查的目的是了解建筑物和环境的历史及现状的一般情况，一般应包括以下内容。

（1）图纸资料（如岩土工程勘察报告、设计计算书、设计变更记录、施工图、施工及施工变更记录、竣工图、竣工质检及验收文件、定点观测记录、事故处理报告、维修记录、历次加固改造图纸等）。

（2）建筑物历史（如原始施工、历次修缮、改造、用途变更、使用条件改变以及受灾情况）。

（3）考察现场（按资料核对实物、调查建筑物实际使用条件和内外环境、查看已发现的问题、听取有关人员的意见等）。

（4）填写初步调查表。

（5）制定详细调查计划及检测、试验工作大纲并提出需由委托方完成的准备工作。

4.2.2.2 详细调查

详细调查是可靠性鉴定的基础，其目的是为结构的质量评定、结构验算和鉴定以及后续的加固设计提供可靠的资料和依据。根据实际需要选择下列工作内容。

（1）结构基本情况勘察：结构布置及结构形式；圈梁、支承（或其他抗侧力系统）布置；结构及其支承构造；构件及其连接构造，结构及其细部尺寸，其他有关的几何参数。

（2）结构使用条件调查核实：结构上的作用；建筑物内外环境；使用史（含荷载史）。

（3）地基基础（包括桩基础）检查：场地类别与地基土（包括土层分布及下卧层情况）；地基稳定性（斜坡）；地基变形，或其在上部结构中的反应；评估地基承载力的原位测试及室内物理力学性质试验；基础和桩的工作状态（包括开裂、腐蚀和其他损坏的检查）；其他因素（如地下水抽降、地基浸水、水质、土壤腐蚀等）的影响或作用。

（4）材料性能检测分析：结构构件材料；连接材料；其他材料。

（5）承重结构检查：构件及其连接工作情况；结构支承工作情况；建筑物的裂缝分布；结构整体性；建筑物侧向位移（包括基础转动）和局部变形；结构动力特性。

（6）围护系统使用功能检查。

（7）易受结构位移影响的管道系统检查。

4.2.3 鉴定评级的层次、等级划分

（1）安全性和正常使用性的鉴定评级，应按构件、子单元和鉴定单元各分为三个层次。每一层次分为四个安全性等级和三个使用性等级，并按表 4-1 规定的检查项目和步骤，从第一层开始，分层进行。

表 4-1 鉴定评级的层次、等级划分及工作内容

<table>
<tr><td colspan="2">层次</td><td>一</td><td colspan="2">二</td><td>三</td></tr>
<tr><td colspan="2">层名</td><td>构件</td><td colspan="2">子单元</td><td>鉴定单元</td></tr>
<tr><td rowspan="8">安全性鉴定</td><td>等级</td><td>a_u、b_u、c_u、d_u</td><td colspan="2">A_u、B_u、C_u、D_u</td><td>A_{su}、B_{su}、C_{su}、D_{su}</td></tr>
<tr><td rowspan="3">地基基础</td><td>—</td><td>地基变形评级</td><td rowspan="3">地基基础评级</td><td rowspan="7">鉴定单元安全性评级</td></tr>
<tr><td rowspan="2">按同类材料构件各检查项目评定单个基础等级</td><td>地基稳定性评级(斜坡)</td></tr>
<tr><td>承载力评级</td></tr>
<tr><td rowspan="3">上部承重结构</td><td rowspan="2">按承载能力、构造不适于继续承载的位移或残损等检查项目评定单个构件等级</td><td>每种构件评级</td><td rowspan="3">上部承重结构评级</td></tr>
<tr><td>结构侧向位移评级</td></tr>
<tr><td>—</td><td>按结构布置、支承、圈梁、结构间连系等检查项目评定结构整体性等级</td></tr>
<tr><td>围护系统承重部分</td><td colspan="3">按上部承重结构检查项目及步骤评定围护系统承重部分各层次安全性等级</td></tr>
</table>

续表

<table>
<tr><td colspan="2">层次</td><td>一</td><td colspan="2">二</td><td>三</td></tr>
<tr><td colspan="2">层名</td><td>构件</td><td colspan="2">子单元</td><td>鉴定单元</td></tr>
<tr><td rowspan="6">正常使用性鉴定</td><td>等级</td><td>a_s、b_s、c_s</td><td colspan="2">A_s、B_s、C_s</td><td>A_{ss}、B_{ss}、C_{ss}</td></tr>
<tr><td>地基基础</td><td>—</td><td colspan="2">按上部承重结构和围护系统工作状态评估地基基础等级</td><td rowspan="5">鉴定单元正常使用性评级</td></tr>
<tr><td rowspan="2">上部承重结构</td><td rowspan="2">按位移、裂缝、风化、锈蚀等检查项目评定单个构件等级</td><td>每种构件评级</td><td rowspan="2">上部承重结构评级</td></tr>
<tr><td>结构侧向位移评级</td></tr>
<tr><td rowspan="2">围护系统功能</td><td>—</td><td>按屋面防水、吊顶、墙、门窗、地下防水及其他防护设施等检查项目评定围护系统功能等级</td><td rowspan="2">围护系统评级</td></tr>
<tr><td colspan="2">按上部承重结构检查项目及步骤评定围护系统承重部分各层次使用性等级</td></tr>
<tr><td rowspan="4">可靠性鉴定</td><td>等级</td><td>a、b、c、d</td><td colspan="2">A、B、C、D</td><td>Ⅰ、Ⅱ、Ⅲ、Ⅳ</td></tr>
<tr><td>地基基础</td><td colspan="3" rowspan="3">以同层次安全性和正常使用性评定结果并列表达，或按本标准规定的原则确定其可靠性等级</td><td rowspan="3">鉴定单元可靠性评级</td></tr>
<tr><td>上部承重结构</td></tr>
<tr><td>围护系统</td></tr>
</table>

注：1. 根据构件各检查项目评定结果，确定单个构件等级。

2. 根据子单元各检查项目及各种构件的评定结果，确定子单元等级。

3. 根据各子单元的评定结果，确定鉴定单元等级。

（2）各层次的可靠性鉴定评级，应以该层次安全性和正常使用性的评定结果为依据综合确定。每一层次的可靠性等级分为四级。

（3）当仅要求鉴定某层次的安全性或正常使用性时，检查和评定工作可只进行到该层次相应程序规定的步骤。

4.2.4 鉴定评级标准

（1）民用建筑安全性鉴定评级的各层次分级标准，应按表 4-2 的规定采用。

表 4-2 安全性鉴定分级标准

层次	鉴定对象	等级	分级标准	处理要求
一	单个构件或其检查项目	a_u	安全性符合本标准对 a_u 级的要求，具有足够的承载能力	不必采取措施
		b_u	安全性略低于本标准对 a_u 级的要求，尚不显著影响承载能力	可不采取措施
		c_u	安全性不符合本标准对 a_u 级的要求，显著影响承载能力	应采取措施
		d_u	安全性极不符合本标准对 a_u 级的要求，已严重影响承载能力	必须及时或立即采取措施

续表

层次	鉴定对象	等级	分级标准	处理要求
二	子单元中的每种构件	A_u	安全性符合本标准对 A_u 级的要求，具有足够的承载能力	不必采取措施
		B_u	安全性略低于本标准对 A_u 级的要求，尚不显著影响承载能力	可不采取措施
		C_u	安全性不符合本标准对 A_u 级的要求，显著影响承载能力	应采取措施
		D_u	安全性极不符合本标准对 A_u 级的要求，已严重影响承载能力	必须及时或立即采取措施
	子单元的检查项目	A_u	安全性符合本标准对 A_u 级的要求，不影响整体荷载	可不采取措施
		B_u	安全性略低于本标准对 A_u 级的要求，尚不显著影响整体荷载	可能有极个别构件应采取措施
		C_u	安全性不符合本标准对 A_u 级的要求，显著影响整体荷载	应采取措施，且可能有个别构件应立即采取措施
		D_u	安全性极不符合本标准对 A_u 级的要求，已严重影响整体荷载	必须立即采取措施
	子单元	A_u	安全性符合本标准对 A_u 级的要求，不影响整体荷载	可能有极少数一般构件应采取措施
		B_u	安全性略低于本标准对 A_u 级的要求，尚不显著影响整体荷载	可能有极少数构件应采取措施
		C_u	安全性不符合本标准对 A_u 级的要求，显著影响整体荷载	应采取措施，且可能有少数构件必须立即采取措施
		D_u	安全性极不符合本标准对 A_u 级的要求，已严重影响整体荷载	必须立即采取措施
三	鉴定单元	A_{su}	安全性符合本标准对 A_{su} 级的要求，具有足够的承载能力	可能有极少数一般构件应采取措施
		B_{su}	安全性略低于本标准对 A_{su} 级的要求，尚不显著影响承载能力	可能有极少数构件应采取措施
		C_{su}	安全性不符合本标准对 A_{su} 级的要求，显著影响承载能力	应采取措施，且可能有少数构件必须立即采取措施
		D_{su}	安全性极不符合本标准对 A_{su} 级的要求，已严重影响承载能力	必须立即采取措施

（2）民用建筑正常使用性鉴定评级的各层次分级标准，应按表 4-3 的规定采用。

表 4-3 使用性鉴定分级标准

层次	鉴定对象	等级	分级标准	处理要求
一	单个构件或其检查项目	a_s	使用性符合本标准对 a_s 级的要求，具有正常的使用功能	不必采取措施
		b_s	使用性略低于本标准对 a_s 级的要求，尚不显著影响使用功能	可不采取措施
		c_s	使用性不符合本标准对 a_s 级的要求，显著影响使用功能	应采取措施
二	子单元中的每种构件	A_s	使用性符合本标准对 A_s 级的要求，具有正常的使用功能	不必采取措施
		B_s	使用性略低于本标准对 A_s 级的要求，尚不显著影响使用功能	可不采取措施
		C_s	使用性不符合本标准对 A_s 级的要求，显著影响使用功能	应采取措施
	子单元的检查项目	A_s	使用性符合本标准对 A_s 级的要求，不影响整体使用功能	可不采取措施
		B_s	使用性略低于本标准对 A_s 级的要求，尚不显著影响整体使用功能	可能有极个别构件应采取措施
		C_s	使用性不符合本标准对 A_s 级的要求，显著影响整体使用功能	应采取措施，且可能有个别构件应立即采取措施
	子单元	A_s	使用性符合本标准对 A_s 级的要求，不影响整体使用功能	可能有极少数一般构件应采取措施
		B_s	使用性略低于本标准对 A_s 级的要求，尚不显著影响整体使用功能	可能有极少数构件应采取措施
		C_s	使用性不符合本标准对 A_s 级的要求，显著影响整体使用功能	应采取措施，且可能有少数构件必须立即采取措施
三	鉴定单元	A_{ss}	使用性符合本标准对 A_{ss} 级的要求，不影响整体使用功能	可能有极少数一般构件应采取措施
		B_{ss}	使用性略低于本标准对 A_{ss} 级的要求，尚不显著影响整体使用功能	可能有极少数构件应采取措施
		C_{ss}	使用性不符合本标准对 A_{ss} 级的要求，显著影响整体使用功能	应采取措施，且可能有少数构件必须立即采取措施

4.3 安全性鉴定

民用建筑安全性鉴定评级分为构件安全性鉴定评级、子单元的安全性鉴定评级和鉴定单元的安全性评级三层进行。

4.3.1 构件的安全性鉴定评级

单个构件安全性鉴定评级，应根据构件的不同种类执行。常见的结构构件有混凝土结构构件、钢结构构件、砌体结构构件和木结构构件。限于篇幅，本节以混凝土结构构件、钢结构构件、砌体结构构件为例进行讲解。

4.3.1.1 构件安全性鉴定评级的原则

（1）单个构件安全性的鉴定评级，应根据构件的不同种类，分别按有关章节的规定执行。

（2）当验算被鉴定结构或结构构件的承载能力时，应遵守下列结构规定。

① 结构构件验算采用的结构分析方法，应符合国家现行设计规范的规定。

② 结构构件验算使用的计算模型，应符合其实际受力与构造状况。

③ 结构上的作用应经调查或检测核实，并应按本标准有关规定取值。

④ 结构构件作用效应的确定，应符合下列要求。

a. 作用的组合、作用的分项系数及组合值系数，应按现行国家标准《建筑结构荷载规范》（GB 50009—2012）的规定执行。

b. 当结构受到温度、变形等作用，且对其承载有显著影响时，应计入由之产生的附加内力。

⑤ 构件材料强度的标准值应根据结构的实际状态按下列原则确定。

a. 若原设计文件有效，且不怀疑结构有严重的性能退化或设计、施工偏差，可采用原设计的标准值。

b. 若调查表明实际情况不符合上款的要求，应按规定进行现场检测，并确定标准值。

⑥ 结构或结构构件的几何参数应采用实测值，并应计入锈蚀、腐蚀、腐朽、虫蛀、风化、局部缺陷或缺损以及施工偏差等的影响。

⑦ 当需检查设计责任时，应按原设计计算书、施工图及竣工图，重新进行一次复核。

（3）当需通过荷载试验评估结构构件的安全性时，应按现行专门标准进行。若检验合格，可根据其完好程度，定为 a_u 级或 b_u 级；若检验不合格，可根据其严重程度，定为 c_u 级或 d_u 级。

（4）当建筑物中的构件符合下列条件时，可不参与鉴定。

① 该构件未受结构性改变、修复、修理或用途或使用条件改变的影响。

② 该构件未遭明显的损坏。

③ 该构件工作正常，且不怀疑其可靠性不足。

④ 在下一目标使用年限内，构件所承受的作用和所处的环境，与过去相比不会发生显著变化。

若考虑到其他层次鉴定评级的需要，而有必要给出该构件的安全性等级，可根据其实际完好程度定为 a_u 级或 b_u 级。

（5）当检查一种构件的材料由于与时间有关的环境效应或其他系统性因素引起的性能退化时，允许采用随机抽样的方法，在该种构件中确定 5～10 个构件作为检测对象，并按现行的检测方法标准测定其材料强度或其他力学性能。

① 当构件总数少于 5 个时，应逐个进行检测。

② 当委托方对该种构件的材料强度检测有较严的要求时，也可通过协商适当增加受检构件的数量。

4.3.1.2 混凝土构件

（1）混凝土结构构件的安全性鉴定，应按承载能力、构造以及不适于继续承载的位移（或变形）和裂缝（或其他损伤）四个检查项目，分别评定每一受检构件的等级，并取其中最低一级作为该构件安全性等级。

（2）当混凝土结构构件的安全性按承载能力评定时，应按表4-4的规定，分别评定每一验算项目的等级，然后取其中最低一级作为该构件承载能力的安全性等级。

表4-4 混凝土结构构件承载能力的评定

构件类别	$R/(\gamma_0 S)$			
	a_u 级	b_u 级	c_u 级	d_u 级
主要构件	$\geqslant 1.0$	$\geqslant 0.95$	$\geqslant 0.90$	<0.90
一般构件	$\geqslant 1.0$	$\geqslant 0.90$	$\geqslant 0.85$	<0.85

注：1. 表中 R 和 S 分别为结构构件的抗力和作用效应，应按标准的要求确定；γ_0 为结构重要性系数，应按验算所依据的国家现行设计规范选择安全性等级，并确定本系数的取值。

2. 结构倾覆滑移、疲劳、脆断的验算，应符合国家现行有关规范的规定。

（3）当混凝土结构构件的安全性按构造评定时，应按表4-5的规定，分别评定两个检查项目的等级，然后取其中较低一级作为该构件构造的安全性等级。

表4-5 混凝土结构构件构造等级的评定

检查项目	a_u 级或 b_u 级	c_u 级或 d_u 级
结构构造	结构、构件的构造合理，符合或基本符合现行设计规范要求	结构、构件的构造不当，或有明显缺陷，不符合现行规范设计要求
连接（或节点）构造	连接方式正确，构造符合国家现行设计规范要求，无缺陷，或仅有局部的表面缺陷，工作无异常	连接方式不当，构造有严重缺陷，已导致焊缝或螺栓等发生明显变形、滑移、局部拉脱、剪坏或裂缝
受力预埋件	构造合理，受力可靠，无变形、滑移、松动或其他损坏	构造有严重缺陷，已导致预埋件发生明显变形、滑移、松动或其他损坏

注：评定结果取 a_u 级或 b_u 级，可根据其实际完好程度确定；评定结果取 c_u 级或 d_u 级，可根据其实际严重程度确定。

（4）当混凝土结构构件的安全性按不适于继续承载的位移或变形评定时，应遵守下列规定。

① 对桁架（屋架、托架）的挠度，当其实测值大于其计算跨度的1/400时，应按标准验算其承载能力。验算时，应考虑由位移产生的附加应力的影响，并按下列原则评级。

a. 若验算结果不低于 b_u 级，仍可定为 b_u 级。

b. 若验算结果低于 b_u 级，可根据其实际严重程度定为 c_u 级或 d_u 级。

② 对其他受弯构件的挠度或施工偏差造成的侧向弯曲，应按表4-6的规定评级。

表4-6 混凝土受弯构件不适于继续承载的变形的评定

检查项目	构件类别		c_u 级或 d_u 级
挠度	主要受弯构件，主梁、托梁等		$>l_0/200$
	一般受弯构件	$l_0\leqslant 7$m	$>l_0/120$，或>47mm
		7m$<l_0\leqslant$9m	$>l_0/150$，或>50mm
		$l_0>9$m	$>l_0/180$
侧向弯曲的矢高	预制屋面梁、桁架或深梁		$>l_0/400$

注：1. 表中 l_0 为计算跨度。

2. 评定结果取 c_u 级或 d_u 级，可根据其实际严重程度确定。

3. 对柱顶的水平位移（或倾斜），当其实测值大于标准所列的限值时，应按下列规定评级：若该位移与整个结构有关，应根据标准评定结果，取与上部承重结构相同的级别作为该柱的水平位移等级；若该位移只是孤立事件，则应在其承载能力验算中考虑此附加位移的影响，并根据验算结果按本条第1款的原则评级；若该位移尚在发展，应直接定为 d_u 级。

（5）当混凝土结构构件出现表4-7所列的受力裂缝时，应视为不适于继续承载的裂缝，并应根据其实际严重程度定为 c_u 级或 d_u 级。

表 4-7　混凝土构件不适于继续承载的裂缝宽度的评定

检查项目	环境	构件类别		c_u 级或 d_u 级
受力主筋处的弯曲（含一般弯剪）裂缝和轴拉裂缝宽度/mm	室内正常环境	钢筋混凝土	主要构件	＞0.50
			一般构件	＞0.70
		预应力混凝土	主要构件	＞0.20(0.30)
			一般构件	＞0.30(0.50)
	高湿度环境	钢筋混凝土	任何构件	＞0.40
		预应力混凝土		＞0.10(0.20)
剪切裂缝和受压裂缝/mm	任何环境	钢筋混凝土或预应力混凝土		出现裂缝

注：1. 表中的剪切裂缝是指斜拉裂缝和斜压裂缝。

2. 高湿度环境是指露天环境、开敞式房屋易遭飘雨部位、经常受蒸汽或冷凝水作用的场所（如厨房、浴室、寒冷地区不保暖屋盖等）以及与土壤直接接触的部件等。

3. 表中括号内的限值适用于热轧钢筋配筋的预应力混凝土构件。

4. 裂缝宽度以表面测量值为准。

（6）当混凝土结构构件出现下列情况的非受力裂缝时，也应视为不适于继续承载的裂缝，并应根据其实际严重程度定为 c_u 级或 d_u 级。

① 因主筋锈蚀（或腐蚀），导致混凝土沿主筋方向开裂、保护层脱落或掉角。

② 因温度、收缩等作用产生的裂缝，其宽度已比标准规定的弯曲裂缝宽度值超过50%，且分析表明已显著影响结构的受力。

（7）当混凝土结构构件同时存在受力裂缝和非受力裂缝时，应取其中较低一级作为该构件的裂缝等级。

（8）当混凝土结构构件有较大范围损伤时，应根据其严重程度直接定义为 c_u 级或 d_u 级。

4.3.1.3　钢结构构件

（1）钢结构构件的安全性鉴定，应按承载能力、构造以及不适于继续承载的位移（或变形）三个检查项目，分别评定每一受检构件等级；钢结构节点、连接域的安全性鉴定，应按承载能力和构造两个检查项目，分别评定每一节点、连接域等级；对冷弯薄壁型钢结构、轻钢结构、钢桩以及地处有腐蚀性介质的工业区，或高湿、临海地区的钢结构，尚应以不适于继续承载的锈蚀作为检查项目评定其等级；然后取其中最低一级作为该构件的安全性等级。

（2）当钢结构构件的安全性按承载能力评定时，应按表 4-8 的规定，分别评定每一验算项目的等级，然后取其中最低一级作为该构件承载能力的安全性等级。

表 4-8　钢结构构件承载能力等级的评定

构件类别	$R/(\gamma_0 S)$			
	a_u 级	b_u 级	c_u 级	d_u 级
主要构件及节点、连接域	≥1.0	≥0.95	≥0.90	＜0.90
一般构件	≥1.0	≥0.90	≥0.85	＜0.85

注：1. 表中 R 和 S 分别为结构构件的抗力和作用效应，应按标准要求确定；γ_0 为现行国家标准《建筑结构可靠度设计统一标准》（GB 50068—2018）规定的结构重要性系数。

2. 结构倾覆、滑移、疲劳、脆断的验算，应符合国家现行有关规范的规定。

3. 当构件或连接出现脆性断裂、疲劳开裂或局部失稳变形迹象时，应直接定为 d_u 级。

4. 节点、连接域的验算应包括其板件和连接的验算。

（3）当钢结构构件的安全性按构造评定时，应按表 4-9 的规定评级。

表 4-9 钢结构构件构造安全性评定标准

检查项目	a_u 级或 b_u 级	c_u 级或 d_u 级
构件构造	构件组成形式、长细比（或高跨比）、宽厚比（或高厚比）等符合或基本符合国家现行设计规范要求；无缺陷，或仅有局部表面缺陷；工作无异常	构件组成形式、长细比或高跨比、宽厚比或高厚比等不符合国家现行设计规范要求；存在明显缺陷，已影响或显著影响正常工作
节点、连接构造	节点、连接方式正确，符合或基本符合国家现行设计规范要求；无缺陷或仅有局部的表面缺陷，如焊缝表面质量稍差、焊缝尺寸稍有不足、连接板位置稍有偏差等；但工作无异常	节点、连接方式不当，构造有明显缺陷；如焊接部位有裂纹；部分螺栓或铆钉有松动、变形、断裂、脱落；或节点板、连接板、铸件有裂纹或显著变形；已影响或显著影响正常工作

注：1. 评定结果取 a_u 级或 b_u 级，可根据其实际完好程度确定；评定取 c_u 级或 d_u 级，可根据其实际严重程度确定。

2. 施工遗留的缺陷：对焊缝是指夹渣、气泡、咬边、烧穿、漏焊、未焊透以及焊脚尺寸不足等；对铆钉或螺栓是指漏铆、漏栓、错位、错排及掉头等；其他施工遗留的缺陷可根据实际情况确定。

（4）当钢结构构件的安全性按不适于继续承载的位移或变形评定时，应遵守下列规定。

① 对桁架（屋架、托架）的挠度，当其实测值大于桁架计算跨度的 1/400 时，应按标准验算其承载力。验算时，应考虑由于位移产生的附加应力的影响，并按下列原则评级。

a. 若验算结果不低于 b_u 级，仍可定为 b_u 级，但宜附加观察使用一段时间的限制。

b. 若验算结果低于 b_u 级，应根据其实际严重程度定为 c_u 级或 d_u 级。

② 对桁架顶点的侧向位移，当其实测值大于桁架高度的 1/200，且有可能发展时，应定为 c_u 级或 d_u 级。

③ 对其他受弯构件的挠度，或偏差造成的侧向弯曲，应按表 4-10 的规定评级。

表 4-10 钢结构受弯构件不适于继续承载的变形的评定

检查项目	构件类别			c_u 级或 d_u 级
挠度	主要构件	网架	屋盖（短向）	$>l_s/250$，且可能发展
			楼盖（短向）	$>l_s/200$，且可能发展
		主梁、托梁		$>l_0/200$
	一般构件	其他梁		$>l_0/150$
		檩条梁		$>l_0/100$
侧向弯曲的矢高	深梁			$>l_0/400$
	一般实腹梁			$>l_0/350$

注：表中 l_0 为构件计算跨度；l_s 为网架短向计算跨度。

④ 对柱顶的水平位移（或倾斜），当其实测值大于标准所列的限值时，应按下列规定评级。

a. 若该位移与整个结构有关，应根据标准的评定结果，取与上部承重结构相同的级别作为该柱的水平位移等级。

b. 若该位移只是孤立事件，则应在其承载能力验算中考虑此附加位移的影响，并根据验算结果按本条第 1 款的原则评级。

c. 若该位移尚在发展，应直接定为 d_u 级。

⑤ 对偏差或其他使用原因引起的柱（包括桁架受压弦杆）的弯曲，当弯曲矢高实测值大于柱的自由长度的 1/600 时，应在承载能力的验算中考虑其所引起的附加弯矩的影响，并按本条第 1 款规定的原则评级。

⑥ 对桁架中有整体弯曲变形，但无明显局部缺陷的双角钢受压腹杆，其整体变形不大于表 4-11 规定的限值时，其承载能力可根据实际情况评为 a_u 级或 b_u 级；若整体弯曲变形已大于该表规定的限值时，应根据实际情况评为 c_u 级或 d_u 级。

表 4-11　钢桁架双角钢受压腹杆双向弯曲变形限值

$\sigma=N/(\varphi A)$	对 a_u 级和 b_u 级压杆的双向弯曲限值				
	方向	弯曲矢高与杆件长度之比			
f	平面外	1/550	1/750	≤1/850	—
	平面内	1/1000	1/900	1/800	—
$0.9f$	平面外	1/350	1/450	1/550	≤1/850
	平面内	1/1000	1/750	1/650	1/500
$0.8f$	平面外	1/250	1/350	1/550	≤1/850
	平面内	1/1000	1/500	1/400	1/350
$0.7f$	平面外	1/200	1/250	≤1/300	—
	平面内	1/750	1/450	1/350	—
$\leqslant 0.6f$	平面外	1/150	≤1/200	—	—
	平面内	1/400	1/350	—	—

(5) 当钢结构构件的安全性按不适于继续承载的锈蚀评定时，除应按剩余的完好截面验算其承载能力外，尚应按表 4-12 的规定评级。

按剩余完好截面验算构件承载能力时，应考虑锈蚀产生的受力偏心效应。

表 4-12　钢结构构件不适于继续承载的锈蚀的评定

等级	评定标准
c_u	在结构的主要受力部位，构件截面平均锈蚀深度 Δt 大于 $0.05t$，但不大于 $0.1t$
d_u	在结构的主要受力部位，构件截面平均锈蚀深度 Δt 大于 $0.1t$

注：表中 t 为锈蚀部位构件原截面的壁厚，或钢板的板厚。

(6) 对钢索构件的安全性鉴定，除应按本节第 2 条至第 5 条规定的项目评级外，尚应按下列补充项目评级。

① 索中有断丝，若断丝数不超过索中钢丝总数的 5%，应定为 c_u 级；若断丝数超过 5%，应定为 d_u 级。

② 索构件发生松弛，应根据其实际严重程度定为 c_u 级或 d_u 级。

③ 对下列情况，应直接定义为 d_u 级。

a. 索节点锚具出现裂纹。

b. 索节点出现滑移。

c. 索节点锚塞出现渗水裂缝。

(7) 对钢网结构的焊接空心球节点和螺旋球节点的安全性鉴定，除应按第 2 条及第 3 条规定的项目评级外，尚应按下列项目评级。

① 空心球壳出现可见的变形时，应定为 c_u 级。

② 空心球壳出现裂纹时，应定为 d_u 级。

③ 壳筒松动时，应定为 c_u 级。

④ 螺栓未能按设计要求的长度拧入螺栓球时，应定为 d_u 级。

(8) 对摩擦型高强度螺栓连接，若其摩擦面有翘曲，未能形成闭合面时，应直接定义为 c_u 级。

(9) 对大跨度钢结构支座节点，若铰支座不能实现设计所要求的转动或滑移时，应定义为 c_u 级；若支座的焊缝出现裂缝、锚栓出现变形或断裂时，应定义为 d_u 级。

(10) 对橡胶支座，若橡胶板与螺栓（或锚栓）发生挤压变形时，应定义为 c_u 级；若橡胶支座相对支承柱（或梁）顶面发生滑移时，应定义为 c_u 级；若橡胶支座板严重老化，应定义为 d_u 级。

4.3.1.4　砌体结构构件

(1) 砌体结构构件的安全性鉴定，应按承载能力、构造以及不适于继续承载的位移和裂缝（或其他损伤）四个检查项目，分别评定每一受检构件等级，并取其中最低一级作为该构件的安全性等级。

(2) 当砌体结构的安全性按承载能力评定时，应按表4-13的规定，分别评定每一验算项目的等级，然后取其中最低一级作为该构件承载能力的安全性等级。

表4-13　砌体构件承载能力等级的评定

构件类别	$R/(\gamma_0 S)$			
	a_u级	b_u级	c_u级	d_u级
主要构件	≥1.0	≥0.95	≥0.90	<0.90
一般构件	≥1.0	≥0.90	≥0.85	<0.85

注：当材料的最低强度等级不符合原设计当时应执行的国家标准《砌体结构设计规范》(GB 50003—2011)的要求时，应直接定义为c_u级。

(3) 当砌体结构构件的安全性按构造评定时，应按表4-14的规定，分别评定两个检查项目的等级，然后取其中较低一级作为该构件构造的安全性等级。

表4-14　砌体结构构件构造等级的评定

检查项目	a_u级或b_u级	c_u级或d_u级
墙、柱的高厚比	符合或略不符合国家现行设计规范的要求	不符合国家现行设计规范的要求，且已超过限值的10%
连接及构造	连接及砌筑方式正确，构造符合国家现行设计规范要求，无缺陷或仅有局部的表面缺陷，工作无异常	连接或砌筑方式不当，构造有严重缺陷(包括施工遗留缺陷)已导致构件或连接部位开裂、变形、位移或松动，或已造成其他损坏

(4) 当砌体结构构件安全性按不适于继续承载的位移或变形评定时，应遵守下列规定。

① 对墙、柱的水平位移（或倾斜）当其实测值大于标准的限值时，应按下列规定评级。

a. 若该位移与整个结构有关，应根据评定结果，取与上部承重结构相同的级别作为该墙、柱的水平位移等级。

b. 若该位移只是孤立事件，则应在其承载能力验算中考虑此附加位移的影响。若验算结果不低于b_u级，可根据其实际严重程度定为c_u级或d_u级。

c. 若该位移尚在发展，应直接定为d_u级。

构造合理的组合砌体柱、墙以及配筋砌块柱、剪力墙可按混凝土柱、墙评定。

② 对偏差或其他使用原因造成的柱（不包括带壁柱）的弯曲，当其矢高实测值大于柱的自由长度的1/300时，应在其承载能力验算中计入附加弯矩的影响，并根据验算结果按本条第1款第2项的原则评级。

③ 对拱或壳体结构构件出现的下列位移或变形，可根据其实际严重程度定为c_u级或d_u级。

a. 拱脚或壳的边梁出现水平位移。

b. 拱轴线或筒拱、扁壳的曲面发生变形。

(5) 当砌体结构的承重构件出现下列受力裂缝时，应视为不适于继续承载的裂缝，并应根据其严重程度评为c_u级或d_u级。

① 桁架、主梁支座下的墙、柱的端部或中部出现沿块材断裂（贯通）的竖向裂缝。

② 空旷房屋承重外墙的变截面处出现水平裂缝或斜向裂缝。

③ 砌体过梁的跨中或支座出现裂缝；或虽未出现肉眼可见的裂缝，但发现其跨度范围

内有集中荷载。

④ 筒拱、双曲筒拱、扁壳等的拱面、壳面出现沿拱顶母线或对角线的裂缝。

⑤ 拱、壳支座附近或支承的墙体上出现沿块材断裂的斜裂缝。

⑥ 其他明显的受压、受弯或受剪裂缝。

(6) 当砌体结构、构件出现下列非受力裂缝时，也应视为不适于继续承载的裂缝，并应根据其实际严重程度评为 c_u 级或 d_u 级。

① 纵横墙连接处出现通长的竖向裂缝。

② 承重墙体墙身裂缝严重，且最大裂缝宽度已大于 5mm。

③ 独立柱已出现宽度大于 1.5mm 的裂缝，或有断裂、错位迹象。

④ 其他显著影响结构整体性的裂缝。

非受力裂缝是指由温度、收缩、变形或地基不均匀沉降等引起的裂缝。

(7) 当砌体结构、构件存在可能影响结构安全的损伤时，应根据其严重程度直接定义为 c_u 级或 d_u 级。

4.3.2 子单元的安全性鉴定评级

民用建筑安全性的第二层次鉴定评级，应按地基基础、上部承重结构和围护系统的承重部分划分为三个子单元。若不要求评定围护系统可靠性，也可不将围护系统承重部分列为子单元，而将其安全性鉴定并入上部承重结构中。

当仅要求对某个子单元的安全性进行鉴定时，该子单元与其他相邻子单元之间的交叉部位，也应进行检查，并应在鉴定报告中提出处理意见。

4.3.2.1 地基基础

地基基础子单元的安全性鉴定评级，应根据地基变形或地基承载力的评定结果进行确定。对建在斜坡场地的建筑物，还应按边坡场地稳定性的评定结果进行确定。

(1) 当鉴定地基、桩基的安全性时，应遵守下列规定。

① 一般情况下，宜根据地基、桩基沉降观测资料或其不均匀沉降在上部结构中的反应的检查结果进行鉴定评级。

② 当现场条件适宜于按地基、桩基承载力进行鉴定评级时，可根据岩土工程勘察档案和有关检测资料的完整程度，适当补充近位勘探点，进一步查明土层分布情况，并结合当地工程经验进行核算和评价。

③ 对建造在斜坡场地上的建筑物，应根据历史情况调查和实地考察，以评估场地地基的稳定性。

(2) 当地基（或桩基）的安全性按地基变形（建筑物沉降）观测资料或其上部结构反应的检查结果评定时，应按下列规定评级。

① A_u 级：不均匀沉降小于现行国家标准《建筑地基基础设计规范》(GB 50007—2011) 规定的允许沉降差；或建筑物无沉降裂缝、变形或位移。

② B_u 级：不均匀沉降不大于现行国家标准《建筑地基基础设计规范》(GB 50007—2011) 规定的允许沉降差；且连续两个月地基沉降量小于每月 2mm；建筑物上部结构虽有轻微裂缝，但无发展迹象。

③ C_u 级：不均匀沉降大于现行国家标准《建筑地基基础设计规范》(GB 50007—2011) 规定的允许沉降差；或连续两个月地基沉降量大于每月 2mm，或建筑物上部结构砌体部分出现宽度大于 5mm 的沉降裂缝，预制构件之间的连接部位可出现宽度大于 1mm 的沉降裂

缝，且沉降裂缝短期内无终止趋势。

④ D_u 级：不均匀沉降远大于现行国家标准《建筑地基基础设计规范》(GB 50007—2011) 规定的允许沉降差；连续两个月地基沉降量大于每月 2mm，且尚有变快趋势；或建筑物上部结构的沉降裂缝发展明显；砌体的裂缝宽度大于 10mm，预制构件之间的连接部位的裂缝大于 3mm；现浇结构个别部位也已开始出现沉降裂缝。

本条规定的沉降标准，仅适用于建成已 2 年以上且建于一般地基土上的建筑物；对建在高压缩性黏性土或其他特殊性土地基上的建筑物，此年限宜根据当地经验适当加长。

(3) 当地基（或桩基）基础的安全性按其承载能力评定时，可根据标准规定的检测或计算分析结果，采用下列标准评级。

① 当承载能力符合现行国家标准《建筑地基基础设计规范》(GB 50007—2011) 的要求时，可根据建筑物的完好程度评为 A_u 级或 B_u 级。

② 当承载能力符合现行国家标准《建筑地基基础设计规范》(GB 50007—2011) 的要求时，可根据建筑物损坏的严重程度评为 C_u 级或 D_u 级。

(4) 当地基基础的安全性按地基稳定性（斜坡）项目评级时，应按下列标准评定。

① A_u 级：建筑场地地基稳定，无滑动迹象及滑动史。

② B_u 级：建筑场地地基在历史上曾有过局部滑动，经治理后已停止滑动，且近期评估表明，在一般情况下，不会再滑动。

③ C_u 级：建筑场地地基在历史上发生过滑动，目前虽已停止滑动，但若触动诱发因素，今后仍有可能再滑动。

④ D_u 级：建筑场地地基在历史上发生过滑动，目前又有滑动或滑动迹象。

(5) 在鉴定中若发现地下水位或水质有较大变化，或土压力、水压力有明显增大，且可能对建筑物产生不利影响时，应对此类变化所产生的不利影响进行评价，并提出处理的建议。

(6) 地基基础（子单元）的安全性等级，应根据本节对地基基础和场地的评定结果，按其中最低一级确定。

4.3.2.2 上部承重基础

上部承重结构（子单元）的安全性鉴定评级，应根据其所含各种构件的安全性等级、结构的整体性等级以及结构侧向位移等级进行确定。

(1) 在代表层（或区）中，评定一种主要构件集的安全性等级时，可根据该种构件集内每一种受检构件的评定结果，按表 4-15 的分级标准评级。

表 4-15 主要构件集安全性等级的评定

等级	多层及高层房屋	单层房屋
A_u	该构件集内，不含 c_u 级和 d_u 级；可以含 b_u 级，但含量不多于 25%	该构件集内，不含 c_u 级和 d_u 级；可以含 b_u 级，但含量不多于 30%
B_u	该构件集内，不含 d_u 级；可以含 c_u 级，但含量不应多于 15%	该构件集内，不含 d_u 级；可以含 c_u 级，但含量不应多于 20%
C_u	该构件集内，可含 c_u 级和 d_u 级；若仅含 c_u 级，其含量不应多于 40%；若仅含 d_u 级，其含量不应多于 10%；若同时含 c_u 级和 d_u 级，c_u 级含量不应多于 25%，d_u 级含量不应多于 3%	该构件集内，可含 c_u 级和 d_u 级；若仅含 c_u 级，其含量不应多于 50%；若仅含 d_u 级，其含量不应多于 15%；若同时含 c_u 级和 d_u 级，c_u 级含量不应多于 30%，d_u 级含量不应多于 5%
D_u	该构件集内，c_u 级和 d_u 级含量多于 C_u 级的规定数	该构件集内，c_u 级和 d_u 级含量多于 C_u 级的规定数

注：当计算构件数为非整数时，应多取一根。

（2）在代表层（或区）中，评定一种一般构件集的安全性等级时，应按表 4-16 的分级标准评级。

表 4-16　一般构件集安全性等级的评定

等级	多层及高层房屋	单层房屋
A_u	该构件集内，不含 c_u 级和 d_u 级；可以含 b_u 级，但含量不多于 30%	该构件集内，不含 c_u 级和 d_u 级；可以含 b_u 级，但含量不多于 35%
B_u	该构件集内，不含 d_u 级；可以含 c_u 级，但含量不应多于 20%	该构件集内，不含 d_u 级；可以含 c_u 级，但含量不应多于 25%
C_u	该构件集内，可含 c_u 级和 d_u 级；但 c_u 级含量不应多于 40%，d_u 级含量不应多于 10%	该构件集内，可含 c_u 级和 d_u 级；但 c_u 级含量不应多于 50%，d_u 级含量不应多于 15%
D_u	该构件集内，c_u 级和 d_u 级含量多于 C_u 级的规定数	该构件集内，c_u 级和 d_u 级含量多于 C_u 级的规定数

（3）当评定结构整体性等级时，应按表 4-17 的规定，先评定每一检查项目的等级，然后按下列原则确定该结构整体性等级。

① 若四个检查项目均不低于 B_u 级，可按占多数的等级确定。

② 若仅一个检查项目低于 B_u 级，可根据实际情况定为 B_u 级或 C_u 级。

表 4-17　结构整体牢固性等级的评定

检查项目	A_u 级或 B_u 级	C_u 级或 D_u 级
结构布置、支承系统（或其他抗侧力系统）布置	布置合理，形成完整系统，且结构选型及传力路线设计正确，符合现行设计规范要求	布置不合理，存在薄弱环节，或结构选型、传力路线设计不当，不符合现行设计规范要求
支承系统（或其他抗侧力系统）的构造	构件长细比及连接构造符合现行设计规范要求，无明显残损或施工缺陷，能传递各种侧向作用	构件长细比及连接构造符合现行设计规范要求，无明显残损或施工缺陷，不能传递各种侧向作用
结构、构件间的连系	设计合理，无疏漏，锚固、拉结、连接方式正确、可靠，无松动变形或其他残损	设计不合理，多处疏漏，或锚固、拉结、连接不当，或已松动变形，或已残损
砌体结构中圈梁及构造柱的布置与构造	布置正确，截面尺寸、配筋及材料强度等符合现行设计规范要求，无裂缝或其他残损，能起封闭系统作用	布置不当，截面尺寸、配筋及材料强度等不符合现行设计规范要求，已开裂，或有其他残损，或能起封闭系统作用

（4）对上部承重结构不适于继续承载的侧向位移，应根据其检测结果，按下列规定评级。

① 当检测值已超出表 4-18 界限，且有部分构件（含连接、节点域）出现裂缝、变形或其他局部损坏迹象时，应根据实际严重程度定为 C_u 级或 D_u 级。

② 当检测值虽已超出表 4-18 界限，但尚未发现上款所述情况时，应进一步做计入该位移影响的结构内力计算分析，验算各构件的承载能力。若验算结果均不低于 b_u 级，仍可将该结构定为 B_u 级，但宜附加观察使用一段时间的限制。若构件承载能力的验算结果有低于 b_u 级时，应定为 C_u 级。

表 4-18 各类结构不适于继续承载的侧向位移评定

检测项目		结构类别			顶点位移	层间位移
					C_u 级或 D_u 级	C_u 级或 D_u 级
结构平面内的侧向位移	混凝土或钢结构	单层建筑			$>H/150$	—
		多层建筑			$>H/200$	$>H_i/150$
		高层建筑	框架		$>H/250$ 或 $>H/300$	$>H_i/150$
			框架剪力墙		$>H/300$ 或 $>H/400$	$>H_i/250$
	砌体结构	单层建筑	墙	$H\leqslant 7\text{m}$	$>H/250$	—
				$H>7\text{m}$	$>H/300$	—
			柱	$H\leqslant 7\text{m}$	$>H/300$	—
				$H>7\text{m}$	$>H/350$	—
		多层建筑	墙	$H\leqslant 10\text{m}$	$>H/350$	$>H_i/300$
				$H>10\text{m}$	$>H/400$	
			柱	$H\leqslant 10\text{m}$	$>H/400$	$>H_i/350$
				$H>10\text{m}$	$>H/450$	
单层排架平面外侧倾					$>H/450$	—

注：H 为结构顶点高度，H_i 为第 i 层层间高度。

（5）上部承重结构的安全性等级，应按下列原则确定。

① 一般情况下，应按各种主要构件和结构侧向位移（或倾斜）的评级结果，取其中最低一级作为上部承重结构（子单元）的安全性等级。

② 当上部承重结构按上款评为 B_u 级，但若发现其主要构件所含的各种 c_u 级构件（或其节点、连接域）处于下列情况之一时，宜将所评等级降为 C_u 级。

a. c_u 级沿建筑物某方位呈规律性分布，或过于集中在结构的某部位。

b. 出现 c_u 级构件交汇的节点连接。

c. c_u 级存在于人群密集场所或其他破坏后果严重部位。

③ 当上部承重结构按本条第 1 款评为 C_u 级，但若发现其主要构件集有下列情形之一时，宜将所评等级降为 D_u 级。

a. 多层或高层房屋中，其底层均为 C_u 级。

b. 多层或高层房屋的底层，或任一空旷层，或框支剪力墙结构的框架层的柱集为 D_u 级。

c. 在人群密集场所或其他破坏后果严重部位，出现不止一个 d_u 级构件。

④ 当上部承重结构按上款评为 A_u 级或 B_u 级，而结构整体性等级为 C_u 级时，应将所评的上部承重结构安全性等级降为 C_u 级。

⑤ 当上部承重结构在按本条第 4 款的规定做了调整后仍为 A_u 级或 B_u 级，但若发现被评为 C_u 级或 D_u 级的一般构件集，已被设计成参与支承系统或其他抗侧力系统工作；或已在抗震加固中，加强了其与主要构件集的锚固，应将上部承重结构所评的安全性等级降为 C_u 级。

4.3.2.3 围护系统的承重部分

围护系统承重部分（子单元）的安全性，应根据该系统专设的和参与该系统工作的各种构件的安全性等级以及该部分结构整体性的安全性等级进行评定。

（1）当评定一种构件的安全性等级时，应根据每一受检构件的评定结果及其构件类别，分别按上节的规定评级。

(2) 当评定围护系统承重部分的结构整体性时，可按本节第 3 条的规定评级。

(3) 围护系统承重部分的安全性等级，可根据本节第 1 条和第 2 条的评定结果，按下列原则确定。

① 当仅有 A_u 级和 B_u 级时，按占多数级别确定。

② 当含有 C_u 级和 D_u 级时，可按下列规定评级。

a. 若 C_u 级或 D_u 级属于主要构件时，按最低等级确定。

b. 若 C_u 级或 D_u 级属于一般构件时，可按实际情况，定为 B_u 级或 C_u 级。

③ 围护系统承重部分的安全性等级，不得高于上部承重结构等级。

4.3.3 鉴定单元的安全性鉴定评级

民用建筑鉴定单元的安全性鉴定评级，应根据其他地基基础、上部承重结构和围护系统承重部分等的安全性等级以及与整幢建筑有关的其他安全问题进行评定。

(1) 鉴定单元的安全性等级，按下列原则确定。

① 一般情况下，应根据地基基础和上部承重结构的评定结果按其中较低等级确定。

② 当鉴定单元的安全性等级按上款评为 A_{su} 级或 B_{su} 级，但围护系统承重部分的等级为 C_u 级或 D_u 级时，可根据实际情况将鉴定单元所评等级降低一级或二级，但最后所定的等级不得低于 C_u 级。

(2) 对下列任一情况，可直接评为 D_{su} 级建筑。

① 建筑物处于有危房的建筑群中，且直接受到其威胁。

② 建筑物朝一个方向倾斜，且速度开始变快。

(3) 当新测定的建筑物动力特性，与原先记录或理论分析的计算值相比，有下列变化时，可判其承重结构可能有异常，但应经进一步检查、鉴定后再评定该建筑物的安全性等级。

① 建筑物基本周期显著变长（或基本频率显著下降）。

② 建筑物振型有明显改变（或振幅分布无规律）。

4.4 正常使用性鉴定

4.4.1 构件的正常使用性鉴定评级

4.4.1.1 构件正常使用性鉴定评级的原则

(1) 单个构件正常使用性的鉴定评级，应根据其不同的材料种类，分别按有关章节的规定执行。

(2) 正常使用性的鉴定，应以现场的调查、检测结果为基本依据。鉴定采用的检测数据，应符合有关条款的要求。

(3) 当遇到下列情况之一时，结构构件的鉴定，尚应按正常使用极限状态的要求进行计算分析和验算。

① 检测结果需与计算值进行比较。

② 检测只能取得部分数据，需通过计算分析进行鉴定。

③ 为改变建筑物用途、使用条件或使用要求而进行的鉴定。

(4) 对被鉴定的结构构件进行计算和验算，除应符合现行设计规范的规定和有关要求外，尚应遵守下列规定。

① 对构件材料的弹性模量、剪切模量和泊松比等物理性能指标，可根据鉴定确认的材料品种和强度等级，按现行设计规范规定的数值采用。

② 验算结果应按现行标准、规范规定的限值进行评级。若验算合格，可根据其实际完好程度评为 a_s 级或 b_s 级；若验算不合格，应定为 c_s 级。

③ 若验算结果与观察不符，应进一步检查设计和施工方面可能存在的差错。

(5) 当同时符合下列条件时，构件的使用性等级可根据实际工作情况直接评为 a_s 级或 b_s 级。

① 经详细检查未发现构件有明显的变形、缺陷、损伤、腐蚀，也没有累计损伤问题。

② 经过长时间的使用，构件状态仍然是良好或基本良好，能够满足设计使用年限内的正常使用要求。

③ 在下一目标使用年限内，构件上的作用和环境条件与过去相比不会发生变化。

4.4.1.2 混凝土结构构件

混凝土结构构件的正常使用性鉴定，应按位移（变形）、裂缝、缺陷和损伤四个检查项目，分别评定每一受检构件的等级，并取其中较低一级作为该构件正常使用性等级。

(1) 当混凝土桁架和其他受弯构件的正常使用性按其挠度检测结果评定时，应按下列规定评级。

① 若检测值小于计算值及现行设计规范限值时，可评为 a_s 级。

② 若检测值大于或等于计算值，但不大于现行设计规范限值时，可评为 b_s 级；

③ 若检测值大于现行设计规范限值时，应评为 c_s 级。

(2) 当混凝土柱的正常使用性需要按其柱顶水平位移（或倾斜）检测结果评定时，可按下列原则评级。

① 若该位移的出现与整个结构有关，应根据评定结果，取与上部承重结构相同的级别作为该柱的水平位移等级。

② 若该位移的出现只是孤立事件，则可根据其检测结果直接评级。评级所需的位移限值，可按表 4-27 所列的层间数值乘以 1.1 的系数确定。

(3) 当混凝土结构构件的正常使用性按其裂缝宽度检测结果评定时，应遵守下列规定。

① 当有计算值时，应按下列规定评级。

a. 若检测值小于计算值及现行设计规范限值时，可评为 a_s 级。

b. 若检测值大于或等于计算值，但不大于现行设计规范限值时，可评为 b_s 级。

② 若无计算值时，应按表 4-19 或表 4-20 的规定评级。

③ 对沿主筋方向出现的锈蚀裂缝，应直接评为 c_s 级。

④ 若一根构件同时出现两种裂缝，应分别评级，并取其中较低一级作为该构件的裂缝等级。

表 4-19 钢筋混凝土构件裂缝宽度评定标准

检查项目	环境类别和作用等级	构件种类		裂缝评定标准		
				a_s 级	b_s 级	c_s 级
受力主筋处的弯曲裂缝或弯剪裂缝宽度/mm	Ⅰ-A	主要构件	屋架、托架	≤0.15	≤0.20	>0.20
			主梁、托架	≤0.20	≤0.30	>0.30
		一般构件		≤0.25	≤0.40	>0.40
	Ⅰ-B、Ⅰ-C	任何构件		≤0.15	≤0.20	>0.20
	Ⅱ	任何构件		≤0.10	≤0.15	>0.15
	Ⅲ、Ⅳ	任何构件		无肉眼可见的裂缝	≤0.10	>0.10

表 4-20 预应力混凝土构件裂缝宽度评定标准

检查项目	环境类别和作用等级	构件种类	裂缝评定标准		
			a_s 级	b_s 级	c_s 级
受力主筋处的弯曲裂缝或弯剪裂缝宽度/mm	Ⅰ-A	主要构件	无裂缝 (≤0.05)	≤0.05 (≤0.10)	>0.05 (>0.10)
		一般构件	≤0.02 (≤0.15)	≤0.10 (≤0.25)	>0.10 (>0.25)
	Ⅰ-B、Ⅰ-C	任何构件	无裂缝	≤0.02 (≤0.05)	>0.02 (>0.05)
	Ⅱ、Ⅲ、Ⅳ	任何构件	无裂缝	无裂缝	无裂缝

(4) 混凝土构件的缺陷和损伤项目应按表 4-21 的规定评级。

表 4-21 混凝土构件的缺陷和损伤等级的评定

检查项目	a_s 级	b_s 级	c_s 级
缺陷	无明显缺陷	局部有缺陷，但缺陷深度小于钢筋保护层厚度	有较大范围的缺陷，或局部的严重缺陷，且缺陷深度大于钢筋保护层厚度
钢筋锈蚀损伤	无锈蚀现象	探测表明，有可能锈蚀	已出现沿主筋方向的锈蚀裂缝，或有明显的锈迹
混凝土腐蚀损伤	无腐蚀损伤	表面有轻度腐蚀损伤	有明显腐蚀损伤

4.4.1.3 钢结构构件

(1) 钢结构构件的正常使用性鉴定，应按位移或变形、缺陷（含偏差）和锈蚀（腐蚀）等三个检查项目，分别评定每一受检构件的等级，并以其中最低一级作为该构件的使用性等级。

对钢结构受拉构件，尚应以长细比作为检查项目参与上述评级。

(2) 当钢桁架或其他受弯构件的正常使用性按其挠度检测结果评定时，应按下列规定评级。

① 若检测值小于计算值及现行设计规范限值时，可评为 a_s 级。

② 若检测值大于或等于计算值，但不大于现行设计规范限值时，可评为 b_s 级。

③ 若检测值大于现行设计规范限值时，应评为 c_s 级。

在一般构件的鉴定中，对检测值小于现行设计规范限值的情况，可直接根据其完好程度定为 a_s 级或 b_s 级。

(3) 当钢柱的正常使用性需要按其柱顶水平位移（或倾斜）检测结果评定时，可按下列原则评级。

① 若该位移的出现与整个结构有关，应根据评定结果，取与上部承重结构相同的级别作为该柱的水平位移等级。

② 若该位移的出现只是孤立事件，则可根据其检测结果直接评级，评级所需的位移限值，可按表 4-27 所列的层间数值确定。

(4) 当钢结构构件的正常使用性按其缺陷（含偏差）和损伤的检测结果评定时，应按表 4-22 的规定评级。

表 4-22 钢结构构件缺陷（含偏差）和损伤等级的评定

检查项目	a_s 级	b_s 级	c_s 级
桁架（屋架）不垂直度	不大于桁架高度的 1/250，且不大于 15mm	略大于 a_s 级允许值，尚不影响使用	大于 a_s 级允许值，尚不影响使用
受压构件平面内的弯曲矢高	不大于构件自由长度的 1/1000，且不大于 10mm	不大于构件自由长度的 1/660	大于构件自由长度的 1/660
实腹梁侧向弯曲矢高	不大于构件计算跨度的 1/660	不大于构件跨度的 1/500	大于构件跨度的 1/500
其他缺陷或损伤	无明显缺陷或损伤	局部有表面缺陷或损伤，尚不影响正常使用	有较大范围缺陷或损伤，且已影响正常使用

（5）当钢结构构件的正常使用性按其锈蚀（腐蚀）的检查结果评定时，应按表 4-23 的规定评级。

表 4-23 钢结构构件和连接的锈蚀（腐蚀）等级的评定

锈蚀程度	等级
面漆及底漆完好，漆膜尚有光泽	a_s 级
面漆脱落面积（包括起鼓面积），对普通钢结构不大于 15%，对薄壁型钢和轻钢结构不大于 10%；底漆基本完好，但边角处可能有锈蚀；易锈部位的平面上可能有少量点蚀	b_s 级
面漆脱落面积（包括起鼓面积），对普通钢结构大于 15%，对薄壁型钢和轻钢结构大于 10%；底漆锈蚀面积正在扩大；易锈部位可见到麻面状锈蚀	c_s 级

（6）对钢索构件，若索的保护层有损伤性缺陷时，应根据其影响正常使用的程度评定为 b_s 级或 c_s 级。

（7）当钢结构受拉构件的正常使用性按其长细比的检测结果评定时，应按表 4-24 的规定评级。

表 4-24 钢结构受拉构件长细比等级的评定

构件类别		a_s 级或 b_s 级	c_s 级
主要受拉构件	桁架拉杆	≤350	>350
	网架支座附近处拉杆	≤300	>300
一般受拉构件		≤400	>400

4.4.1.4 砌体结构构件

（1）砌体结构构件的正常使用性鉴定，应按位移、非受力裂缝、腐蚀（风化或粉化）三个检查项目，分别评定每一受检构件的等级，并取其中最低一级作为该构件使用性等级。

（2）当砌体墙、柱的正常使用性按其顶点水平位移（或倾斜）的检测结果评定时，可按下列原则评级。

① 若该位移与整个结构有关，应根据评定结果，取与上部承重结构相同的级别作为该构件的水平位移等级。

② 若该位移只是孤立事件，则可根据其检测结果直接评级。评级所需的位移限值，可按表 4-27 所列的层间数值乘以 1.1 的系数确定。

③ 构造合理的组合砌体墙、柱应按混凝土墙、柱评定。

（3）当砌体结构构件的正常使用性按其非受力裂缝检测结果评定时，应按表 4-25 的规定评级。

表 4-25　砌体结构构件非受力裂缝等级的评定

检查项目	构件类别	a_s 级	b_s 级	c_s 级
非受力裂缝宽度/mm	墙及带壁柱墙	无肉眼可见裂缝	≤1.5	＞1.5
	柱	无肉眼可见裂缝	无肉眼可见裂缝	出现肉眼可见裂缝

（4）当砌体结构构件的正常使用性按腐蚀（风化或粉化）检测结果评定时，应按表 4-26 的规定评级。

表 4-26　砌体结构构件腐蚀（风化或粉化）等级的评定

检查部位		a_s 级	b_s 级	c_s 级
块材	实心砖	无腐蚀现象	小范围出现腐蚀现象，最大腐蚀深度不大于 6mm，且无发展趋势	较大范围出现腐蚀现象或最大腐蚀深度大于 6mm，或腐蚀有发展趋势
	多孔砖 空心砖 小砌块		小范围出现腐蚀现象，最大腐蚀深度不大于 3mm，且无发展趋势	较大范围出现腐蚀现象或最大腐蚀深度大于 3mm，或腐蚀有发展趋势
砂浆层		无腐蚀现象	小范围出现腐蚀现象，最大腐蚀深度不大于 10mm，且无发展趋势	较大范围出现腐蚀现象或最大腐蚀深度大于 10mm，或腐蚀有发展趋势
砌体内部		无腐蚀现象	有锈蚀可能或有轻微锈蚀现象	明显锈蚀或锈蚀有发展趋势

4.4.2　子单元的正常使用性鉴定评级

民用建筑正常使用性的第二层次鉴定评级，应按地基基础、上部承重结构和围护系统划分为三个子单元，并分别按第 1 节和第 2 节规定的方法和标准进行评定。当仅要求对某个子单元的使用性进行鉴定时，该子单元与其他相邻子单元之间的交叉部分也应进行检查，并应在鉴定报告中提出处理意见。

4.4.2.1　地基基础

（1）地基基础的使用性，可根据其上部承重结构或围护系统的工作状态进行评估。

（2）地基基础的使用性等级，应按下列原则确定。

① 当上部承重结构和围护系统的使用性检查未发现问题，或所发现问题与地基基础无关时，可根据实际情况定为 A_s 级或 B_s 级。

② 当上部承重结构或围护系统所发现的问题与地基基础有关时，可根据上部承重结构和围护系统所评的等级，取其中较低一级作为地基基础使用性等级。

4.4.2.2　上部承重结构

（1）上部承重结构（子单元）的使用性鉴定评级，应根据其所含各种构件集的使用性等级和结构的侧向位移等级进行评定。当建筑物的使用要求对振动有限制时，还应评估振动（颤动）的影响。

（2）当评定一种构件的使用性等级时，应遵守下列原则。

① 对多层和高层房屋，以每层的每种构件集为评定对象；对单层房屋，以子单元中每种构件集为评定对象。

② 对多层和高层房屋的评级，允许抽取若干层为代表层进行评定，代表层选择应符合下列规定。

a. 代表层的层数，应按 $\sqrt{m}$ 确定，m 为该鉴定单元的层数，若 $\sqrt{m}$ 为非整数时，应多取一层。

b. 代表层中应包括底层、顶层和转换层，其余代表层应是外观质量较差或使用空间较大的层。

c. 代表层构件应包括该层楼板及其下的梁、柱、墙等。

(3) 在抽取的 $\sqrt{m}$ 层中，评定一种构件集的使用性等级时，应根据该层该种构件中每一受检构件的评定结果，按下列分级的标准评级。

① A_s 级：该种构件集中，不含 c 级构件，可含 b 级构件，但含量不多于 25%～35%。

② B_s 级：该种构件集中，可含 c 级构件，但含量不多于 20%～25%。

③ C_s 级：该种构件集中，c 级含量多于 20%～25%。

每种构件集评级，在确定各级百分比含量的限值时，对主要构件取下限；对一般构件取偏上限或上限，但应在检测前确定所采用的限值。

(4) 当上部承重结构的使用性需考虑侧向（水平）位移的影响时，可采用检测或计算分析的方法进行鉴定，但应按下列规定进行评级。

① 对检测取得的主要是由风荷载（可含有其他作用，以及施工偏差和地基不均匀沉降等，但不含地震作用）引起的侧向位移值，应按表 4-27 的规定评定每一测点的等级，并按下列原则分别确定结构顶点和层间的位移等级。

a. 对结构顶点，按各测点中占多数的等级确定。

b. 对层间，按各测点中最低的等级确定。

根据以上两项评定结果，取其中较低等级作为上部承重结构侧向位移使用性等级。

② 当检测有困难时，允许在现场取得与结构有关参数的基础上，采用计算分析方法进行鉴定，若计算的侧向位移不超出表 4-27 中 B_s 级界限，可根据该上部承重结构的完好程度评为 A_s 级或 C_s 级，若计算的侧向位移值已超出表 4-27 中 B_s 级的界限，应定为 C_s 级。

表 4-27　结构侧向（水平）位移等级的评定

检查项目	结构类别		位移限值		
			A_s 级	B_s 级	C_s 级
钢筋混凝土结构或钢结构的侧向位移	多层框架	层间	$\leqslant H_i/500$	$\leqslant H_i/400$	$>H_i/400$
		结构顶点	$\leqslant H/600$	$\leqslant H/500$	$>H/500$
	高层框架	层间	$\leqslant H_i/600$	$\leqslant H_i/500$	$>H_i/500$
		结构顶点	$\leqslant H/700$	$\leqslant H/600$	$>H/600$
	框架-剪力墙框架筒体	层间	$\leqslant H_i/800$	$\leqslant H_i/700$	$>H_i/700$
		结构顶点	$\leqslant H/900$	$\leqslant H/800$	$>H/800$
	筒中筒、剪力墙	层间	$\leqslant H_i/950$	$\leqslant H_i/850$	$>H_i/850$
		结构顶点	$\leqslant H/1100$	$\leqslant H/900$	$>H/900$
砌体结构的侧向位移	多层房屋（墙承重）	层间	$\leqslant H_i/550$	$\leqslant H_i/450$	$>H_i/450$
		结构顶点	$\leqslant H/650$	$\leqslant H/550$	$>H/550$
	多层房屋（柱承重）	层间	$\leqslant H_i/600$	$\leqslant H_i/500$	$>H_i/500$
		结构顶点	$\leqslant H/700$	$\leqslant H/600$	$>H/600$

注：H 为结构顶点高度，H_i 为层间高度。

(5) 上部承重结构的使用性等级，应根据本节第 1 条至第 4 条的评定结果，按下列原则确定。

① 一般情况下，应按各种主要构件及结构侧移所评等级，取其中最低一级作为上部承

重结构的使用性等级。

② 若上部承重结构按上款评为 A_s 级或 B_s 级，而一般构件所评等级为 C_s 级时，尚应按下列规定进行调整。

a. 当仅发现一种一般构件为 C_s 级，且其影响仅限于自身时，可不做调整。若其影响波及非结构构件、高级装修或围护系统的使用功能时，则可根据影响范围的大小，将上部承重结构所评等级调整为 B_s 级或 C_s 级。

b. 当发现多于一种一般构件为 C_s 级时，可将上部承重结构所评等级调整为 C_s 级。

(6) 当考虑建筑物所受的振动作用是否会对人的生理或仪器设备的正常工作或结构的正常使用产生不利影响时，可根据标准的专门规定进行振动对上部结构影响的使用性鉴定。若其结果不合格，应按下列原则对本节第 3 条所评的等级进行修正。

① 当振动的影响仅涉及一种构件集时，可仅将该构件集所评等级降为 C_s 级。

② 当振动的影响涉及整个结构或多于一种构件集时，应将上部承重结构以及所涉及的各种构件集均降为 C_s 级。

(7) 当遇到下列情况之一时，可不按本节第 6 条的规定，而直接将该上部承重结构定为 C_s 级。

① 在楼层中，其楼面振动（或颤动）已使室内精密仪器不能正常工作，或已明显引起人体不适感。

② 在高层建筑的顶部几层，其风振效应已使用户感到不安。

③ 振动引起的非结构构件开裂或其他损坏，已可通过目测判定。

4.4.2.3 围护系统

(1) 围护系统（子单元）的正常使用性鉴定评级，应根据该系统的使用功能等级及其承重部分的使用性等级进行评定。

(2) 当评定围护系统使用功能时，应按表 4-28 规定的检查项目及其评定标准逐项评级，并按下列原则确定围护系统的使用功能等级。

① 一般情况下，可取其中最低等级作为围护系统的使用功能等级。

② 当鉴定的房屋对表中各检查项目的要求有主次之分时，也可取主要项目中的最低等级作为围护系统使用功能等级。

③ 当按上款主要项目所评的等级为 A_s 级或 B_s 级，但有多于一个次要项目为 C_s 级时，应将所评等级降为 C_s 级。

表 4-28 围护系统使用功能等级的评定

检查项目	A_s 级	B_s 级	C_s 级
屋面防水	防水构造及排水设施完好，无老化、渗漏及排水不畅的迹象	构造、设施基本完好，或略有老化迹象，但尚不渗漏或积水	构造、设施不当或已损坏，或有渗漏，或积水
吊顶(天棚)	构造合理，外观完好，建筑功能符合设计要求	构造稍有缺陷，或有轻微变形或裂纹，或建筑功能略低于设计要求	构造不当或已损坏，或建筑功能不符合设计要求，或出现有碍外观的下垂
非承重内墙(含隔墙)	构造合理，与主体结构有可靠连系，无可见位移、变形，面层完好，建筑功能符合设计要求	略低于 A_s 级要求，但尚不显著影响其使用功能	已开裂、变形，或已破损，或使用功能不符合设计要求

续表

检查项目	A_s 级	B_s 级	C_s 级
外墙（自承重墙或填充墙）	墙体及其面层外观完好，墙脚无潮湿迹象，墙厚符合节能要求	略低于 A_s 级要求，但尚不显著影响其使用功能	不符合 A_s 级要求，且已显著影响其使用功能
门窗	外观完好，密封性符合设计要求，无剪切变形迹象，开闭或推动自如	略低于 A_s 级要求，但尚不显著影响其使用功能	门窗构件或其连接已损坏，或密封性差，或有剪切变形，已显著影响使用功能
地下防水	完好，且防水功能符合设计要求	基本完好，局部可能有潮湿迹象，但尚不渗漏	有不同程度损坏或有渗漏
其他防护设施	完好，且防护功能符合设计要求	有轻微缺陷，但尚不显著影响其防护功能	有损坏，或防护功能不符合设计要求

(3) 当评定围护系统承重部分的使用性时，应按上节第 3 条的标准评定其每种构件的等级，并取其中最低等级，作为该系统承重部分使用性等级。

(4) 围护系统的使用性等级，应根据其使用功能和承重部分使用性的评定结果，按较低的等级确定。

(5) 对围护系统使用功能有特殊要求的建筑物，除应按本标准鉴定评级外，尚应按现行专门标准进行评定。若评定结果合格，可维持按本标准所评等级不变；若不合格，应将按本标准所评的等级降为 C_s 级。

4.4.3 鉴定单元的使用性评级

民用建筑鉴定单元的安全性鉴定评级，应根据其他地基基础、上部承重结构和围护系统承重部分等的安全性等级以及与整幢建筑有关的其他安全问题进行评定，按三个子单元中最低的等级确定。

当鉴定单元的使用性等级评为 A_{ss} 级或 B_{ss} 级时，若遇到下列情况之一时，宜将所评等级降为 C_{ss} 级。

(1) 房屋内外装修已大部分老化或残损。

(2) 房屋管道、设备已需全部更新。

4.4.4 民用建筑可靠性评级

民用建筑可靠性鉴定，应按表 4-1 划分的层次，以其安全性和正常使用性鉴定结果为依据逐层进行。

当不要求给出可靠性等级时，民用建筑各层次的可靠性可采取直接列出其安全性等级和使用性等级的形式予以表示。

当需要给出民用建筑各层次的可靠性等级时，可根据其安全性和正常使用性的评定结果，按下列原则确定。

(1) 当该层次安全性等级低于 b_u 级、B_u 级或 B_{su} 级时，应按安全性等级确定。

(2) 除上述情形外，可按安全性等级和正常使用性等级中较低的一个等级确定。

(3) 当考虑鉴定对象的重要性或特殊性时，允许对上述第（2）条的评定结果做不大于一级的调整。

4.4.5 民用建筑可靠性鉴定报告编写要求

民用建筑可靠性鉴定报告的内容应包括：建筑物概况，鉴定的目的、范围和内容，检查、分析、鉴定的结果，结论与建议，附件。

鉴定报告中，应对 c_u 级、d_u 级构件及 C_u 级和 D_u 级检查项目的数量、所处位置及其处理建议，逐一做出详细说明。当房屋的构造复杂或问题很多时，还应绘制 c_u 级和 d_u 级及 C_u 级和 D_u 级检查项目的分布图。若在使用性鉴定中发现 c_s 级构件或 C_s 级项目已严重影响建筑物的使用功能时，也应按上述要求，在鉴定报告中做出说明。

对承重结构或结构构件的安全性鉴定所查出的问题，可根据其严重程度和具体情况有选择地采取下列处理措施：减少结构上的荷载，加固或更换构件，临时支顶，停止使用，拆除部分结构或全部结构。

对承重结构或结构构件的使用性鉴定所查出的问题，可根据实际情况有选择地采取下列措施：考虑经济因素而接受现状，考虑耐久性要求而进行修补、封护或化学药剂处理，改变使用条件或改变用途，全面或局部修缮、更新，进行现代化改造。

鉴定报告中应说明对建筑物（鉴定单元）或其组成部分（子单元）所评的等级，仅作为技术管理或制定维修计划的依据，即使所评等级较高，也应及时对其中所含的 c_u 级和 d_u 级构件（含连接）及 C_u 级和 D_u 级检查项目采取措施。

4.5 抗震鉴定

4.5.1 建筑抗震鉴定概述

4.5.1.1 现有建筑抗震鉴定和加固的目的和意义

我国东邻环太平洋地震带，南接欧亚地震带，地震分布相当广泛。而我国的抗震设防工作直到1974年才颁布第一部《工业与民用建筑抗震设计规范》（TJ 11—1974）。因此，在此之前建设的大量房屋和工程设施在抗震能力方面存在着不同程度的问题。此外，我国广大农村地区和经济相对落后的中西部乡镇，甚至城市的建筑物，在抗震设计和抗震措施等方面仍存在着诸多问题，抗震能力相对较差。进入21世纪后，我国地震活动呈现频度高、强度大、分布广、震源浅等特点。频繁发生的地震给人民的生命和财产造成了严重的损失。

1975年海城地震后，北京和天津地区对一些工业与民用建筑进行了抗震鉴定与加固，后又经受了唐山大地震的考验。天津发电设备厂在海城地震后着手加固了主要建筑物64项，约6万多平方米，仅钢材就用了40t。经唐山大地震考验（厂区地震烈度为8度），全厂没有一座车间倒塌，没有一榀屋架塌落，保护了上千台机器设备的安全，震后三天就恢复了生产。而相邻的天津某重机厂，震前没有按设防烈度加固，唐山大地震后厂房破坏严重，部分屋架塌落，大型屋面板脱落，支承破坏，围护墙倒塌和外闪等，到1979年元旦才部分恢复了生产，修复与加固耗费了700t钢材。

唐山大地震后，我国开始进行了大量的抗震鉴定与加固工作。这些抗震鉴定与加固工作，在以后的实际地震中取得了较好的效果。抗震鉴定与加固是减轻地震灾害的有效手段。

4.5.1.2 现有建筑的后续使用年限和抗震鉴定方法

后续使用年限是指对现有建筑经抗震鉴定后继续使用所约定的一个时期，在这个时期内，建筑不需重新鉴定和相应加固就能按预期目的使用、完成预定的功能。现有建筑应根据设计、建造年代和实际需要的不同，确定其后续使用年限。

(1) 在20世纪70年代及以前建造经耐久性鉴定可继续使用的现有建筑，其后续使用年限不应少于30年；在80年代建造的现有建筑，宜采用40年或更长，且不得少于30年。

(2) 在90年代（按当时施行的抗震设计规范系列设计）建造的现有建筑，后续使用年限不宜少于40年，条件许可时应采用50年。

(3) 在2001年以后（按当时施行的抗震设计规范系列设计）建造的现有建筑，后续使用年限宜采用50年。

不同后续使用年限的现有建筑，其抗震鉴定方法应符合下列要求。

① 后续使用年限30年的建筑（简称A类建筑），应采用本章规定的A类建筑抗震鉴定方法。

② 后续使用年限40年的建筑（简称B类建筑），应采用本章规定的B类建筑抗震鉴定方法。

③ 后续使用年限50年的建筑（简称C类建筑），应按《建筑抗震设计规范》(GB 50011—2010) 的要求进行抗震鉴定。

4.5.1.3 现有建筑抗震鉴定的范围

需要进行抗震鉴定的现有建筑主要为：原设计未考虑抗震设防或抗震设防要求提高的建筑；接近或超过设计使用年限需要继续使用的建筑；需要改变结构的用途和使用环境的建筑。

一些新建建筑由于没有按设计图纸施工而达不到现行抗震设计规范的要求，则应按抗震规范的要求进行鉴定和加固，而不能按抗震鉴定标准的规定进行新建工程的抗震设计，或作为新建工程未执行设计规范的借口。

4.5.1.4 建筑抗震鉴定与加固依据的标准、规范与规程

建筑抗震鉴定与加固应以国家及有关部门颁布的规范、标准和规程为依据，严格按照规范、规程要求进行抗震鉴定、加固方案选择以及加固设计和施工。主要依据的相关规范、规程要有以下几个。

(1)《建筑抗震鉴定标准》(GB 50023—2009)。

(2)《建筑抗震设计规范》(GB 50011—2010)。

(3)《建筑抗震加固技术规程》(JGJ 116—2009)。

(4)《既有建筑地基基础加固技术规范》(JGJ 123—2012)。

(5)《混凝土结构加固设计规范》(GB 50367—2013)。

(6)《钢结构加固设计标准》(GB 51367—2019)。

4.5.1.5 建筑抗震鉴定与加固的工作程序

现有建筑的抗震鉴定是对房屋的实际抗震能力、薄弱环节等整体抗震性能做出全面正确的评价，应包括下列内容及要求。

(1) 原始资料搜集，包括建筑的勘察报告、施工和竣工验收的相关原始资料。当资料不全时，应根据鉴定的需要进行补充实测。

（2）建筑现状的调查，了解建筑实际情况与原始资料和符合的程度、施工质量和维护状况，并注意相关的非抗震缺陷。

（3）综合抗震能力分析，根据各类建筑结构的特点、结构布置、构造和抗震承载力等因素，采用相应的逐级鉴定方法，进行综合抗震能力分析。

（4）鉴定结论和治理，对现有建筑整体抗震性能做出评价。对符合抗震鉴定要求的建筑应说明其后续使用年限，对不符合抗震鉴定要求的建筑提出相应的维修、加固、改变用途或更新的防震减灾对策。

建筑抗震鉴定流程如图4-2所示。

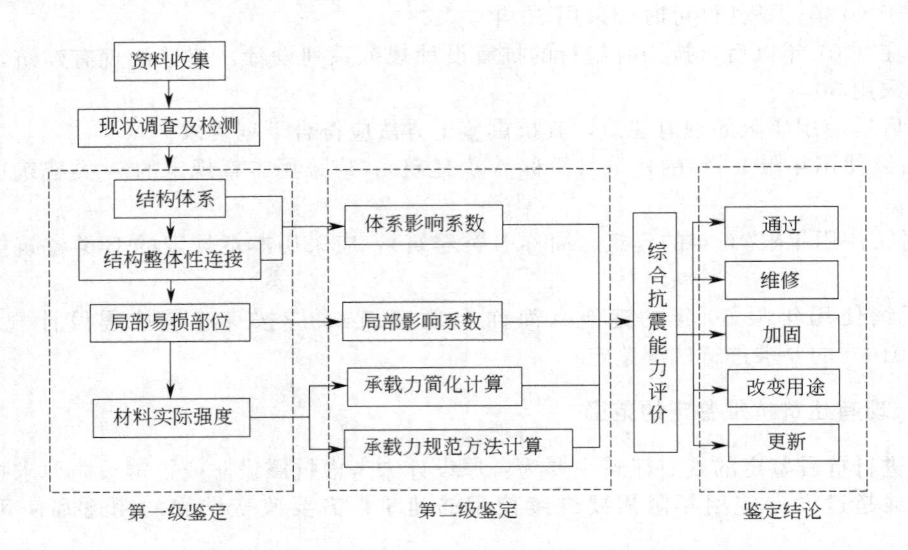

图4-2 建筑抗震鉴定流程

经抗震鉴定评定为需要加固的现有建筑应进行抗震加固，抗震加固的工作程序见后。

4.5.2 建筑抗震鉴定与加固的基本原则

4.5.2.1 规范规定

现有建筑的抗震鉴定、抗震加固设计及施工，应符合现行国家标准、规范的有关规定。主要包括以下几个。

（1）抗震主管部门发布的有关通知。

（2）危险房屋鉴定标准、工业厂房可靠性鉴定标准、民用房屋可靠性鉴定标准等。

（3）现行建筑结构设计规范中，关于建筑结构设计统一标准的原则、术语和符号的规定，静力设计的荷载取值等。

（4）对《建筑抗震鉴定标准》(GB 50023—2009）和加固规程未给出具体规定而涉及其他设计规范时，尚应符合相应规范的要求。

（5）材料性能及其计算指标应符合国家有关质量标准及相应设计规范的规定。

（6）施工及验收，除了重点问题在有关手册做了说明外，尚应符合国家有关质量标准、施工及验收规范的要求。

（7）建筑抗震鉴定和加固的设防标准比抗震设计规范对新建工程规定的设防标准低。

因此，不可按抗震设计规范的设防标准对现行建筑进行鉴定；也不能按现有建筑抗震鉴定的设防标准进行新建工程的抗震设计，降低要求；也不能作为新建工程未执行抗震设计规范的借口。

4.5.2.2 鉴定评估

在进行抗震加固前，必须对已有建筑进行鉴定评估，才能得出与其相对应的加固措施。我国抗震鉴定采取两级鉴定的方法，当符合第一级鉴定标准时则可不进行第二级鉴定，属于逐级筛选的方法。

（1）第一级鉴定的基本内容　第一级鉴定是以宏观控制、构造鉴定为主，属于抗震概念鉴定，包括了房屋高度、层数、建筑平立面布置、结构体系、构件性能及连接、非结构构件和材料的要求等。建筑抗震概念鉴定的基本内容及要求，应符合以下规定。

① 多层建筑的高度和层数应符合《建筑抗震鉴定标准》(GB 50023—2009）规定的最大值的限值要求。

② 建筑的平面、立面、质量、刚度和墙体等抗侧力构件在平面内分布明显不对称时，应进行地震扭转效应的分析；结构竖向构件上下不连续或刚度沿高度分布突变时，应找出薄弱部位并按相应的要求鉴定。

③ 结构体系应注意部分结构或结构构件破坏导致整个体系丧失抗震能力的可能性；当房屋有错层或不同类型结构体系相连时，应提高相应部位的抗震鉴定要求。

④ 要保证结构构件间的连接构造及必要的支承系统，当构件尺寸、截面形式不利于抗震时，宜提高该结构构件的构造要求。

⑤ 非结构构件与主体结构的连接构造应满足不倒塌伤人的要求，位于出入口及临街处的构件，需适当提高构造要求。

⑥ 结构材料实际强度等级应符合规定的基本要求；当建筑建造在不利地段时，应符合地基基础的有关鉴定要求。

（2）第二级鉴定的基本内容　第二级鉴定是在第一级鉴定的基础上进行的。上部结构第二级鉴定一般包括以下内容。

① 构造不符合第一级鉴定要求，对房屋抗震能力的定性或半定量估计。

② 根据材料实际强度等级、构件现有截面尺寸进行结构现有抗震承载力验算。

③ 考虑构造影响后，对结构综合抗震能力进行鉴定。

从房屋的综合抗震能力的判断出发，并不需要对房屋的每个构件、每个部位都进行仔细的检查，只需按照结构的震害特征，对影响整体性能的关键、重点部位进行鉴定。例如，对多层砖房，房屋的四角、底层和大房间等的墙体砌筑质量以及墙体交接处是检查的重点，屋盖的整体性也是重点；对底层框架砖房，底层是重点；对内框架砖房，房屋的顶层是重点，底层是一般部位；对框架结构，6 度、7 度时，主体结构一般不会损坏，不作为重点，填充墙等非结构构件是重点；8 度、9 度时，除了非结构构件外，柱子的截面和配筋也是重点。

4.5.2.3 抗震加固

现有建筑加固前，需按国家鉴定标准进行抗震鉴定。当不符合鉴定要求时，则需进行抗震加固。

（1）抗震加固设计总的要求

① 应根据抗震鉴定结果确定加固方案，包括整体房屋加固、区段加固或构件加固，并宜结合维修改造，改善其使用功能。

② 加固方案应便于施工，并注意减少对生产、生活的影响。

③ 有关非抗震问题宜一并考虑。

（2）对抗震加固时的结构布置与连接构造的要求

① 加固总方案应优先注意增加整个结构的抗震性能，要针对场地与建筑的具体情况，选择地震反应较小的结构体系，避免加固后地震作用的增大超过结构抗震能力的提高。

② 加固后应避免由于局部加强导致结构的刚度突变，尽量使结构的重力和刚度分布比较均匀对称，防止扭转效应及薄弱层或薄弱部位转移。

③ 注意加强薄弱部位的抗震构造。在不同结构类型的连接处、房屋平面与立面的局部突出部位等，由于鞭梢效应等因素使地震反应放大，宜在加固时采取比一般部位适当增强其承载能力或变形能力的措施。

④ 加强新、旧构件的连接。连接得可靠与否是加固后结构整体工作的关键，增设的抗震墙、柱等竖向构件应有可靠的基础，不允许直接放到楼板上。

⑤ 对于女儿墙等非结构构件，不符合抗震鉴定要求时优先考虑拆除、拆短或改用轻质材料；当需保留时则应加固。

4.5.2.4 建筑抗震鉴定加固步骤

（1）震前对抗震能力不足的建筑物进行抗震鉴定加固的决策，是由惨重的地震灾害中总结出来的重要经验。但由于我国地震区范围广，经济实力有限，因此要逐级筛选，确定轻重缓急，突出重点，使有限的抗震加固资金用在刀刃上，用到急需保障安全的地区和建筑上。

① 根据地震危险性（主要按地震基本烈度区划图和中期地震预报确定）、城市政治经济的重要性、人口数量以及加固资金情况确定重点抗震城市和地区。

② 在这些重点抗震城市和地区内，根据政治经济和历史的重要性、震时产生次生灾害的危险性和震后抗震救灾急需程度（如供水供电等生命线工程、消防工程、救死扶伤的重要医院）确定重点单位和重点建筑物。根据地震趋势，突出重点，还要根据情况分期分批使所有应加固的建筑得到加固，以减少地震灾害。

③ 根据建筑物原设计、施工情况、建成后使用情况及建筑物的现状，进行抗震鉴定，确定其在抗震设防烈度时的抗震能力。对不满足抗震鉴定标准的建筑物，考虑抗震对策或进行抗震加固。

（2）正确处理抗震鉴定、抗震加固与维修及城市或企业改造间的关系，有步骤地进行抗震工作。

① 对城市（或大型企业）的所有建筑物和工程设计，进行抗震性能的普查鉴定，确定不需加固和需要加固的建筑物项目名称和工程量。

② 对抗震鉴定需要加固的项目，进行分类排队，区分出没有加固价值、可以暂缓加固和急需加固的项目和工程量。

③ 对急需加固的项目，按照加固设计、审批、施工、验收、存档的程序进行。对无加固价值者，结合城市建设逐步进行改造。

（3）建筑抗震鉴定加固通常按下列程序进行。

① 抗震鉴定。按现行《建筑抗震鉴定标准》（GB 50023—2009）对建筑物的抗震能力进行鉴定，通过图纸资料分析，现场调查核实，进行综合抗震能力的逐级筛选，对建筑物的整体抗震性能做出评定，并提出抗震鉴定报告。经鉴定不合格的工程，提出抗震加固计划，报主管部门核准。

② 抗震加固设计。针对抗震鉴定报告指出的问题，通过详细的计算分析，进行加固设

计。设计文件应包括技术说明书、施工图、计算书和工程概算等。

③ 设计审批。抗震加固设计方案和工程概算，一般要经加固单位的主管单位组织审批。审批的内容是：是否符合鉴定标准和工程实际，加固方案是否合理和便于施工，设计数据是否准确，构造措施是否恰当，设计文件是否齐全。

④ 工程施工。施工单位必须持有效施工执照。按图施工，严格遵照有关施工验收规范。要做好施工记录（包括原材料质量合格证件、混凝土试件的试验报告、混凝土工程施工记录等），当采用新材料、新工艺时，要有正式试验报告。

⑤ 工程监理。根据工程情况确定工程监理，审查工程计划和施工方案；监督施工单位严格施工，审核技术变更，控制工程质量，检查安全防护措施（抗震加固过程的拆改尤应特别注意），确认检测原材料和构件质量，参加施工验收，处理质量事故。

⑥ 工程验收。抗震加固工程的验收，通常分两阶段进行：一是隐蔽结构工程的验收，通常在建筑装修以前，对结构工程（特别是建筑装修后难以检查的部位，如设于顶棚内的加固措施，抹灰后难以辨认的做法和地下工程等）进行检查验收；二是竣工验收，全面对建筑结构进行系统的检查验收。

⑦ 工程存档。抗震鉴定对原有建筑结构做了系统的检查、验算、鉴定，找出原有建筑的缺陷与问题。抗震加固又针对这些提出加固措施。在施工过程中可能有所变动。在加固后使用过程中可能出现情况，例如地基的沉陷经过加固，可能稳定，也可能继续开展。原有的裂缝也可能再度发展。因此，必须将抗震鉴定书、加固图纸、施工档案进行工程存档。

4.5.3 现有建筑抗震鉴定与加固的基本规定

4.5.3.1 建筑抗震鉴定工作内容及要求

(1) 搜集建筑的勘探报告、施工图纸、竣工图纸（或修改通知单）和工程验收文件等原始资料；当资料不全时，宜进行必要的补充实测。对结构材料的实际强度，应进行现场检测鉴定。

(2) 调查建筑现状与原资料相符合的程度，有无增建或改建以及其他变更结构体系和构件情况，调查施工质量和维修状况。如有无剥落、开裂、不均匀沉陷、腐蚀、变形缝宽度不足或缝隙被堵塞，发现相关的非抗震缺陷。对震后建筑物，尚应仔细调查经历该地区烈度的地震作用下，建筑物的实际震害及其破坏机理。

(3) 综合抗震能力分析。根据各类结构的特点、结构布置、构造和抗震承载力等因素，采用相应的逐级鉴定方法，进行建筑物综合抗震能力分析应着重下列几个方面。

① 建筑结构布置的规则性，结构刚度和材料强度分布的均匀性。

② 地震作用传递途径的连续性和结构构件抗震承载力分析。

③ 结构构件、非结构构件间连接的可靠性。

④ 结构构件截面形式、配筋构造等的合理性。

⑤ 不同类型结构相连部位的不利影响。

⑥ 建筑场地不利或危险地段上基础的类型、埋深、整体性及抗滑性。

(4) 对现有建筑的整体抗震性能做出评价，提出抗震对策。对不符合鉴定要求的建筑，可根据其实际情况，考虑使用要求、城市规划等因素，通过技术、经济比较后确定。对有关建筑物原有缺陷等非抗震问题也应一并考虑，加以阐明。整体抗震性能的评价分为下列五个等级。

① 合格。符合或基本符合抗震鉴定要求，即遭遇到相当于抗震设防烈度的地震影响时

一般不致倒塌伤人或砸坏重要生产设备，经修理后仍可继续使用。

② 维修处理。主体结构符合鉴定要求，而少数、次要部位局部不符合抗震鉴定要求，可结合建筑维护修理进行处理。

③ 抗震加固。不符合抗震鉴定要求而有加固价值的建筑，必须进行抗震加固。大致包括以下几种。

a. 无地震作用时能正常使用的建筑。

b. 建筑虽已存在质量问题，但能通过抗震加固使其达到要求。

c. 建筑因使用年限久或其他原因（如腐蚀等），抗震所需的抗侧力体系承载力降低，但楼盖或支承系统尚可利用。

d. 建筑各局部缺陷较多，但易于加固或能够加固。

④ 改变用途。抗震能力不足，可改变其使用性，如将生产车间、公共建筑改为不引起次生灾害的仓库，将使用荷载大的多层房屋改为使用荷载小的次要房屋等。改变用途的房屋仍应采取适当加固措施，以达到该类房屋的抗震要求。

⑤ 淘汰更新。缺乏抗震能力而又无加固价值但仍需使用的建筑，应结合城市规划加以淘汰更新。此类建筑仍需采取应急措施。例如，在单层房屋内设防护支架，危险烟囱、水塔周围划为危险区，拆除装饰物、危险物及卸载等。

4.5.3.2 建筑抗震鉴定的区别对待

各种情况建筑物的抗震鉴定，应根据下列不同情况进行。

（1）建筑结构类型不同的结构，其检查的重点、项目内容和要求不同，应采用不同的鉴定方法。例如，对多层砌体房屋，首先判明其砌体是实心砖墙、空斗墙还是砌块，再判明其结构形式是砖混结构或是砖木结构，承重形式是横墙承重、纵横墙承重还是纵墙承重，进而判明是现浇混凝土楼盖、装配式混凝土楼盖还是装配整体式混凝土楼盖等。然后根据以后各章的内容进行抗震鉴定。

（2）对重点部位与一般部位，应按不同的要求进行检查和鉴定。重点部位是指影响该类建筑结构整体抗震性能的关键部位（例如多层钢筋混凝土房屋中梁柱节点的连接形式，判明是框架结构还是梁柱结构，是双向框架还是单向框架，以及不同结构体系之间的连接构造）和易导致局部倒塌伤人的构件、部件（例如女儿墙、出屋面小烟囱等构件），以及地震时可能造成次生灾害（例如煤气泄漏或化学有毒物的溢出）的部位。

（3）综合评定时，对抗震性能有整体影响的构件和仅有局部影响的构件应区别对待。例如多层砌体房屋中承受地震作用的主要构件，抗震砖墙的配置数量、间距将影响整体抗震能力。而不承重构件的损坏，则仅具有局部影响，不足以影响大局。

4.5.3.3 建筑的分级抗震鉴定

抗震的鉴定方法可分为两级，用先简后繁、先易后难的办法，来解决建筑物中繁杂的抗震问题。这种鉴定方法，将抗震构造要求和抗震承载力验算要求更紧密地联合在一起，具体体现了结构抗震能力是承载能力和变形能力两个因素有机结合在一起。

4.5.3.4 建筑的宏观控制和构造鉴定

现有建筑宏观控制和构造鉴定的基本内容，应符合下列宏观控制要求。

（1）多层建筑的高度和层数，如各类多层砌体房屋、内框架砖房、底层框架砖房应分别符合本书各章列出规定的最大值。

（2）当建筑的平面、立面、质量、刚度分布和墙体等抗侧力构件的布置在平面内明显不对称时，应进行地震扭转效应不利影响的分析。

（3）当结构竖向构件上下不连续或刚度沿高度分布突变时，将引起变形集中或地震作用的集中，应找出薄弱部位并按相应的要求进行鉴定。

（4）检查结构体系，应找出其破坏会导致整个结构体系丧失抗震能力或丧失承受重力能力的部件或构件，进行鉴定。当房屋有错层或不同类型结构体系相连时，应提高其相应部位的抗震鉴定要求。

（5）当结构构件的尺寸、截面形式等不符合抗震要求而不利于抗震时，宜提高该构件的配筋等构造的抗震鉴定要求。

（6）结构构件的连接构造应满足结构整体性的要求；对装配式单层厂房应有较完整的支承系统。

（7）非结构构件与主体结构的连接构造应该符合不致倒塌伤人的要求；对位于出入口及临街设置的构件，如门脸等，应有可靠的连接或本身能够承受相应的地震作用。

（8）结构构件实际达到的强度等级，应符合本书各章规定的最低要求。

（9）当建筑场地位于不利地段时，应符合地基基础的有关鉴定要求。

4.5.3.5 抗震加固方案的基本要求

（1）现有建筑抗震加固前必须进行抗震鉴定，因为抗震鉴定结果是抗震加固设计的主要依据。

（2）在加固设计前，仍应对建筑的现状进行深入的调查，查明建筑物是否存在局部损伤。并对原有建筑的缺陷损伤进行专门分析，在抗震加固时一并处理。

（3）加固方案应根据抗震鉴定结果综合确定，可包括整体房屋加固、区段加固或构件加固。

（4）当建筑面临维修或使用布局在近期需要调整或建筑外观需要改变等，抗震加固宜结合维修改造一并处理，改善使用功能，且注意美观，避免加固后再维修改造，损坏现有建筑。或为了保持外立面的原有建筑风貌，而尽量采用室内加固的方法。

（5）加固方法应便于施工，并应减少对生产、生活的影响，如考虑外加固以减少对内部人员的干扰。

4.5.3.6 抗震加固的结构布置和连接构造

建筑物抗震加固的结构布置和连接构造应符合下列要求。

（1）加固的总体布局，应优先采用增强结构整体抗震性能的方案，应有利于消除不利因素。如结合建筑物的维修改造，将不利于抗震的建筑平面形状分割成规则单元。

（2）改善构件的受力状况。抗震加固时，应注意防止结构的脆性破坏，避免结构的局部加强使结构承载力和刚度发生突然变化。框架结构经加固后宜尽量消除强梁弱柱不利于抗震的受力状态。

（3）加固或新增构件的布置，宜使加固后结构质量和刚度分布较均匀、对称，减少扭转效应，应避免局部的加强，导致结构刚度或强度突变。

（4）减少场地效应。加固方案宜考虑建筑场地情况和现有建筑的类型，尽可能选择地震反应较小的结构体系，避免加固后地震作用的增大超过结构抗震能力的提高。

（5）加固方案中宜减少地基基础的加固工程量，因为地基处理耗费巨大，且比较困难。多采取提高上部结构整体性措施等抵抗不均匀沉降能力的措施。

（6）加强抗震薄弱部位的抗震构造措施。如房屋的局部凸出部分易产生附加地震效应，成为易损部位。又如不同类型结构相接处，由于两种结构地震反应的不协调、互相作用，其连接部位震害较大。在抗震加固这些部位时，应使其承载能力或变形能力比一般部位增强。

(7) 新增构件与原有构件之间应有可靠连接。因为抗震加固时，新、旧构件的连接是保证加固后结构整体协同工作的关键，对于主要构件，各提出具体要求，其他构件也应相应采取措施进行处理。

(8) 新增的抗震墙、柱等竖向构件应有可靠的基础。因为这些构件，不仅要传递竖向荷载，而且是直接抵抗水平地震作用的主要构件，应该自上而下连续设置并落在基础上，不允许直接支承在楼层梁板上。对于基础的埋深和宽度，新建墙、柱的基础应根据计算确定，或按本书各章的具体规定。贴附于原墙、柱的加固面层（如板墙、围套等）、构架的基础深度，一般宜与原构件相同。对地基承载力有富余或加固面层承受的地震作用较少，其基础的深度也可比原构件提高设置，或搁置于原基础台阶上。

(9) 女儿墙、门脸、出屋顶烟囱等易倒塌伤人的非结构构件，不符合鉴定要求时，宜拆或拆矮，或改为轻质材料或栅栏。当需保留时，应进行抗震加固。

4.5.4 多层砖房的抗震鉴定

4.5.4.1 抗震鉴定的一般原则

多层砖房鉴定是按照房屋鉴定的基本原则分为两级鉴定，同时根据多层砖房的特点确定第一级鉴定和第二级鉴定的重点和方法。国家标准《建筑抗震鉴定标准》(GB 50023—2009) 中给出的多层砖房两级鉴定框图如图 4-3 所示。

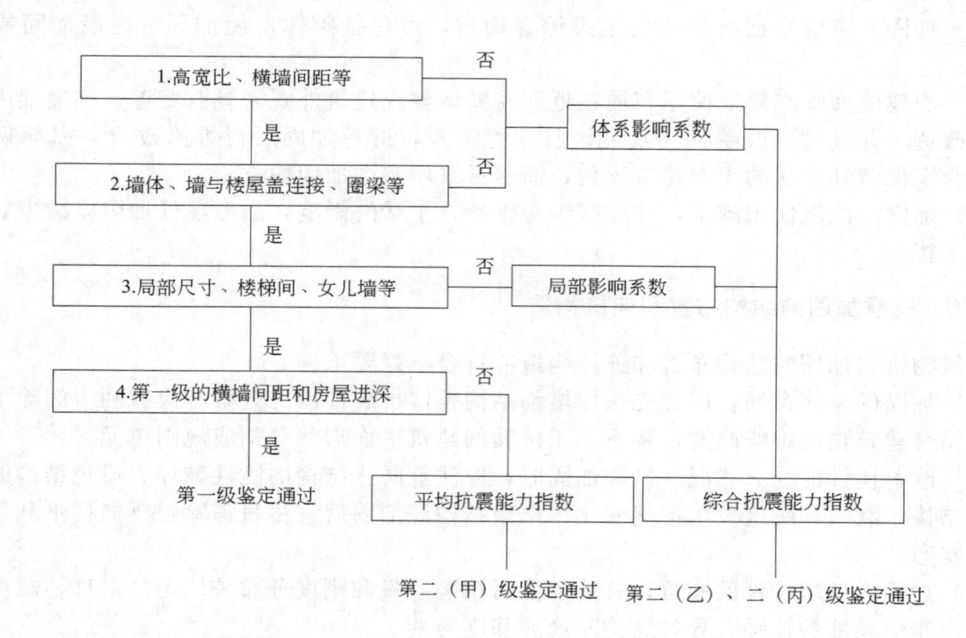

图 4-3 多层砖房两级鉴定框图

对于多层砖房第一级鉴定的宏观控制与构造鉴定，主要是将结构高宽比、横墙间距、材料、构造连接、局部尺寸等作为主要鉴定因素。若第一级鉴定的横墙间距和房屋进深不满足要求或其他各项不符合规定标准，则需进行第二级鉴定。

本节所给出的鉴定方法适用的最大高度和层数，见表 4-29。

表 4-29 多层砌体鉴定的最大高度和层数

墙体类别	墙体厚度/mm	6 度		7 度		8 度		9 度	
		高度/m	层数	高度/m	层数	高度/m	层数	高度/m	层数
普通烧结砖实心墙	≥240	24	8	22	7	19	6	13	4
	180	16	5	16	5	13	4	10	3
多孔砖墙	180～240	16	5	16	5	13	4	10	3
普通烧结砖实心墙	420	19	6	19	6	13	4	10	3
	300	10	3	10	3	10	3		
	240	10	3	10	3				

注:1. 房屋高度不包括地下室和出屋顶小房间,层高不宜超过 4m。

2. 房屋高度是指室外地坪至檐口的高度,半地下室可自地下室的内地面算起。

4.5.4.2 第一级鉴定

多层砖房第一级鉴定是根据结构体系、材料、整体性连接构造和局部构造四个方面进行。这几方面均属于定性的宏观及构造鉴定，而不采取理论的计算方法，即属于抗震概念鉴定。经第一级鉴定后，通过第一级鉴定的则可免去定量的第二级鉴定，这样可大大减少工作量。

（1）结构体系鉴定 结构体系在此主要是指结构整体布置方案。房屋实际高宽比和横墙间距应符合刚性体系的要求，高宽比不宜大于 2.2，且高度不大于底层平面最大尺寸。刚性体系的抗震横墙最大间距见表 4-30。

表 4-30 刚性体系的抗震横墙最大间距

楼屋盖类别	墙体类别	墙体厚度/mm	6 度、7 度	8 度	9 度
现浇或装配整体式混凝土	砖实心墙	≥240	15	15	11
	其他墙体	≥180	13	10	
装配式混凝土	砖实心墙	≥180	10	7	
	其他墙体	≥180	10	7	
木、砖拱	其他墙体	≥240	7	7	4

注:对Ⅳ类场地,表内的最大间距应减少 3m 或者 4m 以内的一开间。

抗震鉴定时，应考虑结构沿高度的质量和刚度是否有突变，立体高度变化不应超过 1 层，同一楼层的楼板标高相差不大于 500mm，沿平面的刚心和质心是否基本重合，且高度不大于底层平面的最长尺寸。以上这些条件通常能满足，所以最主要的是抗震横墙间距和房屋宽度满足规定的要求。为鉴定方便，国家标准《建筑抗震鉴定标准》(GB 50023—2009) 给出横墙间距与宽度限值。在保证横墙间距足够小情况下，可使房屋符合刚性体系的要求。国家标准《建筑抗震鉴定标准》(GB 50023—2009) 所给限值是针对在符合以下参数情况下，采用底部剪力法分析计算后得出的。

① 房屋单位面积的重力荷载代表值取为 $12kN/m^2$[1]。

② 各层质量近似相等。

③ 纵、横墙开洞的水平面积率分别为 50% 和 25%。

用于第一级鉴定时，抗震墙间距和房屋宽度限值见表 4-31。抗震墙体类别修正系数见表 4-32。

[1] $1N/m^2=1Pa$。

表 4-31 第一级鉴定的抗震墙间距和房屋宽度限值

楼层总数	检查楼层	砂浆强度等级																			
		M0.4		M1		M2.5		M5		M10		M0.4		M1		M2.5		M5		M10	
		L/m	B/m	L/m	B/m	L/m	B/m	L/m	B/m	L/m	B/m	L/m	B/m	L/m	B/m	L/m	B/m	L/m	B/m	L/m	B/m
		6度										7度									
二	2	6.9	10	11	15	15	15					4.8	7.1	7.9	11	12	15	15	15		
	1	6.0	8.8	9.2	14	13	15					4.2	6.2	6.4	9.5	9.2	13	12	15		
三	3	6.1	9.0	10	14	15	15	15	15			4.3	6.3	7.0	10	11	15	15	15		
	1～2	4.7	7.1	7.0	11	9.8	14	14	15			3.3	5.0	5.0	7.4	6.8	10	9.2	13		
四	4	5.7	8.4	9.4	14	14	15	15	15					6.6	9.5	9.8	12	12	12		
	3	4.3	6.3	6.6	9.6	9.3	14	13	15					4.6	6.7	6.5	9.5	8.9	12		
	1～2	4.0	6.0	5.9	8.9	8.1	12	11	15					4.1	6.2	5.7	8.5	7.5	11		
五	5	5.6	9.2	9.0	12	12	12	12	12					6.3	9.0	9.4	12	12	12		
	4	3.8	6.5	6.1	9.0	8.7	12	12	12					4.3	6.3	6.1	8.9	8.3	12		
	1～3			5.2	7.9	7.0	10	9.1	12					3.6	5.4	4.9	7.4	6.4	9.4		
六	6			8.9	12	12	12	12	12					6.1	8.8	9.2	12	12	12		
	5			5.9	8.6	8.3	12	11	12					4.1	6.0	5.8	8.5	7.8	11		
	4					6.8	10	9.1	12							4.8	7.1	6.4	9.3		
	1～3					6.3	9.4	8.1	12							4.4	6.6	5.7	8.4		
七	7			8.2	12	12	12	12	12							3.9	7.2	3.9	7.2		
	6			5.2	8.3	8.0	11	11	12							3.9	7.2	3.9	7.2		
	5					6.4	9.6	8.5	12							3.9	7.2	3.9	7.2		
	1～4					5.7	8.5	7.3	11									3.9	7.2		
八	6～8					3.9	7.8	3.9	7.8												
	1～5					3.9	7.8	3.9	7.8												

楼层总数	检查楼层	砂浆强度等级																			
		M0.4		M1		M2.5		M5		M10		M0.4		M1		M2.5		M5		M10	
		L/m	B/m	L/m	B/m	L/m	B/m	L/m	B/m	L/m	B/m	L/m	B/m	L/m	B/m	L/m	B/m	L/m	B/m	L/m	B/m
		8度										9度									
二	2			5.3	7.8	7.8	12	10	15					3.1	4.6	4.7	7.1	6.0	9.2	11	11
	1			4.3	6.4	6.2	8.9	8.4	12							3.7	5.3	5.0	7.1	6.4	9.0
三	3			4.7	6.7	7.0	9.9	9.7	14	13	15					4.2	5.9	5.8	8.2	7.7	10
	1～2			3.3	4.9	4.6	6.8	6.2	8.8	7.7	11							3.7	5.3	4.6	6.7
四	4			4.4	5.7	6.5	9.2	9.1	12	12	12							3.3	5.8	3.3	5.9
	3					4.3	6.3	5.9	8.5	7.6	11									3.3	4.8
	1～2					3.8	5.1	5.0	7.3	6.2	9.1									2.8	4.0
五	5					6.3	8.9	8.8	12	11	12										
	4					4.1	5.9	5.5	7.8	7.1	10										
	1～3					3.3	4.5	4.3	6.3	5.3	7.8										
六	6					3.9	6.0	3.9	6.0	3.9	5.9										
	5							3.9	5.5	3.9	5.9										
	4							3.2	4.7	3.9	5.9										
	1～3									3.9	5.9										
七																					
八																					

注：1. L 是指 240mm 厚承重横墙间距限值。楼、屋盖为刚性时取平均值，柔性时取最大值，中等刚性可相应换算。

2. B 是指 240mm 厚纵墙承重的房屋宽度限值。有 1 道同样厚度的内纵墙时，可取 1.4 倍；有 2 道时，可取 1.8 倍；平面局部突出时，房屋宽度可按加权平均值计算。

3. 楼盖为混凝土而屋盖为木屋架或钢木屋架时，表中顶层的限值宜乘以 0.7。

表 4-32　抗震墙体类别修正系数

项目	空心墙			多孔砖墙	小型砌块墙	中型砌块墙	实心墙		
厚度/mm	240	300	420	190	t	t	180	370	480
修正系数	0.6	0.9	1.4	0.8	$0.8t/240$	$0.6t/240$	0.75	1.4	1.8

注：t 是指小型砌块墙体的厚度。

(2) 材料　砖强度等级不宜低于 MU7.5，且不低于砂浆强度等级；当设防烈度为 7 度，房屋超过 3 层或 8 度、9 度时，砂浆强度等级不宜低于 M1。

(3) 整体性连接构造

① 纵、横墙交接处应有可靠连接，如沿墙高每 10 皮砖应有 2ϕ6 拉结钢筋。

② 楼、屋盖构件的支承长度不应小于表 4-33 的规定。

③ 圈梁布置与构造。圈梁是保证整体性的重要措施，第一级鉴定时，对于楼、屋盖砖房的圈梁布置和构造均有规定。如当装配混凝土楼盖时，对于 7 度设防区，在屋盖外墙处均应设置圈梁，楼盖外墙处横墙间距大于 8m 或层数超过 4 层时应隔层设圈梁，见表 4-34。

④ 局部尺寸及非结构要求。鉴定时主要指易引起局部倒塌部位，包括墙体局部尺寸、楼梯间、悬挑构件、女儿墙、出屋面小烟囱及饰面等。

表 4-33　楼、屋盖构件的最小支承长度

项目	混凝土预制板		预制进深梁	木屋架、木大梁	对接檩条
位置	墙上	梁上	墙上	墙上	屋架上
支承长度/mm	100	80	180 且有垫梁	240	60

表 4-34　圈梁的布置和构造要求

位置和配筋量		7 度	8 度	9 度
屋盖	外墙	除层数为二层的预制板或有木塑板、木龙骨吊顶时，均应有	均应有	均应有
	内墙	同外墙，且纵横墙上圈梁的水平间距分别不应大于 8m 和 16m	且纵横墙上圈梁的水平间距分别不应大于 8m 和 16m	且纵横墙上圈梁的水平间距分别不应大于 8m
楼盖	外墙	横墙间距大于 8m 或层数超过四层时应隔层有	且纵横墙上圈梁的水平间距分别不应大于 8m 和 16m，层数超过三层时应隔层有	层数超过二层，且纵横墙间距大于 4m，每层均应有
	内墙	横墙间距大于 8m 或层数超过四层时，应隔层有，且圈梁的水平间距不应大于 16m	同外墙，且圈梁的水平间距不应大于 12m	同外墙，且圈梁的水平间距不应大于 8m
配筋量		4ϕ8	4ϕ10	4ϕ12

4.5.4.3　第二级鉴定

根据对第一级鉴定的情况，第二级鉴定可分为三种不同的抗震能力指数进行计算。当最弱楼层平均抗震能力指数、最弱楼层综合抗震能力指数或最弱墙段综合抗震能力指数大于或等于 1.0 时，则认为满足抗震鉴定要求。所以这是在第一级宏观性鉴定的基础上，进而做出的定量分析。

(1) 楼层平均抗震能力指数——第二（甲）级鉴定　楼层平均抗震能力指数 a 是按刚性楼盖计算的楼层横墙、纵墙的面积率与鉴定所需的面积率的比值（面积率的含义是墙体在层高 1/2 处的净截面面积与楼层建筑平面面积的比值）。当结构体系、整体性连接、易引起倒塌部位符合第一级鉴定要求，而横墙间距或房屋宽度超过限值时，需采用第二（甲）级鉴定。楼层平均抗震能力指数 i 按下式计算：

$$\beta_i=\frac{A_i}{A_{bi}\xi_{0i}\lambda}$$

式中　β_i——第 i 楼层的纵向或横向墙体平均抗震能力指数；

A_i——第 i 楼层的纵向或横向抗震墙至层高 1/2 净截面的总面积，其中不包括高宽比大于 4 的墙段截面面积；

A_{bi}——第 i 楼层的建筑平面面积；

ξ_{0i}——第 i 楼层的纵向或横向抗震墙的基准面积率，按表 4-37 取值；

λ——烈度影响系数，6 度、7 度、8 度、9 度时分别取 0.7、1.5 和 2.5。

当第一级鉴定时房屋的横墙间距或房屋宽度超过限值时，不能得出该房屋不符合抗震鉴定要求的结论，而需进一步在抗震墙实有面积率方面做再次判定。

(2) 楼层综合抗震能力指数——第二（乙）级鉴定　楼层综合抗震能力指数 β_{ci} 为平均抗震能力指数 β_i 和构造影响系数的乘积。当结构体系、楼层整体性连接、圈梁布置和构造及局部易倒塌部位不符合第一级鉴定要求时，可采用楼层综合抗震能力指数方法进行第二（乙）级鉴定。计算公式如下：

$$\beta_{ci}=\Psi_1\Psi_2\beta_i$$

式中　β_{ci}——第 i 楼层的纵向或横向墙体综合抗震能力指数；

Ψ_1——体系影响系数，可综合考虑房屋不规则性、非刚性和整体性连接不符合第一级鉴定要求的程度后确定，也可采用表 4-35 各项系数的乘积；当砖砌体的砂浆强度等级为 M0.4 时，尚应乘以 0.9；

Ψ_2——局部影响系数，可综合考虑易引起局部倒塌各部位不符合第一级鉴定要求的程度后确定，也可取表 4-36 的最小值。

表 4-35　体系影响系数 Ψ_1

项目	不符合的程度	Ψ_1	影响范围
房屋高宽比	$2.2<\eta<2.6$	0.85	上部 1/3 楼层
	$2.2<\eta<3.0$	0.75	上部 1/3 楼层
横墙间距	在 4m 以内	0.90	楼层的
		1.00	墙段的
错层高度	>0.5m	0.90	错层上下
里面高度变化	超过一层	0.90	所有变化的楼层
相邻楼层的墙体刚度比	$2<\lambda<3$	0.85	刚度小的楼层
	$\lambda>3$	0.75	刚度小的楼层
楼、屋盖构件的支承长度	比规定少 15%以内	0.90	不能满足的楼层
	比规定少 15%～25%	0.80	不能满足的楼层
圈梁布置和构造	屋盖外墙不符合	0.70	顶层
	楼盖外墙一道不符合	0.90	缺圈梁的上下楼层
	楼盖外墙二道不符合	0.80	所有楼层
	内墙不符合	0.90	不满足的上下楼层

注：单项不符合的程度超过表内规定或不符合的项目有超过 3 项时，应采取加固措施。

表 4-36　局部影响系数 Ψ_2

项目	不符合的程度	Ψ_2	影响范围
墙体局部尺寸	比规定少 10%以内	0.95	上部 1/3 楼层
	比规定少 10%～20%	0.90	上部 1/3 楼层

续表

项目	不符合的程度	Ψ_2	影响范围
楼板间等大梁的支承长度	$370\text{mm}<l<490\text{mm}$	0.80	楼层的
		0.70	墙段的
出屋面小房间	$>0.5\text{m}$	0.33	错层上下
支承悬挑结构构件的承重墙体		0.80	所有变化的楼层
房屋尽端设过街楼或楼梯间		0.80	刚度小的楼层
有独立砌体柱承重的房屋	柱顶有拉结	0.80	不能满足的楼层
	柱顶无拉结	0.60	不能满足的楼层

注：单项不符合的程度超过表内规定时应采取加固措施。

(3) 墙段综合抗震能力指数——第二（丙）级鉴定　墙段综合抗震能力指数 β_{cij} 为墙段抗震能力指数 β_{ij} 与构造影响系数的乘积。当横墙间距超过刚性体系规定的最大值，有明显扭转效应和易引起局部倒塌的结构不符合第一级鉴定要求，当最弱的楼层综合抗震能力指数 β_{ci} 小于 1.0 时，则要进行第二（丙）级鉴定，其计算公式为：

$$\beta_{cij}=\Psi_1\Psi_2\beta_{ij}$$

$$\beta_{ij}=\frac{A_{ij}}{A_{bij}\xi_{0i}\lambda}$$

式中　β_{cij}——第 i 层 j 墙段综合抗震能力指数；

β_{ij}——第 i 层 j 墙段抗震能力指数；

A_{ij}——第 i 层 j 墙段在 1/2 层高处的净截面面积；

A_{bij}——第 i 层 j 墙段考虑楼盖刚度影响的从属面积，可根据刚性楼盖、中等刚性楼盖和柔性楼盖按现行国家标准《建筑抗震设计规范》(GB 50011—2010) 给出的方法确定。

4.5.4.4　多层砖房抗震墙基准面积率

对于一般住宅、单身宿舍、办公楼、学校、医院等，按纵、横两方向分别计算墙段的基准面积率，其物理意义是符合抗震要求所需的最小面积率。国家标准《建筑抗震鉴定标准》(GB 50023—2009) 中给出了非承重墙、承重墙及有无门窗洞的各类墙段的基准面积率，表 4-37 和表 4-38 为其中两种情况。

表 4-37　无门窗抗震墙基准面积率

总层数 n	验算楼层 i	承重横墙(无门窗)基准面积率				
		M0.4	M1	M2.5	M5	M10
1 层	1	0.0258	0.0179	0.0118	0.0088	0.0064
2 层	2	0.0344	0.0238	0.0158	0.0117	0.0085
	1	0.0413	0.0269	0.0205	0.0156	0.0116
3 层	3	0.0387	0.0268	0.0178	0.0132	0.0095
	1～2	0.0528	0.0388	0.0275	0.0213	0.0161
4 层	4	0.0413	0.0286	0.0189	0.014	0.0102
	3	0.0579	0.0414	0.0287	0.0216	0.0163
	1～2	0.0628	0.0464	0.0335	0.0263	0.0241
5 层	5	0.043	0.0297	0.0197	0.0147	0.0106
	4	0.062	0.0444	0.0308	0.0234	0.0174
	1～3	0.0711	0.0532	0.0388	0.0307	0.237

续表

总层数 n	验算楼层 i	承重横墙(无门窗)基准面积率				
		M0.4	M1	M2.5	M5	M10
6层	6	0.0442	0.0305	0.0203	0.0151	0.0109
	5	0.0649	0.0465	0.0323	0.0245	0.0182
	4	0.0762	0.0554	0.0393	0.0304	0.023
	1～2	0.079	0.0592	0.0435	0.0347	0.027

注：墙体平均压力为0.10（$n-i+1$）MPa。

表4-38　有一个门抗震墙基准面积率

总层数 n	验算楼层 i	承重横墙(有一个门)基准面积率				
		M0.4	M1	M2.5	M5	M10
1层	1	0.0245	0.0171	0.0115	0.0086	0.0062
2层	2	0.0326	0.0228	0.0153	0.0114	0.0085
	1	0.0386	0.0279	0.0196	0.015	0.0112
3层	3	0.0367	0.0255	0.0172	0.0129	0.0094
	1～2	0.0491	0.0363	0.026	0.0204	0.0155
4层	4	0.0391	0.0273	0.0183	0.0137	0.01
	3	0.0541	0.039	0.0274	0.021	0.0157
	1～2	0.0581	0.0433	0.0314	0.0249	0.0192
5层	5	0.0408	0.0285	0.0191	0.0142	0.0104
	4	0.058	0.0418	0.0294	0.0225	0.0169
	1～3	0.0658	0.0493	0.0363	0.0289	0.0225
6层	6	0.0419	0.0293	0.0196	0.0146	0.0117
	5	0.0607	0.0438	0.0308	0.0236	0.0177
	4	0.0708	0.0518	0.0372	0.0289	0.0221
	1～2	0.0729	0.0548	0.0406	0.0326	0.0255

注：墙体平均压力为0.12($n-i+1$) MPa。

4.5.5　多层钢筋混凝土房屋抗震鉴定

4.5.5.1　抗震鉴定的一般原则

（1）抗震鉴定的适用范围　本节介绍的由国家标准《建筑抗震鉴定标准》(GB 50023—2009）给出的鉴定方法仅适合于不超过10层的钢筋混凝土框架和框架-抗震墙结构。

（2）两级鉴定方法　钢筋混凝土房屋两级鉴定是按结构体系、构件承载力、连接构造等因素对整幢房屋进行综合抗震能力的整体鉴定。多层钢筋混凝土房屋的两级鉴定框图如图4-4所示。

第一级鉴定仍以宏观控制、构造鉴定为主的定性分析，强调了对结构体系、框架节点、填充墙与主体结构连接及梁柱配筋等方面要求。第二级鉴定是在第一级鉴定不满足要求时进行的半定性半定量分析判断的方法。

4.5.5.2　第一级鉴定

第一级鉴定需达到以下要求，才算鉴定通过；否则，需进行第二级鉴定。

（1）结构体系和结构布置

① 双向框架在地震区，为了抵抗来自任意方向的地震作用，需设置梁柱刚接的沿两个方向的双向框架；否则，需加强楼盖整体性，且同时增设抗震墙、支承等抗侧力措施。

② 结构布置需按抗震设计中对结构布置的要求，检查平面布置是否基本均匀对称，沿

结构高度的刚度是否基本均匀，抗震墙间距是否符合规定，抗震墙之间楼、屋盖最大长宽比是否满足规定要求。

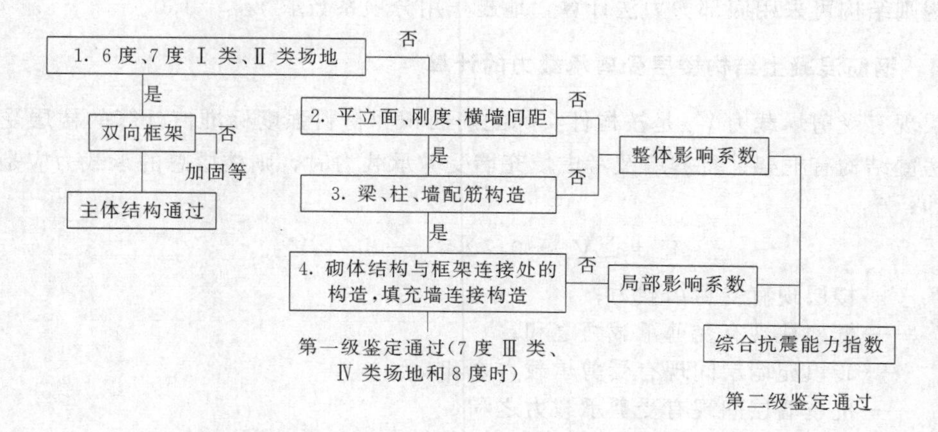

图 4-4 多层钢筋混凝土房屋的两级鉴定框图

(2) 梁、柱配筋要求 对于纵筋锚固、柱截面尺寸及箍筋最小直径与间距均应满足相应的规定要求。当建筑处于6度、7度设防的Ⅰ级、Ⅱ级建筑场地时，要求按非抗震区设计标准鉴定即可。对7度设防而场地土较软弱的Ⅲ类、Ⅳ类区和8度、9度时，则需按抗震设计要求鉴定。

(3) 填充墙与主体结构的连接构造 第一级鉴定对砖砌体填充墙的要求与抗震设计时相近。

① 当考虑填充墙抗侧力作用时，处于6～8度的填充墙厚度不应小于180mm。

② 沿柱高每隔600mm，应有2ϕ6拉筋埋入填充墙内，8度、9度时伸入墙内的长度不宜小于墙长的1/5且不小于700mm；当墙高大于5m时，墙内宜有连系梁与柱连接。

4.5.5.3 第二级鉴定

多层钢筋混凝土房屋的第二级抗震鉴定是采取综合定量方法求出平面结构楼层综合抗震能力系数β值，当$\beta \geqslant 1.0$时即符合抗震鉴定要求，否则需进行抗震加固。

平面结构楼层综合抗震能力系数β的计算公式为：

$$\beta = \varphi_1 \varphi_2 \xi_y$$

$$\xi_y = \frac{V_y}{V_e}$$

式中 φ_1——体系影响系数，由综合考虑结构体系、梁柱箍筋、轴压比等符合第一级鉴定要求的程度和部位而定；当各项均符合抗震设计规范时，取$\varphi_1 =$ 1.25；当各项均符合第一级鉴定要求时，取$\varphi_1 = 1.0$；当各项仅符合非抗震设计要求，取$\varphi_1 = 0.8$；当结构受损伤或倾斜且已修复时，上述数值尚宜乘以0.8～1.0；

φ_2——局部影响系数，可综合考虑局部构造不符合第一级鉴定要求的程度，采用下列三项中最小值：与承重砌体结构相连的框架，取$\varphi_2 = 0.8 \sim 0.95$；填充墙等与框架连接不符合第一级鉴定要求时，取$\varphi_2 = 0.7 \sim 0.95$；抗震墙之间楼、屋盖长宽比超过抗震鉴定标准的规定时，取$\varphi_2 = 0.6 \sim 0.9$；

ξ_y——楼层屈服强度系数；

V_y——楼层现有受剪承载力；

V_e——楼层的弹性地震剪力。

对规则结构可采用底部剪力法计算，地震作用分项系数取 $\gamma_{EH}=1.0$。

4.5.5.4 钢筋混凝土结构楼层受剪承载力的计算

楼层现有受剪承载力 V_y 是按构件实际配筋面积和材料强度标准值计算的楼层受剪承载力。当房屋结构有框架、抗震墙及考虑填充墙受剪承载力时，则楼层总的承载力应是三者的组合。即：

$$V_y=\sum V_{cy}+0.7\sum V_{my}+0.7\sum V_{wy}$$

式中 V_y——楼层现有受剪承载力；

$\sum V_{cy}$——框架柱现有受剪承载力之和；

$\sum V_{my}$——砖填充墙层间现有受剪承载力之和；

$\sum V_{wy}$——抗震墙层间现有受剪承载力之和。

(1) 矩形框架柱现有受剪承载力 V_{cy}　V_{cy} 可取以下两者的较小值：

$$V_{cy}=\frac{M_{cy}^{u}+M_{cy}^{l}}{V_e}$$

$$V_{cy}=\frac{0.16}{\lambda+1.5}f_{ck}bh_0+f_{yvk}\frac{A_{sv}}{s}h_0+0.056N$$

式中 M_{cy}^{u}，M_{cy}^{l}——验算层偏压柱上下端现有受弯承载力；

H_n——框架柱净高；

λ——框架柱的计算剪跨比，$\lambda=\frac{H_n}{2h_0}$，当 $\lambda<1$ 时，取 $\lambda=1$；当 $\lambda>3$ 时，取 $\lambda=3$；

N——对应于重力荷载代表值下柱轴向压力，当 $N>0.3f_{ck}bh$ 时，取 $N=f_{ck}bh$；

A_{sv}——同一截面内箍筋各肢截面面积之和；

f_{yvk}——箍筋抗拉强度标准值；

f_{ck}——混凝土轴心抗压强度标准值。

(2) 砖填充墙框架层间现有受剪承载力　对于具有砖填充墙的钢筋混凝土框架，应当考虑填充墙对承载力影响时，该框架的现有受剪承载力按下式计算：

$$V_{my}=\frac{\sum(M_{cy}^{u}+M_{cy}^{l})}{H_c}+\xi_N f_{VK}A_m$$

ξ_N——砌体强度的正压力影响系数；

f_{VK}——砌墙的抗剪强度标准值；

A_m——砖填充墙水平截面面积，宽度小于洞口 1/4 高度的墙肢不考虑；

H_c——柱的计算高度，两侧有填充墙时，可采用静柱高的 2/3；一侧有填充墙时，可采用柱全高。

(3) 带边框柱的钢筋混凝土抗震墙层间现有抗剪承载力　对于框架-抗震墙结构，抗震墙的抗剪承载力 V_{wy} 按下式计算：

$$V_{wy}=\frac{1}{\lambda-0.5}(0.04f_{ck}A_w+0.1N)+0.8f_{yvk}\frac{A_{sh}}{s}h_0$$

式中　N——对应于重力荷载代表值下抗震墙轴向压力，当 $N>0.3f_{ck}A_w$ 时，取 $N=f_{ck}A_w$；

A_w——抗震墙的截面面积；

A_{sh}——配置在同一水平截面内的水平钢筋的截面面积；

λ——抗震墙的计算剪跨比，其值可采用计算楼层至该抗震墙顶的1/2高度与抗震墙截面高度之比，当 λ 小于1.5时，取1.5；当 λ 大于2.2时，取2.2。

4.5.6　内框架和底层框架砖房的抗震鉴定

4.5.6.1　内框架和底层框架砖房抗震鉴定的一般规定

（1）鉴定适用范围

① 6～9度区，黏土砖墙和钢筋混凝土柱混合承重的内框架砖房，砖墙厚度大于或等于240mm，其柱列布置如下。

a. 从底到顶单排柱，现不允许在9度区新建单排柱内框架砖房，但对9度区内已建成，二层单排柱内框架砖房可进行鉴定、加固。

b. 从底到顶多排柱（包括双排柱）。

② 6～9度区，上部全为砖房（墙厚大于或等于180mm），底层为全框架（包括填充墙框架）的底层框架砖房。

③ 6～8度区，上部全为砖房（墙厚大于或等于180mm），仅底层为内框架和砖墙混合承重的底层内框架砖房（现已不允许地震区新建底层内框架砖房）。

④ 6～8度区，由砌块和钢筋混凝土混合承重的内框架和底层框架砌块房屋，可比照本节规定的原则进行鉴定。

（2）房屋的最大高度和层数

① 内框架和底层框架砖房的最大高度和层数宜符合表4-39的规定，并考虑后面四项要求。

表4-39　内框架和底层框架砖房的最大高度和层数

房屋类别	墙体厚度/mm	6度		7度		8度		9度	
		高度/m	层数	高度/m	层数	高度/m	层数	高度/m	层数
底层框架砖房	≥240	19	6	19	6	16	5	10	3
	180	13	4	13	4	10	3	7	2
底层内框架砖房	≥240	13	4	13	4	10	3		
	180	7	2	7	2	7	2		
多排柱内框架砖房	≥240	18	5	17	5	15	4	8	2
单排柱内框架砖房	180	16	4	15	4	12	3	7	2

② 底层框架和底层内框架砖房中墙体厚度为180mm者只适用于底层框架房屋的上部各层砖房。由于这种墙体稳定性较差，故适用的高度一般降低6m，层数一般减少两层（表4-39）。

③ 6～8度时，类似的内框架和底层框架砌块房屋可按表4-39规定的高度相应降低3m，层数相应减少一层。但9度时不适用。

④ 内框架和底层框架砖房的层数和高度超过表4-39内规定值一层和3m以内时，应采用《建筑抗震设计规范》（GB 50011—2010）方法进行第二级鉴定。当多于一层和大于3m时，可不再进行第二级鉴定，直接对建筑采取加固或其他相应措施。

⑤ 房屋高度是指室外地坪到檐口高度，半地下室可从地下室室内地面算起。檐口高度是指房屋屋顶顶板上皮平面的高度，平屋顶时不计女儿墙高度，坡屋顶时不计檐口的上屋盖高度。

(3) 外观和内在质量检查

① 内框架和底层框架砖房的砖墙体应对墙体的要求进行检查。

② 内框架和底层框架砖房的钢筋混凝土构件应对框架的要求进行检查。

(4) 内框架砖房和底层框架砖房的整体综合抗震能力评定

① 内框架砖房和底层框架砖房的两级鉴定可参照图 4-5 的框图进行。

② 内框架和底层框架砖房符合下述的第一级鉴定的相应要求者，可评为满足抗震鉴定要求。

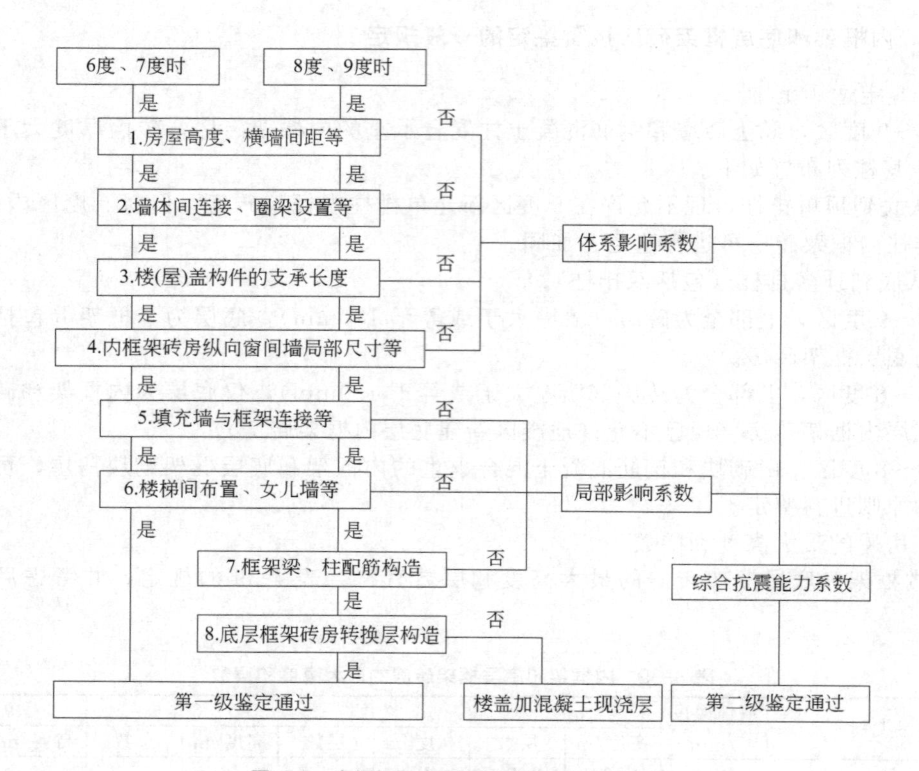

图 4-5　内框架和底层框架砖房两级鉴定框图

a. 内框架砖房是单排柱还是多排柱，底层框架砖房的底层是全框架或内框架，其房屋最大高度和层数。

b. 房屋整体性连接，如墙体与框架间的连接；内框架砖房在外墙的支承长度；底层框架砖房的底层楼盖的做法。

c. 局部易损部位的构造，如女儿墙、出屋顶小烟囱、通风道的高度和防倒塌措施；内框架砖房纵向窗间墙等局部尺寸。

d. 砖墙和框架的抗震承载力直接按房屋高度、横墙间距和砂浆强度等级来判断是否符合抗震要求。

③ 当不符合第一级鉴定的要求时，除按明确规定情况可直接处理或加固外，一般应转入第二级鉴定，做出判断。

(5) 内框架和底层框架砖房是由砌体和框架混合承重的结构，应遵守下列几方面的规定。

① 砖房和砖墙部分应符合第 6 章多层砌体房屋的抗震鉴定相应要求。

② 钢筋混凝土框架部分应符合第 7 章多层钢筋混凝土房屋的抗震鉴定相应要求。

③ 本章中针对这两种类型房屋的专门要求。

4.5.6.2 内框架和底层框架砖房第一级鉴定

(1) 结构体系的鉴定

① 抗震横墙的最大间距应符合表 4-40 的规定。

表 4-40 抗震横墙的最大间距

房屋类型		砖墙厚度/mm	最大间距/m			
			6 度	7 度	8 度	9 度
底层框架砖房的底层		≥240	25	21	19	15
底层内框架砖房的底层		≥240	18	18	15	11
上部砖房	现浇或装配整体式混凝土楼、屋盖	≥240	15	15	15	11
		≥180	13	13	10	
	装配混凝土楼、屋盖	≥240	11	11	11	7
		≥180	10	10	7	
	木屋盖	≥240	7	7	7	4
多排柱内框架砖房		≥240	30	30	30	20
单排柱内框架砖房		≥240	18	18	15	11

超过表 4-40 中规定时，应采取相应措施，如增设抗震墙，或增设钢筋混凝土壁柱加固等。

② 底层框架、底层内框的底层，在纵横两个方向均应有砖或钢筋混凝土抗震墙，特别应注意横墙的间距和数量，并注意由于设置汽车库或临街建筑扩大门面而严重减少外纵墙的墙面积；且纵横方向第二层侧移刚度与底层侧移刚度的比值：7 度时，不宜大于 3.0；8 度、9 度时，不宜大于 2.0。

③ 内框架砖房的纵向窗间墙，由于外纵向窗间墙的震害原因和其多发性，而且窗间墙的破坏倒塌将引起整个内框架砖房的严重破坏和倒塌，因此列入房屋建筑体系严格要求，其具体要求如下。

a. 内框架砖房的纵向窗间墙宽度规定见表 4-41。

b. 8 度、9 度时，当采用厚度为 240mm 的砖墙作抗震墙时，应有墙垛。

表 4-41 内框架砖房的纵向窗间墙宽度

烈度	6 度	7 度	8 度	9 度
纵向窗间墙最小宽度/m	0.8	1	1.2	1.5

(2) 墙体厚度和强度等级

① 底层框架、底层内框架砖房的底层和多层内框架砖房的砖墙应符合下列要求。

a. 砖抗震墙厚度不应小于 240mm。

b. 砖实际达到的强度等级不应低于 MU7.5。

c. 砌筑砂浆实际达到的强度等级：6 度、7 度时，不应低于 M2.5；8 度、9 度时，不应低于 M5。

② 底层框架、底层内框架砖房的上部砖房仍按多层砖房抗震鉴定的有关规定。

a. 砖抗震墙厚度不应小于 180mm。

b. 砖强度等级不宜低于 MU7.5。

c. 砌筑砂浆强度等级：对 6 度或 7 度时 3 层及以下的砖砌体，不宜低于 M0.4；对 7 度超过 3 层或 8 度、9 度时的砖砌体，不宜低于 M1。

(3) 房屋的整体性连接构造　针对两类型结构的特点，强调了楼盖的整体性、圈梁布置、大梁与外墙的连接的关键部位，规定如下。

① 底层框架和底层内框架砖房的底层楼盖，作为上部砖房与底层框架间的转换层楼板，需要传递水平地震剪力而应具有较大的水平刚度，而且作为上部砖房的底面边缘构件，与砖房共同担负地震倾覆力矩在底层各柱列结构间的分配。在该楼板中，将引起相应水平拉力，因此有以下规定。

a. 8 度和 9 度时应为现浇或装配整体式钢筋混凝土楼盖。

b. 6 度和 7 度时可为装配式楼盖，但应设有圈梁。

② 底层全框架和底层内框架砖房的上部多层砖房的圈梁布置和构造要求应符合有关规定。

③ 多层内框架砖房的圈梁布置和构造要求应符合第 6 章的有关规定。当采用装配式混凝土楼、屋盖时，尚应补充符合下列要求。

a. 顶层应有圈梁。

b. 6 度和 7 度不超过 3 层时，隔层应有圈梁。

c. 7 度超过 3 层和 8 度、9 度时，各层均应有圈梁。

④ 内框架砖房大梁在外墙上的支承长度不应小于 240mm，且应与垫块或圈梁相连。

⑤ 9 度时所有内框架砖房和 7 度、8 度时超过 3 层的内框架砖房，在下列部位应有构造柱或沿墙高每 10 皮砖应有 $2\phi6$ 拉结钢筋。

a. 外墙四角。

b. 楼梯和电梯间四角。

c. 大房间的内外墙交接处。

(4) 第一级鉴定综合构造要求

① 内框架砖房和底层框架砖房中易局部倒塌的构件、部件及其连接的构造可按有关规定检验。

② 底层框架、底层内框架砖房的上部各层砖房应符合有关要求。

③ 框架梁、柱应符合有关要求。

④ 内框架砖房综合构造要求列于表 4-42。底层框架和底层内框架砖房综合构造要求见表 4-43。

表 4-42　内框架砖房综合构造要求

构造要求		6 度	7 度	8 度	9 度
最大高度	多排柱	18m(5 层)	17m(5 层)	15m(4 层)	8m(2 层)
	单排柱	16m(4 层)	15m(4 层)	12m(3 层)	7m(2 层)
抗震横墙最大间距	多排柱	30m	30m	30m	20m
	单排柱	18m	18m	15m	11m
抗震纵横墙最小厚度		240mm			
纵向窗间墙的设置				240mm 厚时应有墙垛	
纵向窗间墙的最小宽度		0.8m	1.0m	1.2m	1.5m
砖强度等级		MU7.5			
砌筑砂浆强度等级		M2.5		M5	
装配式楼、屋盖圈梁配置的最低要求	圈梁高度	≥120mm			
	圈梁高度	$4\phi8$		$4\phi10$	$4\phi12$
	屋顶层	应设圈梁			
	隔层配置	均可	不超 3 层		不允许
	每层配置		超过 3 层		均应每层布置
大梁在外墙的支承长度		不应小于 240mm，且应与垫块或圈梁相连			

续表

构造要求	6度	7度	8度	9度
构造柱或控制钢筋设置部位(外墙四角、楼梯和电梯四角、内外墙交接处)	无要求	超过三层时设置		均应设置
外墙尽端至门窗洞边的距离	0.8m	1.0m	1.2m	1.5m
大梁(>5m)的内墙阳角至门窗洞边距离	0.8m	0.8m	1.0m	1.5m
无拉结女儿墙和门闩等	厚度≥240mm,M2.5砌筑高不应大于0.5m			
框架梁柱混凝土强度等级		C13	C18	C18
柱纵向钢筋总配筋率			0.6%	0.8%
柱端箍筋($H/6$范围内)		$\phi6@200$	$\phi6@200$	$\phi8@150$
梁端箍筋(h范围内)			@200	@150
墙与柱间$2\phi6$拉筋连接	应有一般拉筋		其拉结长度不小于700mm及1/5墙长	
框架柱截面宽度	300mm	300mm	300mm	400mm

注:本表未包含内容仍按有关规定的要求。

表4-43 底层框架和底层内框架砖房综合构造要求

构造要求			6度	7度	8度	9度
最大高度		底层全框架	19m(6层)	19m(6层)	16m(5层)	10m(3层)
		底层内框架	13m(4层)	13m(4层)	10m(3层)	
底层横墙最大间距		底层全框架	25m	121m	19m	15m
		底层内框架	18m	18m	15m	11m
第二层与底层刚度比值				不宜大于3.0	不宜大于2.0	不宜大于2.0
底层	抗震砖墙厚度和砖强度等级		不应小于240mm和MU7.5			
	砂浆强度等级		M2.5	M2.5	M5	M5
	底层的楼盖		可为与圈梁的装配式楼盖		现浇或装配整体式楼盖	
	底层框架梁柱混凝土强度等级			C13	C18	C18
	角柱纵向钢筋总配筋率				0.8%	1.0%
	其他柱纵向钢筋总配筋率				0.6%	0.8%
	柱端箍筋($H/6$范围内)			$\phi6@200$	$\phi6@200$	$\phi8@150$
	梁端箍筋(h范围内)				@200	@150
	底层墙与柱间$2\phi6$拉筋连接		应有一般拉筋		其拉结长度不小于700mm及1/5墙长	
上部砖房	抗震横墙间距	现浇或装配整体式楼盖	15m	15m	15m	11m
		装配式混凝土楼盖	13m	13m	10m	
		木屋盖	7m	7m	7m	4m
	砌筑砂浆强度等级		M0.4	不大于三层M0.4;大于三层M1.0	M1	M1
	窗间墙宽度,外墙尽端至窗洞边距离,支承大于5m的内阳角至门窗洞边距离			0.8m	1.0m	1.5m
	非承重墙尽端至门窗洞边距离			0.8m	0.8m	1.0m
	M2.5砂浆砌筑240mm女儿墙高度		整体性不良或非刚性房屋≤0.5m			
			刚性结构房屋没有压顶圈梁的封闭女儿墙≤0.9m			
	纵横墙交接处		应咬茬砌筑,当为马牙槎或有拉结钢筋			

注:本表未包含内容仍按有关规定的要求。

(5) 内框架砖房和底层框架砖房通过以上五项第一级鉴定后,分为下列三种情况处理。

① 符合上述五项第一级鉴定要求者,可评为综合抗震能力满足抗震鉴定。

② 下列情况之一者,应对房屋采取加固或其他相应措施,可不再进行第二级鉴定。

a. 横墙间距超过表4-44的规定。

b. 构件支承长度少于规定的75%。

c. 底层框架、底层内框架砖房第二层与底层侧移刚度大于3。

d. 8度、9度时混凝土强度等级低于C13。

e. 隔墙与两侧墙体和框架柱无拉结，当长度大于5.1m或高度大于3m时，墙顶与梁板无连接；砌体女儿墙、门脸、出屋面小烟囱、通风道等易损部位非结构构件，不符合有关的要求时，可只对上述非结构构件进行局部加固或处理（如拆除等）。

f. 第一级鉴定中检查出多项明显不符合要求。

③ 介乎上述两者之间的情况可进行下一步骤——第二级鉴定。

（6）抗震横墙间距和房屋宽度

① 底层框架、底层内框架砖房的上部各层砖房，抗震横墙间距和房屋宽度不应超过说明规定的限值。

② 底层框架和底层内框架砖房的底层，横墙厚度为370mm时的横墙间距和纵墙厚度为240mm的房屋宽度，其限值宜按表4-44采用。

③ 底层内框架房屋的底层，横墙间距和房屋宽度的限值，可按底层框架砖房的0.85倍采用，9度时不适用。底层框架和底层内框架砖房，各种厚度的墙体，横墙间距和房屋宽度的限值可按墙厚的比例将表4-44相应换算。底层框架和底层内框架砖房的底层横墙间距和房屋宽度限值见表4-44。

表4-44 底层框架和底层内框架砖房的底层横墙间距和房屋宽度限值

楼层总数	砂浆强度等级															
	M2.5		M5		M2.5		M5		M5		M10		M5		M10	
	L/m	B/m	L/m	B/m	L/m	B/m	L/m	B/m	L/m	B/m	L/m	B/m	L/m	B/m	L/m	B/m
	6度				7度				8度				9度			
2层	25	15	25	15	19	14	21	15	17	13	18	15	11	8	14	10
3层	20	15	25	15	15	11	19	14	13	10	16	12			10	7
4层	18	13	22	15	12	9	16	12	11	8	13	10				
5层	15	11	20	15	11	8	14	10			12	9				
6层	14	10	18	15			12	9								

注：表中L指370mm厚横墙的间距限制，B指240mm厚纵墙的房屋宽度限制。

④ 第一级鉴定时，内框架砖房的横墙间距和房屋宽度限值，可对其数值乘以下列调整系数。

a. 对多排柱到顶的内框架砖房

（a）顶层，乘0.9。

（b）底层，横墙间距乘1.4，房屋宽度乘1.15。

（c）其他各层限值用顶、底层求得限值再用内插法确定。

b. 对单排柱到顶的内框架砖房

（a）顶层，乘0.9(0.9×0.85=0.765)。

（b）底层，横墙间距乘1.4(1.4×0.85=1.19)。

房屋宽度乘1.15(1.15×0.85=0.98)。

c. 其他各层限值用多排柱到顶内框架顶、底层求得限值的0.85倍再用内插法确定。

4.5.6.3 内框架和底层框架砖房第二级鉴定

（1）底层框架、底层内框架砖房采用综合抗震能力指数方法进行第二级鉴定时，应符合下列要求。

① 上部各层其楼层平均抗震能力指数的公式为：

$$\beta_i=\frac{A_i}{A_{bi}\xi_{0i}\lambda}$$

式中 λ——烈度影响系数，6度、7度、8度、9度时，仍分别按0.7、1.0、1.5和2.5采用。

楼层的综合抗震能力指数公式为：

$$\beta_{ci}=\psi_1\psi_2\beta_i$$

式中 β_{ci}——第 i 楼层的纵向或横向墙体综合抗震能力指数；

ψ_1——体系影响系数；

ψ_2——局部影响系数。

② 底层的砖抗震墙部分，可根据房屋的总层数，采用其楼层平均抗震能力指数的公式为：

$$\beta_i=\frac{A_i}{A_{bi}\xi_{0i}\lambda}$$

式中 λ——烈度影响系数，6度、7度、8度、9度时，仍分别按0.7、1.0、1.7和3.0采用（8度、9度时比多层砖房提高）；

ξ_{0i}——抗震墙基准面积率。

a. 底层全框架砖房的底层砖抗震墙，考虑框架承担一部分地震作用，可按下列三种方法之一取折减系数。

(a) 折减系数 ψ_f 取0.85。

(b) 参照《建筑抗震设计规范》(GB 50011—2010)，各柱承担的剪力予以折减，则折减系数 ψ_f 为：

$$\psi_f=1-\frac{V_f}{V}$$

式中 V——底层的地震剪力；

V_f——框架部分承担的剪力。

(c) 折减系数 ψ_f 为：

$$\psi_f=0.92-0.1\lambda$$

式中 λ——抗震横墙间距与房屋总宽度之比。

b. 底层内框架砖房的底层砖抗震墙 ψ_f 取1.0，即不考虑内框架承受地震作用进行验算。

③ 底层的框架部分，框架承担的地震剪力可按现行《建筑抗震设计规范》(GB 50011—2010) 采用。框架柱的地震作用效应，可按下列方法确定。

a. 底层框架柱承担的地震剪力值，可按各抗侧移构件有效刚度比例分配确定；有效侧移刚度的取值对框架不折减，对混凝土墙可取30%，对黏土砖墙可取20%，即：

$$V_c=\frac{\sum K_c}{\sum K_c+0.3\sum K_w+0.2\sum K_m}V$$

式中 V_c——框架柱承受的计算方向地震弹性剪力；

V——底层承受的计算方向地震弹性剪力，可按底部剪力法，并应乘以下列的系数 η_E。增大系数 η_E 根据第二层砖房与底层的侧移刚度比值来确定，按《建筑抗震设计手册》取。

$$\eta_E=\sqrt{\frac{K_2}{K_1}}$$

$\eta_E<1.2$ 时，取1.2；$\eta_E>1.5$ 时，取1.5。

$$\frac{K_2}{K_1}=\frac{\sum K_{m2}}{\sum K_c+\sum K_w+\sum K_m}$$

式中　$\sum K_{c}$——底层计算方向的全部框架柱侧移刚度；

$\sum K_{w}$——底层计算方向的全部钢筋混凝土抗震墙的侧移刚度；

$\sum K_{m}$——底层计算方向的全部砖抗震墙的侧移刚度；

$\sum K_{m2}$——第二层计算方向的全部砖抗震墙的侧移刚度；

K_1，K_2——房屋底层和第二层计算方向的侧移刚度。

b. 底层框架柱现有受剪承载力可按下式计算：

$$\sum V_{cy}=V_{y}$$

框架柱的轴力包括上部楼层砖房的垂直荷载代表值和地震倾覆力矩引起的轴力。各轴线承受的地震倾覆力矩，可按底层抗震墙和框架的转动刚度的比例分配确定。

c. 底层框架柱的综合抗震能力指数可按下式计算：

$$\beta=\psi_1\psi_2\xi_{y}$$

$$\xi_{y}=\frac{V_{y}}{V_{c}}$$

式中　β——底层框架柱的综合抗震能力指数；

ψ_1——体系影响系数；

ψ_2——局部影响系数；

ξ_{y}——底层框架柱屈服强度系数；

V_{y}——底层框架柱现有受剪承载力；

V_{c}——底层框架柱承担的地震弹性剪力。

（2）多层内框架砖房采用综合抗震能力指数方法进行第二级鉴定时应符合下列要求。

① 砖墙部分均可根据房屋的总层数，按相应规定采用。

a. 楼层平均抗震能力指数公式为：

$$\beta_i=\frac{A_i}{A_{bi}\xi_{0i}\lambda}$$

式中　λ——烈度影响系数，6度、7度、8度、9度时，仍分别按0.7、1.0、1.7和3.0采用（8度、9度时比多层砖房提高）；

ξ_{0i}——抗震墙基准面积率。

b. 多层内框架砖房的调整系数按下式计算：

$$\eta_{fi}=\frac{1-\sum\psi_{c}(\zeta_1+\zeta_2\lambda/\eta_{b}\eta_{s})}{\eta_{0i}}$$

式中　η_{fi}——i层基准面积率调整系数；

η_{0i}——i层的位置调整系数（考虑内框架砖房采用底部剪力法计算时，顶部需附加相当于20%总地震作用的集中力）；

ψ_{c}——柱类型系数，钢筋混凝土内柱可采用0.012，外墙组合砖柱采用0.0075，无筋砖柱（墙）可采用0.005；

η_{b}——抗震横墙间的开间数；

η_{s}——内框架的跨数；

λ——抗震横墙间距与房屋总宽度的比值，当小于0.75时，采用0.75；

ζ_1，ζ_2——计算系数，可查表取得。

② 框架部分

a. 多层内框架砖房各柱的地震剪力按《建筑抗震设计规范》（GB 50011—2010）规定的下式确定：

$$V_c=\frac{\psi_c}{\eta_b \eta_s}(\zeta_1+\zeta_2\lambda)V$$

式中　V_c——各柱地震剪力；

V——楼层地震剪力。

b. 多层内框架砖房各类型柱承担的地震力按下式计算：

$$V_{ci}=\frac{\psi_{ci}}{\sum(0.012p+0.075q+0.005r)}V_c$$

式中　V_{ci}——某一个类型柱承担的地震剪力；

ψ_{ci}——某一个柱类型系数，钢筋混凝土内柱采用 0.012，外墙组合砖柱采用 0.0075，无筋砖柱（墙）采用 0.005；

p——楼层的钢筋混凝土内柱数量；

q——楼层的外墙组合砖柱数量；

r——楼层的无筋砖柱（墙）数量。

c. 多层内框架砖房的混合框架现有承载力

（a）无筋砖柱现有受弯承载力按下式计算：

$$M_{my}=N[e]$$

式中　M_{my}——砖柱现有承载力；

N——对应于重力荷载代表值的砖柱轴向压力；

$[e]$——重力荷载代表值作用下现有砖柱的容许偏心距，无筋砖柱取 $0.9y$（y 为截面重心到轴向力所在偏心方向截面边缘的距离）。

（b）组合砖柱现有受弯承载力按下式计算：

$$M_{my}=Ne_N=f_k S_s+f_{ck}S_{c,s}+\eta_s f'_{yk}A_s(h_0-a')$$

则有：

$$f_k S_N+f_{ck}S_{c,N}+\eta_s f'_{yk}A'_s e'_N-\sigma_s A_s e_N=0$$

$$e'_N=e+e_i-\left(\frac{h}{2}-a'\right)$$

$$e_N=e+e_i+\left(\frac{h}{2}-a\right)$$

$$e_i=\frac{\beta^2 h}{2200}(1-0.022\beta)$$

$$h_0=h-a$$

式中　f_k——砌体的抗压强度标准值；

f_{ck}——混凝土轴心抗压强度标准值；

f'_{yk}——受压钢筋的强度标准值；

σ_s——钢筋 A 的应力，地震计算一般为大偏心，即 $\sigma_s=f'_{yk}$（受拉钢筋的强度标准值）；

η_s——受压钢筋的强度系数，当为混凝土面层时，可取 1.0，当为砂浆面层时，可取 0.9；

A'_s——一侧受压钢筋的截面面积；

A_s——另一侧钢筋的截面面积；

S_s——砖砌体受压部分的面积对钢筋 A 重心的面积矩；

$S_{c,s}$——混凝土或砂浆面层受压部分的面积对钢筋 A 重心的面积矩；

S_N——砖砌体受压部分的面积对轴向力 N 作用点的面积矩；

$S_{c,N}$——混凝土或砂浆面层受压部分的面积对轴向力 N 作用点的面积矩；

e'_N，e_N——钢筋 A′和 A 重心至轴向力 N 作用点的距离；

e——轴向力的初始偏心距，按荷载标准值计算，当 $e<0.05h$ 时，应取 $e=0.05h$；

e_i——组合砖砌体构件在轴向力作用下的偏心距；

h_0——组合砌体构件截面的有效高度；

a'，a——钢筋 A′和 A 重心至截面较近边的距离。

(c) 无筋砖柱（墙）和组合砖柱的现有受剪承载力可按下式确定：

$$V_{mu}=\frac{N[e]}{H_0}=\frac{M_{my}}{H_0}$$

式中 V_{mu}——外墙砖柱（垛、墙）层间现有受剪承载力；

H_0——砖柱的计算高度，取反弯点至柱端的距离；

M_{my}——砖柱现有受弯承载力。

(d) 内框架砖房混合框架的楼层现有受剪承载力按下式确定：

$$V_{yw}=\Sigma V_{cy}+\Sigma V_{mu}$$

式中 V_{yw}——内框架砖房楼层现有受剪承载力；

ΣV_{cy}——层间框架柱现有受剪承载力之和；

ΣV_{mu}——层间砖柱现有受剪承载力之和。

其中，对无筋砖柱，当 $\Sigma V_{cy}>2.4\Sigma V_{mu}$ 时，取 $\Sigma V_{cy}=2.7\Sigma V_{mu}$；当 $\Sigma V_{cy}<2.4\Sigma V_{mu}$，取 $\Sigma V_{mu}=0.42\Sigma V_{cy}$。

对组合砖柱，当 $\Sigma V_{cy}\geqslant1.62\Sigma V_{mu}$ 时，取 $\Sigma V_{cy}=1.6\Sigma V_{mu}$；当 $\Sigma V_{cy}<1.6\Sigma V_{mu}$，取 $\Sigma V_{mu}=0.63\Sigma V_{cy}$。

第5章 加固技术

5.1 粘钢

5.1.1 粘钢加固

粘钢加固即粘贴钢板加固，是将钢板采用高性能环氧类黏结剂粘接于混凝土构件表面，使钢板与混凝土形成统一的整体，由于钢板具有良好的抗拉强度，从而达到增强构件承载能力及刚度的目的。实际工程中由于各种原因，有些钢筋混凝土结构不能满足安全性、适用性、耐久性的要求，必须做补强加固处理。以往在我国的混凝土结构加固中主要采取截面加大法、预应力法、外包钢法增加支承与支承、改变传力途径法及托梁拔柱技术等，但是这些方法都要求有一定的空间（加固体本身和加固施工空间）、时间和材料，因而引起结构周围的管、线、设备转移和停产或停止使用。而粘钢加固法具有技术先进、结构受力性能好、占用空间小、施工周期短、材料消耗少、工艺简便等优点。虽然我国对粘钢加固技术的研究以及应用历史较短，但它发展迅速，应用越来越广泛，已成为工程建设中一种重要的技术手段和加固方法。

梁的粘钢加固如图 5-1 所示。柱的粘钢加固如图 5-2 所示。楼板的粘钢加固如图 5-3 所示。昆明一厂房粘钢加固如图 5-4 所示。

图 5-1 梁的粘钢加固

图 5-2 柱的粘钢加固

图 5-3　楼板的粘钢加固

图 5-4　昆明一厂房粘钢加固

5.1.2　粘钢加固的工艺特点

粘钢加固的工艺特点是：施工简单，方便快捷，基本不增加被加固构件的断面尺寸和重量；建筑结构胶将钢板与混凝土紧密粘接，将加固件与被加固体连接成一个整体，结构胶固化时间较短，完全固化后即可以正常受力工作；养护周期短，常温下 24h 即可拆除夹具或支承，72h 后可受力使用；加固后占用空间小，不影响室内空间的正常使用。

与其他的加固方法相比，结构粘钢加固方法还有许多独特的优点和先进性。它的粘贴强度比较高，固化后本身的强度大大超过原构件强度，有良好的耐水性和耐介质性，还具有很好的物理力学性能。比一般焊接、铆接的构件在连接处受力要均匀，不会产生应力集中现象，耐疲劳抗裂性和整体性好。它还具有工艺简单、操作方便、施工速度快、效率高、工期短、成本低、效果好等多方面的优点。

5.1.3　粘钢加固施工的适用范围

(1) 粘钢加固法适用于钢筋混凝土受弯构件正截面和斜截面的加固、受拉及大偏心受压构件的加固。粘贴型钢加固法适用于需大幅度提高截面承载力和抗震能力的混凝土梁柱构件的加固。

(2) 使用环境温度不超过 60℃、相对湿度不大于 70%且无化学腐蚀和高温及放射性的恶劣条件，否则应采取有效保护措施。

(3) 原结构混凝土实测强度不得低于 C15，且混凝土表面黏结受拉强度不得低于 1.5 N/mm^2。

5.1.4　粘钢加固施工措施

(1) 混凝土的表面处理　对混凝土黏结面进行打磨，除去 3 mm 左右厚的表层，直至露出新表面，用压缩空气除去粉尘或用清水冲洗干净，等完全干燥后用脱脂棉蘸丙酮擦拭表面。

(2) 钢板黏结面的除锈处理　如钢板未生锈或轻微锈蚀，用砂布、磨光机等打磨，直到出现金属光泽，其后用脱脂棉蘸丙酮擦拭干净。钢板如需焊接，焊接部位避免在钢板长度的 1/3 处。

(3) 卸荷　为了减轻和消除粘贴钢板的应力和应变滞后现象，粘贴钢板前宜对构件进行适量的卸荷。卸荷方式有以下几种。

① 对老建筑拆除原有装饰、抹灰层等。

② 卸除如办公用具等活荷载。

③ 加压固定宜采用千斤顶、垫板、顶杆所组成的系统，该系统不仅能产生较大的压力，而且加压固定的同时能卸去部分荷载，提高加固效果。

(4) 黏结剂的配制　黏结剂使用前需进行质检，合格后才能使用。使用时严格按照产品使用说明书用 A、B 两种黏结剂进行配比混合，配制时应尽量避免污水、油污、粉尘等建筑垃圾进入容器，并按同一方向搅拌至色泽均匀为止。配制黏结剂时必须遵守以下规定。

① 配制黏结剂用的原料应密封储存，远离火源，避免阳光直射。

② 配制和使用场所，必须保持通风良好。

③ 操作人员应穿工作服，戴防护口罩和手套。

④ 工作场所应配备灭火器。

(5) 钢板粘贴　黏结剂配制完成后，用抹刀同时涂抹在已处理好的混凝土和钢板表面，厚度为 1～3 mm（中间厚，边缘薄）。将钢板粘贴在已涂抹黏结剂的混凝土表面。贴好钢板后，用木槌沿粘贴面轻轻敲击钢板：如无空洞声，表明已粘贴密实；否则应立即拆下钢板，经补胶后重新粘贴，以确保黏结施工的质量。钢板粘贴好后，用 U 形箍与化学锚栓进行锚固，同时用木杆顶撑，以粘钢胶从钢板边缝挤出为度。

(6) 锚固处理　按照之前在钢板上留的锚固孔，对构件进行钻孔，钻孔时避免对混凝土及钢筋产生伤害。用吹风机吹尽孔内灰层，然后用脱脂棉蘸丙酮擦拭干净。孔内插入化学管，防止化学管遭到破坏。

(7) 固化　黏结剂一般可在常温下固化，24h 后即可拆除支承，72h 后即可受力使用。加固后，固化前严禁扰动。

(8) 钢板防锈　构件粘钢加固后，为防止钢板锈蚀，可采用 20mm 厚 M15 水泥砂浆抹面保护，也可对其涂刷防锈剂。

梁面粘钢加固的工艺流程如图 5-5 所示。

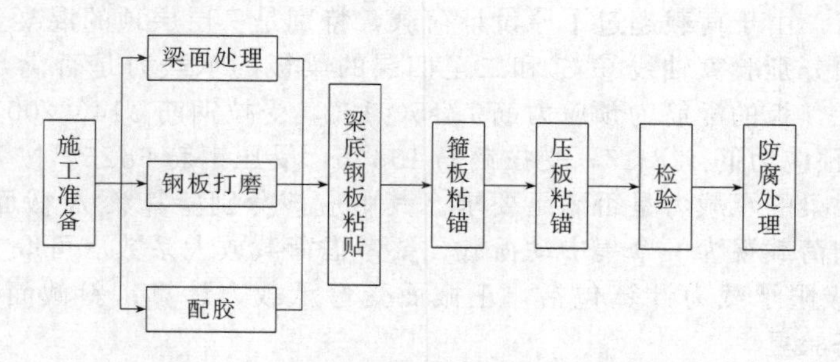

图 5-5　梁面粘钢加固的工艺流程

5.1.5　工程实例分析

(1) 工程概况　该工程位于哈尔滨市，为一栋新建的四层商业楼，主体结构采用钢筋混凝土框架，其中梁板为无粘接预应力。主体结构已完成，正在进行室内外装修和设备安装。业主发现，原设计中四台空调机的放置位置大大减小了柜台的使用面积，要求将空调机改放在轴线分别为⑥-⑦和一至四层的房间里。空调机的主要参数见表 5-1。房间平面尺寸、空调摆放位置以及梁板配筋如图 5-6 所示。梁板的混凝土设计标号为 C40，但在浇筑一层层顶时，由于浇筑和养护等问题，混凝土实际强度未达到设计强度。经检测确定，预应力板的混凝土实际强度为C30，而预应力梁的混凝土实际强度为C35。

表 5-1 空调机的主要参数

编号	放置位置	重量/t	平面尺寸/mm
1	二层	2.33	2980×1450
2	三层	1.50	2280×1150
3	四层	1.50	2280×1150

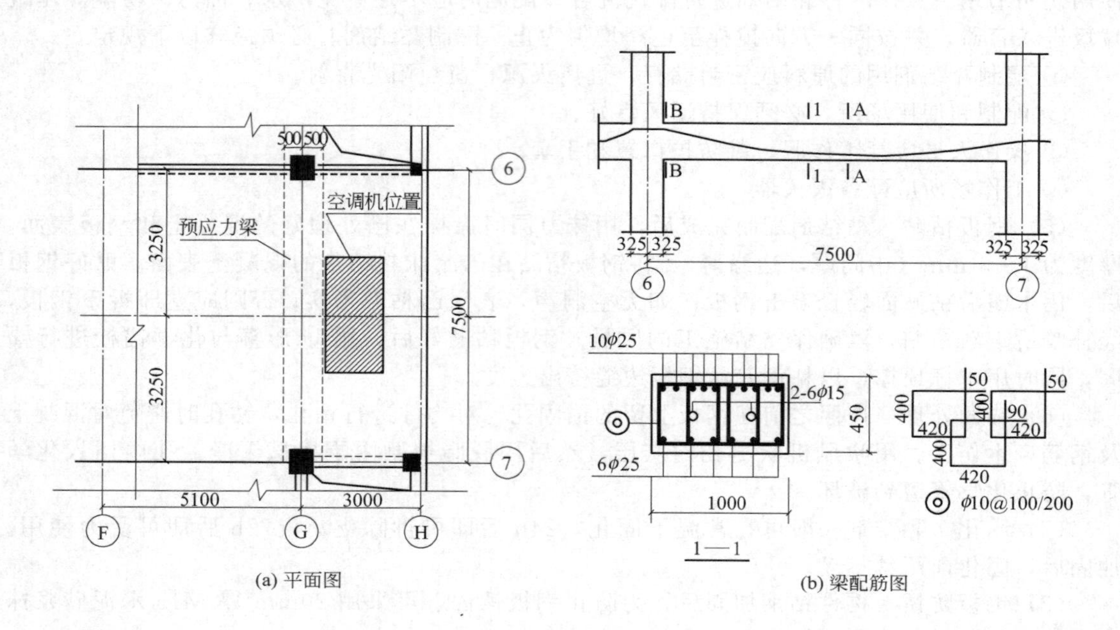

图 5-6 梁面粘钢加固

(2) 结构分析　由于荷载超过了原设计荷载，特别是一层层顶的混凝土强度未达到原设计标号，因而必须分别验算轴线⑥-⑦和二至四层的梁板的承载力是否满足要求。取 1m 宽板带作为计算单元，板的配筋为预应力筋 7ϕs5@160，受拉钢筋 ϕ14@200，受压钢筋 ϕ12@200，梁的配筋为预应力筋 12ϕj15，受拉钢筋 10ϕ25，受压钢筋 6ϕ25。按下面所列项目验算预应力板和预应力梁的承载力是否满足要求。其中应该分别验算梁 A 截面和 B 截面；在荷载汇集时应将空调荷载视为一个集中动荷载，要考虑荷载放大系数（可取为 1.2）。

① 受弯构件极限承载力计算包括：正截面受弯承载力计算；斜截面受弯承载力计算；正常使用极限状态验算。

② 抗裂度验算包括：在荷载短期效应组合下正截面抗裂度验算；在荷载长期效应组合下正截面抗裂度验算；斜截面抗裂度验算。

③ 变形验算包括：在荷载短期效应组合下变形验算；在荷载长期效应组合下变形验算。

经上述分析发现，对于二层和三层层顶的梁板，由于增加的集中荷载不大，且混凝土达到了原设计强度，原有的梁板仍能满足要求。而对于一层层顶增加荷载后，梁的抗弯承载力不足，板的抗裂度不能满足使用要求，故需要加固。

(3) 加固方案　根据关于粘钢加固承载力计算的方法，确定了需要粘钢加固的梁板的加固范围、位置和粘钢面积。

① 其中，梁的加固方案为：在一层层顶Ⓖ轴线的⑥-⑦之间梁段的跨中 3m 范围内，在

底面粘贴厚度为3mm、长度为3m、宽度为20mm的Q235板带，板带的间距为20mm。梁粘钢作用面积为3.0×1.0=3.0m²，用钢量为0.5×3.0×0.003×7.85×103=35.3kg。

② 板的加固方案为：在一层层顶Ⓕ-Ⓗ和⑥-⑦轴线之间的楼板5150mm×4580mm的范围内，在楼板的上表面粘贴厚度为2mm、长度为5150mm、宽度为20mm的Q235板带，板带的间距为20mm。板粘钢作用面积为5.15 ×4.58 =23.6m²，用钢量为0.5×23.6×0.002×7.85 ×103=185.3kg。梁板粘钢加固的总用钢量仅为200多千克，经济效果好，同时由于粘钢加固具有施工方便、施工速度快且不降低层高和外观效果等优点，该加固方案受到业主的肯定。

（4）注意事项　粘贴钢板前，由于设备荷载尚未施加，同时预应力混凝土的反拱可以代替卸载作用，故被加固构件可以不进行卸载。由于该层混凝土质量不太好，故混凝土表面需要处理，对黏合面进行打磨时，应注意除去混凝土表面浮浆，但不应过厚，防止预应力筋弹出。粘贴长度从Ⓗ-Ⓕ轴，延伸一跨。加固后，钢板表面应粉刷水泥砂浆保护，M15水泥砂浆抹面，厚15mm。如果钢板表面积较大，为有利砂浆粘接，可粘一层钢丝网或粘一层豆石。在施工过程中应严格按照《混凝土结构加固设计规范》（GB 50367—2013）的有关规定，确保施工质量。

5.2 外贴碳纤维布加固

5.2.1 概述

（1）简介　当前在工程结构加固改造市场上，最热门的加固技术莫过于碳纤维织物的粘贴加固。其原因与这种材料本身的优点诸如重量轻、强度高、耐酸碱、不占原有的建筑空间、施工简便且几乎无湿作业等有关。因此，在各种加固改造场合中，总会有很多碳纤维加固方案参与竞标，即使有些工程并不适宜采用碳纤维，或是有些低档次的碳纤维及其所使用的劣质胶黏剂并不能用于承重结构，但仍然会有人把它夸得天花乱坠。在这种情况下，很容易因使用不当或使用了伪劣产品而造成安全质量事故。调查表明，这两三年来，已有不少这类案例出现，其所造成的损失是很难估计的，因而很值得加固改造业的设计、施工、监理和业主单位予以关注。为了制止上述不良行为的继续蔓延，虽然需由多方面的管理部门共同做出努力，但若能正确掌握这种新材料的基本性能及其适用的范围和条件，以及其设计和施工要点，则仍然可以防患于未然。

在采用碳纤维加固混凝土结构时，必须选择具有加固设计和施工资质的单位，且应采用合格的优质碳纤维及其胶黏剂。

（2）适用的场所　碳纤维作为外贴加固的材料，虽然有诸多的优点，但也有一些难以控制的弱点，最主要的是在加固设计时，很难评估火灾、人为破坏或其他意外事故对这种材料可能产生的风险。因此，在美国、英国和瑞士等国家的设计指南中均规定：采用碳纤维加固的原结构、构件应具有承受自重及少量活荷载的能力，亦即加固部分的破坏仅降低结构整体的安全度，而不会导致原结构、构件的倒塌。因此，这种材料仅适宜用于下列工程的加固。

① 被加固的原结构、构件基本完好，但需增大其承受活荷载的能力。

② 因设计或施工错误，原结构、构件少配了部分受拉钢筋或箍筋需要补强［但应注意现有的配筋率不得低于《混凝土结构设计规范》（GB 50010—2010）规定的最小配筋率］。

③ 用以增强原结构、构件的抗震能力。

④ 用于有腐蚀性介质的场所加固。

(3) 不适用的情况　当遇到下列情况时，均不应采用外贴碳纤维加固混凝土结构，而应改用其他加固技术。

① 原结构、构件的截面设计已达最大配筋率（加固无效）。

② 原结构、构件的挠度过大（修复无效）。

③ 原结构、构件已断裂（承载功能难以通过粘贴纤维材料而得到全面恢复，易因受到意外作用而危及安全）。

④ 原结构、构件实测的混凝土强度等级，对重要结构低于 C20，对一般结构低于 C15（剥离风险大）。

⑤ 在高温或高湿的使用环境中，以普通型胶黏剂粘贴碳纤维（易导致界面黏结破坏）。

⑥ 火灾危险性高而又缺乏可靠的防火保护层时。

(4) 使用要求　承重结构加固用的碳纤维布，一般是由单向排列的丝束（纱束）编织而成。其性能的优劣，除与编织的固定方式有关外，更主要的是取决于所使用碳纤维丝束的质量。故在选择碳纤维布时，应首先考察其丝束的种类、等级和型号是否符合承重结构使用的要求。

① 当采用 PAIV 基碳纤维丝束编织承重结构加固用布时，应使用小丝束（6～18K）碳纤维（CT），而不允许使用大丝束（≥36K）碳纤维（LT）为原料。因为小丝束的抗拉强度离散性很小，其变异系数一般均在 5% 以下，而大丝束则不然，其变异系数可达 15%～18%，且试验所表现出的可靠性较差，不能作为承重结构加固材料使用。

② 根据碳纤维丝束用途及其工作要求的不同，一般将丝束划分为五个等级，即超高强级（UHS）、高强级（HS）、普通级（CHS）、超高模量级（UHM）及高模量级（HM）。在工程结构中，常用的是 HS 和 CHS 两个等级，当工程有特殊要求时，也采用 HM 级，现将这三个等级划分的标准列于表 5-2。

表 5-2　碳纤维丝束等级划分标准

项目	高模量级	高强度级	普通级
代号	HM	HS	CHS
抗拉强度	≥3500MPa	≥4300MPa	<4300MPa
拉伸模量	≥350MPa	≥230GPa	≥180GPa
断裂伸长率	0.4%～1%	≥1.8%	≥1.5%
用途实例	特别重要结构（如核电厂、特大跨度桥梁等）加固	重要结构（如公共建筑和人群密集场所）加固	一般结构（如仓库）及次要构件（如墙板等）加固
产品归类	T800H-12K M30-12K M40-12K HR40-12K SR40-12K HM40-12K TM40-12K HMS-4 G70	T700S-12K M30S-18K TRSOS-12K MRSOK-12K IM600-12K UM40-12K AS-6 IM-6	T300-12K T300J-12K T400J-12K TR30S-12K TR40-12K MR40-12K ST3-12K ST4-12K HTA-12K UT500-12K T-500 AS-4C

注：1. 本标准是参照欧洲和我国有关数据资料制定的。

2. 表中数值均为试验平均值。

由表列的信息可知，承重结构的加固改造，应采用HS级丝束编织的碳纤维布；只有在一般结构和次要构件中，方可采用CHS级丝束编织的普通碳纤维布。因此，在选购碳纤维布时，必须问清它所使用丝束的种类和等级。如上所述，适合于结构加固用的小丝束的K数，变化在6～18K之间。虽然按一般分级的概念，小丝束的K数范围为6～24K，但许多实测数据表明，20K的小丝束，其变异系数已大于8%以上，超出了现行可靠度设计标准的控制范围。另外，由于我国工程结构使用这种新材料的时间还很短，所积累的使用经验和试验数据均嫌不足。因此，在国家标准中，暂时还只允许使用12K的碳纤维。这一点应引起加固设计单位的注意。

(5) 胶黏剂　在碳纤维黏结加固技术发展过程中，曾使用过不饱和聚酯、乙烯基酯和改性环氧树脂作为胶黏剂。三种胶黏剂的性能比较列于表5-3。

表5-3　三种胶黏剂的性能比较

胶黏剂类别	气味	收缩率	抗酸碱	伸缩率	强度	耐老化	耐湿热
不饱和聚酯	浓	大	佳	尚可	尚可	差	差
醇酸树脂	淡	稍大	不耐碱	尚可	尚可	差	差
乙烯基酯	浓	中	佳	可	可	可	可
改性环氧树脂	淡	小	佳	最佳	最佳	佳	佳

注：本表参照我国台湾工业研究院材料所资料编制而成。

① 由表列性能可知，改性环氧树脂应是当前首选的胶黏剂，这也是众所周知的常识。本书之所以重提这个话题，是因为近来有些厂商基于利润的考虑，仍在游说建设单位（或业主）采用不饱和聚酯作为重要的公共建筑物加固改造用的胶黏剂，甚至为了避免触及规范不允许使用不饱和聚酯的规定，而改用性能类似的醇酸树脂以进入市场。因此，有必要予以说明，并引起人们的关注，以免有些使用单位受到误导，从而造成工程质量事故。

② 一般来说，可根据生产厂家和独立检测机构出具的胶黏剂基本性能检测报告，对照有关标准规范规定的指标进行选择。然而，对重要结构加固改造工程的招标来说，仅靠标准规范的基本性能指标还难以从众多标书所提供的胶黏剂中做出择优的判断。因为现有的结构胶黏剂产品，其基本性能均很接近，很难分出真正的高低，关键的差别在于它们的工艺性能，而这方面性能不佳，恰恰会影响碳纤维的黏结效果和后期的强度。因此，应予以充分的关注。如众所周知，要使碳纤维粘贴的质量上乘，除了应如实执行规范规定的操作程序与要求外，更重要的是应要求胶黏剂本身的浸润性和渗透性要好，但这并非任何一种胶黏剂均能达到。因为其特点是：它的初固化较慢，能使胶黏剂有一定时间（如6～8h）持续浸润和渗透；随后，它的后期固化会显著加快，可在后16～18h内达到后续施工所要求的强度。

(6) 受弯加固的构造处理　目前遇到的设计构造问题主要是梁柱交接处负弯矩区受弯加固的构造处理问题。现行规程中虽对碳纤维片材可以绕过柱子粘贴的情况做出具体规定，但对其他情况，仅做出“应采取可靠锚固措施与支座连接”的原则规定。因此，在执行中容易遇到困难。

① 采用专门设计的L形碳板（已有定型产品）。这是欧洲常用的构造方法，现已有瑞士和我国台湾公司的产品供应，并已在我国大陆试用过，价格虽较高，但效果较好，适合于重要建筑物使用。具体的构造图及其施工方法，可向上海加固行（欧洲Sika的总代理）或上海安固公司（我国台湾企业）索取。

② 采用折起钢板粘贴，并加钢围套锚固。这在我国台湾和我国大陆均使用过，具体的做法是在负弯矩区内改用折起钢板粘贴在梁和柱上，并在柱上加设钢围套，套内灌胶，以起到较强的锚固钢板作用，使之不致剥离。若有条件在柱上对穿螺栓，也可不灌浆。

③ 采用弯折钢板或钢筋直接锚入柱内。这种方法仅适用于负弯矩不大的场合。其具体做法是在梁与柱的交接处，以向下15°的斜角，向柱内钻一个200mm深的孔洞，用结构植筋胶将钢板或钢筋锚固于柱内。钢板应经横向糙化处理；若采用钢筋，应预先焊在粘贴梁的钢板上；钻孔时应避开原有钢筋位置。

另外，在一些重型梁的U形箍锚固中，若处理不当，其端部也很容易剥离。此时，为了解决这个问题，可改用碳板U形箍。具体的锚固做法是在梁的翼缘上钻穿孔洞，孔洞的中心正好切在梁侧面上，于是能将碳板U形箍嵌入孔洞，再用结构胶注入孔洞内，填充密实即可。这种方法在国外很多桥梁上得到应用，效果十分显著。

5.2.2 材料

（1）规范规定 《碳纤维片材加固混凝土结构技术规程》（CECS 146：2003）有以下规定。

① 采用粘贴碳纤维片材对混凝土结构加固时，应使用碳纤维片材、配套树脂类黏结材料和表面防护材料。

② 加固用材料应具有质检部门的产品性能检测报告和产品合格证；碳纤维片材和配套树脂类黏结材料应具有符合本节第2条和第3条规定的物理力学性能；对配套的树脂类黏结材料还应提供耐久性能指标及施工和使用环境要求。

③ 规程所列碳纤维片材的性能指标是对单向碳纤维片材的要求。对双向或多向碳纤维片材，可参照采用。

④ 混凝土、钢筋和其他材料的有关设计指标应按国家现行有关标准采用。

（2）碳纤维片材

① 碳纤维布的抗拉强度应按纤维的净截面面积计算，净截面面积取碳纤维布的计算厚度乘以宽度。碳纤维布的计算厚度应取碳纤维布的单位面积质量除以碳纤维密度。

碳纤维板的性能指标应按板的截面（含树脂）面积计算，截面（含树脂）面积取实测厚度乘以宽度。

② 碳纤维片材的主要力学性能指标应满足表5-4的要求。

表5-4 碳纤维片材的主要力学性能指标

性能项目	碳纤维布	碳纤维板
抗拉强度标准值	≥3000MPa	≥2000MPa
弹性模量	$\geqslant 2.1\times10^5$MPa	$\geqslant 1.4\times10^5$MPa
伸长率	≥1.5%	≥1.5%

③ 碳纤维片材的主要力学性能指标可参照现行国家标准《定向纤维增强聚合物基复合材料拉伸性能试验方法》（GB/T 3354—2014）测定。

④ 单层碳纤维布的单位面积碳纤维质量不宜低于150g/m²，且不宜高于450g/m²。在施工质量有可靠保证时，单层碳纤维布的单位面积碳纤维质量可提高到600g/m²。

⑤ 碳纤维板的厚度不宜大于2.0mm，宽度不宜大于200mm，纤维体积含量不宜小于60%。

（3）配套树脂类黏结材料

① 采用碳纤维片材对混凝土结构加固时，应采用与碳纤维片材配套的底层树脂、找平材料、浸渍树脂或黏结树脂。

② 配套树脂类黏结材料的主要性能应满足表5-5～表5-7的要求。

表 5-5　底层树脂的性能指标

性能项目	性能指标	试验方法
正拉黏结强度	≥2.5MPa，且不小于被加固混凝土的抗拉强度标准值	GB 7124—2008

表 5-6　找平材料的性能指标

性能项目	性能指标	试验方法
正拉黏结强度	≥2.5MPa，且不小于被加固混凝土的抗拉强度标准值	GB 7124—2008

表 5-7　浸渍树脂和黏结树脂的性能指标

性能项目	性能指标	试验方法
拉伸剪切强度	≥10MPa	GB 7124—2008
拉伸强度	≥30 MPa	GB/T 2568—1995
压缩强度	≥70 MPa	GB/T 2569—1995
弯曲强度	≥40 MPa	GB/T 2570—1995
正拉黏结强度	≥2.5MPa，且不小于被加固混凝土的抗拉强度标准值	GB 7124—2008
弹性模量	≥1500MPa	GB/T 2568—1995
伸长率	≥1.5%	GB/T 2568—1995

（4）表面防护材料

① 对已加固完的结构表面应进行防护处理。表面防护材料应与浸渍树脂或黏结树脂可靠黏结。

② 选用的防火材料及其处理方法，应使加固后的建筑物达到要求的防火等级。

③ 当被加固的结构处于特殊环境时，应根据具体情况选用有效的防护材料。

5.2.3　设计规定

（1）一般规定　采用粘贴碳纤维片材加固混凝土结构时，应通过配套黏结材料将碳纤维片材粘贴于构件表面，使碳纤维片材承受拉力，并与混凝土变形协调，共同受力。

碳纤维片材可采用下列方式对混凝土结构构件进行加固。

① 在梁、板构件的受拉区粘贴碳纤维片材进行受弯加固，纤维方向与加固处的受拉方向一致。

② 采用封闭式粘贴、U 形粘贴或侧面粘贴对梁、柱构件进行受剪加固，纤维方向宜与构件轴向垂直。

③ 采用封闭式粘贴对柱进行抗震加固，纤维方向与柱轴向垂直。

④ 当有可靠依据时，碳纤维片材也可用于其他形式和其他受力状况的混凝土结构构件的加固。

采用粘贴碳纤维片材加固混凝土结构时，应按国家现行有关标准采用以概率理论为基础的极限状态设计法进行承载能力极限状态计算和正常使用极限状态验算。

钢筋和混凝土材料宜根据检测得到的实际强度，按国家现行有关标准确定其相应的材料强度设计指标。碳纤维片材应根据构件达到极限状态时的应变，按线弹性应力-应变关系确定其相应的应力。

当采用粘贴碳纤维片材对结构或结构构件进行加固时，应考虑加固后对结构中其他构件或构件的其他性能可能产生的影响。采用粘贴碳纤维片材进行结构加固时，宜卸除作用在结构上的活荷载。如不能在完全卸载条件下进行加固，应考虑二次受力的影响。在受弯加固和受剪加固时，被加固混凝土结构和结构构件的实际混凝土强度等级不应低于 C15。采用封闭粘贴碳纤维片材加固混凝土柱时，混凝土强度等级不应低于C10。

(2) 一般构造要求　当碳纤维布沿其纤维方向需绕构件转角粘贴时，构件转角处外表面的曲率半径不应小于20mm（图5-7）。

碳纤维布沿纤维受力方向的搭接长度不应小于100mm。当采用多条或多层碳纤维布加固时，各条或各层碳纤维布的搭接位置宜相互错开。为保证碳纤维片材可靠地与混凝土共同工作，必要时应采取附加锚固措施。

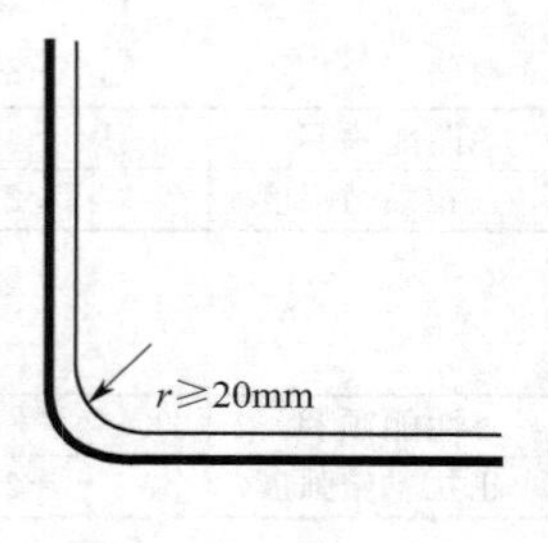

图5-7　构件转角处粘贴示意图

5.2.4　受弯加固

(1) 正截面受弯承载力计算的要求　采用碳纤维片材对梁、板构件进行受弯加固时的承载力计算，除应符合现行国家标准《混凝土结构设计规范》(GB 50010—2010) 对受弯构件正截面承载力计算的基本假定外，尚应符合下列要求。

① 构件达到受弯承载能力极限状态时，碳纤维片材的拉应变按截面应变保持平面的假定确定，但不应超过碳纤维片材的允许拉应变。

② 当考虑二次受力影响时，应根据加固时的荷载状况，按截面应变保持平面的假定计算加固前受拉区边缘混凝土的初始应变。

③ 碳纤维片材的拉应力应取碳纤维片材弹性模量与其拉应变。

④ 在达到受弯承载能力极限状态前，碳纤维片材与混凝土之间不发生黏结剥离破坏。

(2) 正截面受弯承载力计算的公式　在矩形截面受弯构件的受拉面上，粘贴碳纤维片材进行受弯加固时，其正截面受弯承载力应按下列公式计算。

① 当混凝土受压区高度 x 大于 $\xi_{cfb}h$，且小于 $\xi_b h_0$ 时：

$$M \leqslant f_c bx\left(h_0-\frac{x}{2}\right)+f'_y A'_s(h_0-a')+E_{cf}\varepsilon_{cf}A_{cf}(h-h_0)$$

混凝土受压区高度 x 和受拉面上碳纤维片材的拉应变 ε_{cf} 应按下列公式确定：

$$\begin{cases} f_c bx=f_y A_s-f'_y A'_s+E_{cf}\varepsilon_{cf}A_{cf} \\ x=\dfrac{0.8\varepsilon_{cu}}{\varepsilon_{cu}+\varepsilon_{cf}+\varepsilon_i}h \end{cases}$$

② 当混凝土受压区高度 x 不大于 $\xi_{cfb}h$ 时：

$$M \leqslant f_y A_s(h_0-0.5\xi_{cfb}h)+E_{cf}[\varepsilon_{cf}]A_{cf}h(1-0.5\xi_{cfb})$$

③ 当混凝土受压区高度 x 小于 $2a$ 时：

$$M \leqslant f_y A_s(h_0-a')+E_{cf}[\varepsilon_{cf}]A_{cf}(h-a')$$

式中　M——包含初始弯矩的总弯矩设计值；

A_s，A'_s——受拉钢筋、受压钢筋的截面面积；

A_{cf}——受拉面上粘贴的碳纤维片材的截面面积；

f_y，f'_y——受拉钢筋和受压钢筋的抗拉强度、抗压强度设计值；

f_c——混凝土轴心抗压强度设计值；

E_{cf}——碳纤维片材的弹性模量；

x——等效矩形应力图形的混凝土受压区高度；

n_{cf}——碳纤维片材的层数；

t_{cf}——单层碳纤维片材的厚度；

b，h——截面宽度、高度；

h_0——截面的有效高度；

a'——受压钢筋截面重心至混凝土受压区边缘的距离。

矩形截面正截面受弯承载力计算如图 5-8 所示。

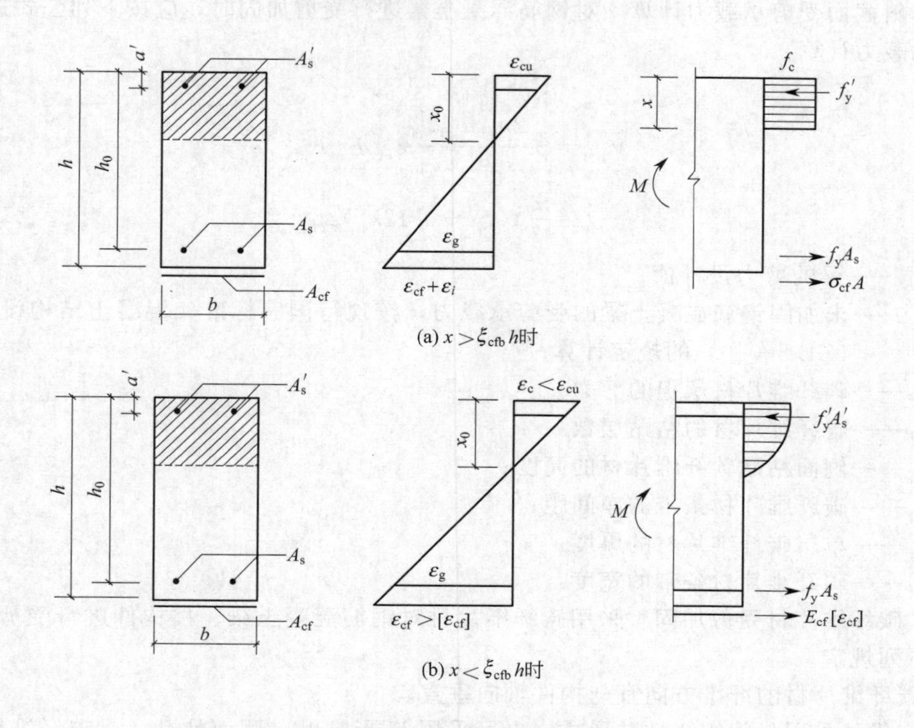

图 5-8 矩形截面正截面受弯承载力计算

对翼缘位于受压区的 T 形截面受弯构件，当在其受拉面粘贴碳纤维片材进行受弯加固时，应按现行国家标准《混凝土结构设计规范》(GB 50010—2010) 关于 T 形截面构件受弯承载力的计算方法进行计算和验算。

当采用碳纤维片材对框架梁负弯矩区进行受弯加固时，应采取可靠锚固措施与支座连接。当碳纤维片材需绕过柱时，宜在梁侧范围内粘贴（图 5-9），当有可靠依据和经验时，此限制可适当放宽。

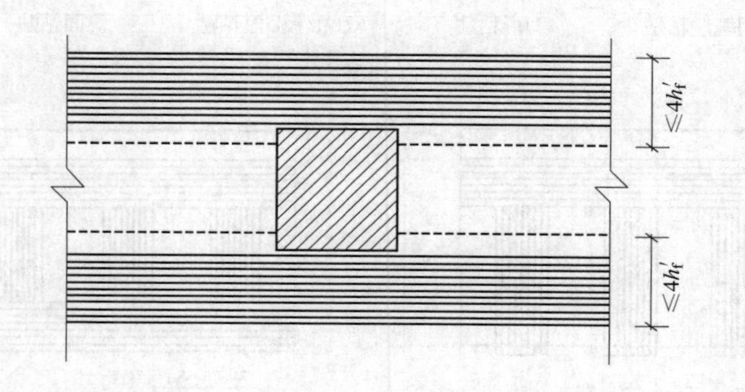

图 5-9 负弯矩区加固时梁侧有效粘贴范围平面图

板受弯加固时，碳纤维片材宜采用多条密布方案。当沿柱轴向粘贴碳纤维片材对柱的正截面承载力进行加固时，碳纤维片材应有可靠的锚固措施。

5.2.5 受剪加固

(1) 斜截面受剪承载力计算　对钢筋混凝土梁进行受剪加固时，应按下列公式进行斜截面受剪承载力计算：

$$V_{b} \leqslant V_{brc} + V_{bcf}$$

$$V_{bcf} = \varphi \frac{2n_{cf} w_{cf} t_{cf}}{s_{cf} + w_{cf}} \varepsilon_{cfv} E_{cf} h_{cf}$$

$$\varepsilon_{cfv} = \frac{2}{3}(0.2 + 0.12\lambda_{b})\varepsilon_{cfu}$$

式中　V_b——梁的剪力设计值；

V_{brc}——未加固钢筋混凝土梁的受剪承载力，按现行国家标准《混凝土结构设计规范》(GB 50010) 的规定计算；

V_{bcf}——碳纤维片材承担的剪力；

n_{cf}——碳纤维片材的粘贴层数；

h_{cf}——侧面粘贴碳纤维片材的高度；

s_{cf}——碳纤维片材条带的净间距；

t_{cf}——单层碳纤维片材的厚度；

w_{cf}——碳纤维片材条带的宽度。

(2) 碳纤维片材受剪加固　采用碳纤维片材对钢筋混凝土梁、柱构件进行受剪加固时，应符合下列规定。

① 碳纤维片材的纤维方向宜与构件轴向垂直。

② 应优先采用封闭缠绕粘贴形式，也可采用 U 形粘贴、侧面粘贴；对碳纤维板，可采用双 L 形板形成 U 形粘贴。粘贴方式如图 5-10(a) 所示。

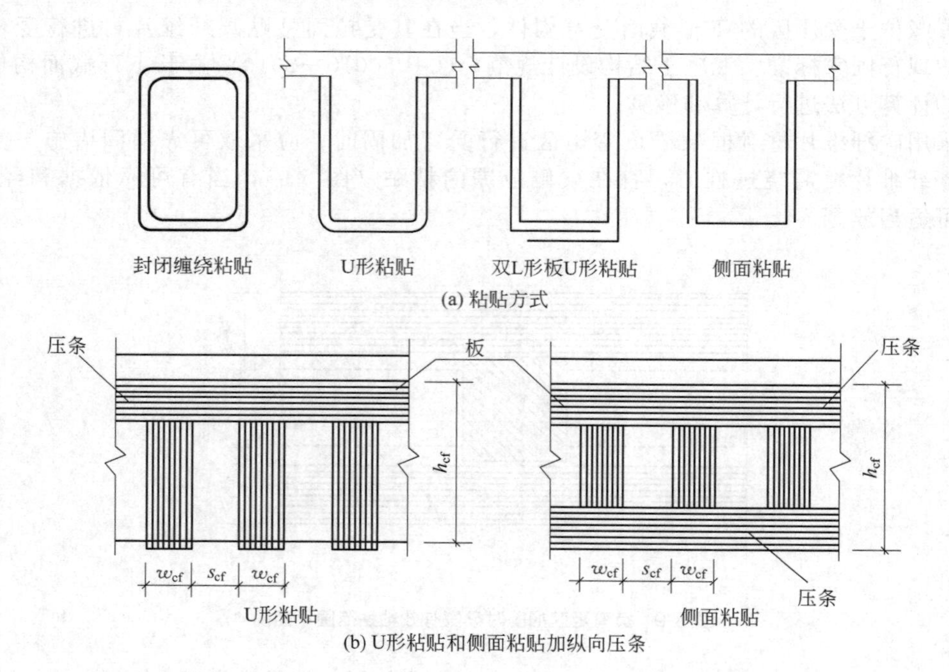

图 5-10　碳纤维片材的受剪加固方式

③ 当碳纤维片材采用条带布置时，其净间距不应大于现行国家标准《混凝土结构设计规范》（GB 50010—2010）规定的最大箍筋间距的0.7倍。

④ U形粘贴和侧面粘贴的粘贴高度 h_{cf} 宜取构件截面高度。对于U形粘贴形式，宜在上端粘贴纵向碳纤维片材压条；对侧面粘贴形式，宜在上、下端粘贴纵向碳纤维片材压条。U形粘贴和侧面粘贴加纵向压条如图5-10(b) 所示。

5.2.6 柱的抗震加固

柱的抗震加固应采用封闭式粘贴碳纤维片材的方法。柱端箍筋加密区的总折算体积配箍率应按下列公式计算，并应满足现行国家标准《混凝土结构设计规范》（GB 50010—2010）对柱端箍筋加密区体积配箍率的要求：

$$\rho_v = \rho_{sv} + v\frac{2n_{cf}w_{cf}t_{cf}(b+h)}{(s_{cf}+w_{cf})bh} \times \frac{f_{cf}}{f_{yv}}$$

碳纤维片材在箍筋加密区宜连续布置。碳纤维片材两端应搭接或采取可靠连接措施形成封闭箍。碳纤维片材条带的搭接长度不应小于150mm，各条带搭接位置应相互错开。

5.2.7 施工规定

（1）一般规定　采用粘贴碳纤维片材加固混凝土结构，应由熟悉该技术施工工艺的专业施工队伍承担，并应有加固方案和施工技术措施。施工必须按照下列工序进行。

① 施工准备。

② 混凝土表面处理。

③ 配制并涂刷底层树脂。

④ 配制找平材料并对不平整处进行找平处理。

⑤ 配制并涂刷浸渍树脂或粘贴树脂。

⑥ 粘贴碳纤维片材。

⑦ 表面防护。

施工宜在环境温度为5℃以上的条件下进行，并应符合配套树脂要求的施工使用温度；当环境温度低于5℃时，应采用适用于低温环境的配套树脂或采取升温措施，同时施工时应考虑环境湿度对树脂固化的不利影响。

树脂配制时，应按产品使用说明中规定的配合比称量并置于容器中，用搅拌器搅拌至色泽均匀。在搅拌用容器内及搅拌器上不得有油污和杂质。应根据现场实际环境温度确定树脂的每次拌和量，并按要求严格控制使用时间。

（2）施工准备

① 应认真阅读设计施工图。

② 应根据施工现场和被加固构件混凝土的实际状况，拟订施工方案和施工计划。

③ 应对所使用的碳纤维片材、配套树脂、机具等，做好施工前的准备工作。

（3）表面处理　应清除被加固构件表面的剥落、疏松、蜂窝、腐蚀等劣化混凝土，露出混凝土结构层，并用修复材料将表面修复平整，应按设计要求对裂缝进行灌缝或封闭处理。被粘贴的混凝土表面应打磨平整，除去表层浮浆、油污等杂质，直至完全露出混凝土结构新面。转角粘贴处应进行导角处理并打磨成圆弧状，圆弧半径不应小于20mm。混凝土表面应清理干净并保持干燥。

（4）涂刷底层树脂

① 应按产品生产厂提供的工艺规定配制底层树脂。

② 应采用滚筒刷将底层树脂均匀涂抹于混凝土表面。宜在底层树脂表面指触干燥后，尽快进行下一工序的施工。

(5) 找平处理

① 应按产品生产厂提供的工艺规定配制找平材料。

② 应对混凝土表面凹陷部位用找平材料填补平整，不应有棱角。

③ 转角处应采用找平材料修理成为光滑的圆弧，半径不应小于20mm。

④ 宜在找平材料表面指触干燥后，尽快进行下一工序的施工。

(6) 粘贴碳纤维片材

① 应按下列步骤和要求粘贴碳纤维布：应按设计要求的尺寸裁剪碳纤维布；应按产品生产厂提供的工艺规定配制浸渍树脂，并均匀涂抹于粘贴部位；将碳纤维布用手轻压贴于需粘贴的位置，采用专用的滚筒顺纤维方向多次滚压，挤除气泡，使浸渍树脂充分浸透碳纤维布，滚压时不得损伤碳纤维布；多层粘贴时应重复上述步骤，并宜在纤维表面的浸渍树脂指触干燥后，尽快进行下一层粘贴；应在最后一层碳纤维布的表面均匀涂抹浸渍树脂。

② 应按下列步骤和要求粘贴碳纤维板：应按设计要求的尺寸裁剪碳纤维板，并按产品生产厂提供的工艺规定配制黏结树脂；应将碳纤维板表面擦拭干净至无粉尘，当需粘贴两层时，底层碳纤维板的两面均应擦拭干净；擦拭干净的碳纤维板应立即涂刷黏结树脂，树脂层应呈突起状，平均厚度不应小于2mm；应将涂有黏结树脂的碳纤维板用手轻压贴于需粘贴的位置，用橡胶滚筒顺纤维方向均匀平稳压实，使树脂从两边挤出，保证密实无空洞，当平行粘贴多条碳纤维板时，两条板带之间的空隙不应小于5mm；需粘贴两层碳纤维板时，应连续粘贴，当不能立即粘贴时，再次开始粘贴前应对底层碳纤维板重新进行清理。

(7) 表面防护、施工安全和注意事项

① 当需要做表面防护时，应按有关标准的规定处理，并保证防护材料与碳纤维片材之间有可靠的黏结。

② 碳纤维片材为导电材料，施工碳纤维片材时应远离电气设备和电源，或采取可靠的防护措施。

③ 施工过程中应避免碳纤维片材弯折。

④ 碳纤维片材配套树脂的原料应密封储存，远离火源，避免阳光直接照射。

⑤ 树脂的配制和使用场所应保持通风良好。

⑥ 现场施工人员应采取相应的劳动保护措施。

(8) 检验及验收

① 在施工之前，应确认碳纤维片材和配套树脂类黏结材料的产品合格证、产品质量出厂检验报告，各项性能指标应符合规程规定的要求。

② 采用碳纤维片材和配套树脂类黏结材料对混凝土结构进行加固时，应严格按规程有关条款的规定进行各工序隐蔽工程的检验及验收，如施工质量不满足规程有关条款的要求，应立即采取补救措施或返工。

③ 碳纤维片材的实际粘贴面积不应少于设计面积，位置偏差不应大于10mm。

④ 碳纤维片材与混凝土之间的黏结质量，可用小锤轻轻敲击或手压碳纤维片材表面的方法检查，总有效黏结面积不应低于95%。当碳纤维布的空鼓面积不大于10000mm^{2}时，可采用针管注胶的方法进行修补；当空鼓面积大于10000mm^{2}时，宜将空鼓部位的碳纤维片材切除，重新搭接贴上等量的碳纤维片材，搭接长度不应小于100mm。

⑤ 必要时，对施工质量进行现场抽样检验。

⑥ 必要时，可对碳纤维片材和配套树脂类黏结材料进行现场取样检验。

5.2.8　工程实例

5.2.8.1　碳纤维布加固大跨度承重梁

（1）工程简况　某工程学院学术报告厅建于 2000 年，是该学院科技大楼的附属建筑。此学术报告厅为单层框架结构，钢筋混凝土基础，整体式现浇钢筋混凝土屋盖，建筑面积为 $576m^2$ 时，平面图如图 5-11 所示。学院科技大楼主楼的中央空调设备的冷却塔为两个方形冷却塔，分别设置在该学术报告厅走廊和机房屋盖的基础梁上。承重梁的最大跨度达到 6600mm。冷却塔总重量为 1100t。

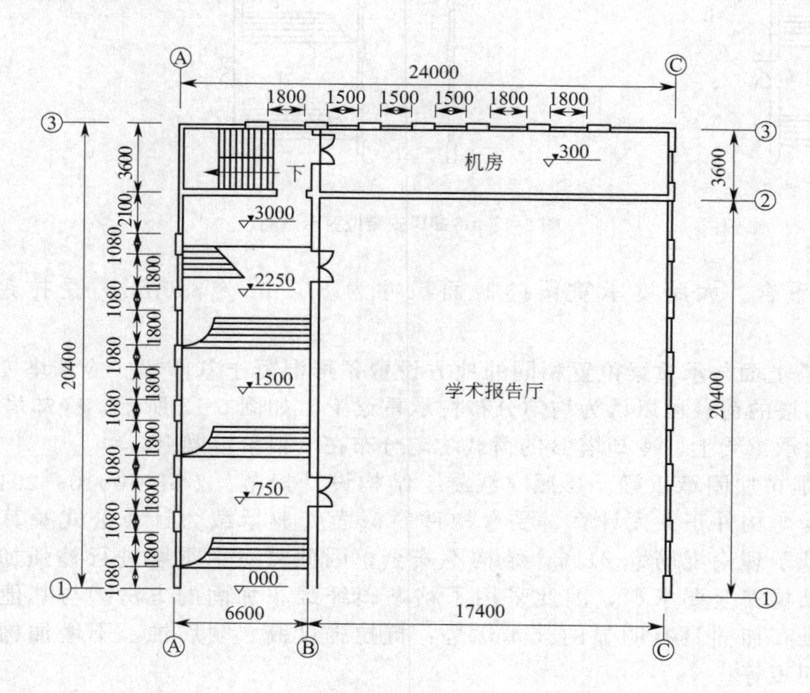

图 5-11　学术报告厅平面图

中央空调设备冷却塔的原设计是使用三个圆形冷却塔，准备安装在如图 5-12 所示的 A、B、C 三处。由于功能改变，冷却塔的容量需要加大，所以将原设计的三个圆形冷却塔改为两个方形冷却塔，安装位置如图 5-12 所示（虚线框表示冷却塔的安装位置）。因为改变了冷却塔的形状，增加了重量，使得原设计的冷却塔基础梁不能满足强度要求，必须进行工程结构加固。为了能同时满足增加结构强度、保证安全、工期短等综合要求，经过对比筛选，决定选用碳纤维布加固大跨度承重梁方案。

（2）加固方案设计　由于功能改变，所以将原设计的三个圆形冷却塔改为两个方形冷却塔，单体冷却机容量增大。根据功能要求，将冷却塔基础梁分别设置在该学术报告厅走廊和机房的屋盖上。原设计的圆形冷却塔的重量为 500t，更改设计后的方形冷却塔总重量达到 1100t。由于荷载增加较大，因此采取一系列措施对学术报告厅屋盖承重梁进行加固补强，保证工程安全可靠。

① 走廊和机房的屋盖由主梁承重体系改为主次梁承重体系。承重梁与屋顶圈梁浇筑在一起，有利于提高工程整体性和承载能力。承重梁搭设在轴外墙和 B 轴内墙、轴内墙和轴外墙之上，跨度分别为 6600mm 和 3600mm，其一端的搭设点与轴外墙、轴外墙中 14 根立

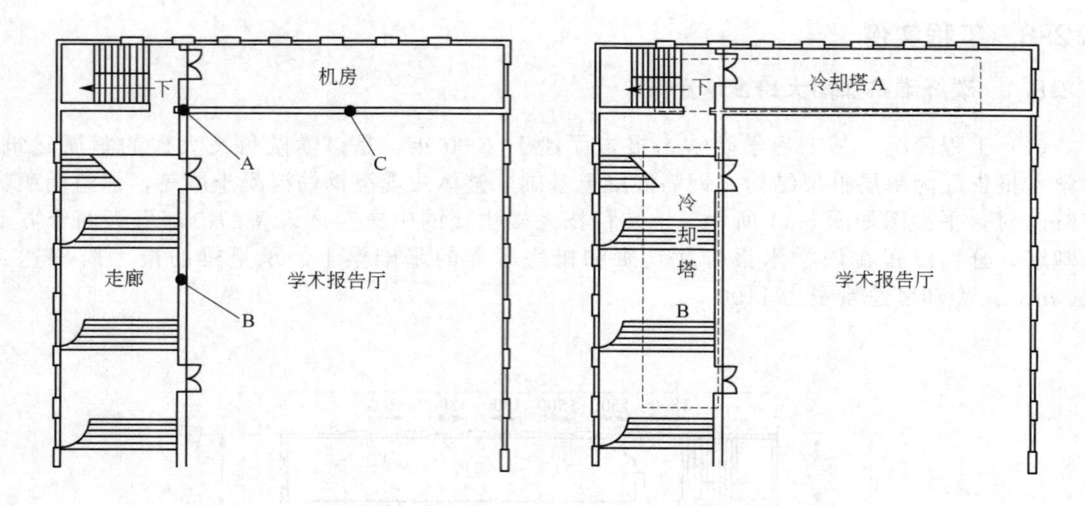

图 5-12　冷却塔安装位置示意图

柱的中心点重合。大跨度承重梁的截面尺寸为 810mm×300mm，受拉钢筋面积 A_s 为 $2661mm^2$。

② 在屋盖上面与承重梁位置相同的地方设置条形混凝土基座梁。冷却塔安装在基座梁上，因此冷却塔的荷载可以认为均匀分布在承重梁上。如图 5-12 所示，冷却塔 A 的荷载均匀分布在 7 根承重梁上，冷却塔 B 的荷载均匀分布在 6 根承重梁上。

③ 碳纤维布加固承重梁。参照《混凝土结构设计规范》（GB 50010—2010），并通过钢筋混凝土受弯构件正截面计算、受弯构件斜截面受剪承载力计算公式验算，承重梁配筋率不足，低于理论配筋率 21%。结构不安全，因此需对承重梁进行补强加固。由于工期要求紧，结构安全要求严，因此采用了粘贴碳纤维布加固的方法。与其他的加固方法比较，碳纤维布加固具有明显的技术优势：抗拉强度高、耐腐蚀、不增加构件自重、便于施工、工期短等。

（3）结构承载力验算、选材及施工

① 梁的承载力验算　在矩形截面受弯构件正截面承载力计算中，由有关手册可得：

$$a_s=\frac{M}{f_c b h_0^2}$$

式中　a_s——截面抵抗矩系数；

M——弯矩设计值；

f_c——混凝土轴心受压强度设计值；

b——截面宽度；

h_0——截面有效高度。

通过已知条件，按以上公式得出 A_s，查《混凝土结构设计规范》（GB 50010—2010）给出的正截面承载力计算系数表，由有关手册可得：

$$A_s=\frac{M}{\gamma_s h_0 f_y}$$

式中　A_s——钢筋截面面积；

M——弯矩设计值；

γ_s——截面面积；

h_0——截面有效高度；

f_y——钢筋抗拉强度。

通过计算，钢筋截面面积为$3356mm^2$，而实际配筋截面面积为$2661mm^2$，比理论所需钢筋少21%。

采用碳纤维布补强、加固钢筋混凝土梁，碳纤维布所起的作用与受拉钢筋相同。按受力相等的原则，可以将碳纤维布的面积转化为等效钢筋面积，即：

$$A_{se}=\frac{A_{cfs}f_{cfy}}{f_y}$$

式中 A_{se}——碳纤维布的等效钢筋面积；

A_{cfs}——碳纤维布的粘贴面积；

f_{cfy}——碳纤维布的抗拉强度；

f_y——钢筋的抗拉强度。

碳纤维布的粘贴面积A_{cfs}取其净面积，即：

$$A_{cfs}=t_{cfs}B_{cfs}n$$

式中 t_{cfs}——碳纤维布的计算厚度；

B_{cfs}——碳纤维布的幅宽；

n——碳纤维布的层数。

因此，可以利用碳纤维布的等效钢筋面积来弥补钢筋面积的不足。通过计算，并且在保证承重梁承载力能够满足规范要求的安全系数的前提下，加固方案定为在承重梁底面粘贴两层UT 70-30型碳纤维布，结构胶采用Lica型碳纤维建筑结构胶。

② 加固材料　碳纤维布采用日本生产的UT 70-30型碳纤维布。结构胶采用国产的Lisa型碳纤维建筑结构胶。通过检测复核，Lica型碳纤维建筑结构胶符合《粘贴碳纤维增强复合材料加固混凝土工程施工与验收暂行规定》的技术指标要求。碳纤维布的力学性能见表5-8。

表5-8　碳纤维布的力学性能

抗拉强度	弹性模量	伸长率
4590MPa	234GPa	1.95%

③ 施工措施　使用碳纤维布加固结构梁时，施工特别重要。若施工质量没有保证，加固效果将大打折扣。施工时要保证碳纤维布表面干净，梁表面要打磨平整，胶要涂刷均匀，碳纤维布与梁要粘贴密实。在碳纤维布加固大跨度梁的施工过程中，先将承重梁底面打磨平整，并清除表面浮灰。在混凝土表面涂上一层均匀的碳纤维结构胶，将已经裁剪好的碳纤维布粘贴上去，并使碳纤维布表面与混凝土表面紧密结合。随后，在碳纤维布表面涂一层结构胶，再粘贴一层碳纤维布，最后在最外一层碳纤维布表面涂一层结构胶，覆上塑料薄膜。在结构胶完全固化后，将中央空调设备冷却塔的基础梁设置在预定位置。然后，对承重梁表面进行水泥砂浆抹灰，达到保护碳纤维布的目的。

(4) 效益分析　粘贴碳纤维布进行结构加固补强，既能解决工程急需的技术难题，又有较好的综合效益。比如该项加固工程，如果按照传统方法，需要增加受拉钢筋的用量($A_s>3356mm^2$)，重新装模板、扎钢筋、浇混凝土，现场湿作业多，施工周期长，间接损失较大，相对造价较高。采用粘贴碳纤维布的加固方法，不需要增大受拉钢筋用量，施工周期短，不影响房屋的正常使用。表5-9对这两种加固方法进行了比较。

表 5-9　传统加固方法和粘贴碳纤维布加固方法的比较

加固方法	受拉钢筋用量/mm^2	工期/d
传统加固方法	3603×14=50442	35
粘贴碳纤维布加固方法	2661×14=37254	7

通过加固工程实践证明，在此次加固工程中，工期、质量、造价均得到了优化，结构受力合理，满足了变更设计后的功能要求，达到了安全、可靠、经济、适用的目的，解决了工程技术难题，收到了较好的综合效益。

(5) 结语

① 该加固工程是在大跨度梁承受荷载前，对其进行粘贴碳纤维布加固的。施工过程发现，粘贴碳纤维布加固施工方便，承重梁和碳纤维布粘贴较好，能保证施工质量，达到了共同工作的效果，发挥了碳纤维布抗拉强度高的特点，承重梁抗弯能力得到了有效提高，满足了使用功能的要求，解决了工期紧的矛盾。在两年多的使用中，经过观测检验，未发现任何异常情况，证明加固方案合理适用。加固后，整体结构功能得到改善和提高，满足使用要求，效果很好。

② 采用碳纤维布加固不能卸载的结构构件或结构时，需要先对加固构件或加固部位进行严格的支承，然后再分步实施碳纤维布加固的施工过程。这样才能保证施工质量，使碳纤维布的所有碳纤维都能正常工作，发挥强度高的特点，满足加固补强的设计要求。实践证明，施工是碳纤维布加固补强的关键环节，对提高加固效果和保证结构安全相当重要。

③ 粘贴碳纤维布加固出现裂缝的构件时，碳纤维布容易在裂缝处受损，造成碳纤维布撕裂，其高抗拉强度不容易得到发挥，加固效果将会受到影响。国内外的资料也表明，碳纤维布用来加固结构时，经常会发生碳纤维布与混凝土保护层剥离破坏，碳纤维布在没有达到极限应变之前结构就破坏了。因此，加固前应该先对混凝土保护层进行处理，以避免发生这种破坏的可能。

5.2.8.2　碳纤维片材在混凝土框架柱加固中的应用

(1) 工程概况　某训练馆占地面积 6411m^2，建筑面积 18474.6m^2，采用预应力框架结构，柱网尺寸 9000mm×9000mm，柱高 5.8m，截面分为 800mm×700mm、800mm×600mm 和 600mm×600mm 三种规格，混凝土采用 C40。混凝土现场搅拌，因计量不准，施工至三层时检查发现基础部分有 12 根柱子回弹强度低于设计值，其中有 2 根柱混凝土强度等级仅相当于 C25 左右，为原设计强度的 60%。

(2) 加固方案的确定　根据混凝土结构设计规范、碳纤维片材加固混凝土结构规程、建筑结构设计规范和结构加固技术规范，进行碳纤维片材和加大截面法加固计算，通过综合评定后决定采用碳纤维片材加固。该法经济且施工简便，又具有极高的抗疲劳、抗酸碱、抗徐变和耐高温的能力，加固完成后使用寿命长，具有长远的综合效益。

(3) 施工准备

① 材料准备

a. 碳纤维片材抗拉强度标准值 f_{cfk} 大于或等于 3000MPa，弹性模量大于或等于 2.1×10^5MPa，伸长率大于或等于 1.4%。

b. 单位面积单层碳纤维片材质量 200g/m^2、300g/m^2。

② 黏结剂的基本性能要求　压缩强度大于或等于 70MPa，拉伸强度大于或等于 30MPa，弯曲强度大于或等于 40MPa，弹性模量大于或等于 3.0×10^3MPa，黏结能力大于或等于 2.01MPa。

③ 现场准备

a. 混凝土的含水率不应大于4%。

b. 对周围有墙的待加固柱，应剔开200mm宽，但不能切断拉结筋。

（4）碳纤维片材的粘贴

① 混凝土黏结面处理　凿除粉饰层和油垢、污物，用角磨机磨去1～2mm厚表层，构件转角处宜进行倒角处理，磨出半径不小于20mm的圆弧，磨完后用压缩空气吹净浮尘，用棉布蘸丙酮或甲苯擦净表面，待完全干燥后备用。

② 配制JGN-TD底胶　JGN-TD底胶为A、B两组分，两组分在包装桶内应分别搅拌均匀，然后取洁净容器和称重衡器按规定配合比混合，并用搅拌器搅拌约3min，至色泽均匀为止。宜沿同一方向搅拌，尽量避免混入空气形成气泡。配制场所应通风良好。每次配制量小于1.5kg。

③ 涂底胶　用毛刷和塑料刮板将底胶均匀涂抹于混凝土构件表面，厚度不超过0.4mm。不得漏刷或有流淌、气泡，待胶固化（手指触感干燥）后再进行下一道工序。

④ 配制JGN-TP结构胶　JGN-TP结构胶为A、B两组分，取洁净容器和称重衡器按规定配合比混合，并用搅拌器搅拌约5min至色泽均匀。宜沿同一方向搅拌，尽量避免混入空气形成气泡。每次配制量以小于1kg为宜（若黏结面平整，此步骤可省去）。

⑤ 粘贴面修补找平　混凝土表面蜂窝、麻面、凹陷部位和模板接头处应用刮刀嵌刮整平，并用胶料修补填平，尽量减少高差。整平胶料固化（手指触感干燥）后方可进行下一道工序（若粘贴面平整，此步骤可省去）。

⑥ 卸荷

a. 碳纤维片材加固时宜适度卸荷，构件承受的活荷载（如人员、施工机具）宜暂时移去，并尽量减少施工临时荷载。

b. 卸荷宜采用由千斤顶、垫板、顶杆组成的系统，该系统施加的反力大小易控制，能使后粘纤维与原构件协同受力，施工效率较高。

⑦ 配制JGN-TM粘浸胶　JGN-TM结构胶为A、B两组分，两组分应分别在桶内搅拌均匀，然后取洁净容器和称重衡器按规定配合比混合，并用搅拌器搅拌约3min至色泽均匀。应沿同一方向搅拌，尽量避免混入空气形成气泡。每次配制量以小于3kg为宜。

⑧ 裁剪碳纤维片材　按设计要求的尺寸用锋利刀具裁剪碳纤维片材，应整齐划一，以免产生毛刺和缺角。宜在平整木板（如三合板）或纸板上裁剪。

⑨ 粘贴碳纤维片材

a. 根据对结构柱的检测数据进行加固计算，确定不同的加固厚度、宽度和净间距。

b. 将JGN-TM粘浸胶均匀涂抹于混凝土粘贴部位和碳纤维片材上，拐角部位应适当多涂。将裁剪好的碳纤维片材拉紧对齐粘贴，用刮板、滚筒沿同一方向多次滚压，去除气泡，直至胶料渗出，充分浸润胶料碳纤维片材。待手指触感干燥，在碳纤维片材表面均匀涂抹JGN-TM粘浸胶保护。碳纤维片材可以搭接，搭接长度不得小于0.15m，上下压口按1/4周长错开。

（5）质量检查　碳纤维片材与混凝土间的黏结质量可用小锤轻敲或用手压碳纤维片材表面的方法来检查，总有效黏结面积不应小于95%，对面积小于1000mm^{2}的空鼓，可用针管注射进行补胶，并用手或滚筒挤压至消除空鼓；当空鼓面积大于1000mm^{2}时，宜将空鼓处切除，重新搭接贴上等厚度的碳纤维片材，搭接长度不小于100mm。

（6）安全注意事项

① 碳纤维片材为导电材料，施工时应远离电气设备及电源或采取可靠保护措施。

② 各种粘贴剂应在规定的环境温度中密封储存，远离火源，避免日光直射。

③ 粘贴剂应在室内配制，配制环境及施工现场均应保持良好通风。

④ 施工人员应戴防护面罩、手套，并穿工作服。

⑤ 各种粘贴剂材料不得污染生活水源，废弃物不得倒入下水道，应按有关规定处理。

⑥ 施工和使用环境温度不应高于60℃。

⑦ 粘贴面层必须干燥。

⑧ 碳纤维片材粘贴完2d后，再进行20mm厚M5.0水泥砂浆粉刷。

5.2.8.3 碳纤维板材加固混凝土梁正截面承载力

(1) 加固工程概况及材料性能　山东临淄造纸厂厂房为框架结构，因生产设备更新，导致二层楼面荷载大幅度增加，需进行加固。加固层的纵横柱距均为6m，面积约为1100m^2，主次梁的数目很多。原设计的混凝土强度等级为C25，受力筋为Ⅱ级。加固前对钢筋混凝土梁的混凝土强度等级进行了全面的现场检测，实际强度低于C25，加固设计中采用C20进行计算。利用原设计图纸所提供的配筋量，对平面内所有的梁的承载能力全部进行了复核，需要加固的梁为45根，其中需要进行正截面加固的梁为29根。

加固用碳纤维板材采用上海加固行提供的Sika Carbo Dur S板材及Sika Wrap-230c织物，配套用胶黏剂为Sikadur-30及Sikadut-330。对原材料进行了随机取样的材性检测，板材和胶黏剂均达到了厂家所提供的性能指标（表5-10、表5-11），碳纤维织物测定的是浸渍胶黏剂7d后的硬化布的抗拉强度，低于厂家提供的碳纤维单丝的抗拉强度。

表5-10　碳纤维板材的性能指标

种类	设计厚度/mm	抗拉强度/(N/mm^2)	弹性模量/(N/mm^2)	伸长率/%
Sika Carbo Dur S	1.2	＞2800	＞165000	＞1.7
Sika Wrap-230c	0.13	＞3450	＞23450	＞1.5

表5-11　胶黏剂的性能指标

种类	7d抗拉强度/(N/mm^2)	抗剪强度/(N/mm^2)	使用温度/℃	适用期/min
Sikadur-30	33	15	10～35	40～100
Sikadut-330	30	—	5～35	30～90

(2) 混凝土梁正截面加固的设计方法　加固施工时原生产设备已拆除，设计中未考虑结构的二次受力影响。承载力计算中碳纤维板材的应力-应变关系采用线弹性关系，假定混凝土、钢筋和碳纤维在梁体受弯时应变满足平截面假定。

正截面加固均采用碳纤维板材。受弯加固采用承载力计算公式时充分考虑了被加固梁的破坏形态，在合理控制加固梁、做好锚固设计和保证施工质量的前提下，最有可能发生的破坏形态有两种：在碳纤维板达到允许拉应变之前受拉钢筋和混凝土先破坏，为第一种破坏形态；在混凝土压坏之前受拉钢筋先屈服，随后碳纤维板超过其允许拉应变并达到极限拉应变而拉断，为第二种破坏形态。可得受压区高度：

$$\xi_{cfb}=\frac{0.8x_b}{h_0}=\frac{0.8\varepsilon_{cu}}{\varepsilon_{cu}+[\varepsilon_{cf}]}$$

根据第一种破坏形态极限状态的截面静力平衡［图5-13(a)］和平截面应变关系得到求解混凝土受压区高度x及碳纤维实际拉应变的联立计算公式：

$$\begin{cases}f_c bx=A_s f_y-A'_s f'_y+E_{cf}\varepsilon_{cf}A_{cf}\\ x=\dfrac{0.8\varepsilon_{cu}h}{\varepsilon_{cu}+\varepsilon_{cf}}\end{cases}$$

当 $x>\xi_{cfb}h$ 时，为第一种破坏形态，其承载力计算公式为：

$$M\leqslant f_c bx(h_0-0.5x)+A'_s f'_y(h_0-a')+E_{cf}\varepsilon_{cf}A_{cf}(h-h_0)\quad (x>\xi_{cfb}h)$$

当 $x\leqslant\xi_{cfb}h$ 时，为第二种破坏形态，截面的极限状态应力分布如图 5-13(b) 所示，其承载力计算公式为：

$$M\leqslant A_s f_y(h_0-0.5\xi_{cfb}h)+E_{cf}[\varepsilon_{cf}]A_{cf}h(1-0.5\xi_{cfb}h)$$

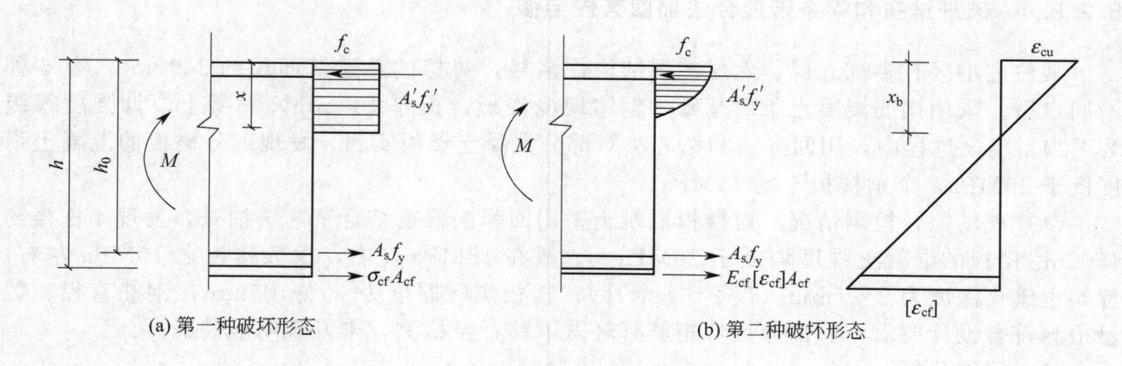

图 5-13 两种破坏形态的应力图

受弯正截面加固的设计计算流程如下。

① 对每根待加固梁根据截面尺寸、荷载类型、配筋情况、承载力提高的比例进行大致的分类，确定出每类梁的最不利配筋量和内力设计值。

② 确定碳纤维的布置方式（梁底粘贴一层的最大宽度为梁宽减去 50mm）和粘贴层数。

③ 参考厂家的产品型号，初步选择碳纤维板的截面面积 A_{cf}。

④ 确定出界限相对受压区高度。

⑤ 将 A_{cf} 代入，解出混凝土受压区高度 x 及碳纤维拉应变。

⑥ 根据 x 的大小关系判断破坏形态，选择承载力计算式。

⑦ 若不满足，重复步骤①～⑦，直到满足为止。

为了避免碳纤维板材与混凝土之间的黏结破坏，还应验算碳纤维板的锚固长度（充分利用截面以外的延伸长度）：

$$L_{cf}\geqslant\frac{E_{cf}\varepsilon_{cf}A_{cf}}{\tau_{cf}b_{cf}}$$

实际设计中所有的碳纤维板均伸至梁端，锚固长度满足要求，并加设三条宽 150mm、净距 150mm 的两层碳纤维织物 U 形锚固条，加强锚固。

（3）加固施工要点　在实际施工中特别强调注意两点。

① 界面一定要处理好，否则，会直接影响黏结强度；对于混凝土表面，要求用专用工具细心打磨，用丙酮擦洗干净；对于粘贴用的梁转角处，要严格打磨成圆弧状，并用找平材料处理光滑。

② 贴碳纤维板时板材一定要擦洗干净，黏结剂要涂刷均匀，粘贴时用专用辊子来回滚压，确保没有空鼓。另外，该工程为工业建筑，使用温度最高可达 60℃，根据工程经验对碳纤维加固表面涂刷了厚 2.5mm 的 M15 砂浆掺胶防护层进行隔离。

（4）检验和验收　在加固结束 7d 后，选取了一根典型的加固梁 L-2 进行了使用荷载作用下的现场堆载试验检测。考虑到纵横交错主梁、主次梁之间力传递复杂，不便于受力分析，选取的梁 L-2 是 6m×6m 板内三分之一处的一根次梁，荷载由板面直接传来。

检测梁的长度为 6m，承荷面积为 $12m^2$，楼面活荷载为 $7kN/m^2$，梁中部有局部设备荷载 117kN，总承荷 201 kN。加载采用现场堆料，每级 10kN，模拟荷载的实际分布情况堆置料包。在每级荷载作用下测定梁跨中截面沿高度的应变及其荷载-挠度关系，并有专人观察梁体的变化形态及裂缝发展情况。加荷至 180kN 时，用裂缝观测仪观察到极其细微的裂缝，肉眼不可见，加荷至 201 kN 时，未见明显变化。

5.2.8.4 碳纤维布和钢条带混合法加固某住宅楼

某住宅小区有多栋五层、六层砖混结构住宅楼，每栋的总建筑面积约 $3300m^2$，有 6 种不同户型。采用钢筋混凝土条形基础，整体现浇楼板，板厚 100mm，混凝土设计强度等级为 C20。建设过程中，用回弹法和钻芯法对部分混凝土楼板实测，发现部分楼板的混凝土强度低于 20MPa，个别楼板不足 15MPa。

（1）现场综合检测情况　对楼板混凝土采用回弹法普查结合钻芯法抽查，发现 4 栋楼约 $4500m^2$ 楼板的混凝土强度均低于 20MPa，一般在 15MPa 左右，少数楼板在 10MPa 左右；混凝土碳化深度为 2～7mm（仅 2～4 个月）；楼板实际厚度为 90～105mm；钢筋直径、数量检测符合设计要求，有部分负弯矩筋有轻微下移；经检测，未发现明显裂缝。

（2）原因分析

① 砂石等骨料质量不合格。由于当地砂源不足，选用了泥土、粉尘含量很高的细砂，导致这些细小微粒包裹在骨料表面，影响骨料与水泥黏结；加大了骨料表面积，增加了用水量；泥土、粉尘颗粒体积不稳，干缩湿胀，对混凝土有一定破坏作用。分析混凝土的芯样，发现拌制混凝土的石子级配不好，用铁锤敲击芯样，混凝土成粉碎状，石子间水泥黏结力较差。

② 施工质量差，养护不当。检测发现，混凝土强度不均匀，密实性较差，表面不平整，早期养护不良，水泥水化不充分，导致在混凝土中的扩散路径增加，表层混凝土渗透性增大，碳化加快。

③ 试件管理不善。检测发现，试件的试验数据记录和试件的管理非常混乱。

（3）加固方案　有关文献明确规定的加固方法有加大截面加固法、外包钢加固法、预应力加固法、改变结构传力途径加固法、构件外部粘钢加固法。近几十年来，新的加固技术获得了很大的发展，应用成功的有粘贴碳纤维布加固法、预应力钢绞线加固法和开槽暗梁法等。

研究表明，低强度混凝土粘钢加固后同样可提高结构的强度和刚度。根据业主要求（不降低楼层净高、尽量不增加结构总荷载）并结合本工程实际情况，最后选择在楼板板底粘贴碳纤维布条带和在板顶粘贴钢条带的混合法进行加固，按混凝土的实际强度采用以下方案。

① 实测强度低于 10MPa 者，楼板底面粘贴通长碳纤维布条带（XEC-200 我国台湾产），顶面粘贴通长钢条带。

② 实测强度在 10～15MPa 者，楼板底面粘贴碳纤维布条带，顶面四周粘贴一定长度的钢条带。

③ 实测强度在 15 MPa 以上者，仅在楼板底面粘贴碳纤维布条带。

碳纤维布宽度为 100mm，钢条带宽 100mm，厚 6mm，两条粘贴条带中心之间的距离小于 1000mm。碳纤维布平面布置图如图 5-14 所示。加固大样如图 5-15 所示。

（4）加固设计

① 粘贴钢条带加固设计原则　钢条带主要用来承担板的负弯矩和加强板的整体刚度，粘钢加固前楼板已承担了部分荷载（自重），处于第一阶段受力状态。粘钢加固完毕，胶液达到设计强度后，钢板与楼板紧密地结合为一体，继续施加的荷载将由原构件和钢板

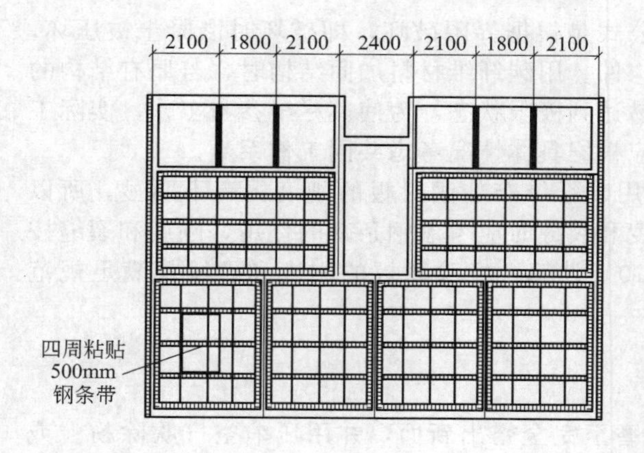

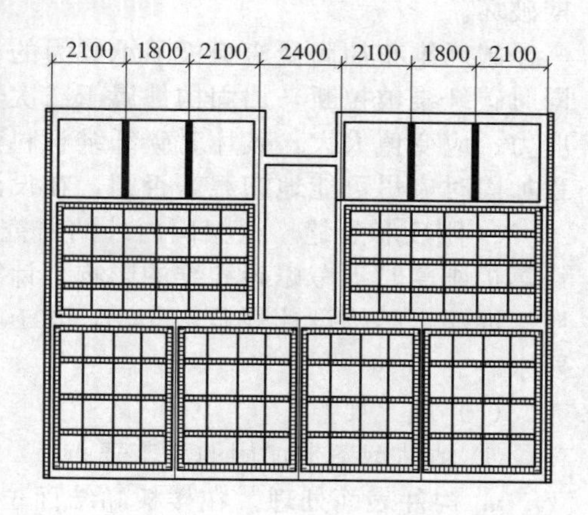

图 5-14 碳纤维布平面布置图

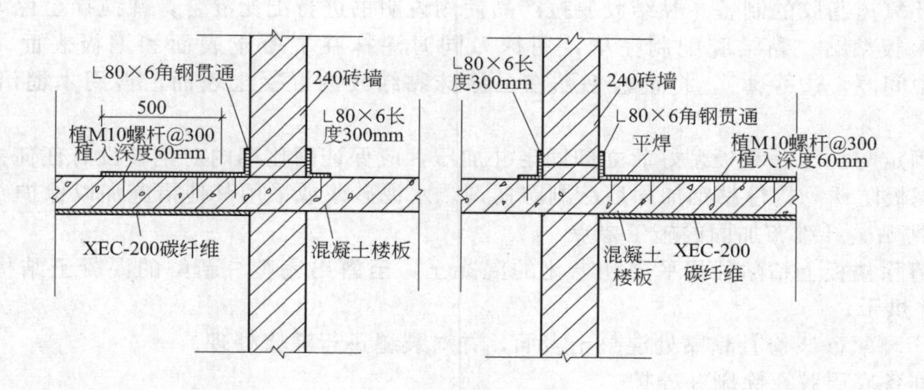

图 5-15 加固大样

共同承担。此时，加固构件处于第二阶段受力状态，其受力特征与一般构件不同，但由于加固构件在第二阶段受力后，原构件与黏结钢板协调变形，加固构件在破坏阶段的应力状态与一般构件相同。因此，加固后承载能力采用一般钢筋混凝土构件的计算方法。根据工程实际情况，在保证结构安全可靠的前提下，本工程结构计算时将黏结的钢条带视作原钢筋混凝土构件的附加受拉、受压、受剪钢筋，与原构件的受拉、受压、受剪钢筋发挥同样的作用。因此，粘钢加固构件的承载能力可以认为是原构件的承载能力与黏结钢板所发挥的承载能力之和。

② 粘贴碳纤维布条带加固设计

a. 基本假定 根据有关文献，在计算板的极限承载力时做以下假定：楼板受弯后，截面上混凝土、钢筋及碳纤维的应变仍符合平截面假定；混凝土、钢筋的应力-应变关系按规范选取；碳纤维的应力-应变关系为弹性；受拉区的混凝土作用忽略不计；碳纤维中心离板顶的距离与板高相等。

b. 设计方法和计算公式 根据近几年国内外的试验研究，碳纤维布加固的受弯构件破坏类型主要有受压区混凝土被压坏、碳纤维被拉断、混凝土被拉裂的黏结破坏、混凝土和胶界面剥离破坏 4 种。后两种破坏称为早期破坏，破坏时有明显的脆性。通过对碳纤维布端部加强锚固措施、增加碳纤维布的锚固长度、使用性好的黏结胶和保证施工质量来避免发生早期破坏。

碳纤维布加固受弯板极限承载力的计算公式是根据界限破坏，即破坏时混凝土被压坏，同时碳纤维被拉断，加固构件属于二次受力构件。用碳纤维材料加固结构时，若原有结构的应力、应变值太大，破坏时碳纤维材料就不易达到极限状态，为使其尽早参与工作，实际工程加固时应尽可能地卸载。否则，在设计时应根据具体情况考虑共同工作系数。

c. 刚度和裂缝　根据国内外的研究，采用碳纤维布加固对板的刚度提高不明显，所以计算板刚度时不考虑碳纤维的影响。计算刚度和裂缝时应考虑钢条带的作用，刚度和裂缝按照《混凝土结构设计规范》（GB 50010—2010）计算，经验算板的刚度和裂缝均满足规范要求。

（5）施工要点

① 粘贴钢条带加固的施工要点

a. 构件表面处理。在楼板黏结面位置打磨至完全露出新面，并用压缩空气吹除粉粒或用清水冲洗干净，待完全干燥后，再用丙酮擦拭表面。

b. 钢板粘贴前的处理。钢板黏结面也需进行清污、除锈和打磨等前期处理。

c. 环氧树脂胶的制备。黏结胶要按产品使用说明书进行配比混合，并搅拌至色泽均匀。

d. 钢板粘贴。黏结胶配制完毕，用抹刀同时涂抹在混凝土表面和钢板表面，厚1～3mm（中间厚，边缘薄），将钢板粘贴在已涂抹黏结胶的混凝土表面，再用木槌沿粘贴面轻敲。

e. 固定与加压。钢板贴好后立即固定并加压，应保证固化期内对钢板没有任何扰动。

f. 钢板防锈。构件粘钢加固后涂刷防锈剂、水泥砂浆或采用其他措施加以保护。

② 粘贴碳纤维布加固的施工要点

a. 清除楼板上粘贴处找平层和老化的混凝土，至露出完整、新鲜的混凝土结构层，清洗干净并烘干。

b. 用环氧砂浆修补粘贴处混凝土表面，并对裂缝进行灌浆处理。

c. 准备底层胶，涂刷并养护。

d. 安排专职人员准备环氧树脂胶，浸渍碳纤维布，粘贴完毕立即沿纤维方向反复滚压，挤出气泡，使粘贴树脂胶充分浸渍碳纤维布，最后一遍浸渍胶刷完后即用塑料膜覆盖，压紧木模板养护。

对低强度混凝土构件一般采用拆除重做的方法处理。本工程采用碳纤维条带和钢条带混合法对低强度混凝土楼板进行加固，充分发挥了钢材和碳纤维布材料的潜力，提高了结构的承载力，效果很好。该加固方法避免了整栋楼房全部拆除重建，降低了经济损失，具有明显的社会经济效益。这种方法工序简单、操作简便、工期短、投资省、效果好，值得推广应用。

5.2.8.5　加层结构补强施工技术方法

西安某大厦裙楼建于1999年，为地下1层、地上3层的钢筋混凝土框架结构，高16.43m，建筑面积约3400m^2。裙楼地下室有一个400m^3的蓄水池；1层为洗浴场所，并有160m^3游泳池一个；2层为中餐厅；3层为保龄球场。

改造后，裙房1层为西餐厅；2、3层为中餐厅（2层增设中餐厅操作间）；新增两层为演艺厅和包间。依据检测鉴定结果与建议，新增楼层采用轻钢结构方案。由于1、2层部分偏压柱纵向受弯配筋不足，2层中餐厅操作间楼板承载力不足，须进行结构补强。为保证沿楼层高度刚度不致产生突变，在3层保龄球场地内新增柱4根（原结构中此位置4根柱仅贯穿1、2层）。

（1）补强材料　碳纤维采用我国台湾巨翰公司生产的 UCP-300 型碳纤维布，黏结剂为配套的 GEL-600 型环氧树脂，其主要性能参数见表 5-12。

表 5-12　碳纤维布及配套树脂主要性能参数

型号	厚度/mm	抗拉强度/MPa	拉伸弹性模量/GPa	极限拉伸率/%
UCP-300	0.17	3790	235	1.7
GEL-600	—	58.9	2.91	5.44

根据计算结果，沿柱轴向粘贴碳纤维布条（因受框架梁的影响，每层根据实际情况分条对称粘贴），同时应具有一定的锚固措施。本设计中布条上下均伸出楼板（布条贯通楼板处进行开洞处理），并在柱端部沿与柱轴向垂直方向粘贴封闭箍（图 5-16）。

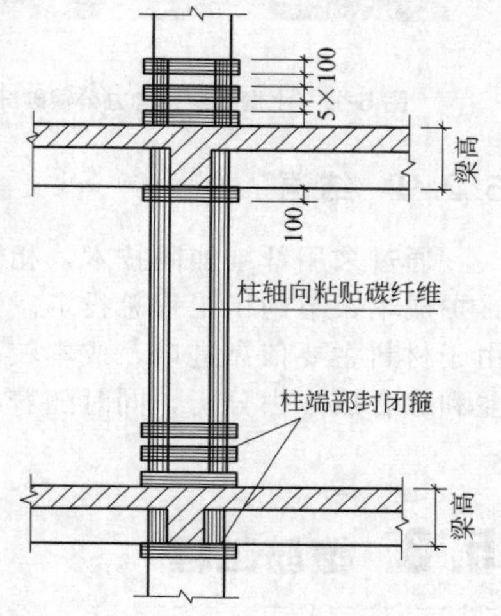

图 5-16　碳纤维补强详图

（2）新增柱设计方案　三层新增柱与原框架柱、梁的连接，采用钻孔植筋技术进行处理。根据模型计算结果配置钢筋。根据材料要求以及实际工程经验，植筋锚固深度取 15 倍钢筋直径。植筋材料采用西安建筑科技大学研制的高性能复合灌浆料，3d 抗压强度 30MPa，28d 抗压强度 60MPa。该灌浆料流动性好，固化浆体密实，早期强度高，耐高温，耐久性超过混凝土。

（3）粘贴碳纤维贴片

① 放线　严格按照补强施工图进行放线定位；混凝土基底处理过后，应进行第二次放线，确保粘贴位置的准确。

② 混凝土基底处理　将混凝土构件表面的残缺、破损部分清除干净，达到结构密实部位；对经过剔凿、清理和露筋的构件残缺部分，进行修补复原。对缝宽小于 0.20mm 的裂缝，用环氧树脂进行表面涂抹封闭；大于 0.20mm 的裂缝用环氧树脂灌缝。混凝土表面打磨平整，露出骨料。用丙酮清洗打磨过的构件表面，并使其充分干燥。

③ 底涂作业　严格按规定比例将底层树脂的主剂和固化剂混合，均匀涂刷于混凝土表面。底层树脂固化后，若表面有凸起部分，要用砂纸磨光。底层树脂指触干燥后，方可进行下一道工序。

④ 补平作业　混凝土表面凹陷部位应用环氧腻子填平，修复至表面平整。

⑤ 贴碳纤维贴片　将浸渍树脂主剂、硬化剂均匀混合，作业方式同底涂作业。按放线位置贴上碳纤维贴片，以滚筒压挤贴片使其与树脂充分结合。目视（敲击）检查，补强表面应平整，无皱褶、气泡、凹陷等缺陷。

⑥ 贴片表面处理　喷撒石英砂，自然风干。

（4）植筋工艺　钢筋定位放线→机械钻孔→高压清孔→注浆→植筋。

植筋钻孔前，将构件表面的混凝土保护层剔凿干净，露出并避开受力钢筋。采用高强复合灌浆料植筋应根据灌浆料的技术参数，严格控制掺水量及搅拌时间，注入量约 2/3 孔深。植筋应与注浆同步进行，钢筋插入后，对正扶直，待灌浆料凝固 48h 后，方可进行后续工序（钢筋绑扎、焊接等）。

本补强工程总工期 45d，主体加层竣工投入使用半年后，效果良好，未出现质量问题。

上海框架结构办公楼碳纤维加固如图 5-17 所示。梁的加固如图 5-18 所示。

图 5-17 上海框架结构办公楼碳纤维加固

图 5-18 梁的加固

5.2.9 结语

通过采用纤维加固技术，相比较粘钢加固，工效提高了 4～8 倍，提前了工期，减少了维护成本，节约了工程总投资。因此，纤维材料有很大的潜力，是值得推广的加固技术，但由于材料主要依靠进口，成本较高，部分建设单位对该技术不认可，但我们也应该从长期效益和综合成本去分析，同时随着材料的本土化，该项技术会越来越有市场。

5.3 植筋工程

化学法植筋是指建筑工程化学法植筋胶植筋，简称植筋，又称种筋，是建筑结构抗震加固工程上的一种钢筋后锚固利用结构胶锁键握紧力作用的连接技术，是结构植筋加固与重型荷载紧固应用的最佳选择。化学法植筋是指在混凝土、墙体岩石等基材上钻孔，然后注入高强植筋胶（高强植筋胶大致分为注射式植筋胶和桶装式植筋胶两种）。再插入钢筋或型材，胶固化后将钢筋与基材粘接为一体，是加固补强行业较为常用的一种建筑工程技术。植筋如图 5-19、图 5-20 所示。

图 5-19 植筋（一）

5.3.1 技术介绍

图 5-20 植筋（二）

植筋技术是一项针对混凝土结构较为简便、有效的锚固与连接技术，可以植入普通钢筋，也可以植入螺栓式锚筋，现已广泛应用在已有建筑物的加固改造工程中。例如，施工中漏埋钢筋或钢筋偏离设计位置的补救，构件加大截面加固的补筋，顶升对梁、上部结构扩跨柱的接长，房屋加层接柱和高层建筑增设剪力墙的植筋等。

采用植筋技术对混凝土结构进行加固改造时，原构件的混凝土强度等级应按现场检测结果来确定。

在采用 HRB335 级钢筋种植时，原构件的混凝土强度等级不得低于 C15；当采用 HRB400 级钢筋种植时，原构件的混凝土强度等级不得低于 C20。

若需采用 HPB235 级钢筋种植时，钢筋的直径不得大于 12mm，原构件的混凝土强度等级不得低于 C20。

5.3.2 技术标准

我国《混凝土结构后锚固技术规程》（JGJ 145—2013）中明确规定了植筋加固的相关要求参数。

5.3.3 工艺流程

植筋工艺流程如图 5-21 所示。

（1）混凝土梁浇筑工艺　弹线定位→钻孔→洗孔→注胶 →植筋→固化养护→抗拔试验（抽检）→绑筋浇混凝土。

（2）砖砌体工艺　弹线定位→钻孔→洗孔→注胶 →植筋→固化养护→抗拔试验（抽检）→砖砌体砌筑施工。

5.3.4 弹线定位

根据设计图的配筋位置及数量，错开原结构钢筋位置，标注出植筋的位置。请有关部门验线，合格后就可钻孔。

5.3.5 钻孔

用冲击钻钻孔，钻头直径应比钢筋直径大 5mm 左右，钢筋选用首钢生产的 ϕ25mm 钢筋，钻头选用 ϕ30mm 的合金钢钻头。孔深大小 15d（375mm），实际钻深 400mm。钻孔时，钻头要始终与柱面保持垂直。

5.3.6 洗孔

洗孔是植筋中最重要的一个环节，因为孔钻完后内部会有大量灰粉、灰渣，直接影响植筋的质量，所以一定要把孔内的杂物清理干净。方法是：用毛刷套上加长棒，伸至孔底，来

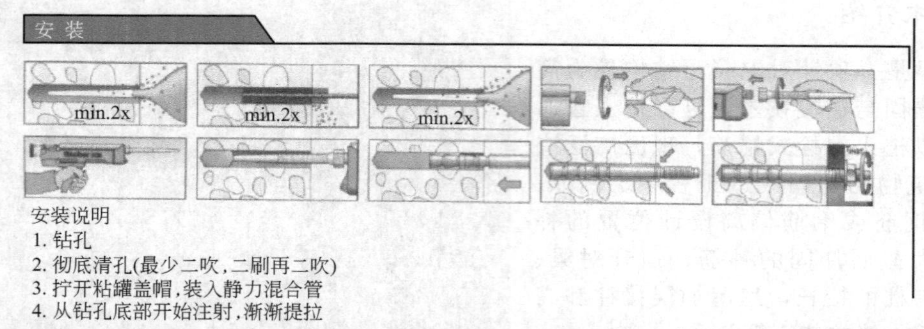

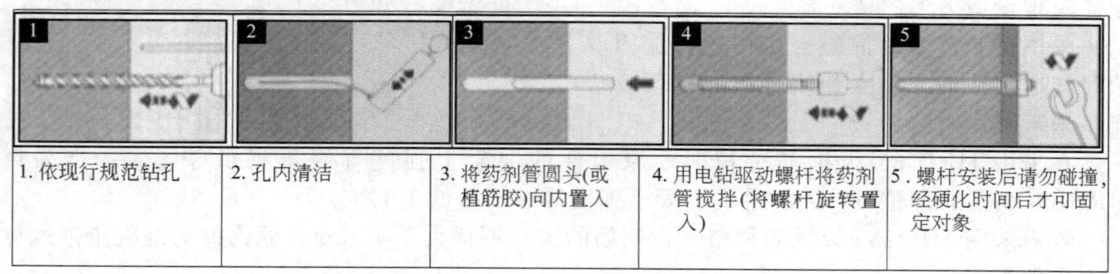

图 5-21 植筋工艺流程

回反复抽动，把灰尘、碎渣带出，再用压缩空气，吹出孔内浮尘。吹完后再用脱脂棉蘸乙醇或丙酮擦洗孔内壁。但不能用水擦洗，因乙醇和丙酮易挥发，而水不易挥发。用水擦洗后孔内不会很快干燥。钻孔清洗完后要请设计及其他有关单位验收，合格后方可注胶。

5.3.7 注胶

取一组强力植筋胶，装进套筒内，安置到专用手动注射器上，慢慢地扣动扳机，排出铂包口处较稀的胶液废弃不用，然后将螺旋混合嘴伸入孔底，如长度不够可用塑料管加长，然后扣动扳机，扳机扣动一次注射器后退一下，这样就能排出孔内的空气了。为了使钢筋植入后孔内胶液饱满，而又不使胶液外流，因此孔内注胶达到 80％即可。孔内注满胶后应立即植筋。

在注胶前梁底模板就已支好，便于植筋后的钢筋定位。植筋前要把钢筋植入部分用钢丝刷反复刷洗，清除锈污，再用酒精或丙酮清洗。钻孔内注完胶后，把经除锈处理过的钢筋立即放入孔口，然后慢慢单向旋入，不可中途逆向反转，直至钢筋伸入孔底。

5.3.8 固化养护

钢筋植入后，在梁底模板上定位，强力植筋胶完全固化前不能够振动钢筋。强力植筋胶在常温下就可以完成固化，50h 后便可进行下道工序的施工。

5.3.9 检测试验

在植筋施工前，要对所用钢筋及植筋胶进行现场拉拔试验，以确保钢筋及植筋胶符合设计要求。

方法是：制作与植筋部位混凝土构件相同强度等级的混凝土试件，按植筋步骤，植入 3 组钢筋，待植筋胶完全固化后，进行拉拔试验（试验用专用的钢筋测力计）。当加力达到Ⅱ

级钢筋屈服强度（450N/mm^2）时，出现颈缩现象，继而拉断。

测试时测力计施加于卡具的力应符合 FC≥FYK（FC 为测力计施加的力，N/mm^2；FYK 为钢筋的屈服强度，N/mm^2）。

试验证明，植筋用的植筋胶强度大于钢筋的屈服强度，植筋的破坏是钢筋的屈服破坏，不是胶的黏结破坏，这表明植筋胶和钢筋都是合格的。

植筋后进行非破损性拉拔试验，用来检测工作状态下的植筋质量，检测的数量是植筋总数的 10%。

检测中，测力计施加的力要小于钢筋的屈服强度，大于由设计部门提供的植筋设计锚固力值。应符合 FM<FC<FYK（FC 为测力计施加的力，N/mm^2；FYK 为钢筋的屈服强度，N/mm^2；FM 为植筋设计锚固力，N/mm^2）。

检测试验合格后就可以进行下道工序了。

5.3.10 注意事项

（1）植筋后，一般不允许在所植钢筋上焊接，如确实需要焊接时，焊点与基材混凝土表面的距离应大于 15d，且应用冰水浸渍的毛巾包裹植筋外露部分的根部。

（2）承台围堰必须牢固，确保在植筋期间不能有水流入承台范围，承台要保持干燥。如果不能保障承台干燥，则此方案就不可行。

（3）要注意天气变化，植筋施工开始前要查看天气预报，要确保在植筋施工期间天气状况良好，不要在阴雨天施工。

（4）钢筋必须按要求除锈，钢筋表面不能有油渍等杂物。

（5）植筋所用的锚固胶必须是合格产品，各项性能指标要符合规范要求。

（6）为了保证植筋质量，必须避免第 4 条中提到的影响植筋质量缺陷的各个因素出现，要从工、料、机、工艺、环境以及方法等几个方面综合考虑，做到万无一失。

（7）植筋施工用电要按照项目的用电规程操作，避免违章。

（8）植筋所用的设备及机具必须按照该设备或机具的操作规程操作，不允许违章操作。

（9）植筋所用的材料不能到处乱扔污染环境。

5.3.11 植筋加固实例

（1）工程概况　南宁某商业大厦是一栋二十七层高的框架剪力墙结构建筑，由七层裙房以及其上两栋二十层住宅塔楼和一栋八层办公楼组合而成，高 95.10m，总建筑面积 73518m^2。本工程由南宁发智投资控股有限公司投资，南宁市建筑设计院设计，中建八局南宁公司承建。本工程 1996 年 3 月 18 日开工，于 1997 年 12 月 31 日在两栋二十七层塔楼封顶后停工，而局部裙楼只建至三层楼面，办公楼尚未建筑。2001 年 7 月 28 日复工，由于停工时间长达四年，原预留剪力墙、柱钢筋锈蚀严重，2001 年 8 月 2 日经南宁市建筑工程质量检测中心检测，得出如下结论。

① 办公楼八层剪力墙和剪力墙暗柱所使用的 ϕ18、ϕ16、ϕ14、ϕ12 钢筋不符合结构安全性要求，不能作为结构配筋使用。上述钢筋分别降低相应的一个规格后，其屈服强度和抗拉强度能够达到相应的使用要求，即 ϕ18、ϕ16、ϕ14、ϕ12 钢筋分别降低一个规格作为 ϕ16、ϕ14、ϕ12、ϕ10 钢筋使用，但是原 ϕ12 钢筋锈蚀较严重，原设计单位应做出结构安全补救方案。

② 经过检测，裙房 E 段三层楼面框架柱 ϕ25 钢筋原材性能试验结果和钢筋焊接试验结果尚能满足相应的国家标准，但 ϕ25 钢筋锈蚀严重，不能完全满足安全使用要求，原设计部门应做出加固方案。剪力墙和剪力墙暗柱 ϕ16、ϕ12 钢筋锈蚀情况较为严重，ϕ14 钢筋原材的力学

性能试验结果未达到国家标准要求。裙房E段三层剪力墙和剪力墙暗柱所使用的钢筋已不能满足结构安全性能要求，不可作为结构配筋使用，原设计部门应做出安全补救方案。

③ 所抽检的办公楼八层楼面框架柱 $\phi25$、$\phi22$ 钢筋，其原材的力学性能试验结果和焊接试验结果尚能满足相应的国家标准要求，钢筋锈蚀情况一般，原设计部门仍应做出结构安全性验算和结构加固补强方案。剪力墙和剪力墙暗柱 $\phi20$ 钢筋尚能满足结构安全使用要求，而 $\phi18$、$\phi16$ 钢筋原材的力学性能试验结果和钢筋焊接试验结果均未达到相应的国家标准要求，$\phi12$ 钢筋锈蚀情况较为严重。因此，办公楼八层剪力墙和剪力墙暗柱所使用的 $\phi18$、$\phi16$、$\phi12$ 钢筋已不符合结构安全性能要求，不能作为结构配筋使用，原设计部门应做出安全补救方案。

经设计院、建设单位、施工单位共同讨论协商，对锈蚀程度较为严重的柱、剪力墙采用植筋的方法进行补强。根据检测中心的钢筋抽检报告，三层楼面只补强暗柱，共植28根 $\phi16$ 钢筋，八层楼面补强剪力墙，共植120根 $\phi12$ 钢筋。

(2) 施工技术措施　接到设计院通知后，中建八局技术人员经过认真的研究，确定了植筋的具体位置和植筋根数，拟按照如下工序施工。

① 定位及钻孔　根据设计通知，在现场进行放线定位，标出钻孔位置，使用风钻或电锤进行钻孔，孔径大于 $d+6$mm，钻孔深度为 $20d$。

在钻孔过程中，若遇到钻孔部位钢筋太密而无法按设计要求位置钻孔时，可在其附近钻一附加孔洞，植入钢筋，原钢筋仍按正确位置放置（即搁在正确钻孔部位上)。如果偏移距离小于或等于35mm，则可在其间焊接长为 $5d$ 的适当规格的连系筋，把二者连系在一起，使其受力转移。焊接采用双面焊，每隔600mm焊一个连系筋。当偏移距离大于35mm时，则可采用“L”连系筋将其连系在一起，并且转移受力，采用双面焊，每间隔800mm设一道。

② 清孔　钻孔成型后应对残积于孔内的灰尘进行清理，首先使用圆形长条毛刷进行反复刷扫，扫出大部分的粉尘，余下的利用压缩空气或专用吹风机吹净。处理完毕，用丝棉将洞口塞紧，避免水流入孔内或其他杂物落入其中，保持孔洞干燥。

③ 钢筋下料、钢筋除锈　植筋锚固长度为 $20d$，预留长度应能满足设计要求的搭接长度，视具体情况而定，且相邻两根错开 $35d$。钢筋加工完毕，应进行除锈处理。普通没有严重锈蚀的钢筋，应用钢丝刷将埋植部分的浮锈清刷干净，严重锈蚀的钢筋不能作为植筋使用。若钢筋沾有油污，应用丙酮进行清洗。

④ 调制结构胶、灌胶　植筋所使用的结构胶是以高分子原料为主体的双组分高强黏结剂，对金属及非金属均具有很高的黏结强度。本工程所使用的结构胶为武汉大学巨成加固实业有限公司生产的WSJ建筑结构胶。其物理力学性能如下：弹性模量 4.27×10^3MPa，密度 $2.05\sim2.15$g/cm^3，黏度 $86.0\sim92.0$Pa·s，钢-钢粘接强度大于18.0MPa，拉伸强度大于等于32.0MPa，初凝时间12h，固化时间48h，配合比A∶B＝4∶1。

拌胶前应准备好天平等计量工具，按结构胶所需用量提取A料和B料进行称量（推荐质量比为100∶0.5～100∶2.0)，然后搅拌均匀，将其装进手动泵浆机或直接用送胶棒，将胶灌进孔内，且胶量应占孔体积的80%以上。

⑤ 钢筋埋植　将经过除锈处理的钢筋插入灌有结构胶的孔内，并且旋转钢筋，反复地插入拔出，将孔壁残存的灰尘搅入结构胶内，直至附在钢筋上的结构胶表面不带有灰尘。将钢筋扶正固定，在胶固化前不能扰动钢筋，以免影响锚固效果。

⑥ 植筋的时间要求　结构胶初凝时间很短，从拌胶到植筋完毕整个工序应在30min内完成，植筋完成24h后即可进行下道工序的施工。结构胶初凝结硬后，不可再用于植筋。

如果对初凝时间有特殊要求，可根据使用时的环境温度及所需的锚固件使用要求，通过增减B料（固化剂）的用量来控制胶的初凝时间。B料用量的多少对锚固强度没有明显影响。

（3）质量保证措施

① 本工程的结构胶应有出厂合格证明，并且在有效期内使用。

② 结构胶的配合比一定要准确合理。

③ 每层试验植筋，由质检单位进行抗拉拔试验，合格后方可全面展开施工。

④ 对于原结构钢筋较密的植筋部位，在钻孔过程中应探明构件钢筋，将其避开进行钻孔，不能切断原构件的主筋。

⑤ 无论用哪种方法钻孔，孔内部必须清理干净，有水和粉尘将会影响锚固。

（4）安全措施

① 结构胶虽然无毒，无强烈、刺激性气味，但黏结力极强，施工时应避免与结构胶直接接触。如果沾上，应在其初凝前用丙酮清洗干净。

② 若结构胶不慎溅入眼中，应立即用清水冲洗或到医院救治。

③ 注意防火。

（5）适用范围　本工艺适用于建筑螺纹钢、圆钢及金属型材与混凝土、岩石、砖墙等基体材料的锚固，广泛用于建筑物结构改造、钢筋生根、幕墙后加埋件锚固、设备基础地脚螺栓安装等领域，特别适用在玻璃幕墙工程中没有预埋件时后加埋件施工及大理石干挂等工程中。

（6）小结　目前，国内许多工程由于资金短缺等诸多原因而不能连续施工，主体预留钢筋外露时间过长，锈蚀严重，无法满足结构设计要求，重新附加的钢筋如何与基体锚固成为施工过程中的一个难点。本工程通过钻孔植筋，成功地解决了这一问题。

植筋过程中，钻孔乃是关键。本工程基体钢筋过密，无法在设计规定的位置钻孔，经过项目部技术人员仔细研究，最后决定采用在其附近位置钻孔、焊接转移受力的方法进行处理，解决了无法在规定位置钻孔的问题。

清孔是否干净以及原材料质量好坏，也是影响植筋质量的重要因素。本工程开始时，由于孔洞没有清理干净、结构胶质量不好而导致试验失败。从中吸收经验和教训，最后选定武汉大学生产的 WSJ 建筑结构胶，规范了植筋过程中的具体操作，试验成功。

5.4 锚栓工程

化学锚栓是一种新型的金属紧固材料，由化学药剂与金属杆体组成。可用于各种幕墙、大理石干挂施工中的后加埋件安装，也可用于设备安装、公路和桥梁护栏安装、建筑物加固改造等场合。由于其玻璃管内装着的化学试剂易燃易爆，所以厂家必须经过国家有关部门的批准才能生产，整个生产过程需要有严密的安全措施，并且使用和工作人员完全隔离的流水线生产。如果通过手工作业，不但违反了国家的有关规定，而且非常危险。化学锚栓是继膨胀锚栓之后出现的一种新型锚栓，是通过特制的化学黏结剂，将螺杆胶结固定于混凝土基材钻孔中，以实现对固定件锚固的复合件。

5.4.1 分类

（1）膨胀型锚栓　利用膨胀件挤压锚孔孔壁形成锚固作用的锚栓。是利用锥体与膨胀片的相向移动，促使膨胀片膨胀，与孔壁混凝土产生膨胀剂压力，并且通过剪切摩擦作用产生抗拔力实现对被连接件锚固的一种组件。

① 扭矩控制式膨胀型锚栓　以专用钻具预先钻孔，透过控制螺杆扭矩大小来完成膨胀安装。

② 位移控制式膨胀型锚栓　以专用钻头预先钻孔，通过套筒与锥头的相对位移实现膨胀安装。

（2）扩孔型锚栓　通过对钻孔底部混凝土的再次切槽扩孔，利用扩孔后形成的混凝土承压面与锚栓膨胀扩大头间的机械互锁，实现对被连接件锚固的一种组件。

① 预扩孔普通锚栓　通过专用钻具预先切槽扩孔。

② 自扩孔专用锚栓　以专用钻具先钻孔，锚栓自带刀具，安装时自行切槽扩孔，扩孔、安装一次完成。

（3）安卡锚栓　这种是国外引进的一种地脚螺栓。一般进口设备的地脚螺栓都是这种安卡锚栓，尤其是欧洲设备，在锚栓的后部有一个开口式金属套，打入地基后，扳紧螺纹，开口胀大固定。

（4）后切底锚栓　就是市场上很常见的带套的膨胀螺栓，不能单独固定，需要与固定物相挤压后固定，主要是它的开口套的结构限制。

（5）击芯锚栓　锚栓后部开口，中心有一根钢钉，当锚栓植入地基后，只需要敲击钢钉，钢钉下沉后将开口胀大固定。

锚栓常常与混凝土基座配合起到承载机器重量和负荷的作用，目的是保证机械平稳正常运行。混凝土结构所用锚栓的材质可为碳素钢、不锈钢或合金钢，应根据环境条件的差异及耐久性要求的不同，选用相应的品种。锚栓的性能应符合我国建筑工业行业标准《混凝土用膨胀型、扩孔型建筑锚栓》（GB 160—2004）的相关规定。

混凝土基座使用中会出现风化、严重裂损、不密实等现象，这样会导致固定锚栓松动，进而导致机件振动加剧，影响机件的正常运转。采用传统方法修复，会导致停产时间延长，造成巨大经济损失。针对锚栓松动的故障，国外较为有效的修复方法是采用高分子复合材料，而国内引进最成熟的是美国美嘉华混凝土修复材料。该材料自身所具有的抗冲击强度、抗压强度远远大于混凝土材料，且具有抗多种化学介质的性能。其优越的黏着性能对混凝土的黏着力大于混凝土的自身强度（混凝土会被先拉碎），同时也黏着于钢及其他的粗糙表面，而且快速固化的性能可为企业减少因停产而造成的损失。

5.4.2　主要规格型号及适用范围

（1）主要规格型号　主要有 M6X30mm 200PCS（NT）、M6X30mm200PCS（NT）、M8X35mm100PCS（NT）、M10X50mm100PCS（NT）、M12X60mm100PCS（NT）。

（2）适用范围　主要应用于国外高端建筑领域，如欧洲、美国、中东、日本、韩国等发达国家或地区，2013 年 4 月进入国内市场。

广泛适用于混凝土埋置相关作业，如建筑幕墙、室内装饰、空调、灯饰、广告看板、电视壁挂、卫浴（厨具）水电、监视器等相关产业与领域。

5.4.3　相比传统膨胀锚栓的优势

（1）适用性广泛。只要工件螺纹尺寸符合，适合任何形式锚栓头型。

（2）施工方法选择。可依需求采用定点预置，或是于单一施工补行钻孔后再打（装）入，其功能与成效完全一致。

（3）高施工成功率。没有配孔深度偏差及钻孔倾斜困扰，施工达成率达 100%。

（4）高抗拉设计。全牙式锥度扩张特殊倒挂钩设计。

（5）锁付防松功效。全牙式锥度扩张特殊设计，利用反向推力效应紧迫锁入工件。

（6）完善设计思考。短筒精悍，适用搭配所有的市售螺栓、自制工件及施工选配零件。

（7）保证锚栓扩张。金属板压制产品，专利全牙式锥度扩张设计，抓扣能力强且不空转，不需专业性施工技巧。

（8）弃置无困扰。只要退出锚栓工件，涂抹填补剂恢复平面，无切除困扰及突出物碰击危险。

5.4.4 设计基本规定

（1）锚栓分类及适用范围

① 锚栓按工作原理及构造的不同可分为膨胀型锚栓、扩孔型锚栓、化学植筋及其他类型锚栓。各类锚栓的选用除考虑锚栓本身性能差异外，尚应考虑基材性状、锚固连接的受力性质、被连接结构类型、有无抗震设防要求等因素的综合影响。

② 膨胀型锚栓、扩孔型锚栓、化学植筋可用作非结构构件的后锚固连接，也可用作受压、中心受剪、压剪组合结构构件的后锚固连接。

③ 膨胀型锚栓和扩孔型锚栓不得用于受拉、边缘受剪、拉剪复合受力的结构构件及生命线工程非结构构件的后锚固连接。

④ 满足锚固深度要求的化学植筋及螺杆，可应用于抗震设防烈度不大于 8 度的受拉、边缘受剪、拉剪复合受力的结构构件及非结构构件的后锚固连接。

（2）锚固设计原则

① 规程采用以试验研究数据和工程经验为依据，以分项系数为表达形式的极限状态设计方法。

② 后锚固连接设计所采用的设计使用年限应与整个被连接结构的设计使用年限一致。

③ 根据锚固连接破坏后果的严重程度，后锚固连接划分为两个安全性等级。混凝土结构后锚固连接设计，应按表 5-13 的规定，采用相应的安全性等级，但不应低于被连接结构的安全性等级。

表 5-13 锚固连接安全性等级

安全性等级	破坏后果	锚固类型
一级	很严重	重要的锚固
二级	严重	一般的锚固

④ 后锚固连接承载力应采用下列设计表达式进行验算：

无地震作用组合
$$\gamma_A S \leqslant R$$
有地震作用组合
$$S \leqslant kR/\gamma_{RE}$$
$$R = R_k/\gamma_R$$

式中 γ_A——锚固连接重要性系数，对一级、二级的锚固安全性等级，分别取 1.2、1.1，且 $\gamma_A \geqslant \gamma_0$，$\gamma_0$ 为被连接结构的重要性系数；

S——锚固连接荷载效应组合设计值，按现行国家标准《建筑结构荷载规范》（GB 50009—2012）和《建筑抗震设计规范》（GB 50011—2010）的规定进行计算；

R——锚固承载力设计值；

R_k——锚固承载力标准值；

k——地震作用下锚固承载力降低系数；

γ_{RE}——锚固承载力抗震调整系数；

γ_R——锚固承载力分项系数。

⑤ 后锚固连接设计，应根据被连接结构类型、锚固连接受力性质及锚栓类型的不同，对其破坏形态加以控制。对受拉、边缘受剪、拉剪组合结构构件及生命线工程非结构构件的锚固连

接，应控制为锚栓或植筋钢材破坏，不应控制为混凝土基材破坏；对于膨胀型锚栓及扩孔型锚栓锚固连接，不应发生整体拔出破坏，不宜产生锚杆穿出破坏；对于满足锚固深度要求的化学植筋及长螺杆，不应产生混凝土基材破坏及拔出破坏（包括沿胶筋界面破坏和胶混界面破坏）。

⑥ 未经有资质的技术鉴定或设计许可，不得改变后锚固连接的用途和使用环境。

5.4.5 锚固连接内力分析

5.4.5.1 一般规定

（1）锚栓内力宜按下列基本假定进行计算。

① 被连接件与基材结合面受力变形后仍保持为平面，锚板出平面刚度较大，其弯曲变形忽略不计。

② 锚栓本身不传递压力（化学植筋除外），锚固连接的压力应通过被连接件的锚板直接传给混凝土基材。

③ 群锚锚栓内力按弹性理论计算。当锚固破坏为锚栓或植筋钢材破坏，且为低强（≤5.8级）钢材时，可考虑塑性应力重分布，按弹塑性理论计算。

（2）当本款下列公式成立时，锚固区基材可判定为非开裂混凝土；否则，宜判定为开裂混凝土，并按现行国家标准《混凝土结构设计规范》（GB 50010—2010）计算其裂缝宽度：

$$\sigma_L + \sigma_R \leqslant 0$$

式中 σ_L——外荷载（包括锚栓荷载）及预应力在基材结构锚固区混凝土中所产生的应力标准值，拉为正，压为负；

σ_R——由于混凝土收缩、温度变化及支座位移等在锚固区混凝土中所产生的拉应力标准值，若不进行精确计算，可近似取，$R=3\text{MPa}$。

5.4.5.2 群锚受拉内力计算

（1）轴心拉力作用下（图 5-22），各锚栓所承受的拉力设计值应按下式计算：

$$N_{Sd} = \frac{N}{n}$$

式中 N_{Sd}——锚栓所承受的拉力设计值；

N——总拉力设计值；

n——群锚锚栓个数。

（2）轴心拉力与弯矩共同作用下（图 5-23），弹性分析时，受力最大锚栓的拉力设计值应按下列规定计算：

当 $N/n - My_1/\sum y_i^2 \geqslant 0$ 时

$$N_{Sd}^{h} = \frac{N}{n} + \frac{My_1}{\sum y_i^2}$$

当 $N/n - My_1/\sum y_i^2 < 0$ 时

$$N_{Sd}^{h} = \frac{(NL+M)y_1'}{\sum y_i'^2}$$

式中 M——弯矩设计值；

N_{Sd}^{h}——群锚中受力最大锚栓的拉力设计值；

y_1，y_i——锚栓 1 及 i 至群锚形心轴的垂直距离；

y_1'，y_i'——锚栓 1 及 i 至受压一侧最外排锚栓的垂直距离；

L——轴力 N 作用点至受压一侧最外排锚栓的垂直距离。

5.4.5.3 承载能力极限状态计算

(1) 受拉承载力计算

① 锚固受拉承载力应符合表5-14的规定。

② 锚栓或植筋钢材破坏时的受拉承载力设计值 $N_{\mathrm{Rd,s}}$，应按下列公式计算：

$$N_{\mathrm{Rd,s}}=\frac{N_{\mathrm{Rk,s}}}{\gamma_{\mathrm{Rs,N}}}$$

$$N_{\mathrm{Rk,s}}=A_{\mathrm{s}}f_{\mathrm{stk}}$$

式中 $N_{\mathrm{Rk,s}}$——锚栓或植筋钢材破坏受拉承载力标准值；

$\gamma_{\mathrm{Rs,N}}$——锚栓或植筋钢材破坏受拉承载力分项系数；

A_{s}——锚栓或植筋应力截面面积；

f_{stk}——锚栓或植筋极限抗拉强度标准值。

③ 开裂混凝土单根锚栓，理想混凝土锥体破坏受拉承载力标准值，应由试验确定，在符合相应产品标准及本规程有关规定的情况下，可按下式计算或按表5-14采用：

$$N_{\mathrm{Rk,c}}^{0}=7.0\sqrt{f_{\mathrm{cu,k}}}\,h_{\mathrm{ef}}^{1.5}$$

表5-14 单根膨胀型锚栓、扩孔型锚栓受拉时混凝土锥体破坏承载力标准值

有效锚固深度/mm	承载力/kN								
	C20	C25	C30	C35	C40	C45	C50	C55	C60
30	5.14	5.75	6.30	6.80	7.27	7.52	7.93	8.31	8.68
35	6.48	7.25	7.94	8.58	9.17	9.48	9.99	10.48	10.94
40	7.92	8.85	9.70	10.48	11.20	11.58	12.20	12.80	13.37
45	9.45	10.57	11.57	12.50	13.36	13.82	14.56	15.27	15.95
50	11.07	12.37	13.56	14.64	15.65	16.18	17.06	17.89	18.68
55	12.77	14.28	15.64	16.89	18.06	18.67	19.68	20.64	21.56
60	14.55	16.27	17.82	19.25	20.58	21.27	22.42	23.52	24.56
70	18.33	20.50	22.45	24.25	25.93	26.80	28.25	29.63	30.95
80	22.40	25.04	27.43	29.63	31.68	32.75	34.52	36.21	37.82
90	26.73	29.88	32.74	35.36	37.80	39.08	41.19	43.20	45.12
100	31.30	35.00	38.34	41.41	44.27	45.77	48.24	50.60	52.85
120	41.15	46.01	50.40	54.44	58.20	60.16	63.42	66.51	69.47
140	51.86	57.98	63.51	68.60	73.34	75.82	79.92	83.82	87.54

④ 单根锚栓受拉，混凝土理想化破坏锥体投影面面积应按下列公式计算：

$$A_{\mathrm{c,N}}^{0}=s_{\mathrm{cr,N}}^{2}$$

式中 $s_{\mathrm{cr,N}}$——混凝土锥体破坏情况下，无间距效应和边缘效应，确保每根锚栓受拉承载力标准值的临界间距。

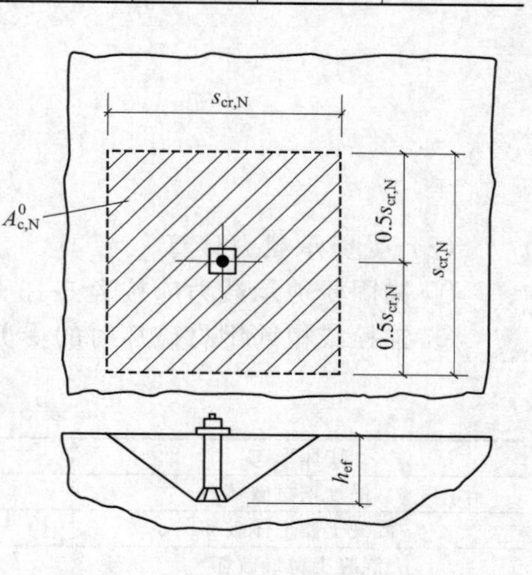

图5-22 单栓受拉时理想化破坏锥体及其计算面积

⑤ 群锚受拉，混凝土破坏锥体投影面面积 $A_{\mathrm{c,N}}$，应根据锚栓排列布置情况的不同，分别按下列规定计算。

a. 单栓，靠近构件边缘布置，$c_1\leqslant c_{\mathrm{cr,n}}$ 时：

$$A_{\mathrm{c,N}}=(c_1+0.5s_{\mathrm{cr,N}})s_{\mathrm{cr,N}}$$

b. 双栓，垂直构件边缘布置，$c_1\leqslant c_{\mathrm{cr,n}}$、$s_1\leqslant s_{\mathrm{cr,N}}$ 时：

$$A_{\mathrm{c,N}}=(c_1+s_1+0.5s_{\mathrm{cr,N}})s_{\mathrm{cr,N}}$$

c. 双栓，平行构件边缘布置，$c_1 \leqslant c_{cr,n}$、$s_1 \leqslant s_{cr,N}$ 时：

$$A_{c,N}=(c_2+0.5s_{r,N})(s_1+s_{cr,N})$$

⑥ 锚栓边距 c、间距 s 及基材厚度 h 应分别不小于其最小值 c_{min}、s_{min}，h_{min}。锚栓安装过程中不产生劈裂破坏的最小边距 c_{min}、最小间距 s_{min} 及最小厚度 h_{min}，应由锚栓生产厂家通过系统的试验认证后提供，在符合相应产品标准及本节有关规定情况下，可采用下列数据：

$$h_{min}=1.5h_{ef}, h_{min} \geqslant 100\text{mm}$$

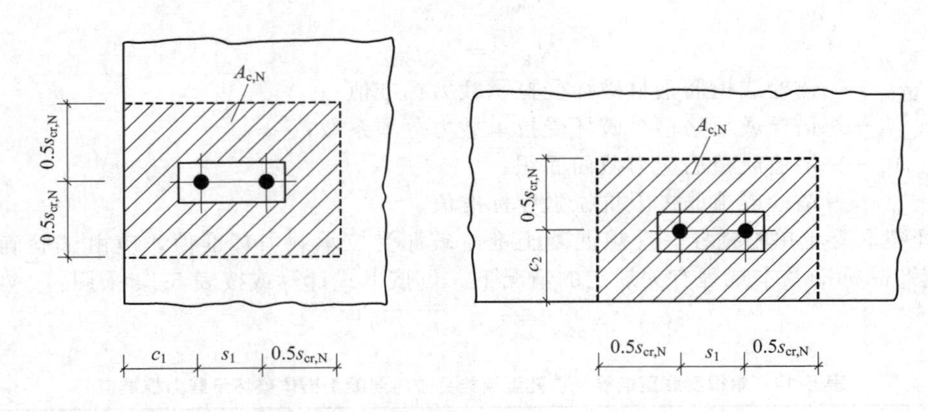

图 5-23 双栓受拉时垂直于、平行于构件边缘时的计算面积

膨胀型锚栓（双锥体） $c_{min}=3h_{ef}$，$S_{min}=1.5h_{ef}$

膨胀型锚栓 $c_{min}=2h_{ef}$，$S_{min}=h_{ef}$

扩孔型锚栓 $c_{min}=h_{ef}$，$S_{min}=h_{ef}$

当满足下列条件时，可不考虑荷载条件下的劈裂破坏作用。

a. 锚栓位于构件受压区或配有能限制裂缝宽度小于 0.3mm 的钢筋。

b. $c \geqslant 1.5c_{cr,sp}$ 及 $h \geqslant 2h_{ef}$，其中，$c_{cr,sp}$ 为基材混凝土劈裂破坏的临界边距；对于扩孔型锚栓，$c_{cr,sp}=2h_{ef}$；对于膨胀型锚栓，$c_{cr,sp}=3h_{ef}$。

当不满足上述要求时，则应验算荷载条件下的基材混凝土劈裂破坏承载力，并按下列公式计算混凝土劈裂破坏承载力设计值：

$$N_{Rd,sp}=\frac{N_{Rk,sp}}{\gamma_{Rsp}}$$

$$N_{Rk,sp}=\psi_{h,sp}N_{Rk,c}$$

$$\psi_{h,sp}=\left(\frac{h}{2h_{ef}}\right)^{2/3} \leqslant 1.5$$

（2）受剪承载力计算

① 锚固受剪承载力应按表 5-15 规定计算。

② 锚栓或植筋钢材破坏时的受剪承载力设计值 $V_{Rd,s}$ 应按相关规定计算。

表 5-15 锚固受剪承载力设计规定

破坏形态	单一锚栓	群锚
锚栓钢材破坏	$V_{sd} \leqslant V_{Rd,s}$	$V_{sd(h)} \leqslant V_{Rd,s}$
混凝土楔形体破坏	$V_{sd} \leqslant V_{Rd,c}$	$V_{sd(h)} \leqslant V_{Rd,c}$
混凝土剪撬破坏	$V_{sd} \leqslant V_{Rd,cp}$	$V_{sd(h)} \leqslant V_{Rd,cp}$

注：$V_{Rd,s}$ 为锚栓钢材破坏时的受剪承载力设计值；$V_{Rd,c}$ 为混凝土楔形体破坏时的受剪承载力设计值；$V_{Rd,cp}$ 为混凝土剪撬破坏时的受剪承载力设计值。

③ 构件边缘受剪（$c<10h_{\text{ef}}$）混凝土楔形体破坏时（图 5-24～图 5-27）受剪承载力设计值 $V_{\text{Rd,c}}$ 应按下列公式计算：

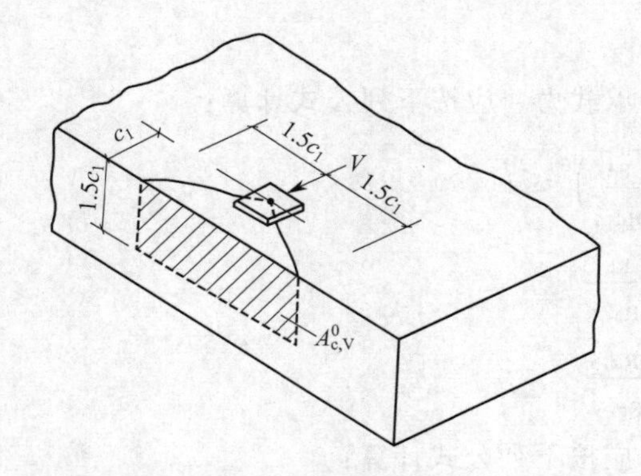

图 5-24　理想化的单栓受剪破坏楔形体投影面积

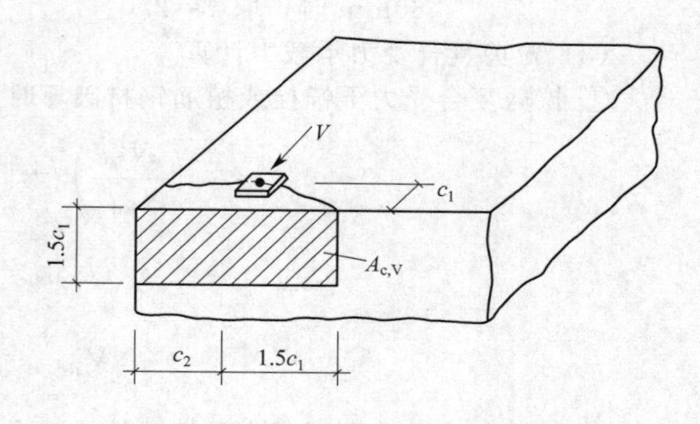

图 5-25　单栓受剪时位于构件角部

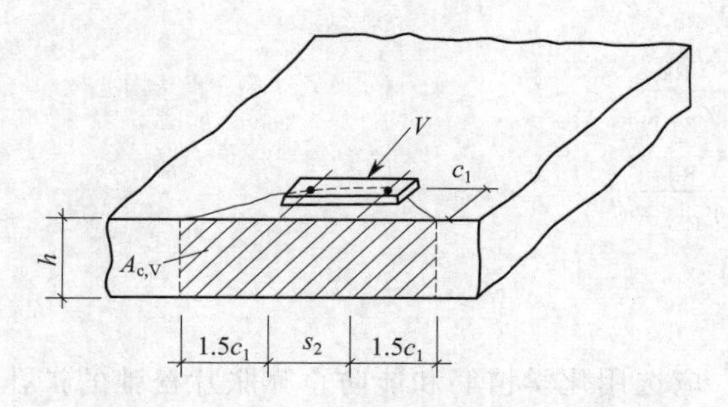

图 5-26　双栓受剪时位于构件边缘

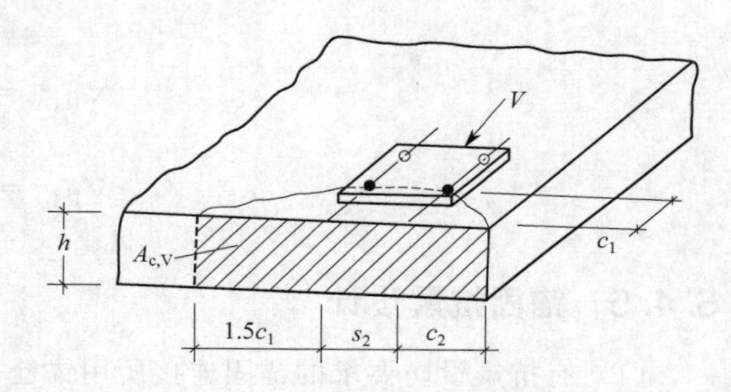

图 5-27　四栓受剪时位于构件角部

$$V_{\text{Rd,c}}=\frac{V_{\text{Rk,c}}}{\gamma_{\text{Rc,V}}}$$

$$V_{\text{Rd,c}}=V^0_{\text{Rk,c}}\frac{A_{\text{c,V}}}{A^0_{\text{c,V}}}\psi_{\text{s,V}}\psi_{\text{h,V}}\psi_{\alpha,\text{V}}\psi_{\text{ec,V}}\psi_{\text{ucr,V}}$$

式中　$V_{\text{Rk,c}}$——构件边缘混凝土破坏时受剪承载力标准值。

④ 开裂混凝土，单根锚栓垂直于构件边缘受剪，混凝土楔形体破坏时的受剪承载力标准值 $V_{\text{Rk,c}}$ 应由试验确定，在符合相应产品标准及本规程有关规定的情况下，可按下式计算：

$$V^0_{\text{Rk,c}}=0.45\sqrt{d_{\text{nom}}}\left(\frac{L_{\text{f}}}{d_{\text{nom}}}\right)^{0.2}\sqrt{f_{\text{cu,k}}}\,c_1^{1.5}$$

式中　d_{nom}——锚栓外径，mm；

L_{f}——剪切荷载下锚栓的有效长度，mm，可取 $L_{\text{f}}<h_{\text{ef}}$，且 $L_{\text{f}}\leqslant 8d$。

⑤ 单根锚栓受剪，在无平行剪力方向的边界影响、构件厚度影响或相邻锚栓影响，混凝土破坏楔形体在侧向的投影面面积，应按下式计算：

$$A^0_{\text{c,V}}=4.5c_1^2$$

⑥ 混凝土剪撬破坏时的受剪承载力设计值 $V_{\text{Rd,cp}}$，应按下列公式计算：

$$V_{\text{Rd,cp}}=\frac{V_{\text{Rk,cp}}}{\gamma_{\text{Rcp}}}$$

$$V_{\text{Rk,cp}}=kN_{\text{Rk,c}}$$

式中 $V_{\mathrm{Rk,cp}}$——混凝土剪撬破坏时的受剪承载力标准值；

k——锚固深度 h_{ef} 对 $V_{\mathrm{Rk,cp}}$ 影响系数，当 $h_{\mathrm{ef}}<60\mathrm{mm}$ 时，取 $k=1.0$；当 $h_{\mathrm{ef}}\geqslant 60\mathrm{mm}$ 时，取 $k=2.0$。

（3）拉剪复合受力承载力计算

① 拉剪复合受力下锚栓或植筋钢材破坏时的承载力，应按下列公式计算：

$$\left(\frac{N_{\mathrm{Sd}}^{\mathrm{h}}}{N_{\mathrm{Rd,s}}}\right)^{2}+\left(\frac{V_{\mathrm{Sd}}^{\mathrm{h}}}{V_{\mathrm{Rd,s}}}\right)^{2}\leqslant 1$$

$$N_{\mathrm{Rd,s}}=\frac{N_{\mathrm{Rk,s}}}{\gamma_{\mathrm{Rs,N}}}$$

$$V_{\mathrm{Rd,s}}=\frac{V_{\mathrm{Rk,s}}}{\gamma_{\mathrm{Rs,V}}}$$

② 拉剪复合受力下混凝土破坏时的承载力，应按下列公式计算：

$$\left(\frac{N_{\mathrm{Sd}}^{\mathrm{g}}}{N_{\mathrm{Rd,s}}}\right)^{1.5}+\left(\frac{V_{\mathrm{Sd}}^{\mathrm{g}}}{V_{\mathrm{Rd,s}}}\right)^{1.5}\leqslant 1$$

$$N_{\mathrm{Rd,c}}=\frac{N_{\mathrm{Rk,c}}}{\gamma_{\mathrm{Rs,N}}}$$

$$V_{\mathrm{Rd,c}}=\frac{V_{\mathrm{Rk,c}}}{\gamma_{\mathrm{Rs,V}}}$$

5.4.6 锚固抗震设计

（1）有抗震设防要求的锚固连接所用锚栓，应选用化学植筋和能防止膨胀片松弛的扩孔型锚栓或扭矩控制式膨胀型锚栓，不应选用锥体与套筒分离的位移控制式膨胀型锚栓。

（2）抗震设计锚栓布置，宜布置在构件的受压区、非开裂区，不应布置在素混凝土区；对于高烈度区一级抗震的重要结构构件的锚固连接，宜布置在有纵横钢筋环绕的区域。

（3）抗震锚固连接锚栓的最小有效锚固深度宜满足表 5-16 的规定，当有充分试验依据及可靠工程经验并经国家指定机构认证许可时，可不受其限制。

（4）锚固连接地震作用内力计算应按现行国家标准《建筑抗震设计规范》（GB 50011—2010）进行。

（5）抗震设计时，地震作用下锚固承载力降低系数 k 应由锚栓生产厂家通过系统的试验认证后提供，在无系统试验情况下，可按表 5-17 采用。

表 5-16 锚栓最小有效锚固深度

锚栓类型	设防烈度	锚栓受拉、边缘受剪、拉剪复合受力的结构构件连接及生命线工程非结构构件连接			非结构构件连接及受压、中心受剪、压剪复合受力的结构构件连接		
		C20	C30	≥C40	C20	C30	≥C40
化学植筋及螺杆	≤6	26	22	19	24	20	17
	7～8	29	24	21	26	22	19
扩孔型锚栓	≤6	不可采用			4		
	7				5		
	8				6		
膨胀型锚栓	≤6	不可采用			5		
	7				6		
	8				7		

表 5-17 地震作用下锚固承载力降低系数

受力性质		受拉	受剪
锚栓或植筋钢材破坏		1.0	1.0
混凝土基材破坏	扩孔型锚栓	0.8	0.7
	膨胀型锚栓	0.7	0.6

(6) 锚固连接抗震设计，应合理选择锚固深度、边距、间距等锚固参数，或采用有效的隔震和消能减震措施，控制为锚固连接系统延性破坏。对于受拉、边缘受剪、拉剪组合的结构构件，不得出现混凝土基材破坏及锚栓拔出破坏。当控制为锚栓钢材破坏时，锚固承载力应满足下列要求：

混凝土锥体破坏情况 $N_{Rd,c} \geqslant N_{Rd,s}$

混凝土劈裂破坏情况 $N_{Rd,sp} \geqslant N_{Rd,s}$

拔出破坏情况 $N_{Rd,p} \geqslant N_{Rd,s}$

混凝土剪坏情况 $V_{Rd,c} \geqslant V_{Rd,s}$

混凝土撬坏情况 $V_{Rd,cp} \geqslant V_{Rd,s}$

(7) 除化学植筋外，地震作用下锚栓应始终处在受拉状态下，锚栓最小拉力 $N_{sk,min}$ 宜满足下式要求：

$$N_{sk,min} \geqslant 0.2N_{inst}$$

式中 N_{inst}——考虑松弛后，锚栓的实有预紧力。

(8) 新建工程采用锚栓锚固连接时，锚固区应具有下列规格的钢筋网。

① 对于重要的锚固，直径不小于 8mm，间距不大于 150mm。

② 对于一般的锚固，直径不小于 6mm，间距不大于 150mm。

5.4.7 构造措施

(1) 混凝土基材的厚度 h 应满足下列规定。

① 对于膨胀型锚栓和扩孔型锚栓，$h > 1.5h_{ef}$，且 $h > 100$mm。

② 对于化学植筋，$h > h_{ef} + 2d_0$，且 $h > 100$mm，其中，h_{ef} 为锚栓的埋置深度，d_0 为锚孔直径。

(2) 群锚锚栓最小间距值 s_{min} 和最小边距值 c_{min}，应由厂家通过国家授权的检测机构检验分析后给定；否则，不应小于下列数值：

膨胀型锚栓 $s_{min} \geqslant 10d_{nom}$，$c_{min} \geqslant 12d_{nom}$

扩孔型锚栓 $s_{min} \geqslant 8d_{nom}$，$c_{min} \geqslant 10d_{nom}$

化学植筋 $s_{min} \geqslant 5d$，$c_{min} \geqslant 5d$

其中，d_{nom} 为锚栓外径。

(3) 锚栓在基材结构中所产生的附加剪力 $V_{Sd,a}$ 及锚栓与外荷载共同作用所产生的组合剪力 V_{Sd}，应满足下列规定：

$$V_{Sd,a} \leqslant 0.16 f_t b h_0$$

$$V_{Sd} \leqslant V_{Rd,b}$$

式中 $V_{Rd,b}$——基材构件受剪承载力设计值；

f_t——基材混凝土轴心抗拉强度设计值；

b——构件宽度；

h_0——构件截面计算高度。

（4）锚栓不得布置在混凝土的保护层中，有效锚固深度 h_{ef} 不得包括装饰层或抹灰层（图 5-28）。

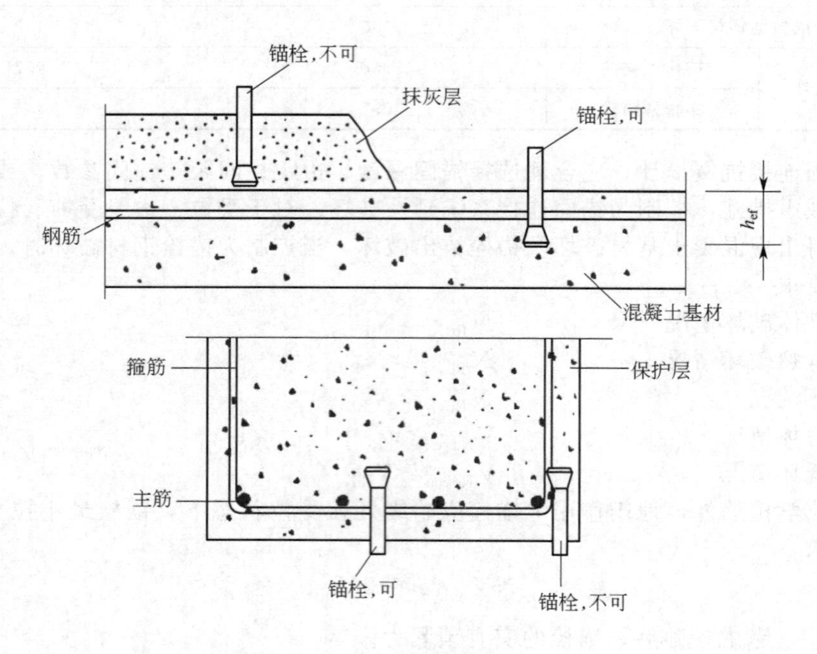

图 5-28 锚栓设置部位

（5）处在室外条件的被连接钢构件，其锚板的锚固方式应使锚栓不出现过大交变温度应力，在使用条件下，应控制受力最大锚栓的温度应力变幅不大于 100MPa。

（6）一切外露的后锚固连接件，应考虑环境的腐蚀作用及火灾的不利影响，应有可靠的防腐、防火措施。

5.4.8 锚固施工及验收

5.4.8.1 基本要求

（1）锚栓的类别和规格应符合设计要求，应有该产品制造商提供的产品合格证书和使用说明书，且应根据相关产品标准的有关规定进行施工和验收。

（2）锚栓安装时，锚固区基材应符合下列要求。

① 混凝土强度应满足设计要求，否则应修订锚固参数。

② 表面应坚实、平整，不应有起砂、起壳、蜂窝、麻面、油污等影响锚固承载力的现象。

③ 若设计无说明，在锚固深度的范围内应基本干燥。

（3）锚栓安装方法及工具应符合该产品安装说明书的要求。

5.4.8.2 锚孔

（1）锚孔应符合设计或产品安装说明书的要求，当无具体要求时，应符合表 5-18 和表 5-19 的要求。

（2）对于膨胀型锚栓和扩孔型锚栓的锚孔，应用空压机或手动气筒吹净孔内粉屑；对于化学植筋的锚孔，应先用空压机或手动气筒彻底吹净孔内碎渣和粉尘，再用丙酮擦拭孔道，并且保持孔道干燥。

表 5-18　锚孔质量的要求

锚栓种类	锚孔深度允许偏差/mm	垂直度允许偏差/%	位置允许偏差/mm
膨胀型锚栓和扩孔型锚栓	+10 0	5	5
扩孔型锚栓的扩孔	+5 0	5	
化学植筋	+20 0	5	

表 5-19　膨胀型锚栓及扩孔型锚栓的锚栓直径和锚孔公差

膨胀型锚栓		扩孔型锚栓	
锚栓直径/mm	锚孔公差/mm	锚栓直径/mm	锚孔公差/mm
6～10	≤+0.4	12～18	≤+0.5
20～30	≤+0.6	32～37	≤+0.7
≥40	≤+0.8		

（3）锚孔应避开受力主筋，对于废孔，应用化学锚固胶或高强度等级的树脂水泥砂浆填实。

5.4.8.3　锚栓的安装与锚固

（1）锚栓的安装方法，应根据设计选型及连接构造的不同，分别采用预插式安装（图 5-29）、穿透式安装（图 5-30）或离开基面的安装（图 5-31）。

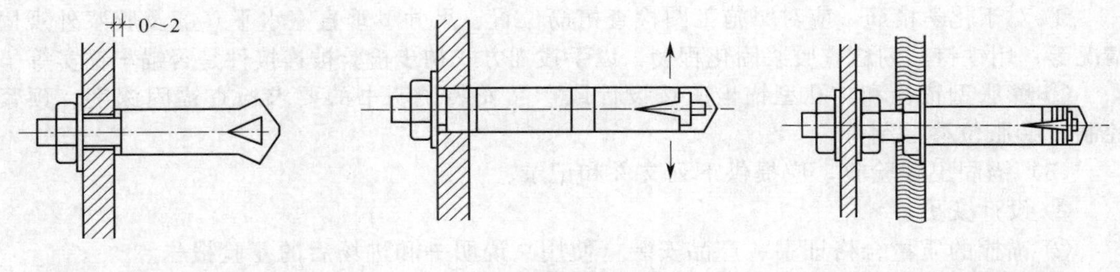

图 5-29　预插式安装　　图 5-30　穿透式安装　　图 5-31　离开基面的安装

（2）锚栓安装前，应彻底清除表面附着物、浮锈和油污。

（3）扩孔型锚栓和膨胀型锚栓的锚固操作应按产品说明书的规定进行。

（4）化学植筋的安装应根据锚固胶施用形态（管装式、机械注入式、现场配制式）和方向（向上、向下、水平）的不同采用相应的方法。化学植筋的焊接，应考虑焊接高温对胶的不良影响，采取有效的降温措施，离开基面的钢筋预留长度应不小于 $20d$，且不小于 200mm。

（5）化学植筋置入锚孔后，在固化完成前，应按照厂家所提供的养护条件进行固化养护，固化期间禁止扰动。

（6）后锚固连接施工质量应符合设计要求和产品说明书的规定；当设计无具体要求时，应符合表 5-20 的要求。

5.4.8.4　锚固质量检查与验收

（1）锚固质量检查应包括下述内容。

① 文件资料检查。

② 锚栓、锚固胶的类别、规格是否符合设计和标准要求。

③ 锚栓的位置是否符合设计要求。

④ 基材混凝土强度是否符合设计要求。

⑤ 锚孔质量检查。

⑥ 锚固质量。

⑦ 群锚纵横排列应符合规定，安装后的锚栓外观应整齐、洁净。

表 5-20 锚固质量要求

锚栓种类	预紧力/%	锚固深度/mm	膨胀位移/mm
扭矩控制式膨胀型锚栓	±15	0,±5	—
扭矩控制式扩孔型锚栓	±15	0,±5	—
位移控制式膨胀型锚栓	±15	0,±5	0,±2

(2) 文件资料检查应包括设计施工图纸及相关文件、锚固胶的出厂质量保证书（或检验证明，其中应有主要组成及性能指标，生产日期，产品标准号等）、锚杆的质量合格证书（含钢号、尺寸规格等）、施工工艺记录及操作规程和施工自检人员的检查结果等文件。

(3) 锚孔质量检查应包括下述内容。

① 锚孔的位置、直径、孔深和垂直度，当采用预扩孔扩孔型锚栓时，尚应检查扩孔部分的直径和深度。

② 锚孔的清孔情况。

③ 锚孔周围混凝土是否存在缺陷，是否已基本干燥，环境温度是否符合要求。

④ 钻孔是否伤及钢筋。

(4) 锚固质量的检查应符合下列要求。

① 对于化学植筋，应对照施工图检查植筋位置、尺寸、垂直（水平）度及胶浆外观固化情况等；用铁钉刻划检查胶浆固化程度，以手拔摇方式初步检验被连接件是否锚牢锚实等。

② 膨胀型锚栓和扩孔型锚栓应按设计或产品安装说明书的要求检查锚固深度、预紧力控制、膨胀位移控制等。

(5) 锚固工程验收，应提供下列文件和记录。

① 设计变更。

② 锚栓的质量合格证书、产品安装（使用）说明书和进场后的复验报告。

③ 锚固安装工程施工记录。

④ 锚固工程质量检查记录。

⑤ 锚栓抗拔力现场抽检报告。

⑥ 分项工程质量评定记录。

⑦ 工程重大问题处理记录。

⑧ 竣工图及其他有关文件记录。

5.5 灌浆工程

灌浆工程是指浆液压送到建筑物地基的裂隙、断层破碎带或建筑物本身的接缝、裂缝中的工程。通过灌浆可以提高被灌地层或建筑物的抗渗性和整体性，改善地基条件，保证水工建筑物安全运行。

5.5.1 分类

硅酸钠或高分子溶液化学灌浆的分类如下。

（1）按组成灌浆浆液材料分类　划分为水泥灌浆、水泥砂浆灌浆、黏土灌浆、水泥黏土灌浆、硅酸钠或高分子溶液化学灌浆。

（2）按灌浆所起的作用分类　划分为防渗帷幕灌浆，岩石固结灌浆，填充隧洞混凝土衬砌层与岩石之间空隙的回填灌浆，混凝土坝体接缝灌浆，填充钢板衬砌与混凝土之间缝隙、混凝土坝体与基岩之间缝隙的接触灌浆，填充混凝土建筑物或土堤、土坝裂缝或空洞的补强灌浆。

（3）按被灌地层的构成分类　划分为岩石灌浆、岩溶灌浆（见岩溶处理）、沙砾石层灌浆和粉细砂层灌浆。

（4）按灌浆压力分类　划分为小于40×10^5Pa的常规压力灌浆、大于40×10^5Pa的高压灌浆。

（5）按灌浆机理分类　划分为采用一般压力的压入式灌浆、采用较高压力将岩石中原有裂隙撑大或形成新的裂隙的劈裂式灌浆。

5.5.2 灌浆设计

设计前需做好工程地质和水文地质勘探，掌握岩性、岩层构造、裂隙、断层及其破碎带、软弱夹层、岩溶分布及其填充物、岩石透水性、砂或砂卵石层分层级配、地下水埋藏及补给条件、水质及流速等情况。进行坝体补强灌浆设计时，摸清裂缝、架空洞穴大小及分布情况。规模较大的灌浆工程需进行现场灌浆试验，以便确定灌浆孔的孔深、孔距、排距、排数，选定灌浆材料、压力、顺序、施灌方法、质量标准及检查方法等。灌浆压力是一项重要参数，既要保证灌浆质量，又要不破坏或抬动被灌地层和建筑物。一般先用公式算出初定数值，通过灌浆试验最后选定灌浆压力。

5.5.3 机具

钻孔和灌浆使用的主要机具有以下几种。

（1）凿岩机　钻孔孔径为32～65mm，在岩石中钻深小于15m。

（2）岩心钻机　钻孔孔径为56～110mm，在岩石中钻深大于15m。

（3）灌浆泵　按其构造和工作原理分为往复泵、隔膜泵和螺旋泵等，主要根据灌浆要求的压力和流量选用。

（4）浆液搅拌机　分为旋流式、叶桨式和喷射式，搅拌机要保证机内浆液不沉淀和施工不间断。

（5）灌浆塞　用橡胶制成，紧套在灌浆管上，外径略小于钻孔直径，加压后，外径增大可严密封堵灌浆段上部或下部。

（6）灌浆记录仪　用来记录每个孔段灌浆过程中每一时刻的灌浆压力、注浆率、浆液相对密度（或水灰比）等重要数据。

5.5.4 灌浆规定

灌浆规定有以下几个方面。

（1）喷射灌浆前应对高压泵、空压机、高喷台车等机械设施和供水、供风、供浆管路系统进行检查。下喷射管前，需进行试喷和3～5min管路耐压试验。对高压控制阀门宜安设防护罩。

（2）下喷射管时，应采用胶带缠绕或注入水、浆等措施防止喷嘴堵塞。

（3）在喷射灌浆过程中，出现压力突降或骤增、孔口回浆变稀或变浓、回浆量过大、过小或不返浆等异常情况时，应查明原因并及时处理。

（4）喷射灌浆过程中应有专人负责监测高压压力表，防止压力突升或突降。

（5）下喷射管时，遇有严重阻滞现象，应起出喷射管进行扫孔，不能强下。

（6）高压泵、空压机气罐上的安全阀应确保在额定压力下立即动作，应定期校验安全阀，校验后不得随意调整。

（7）单孔高喷灌浆结束后，应尽快用水泥浆液回灌孔口部位，防止地下孔洞给人身安全和交通造成威胁。

5.5.5 施工

岩心钻机的钻进方法，根据岩石硬度及完整性，可选用硬质合金、钢粒或金刚石钻进。钢粒钻进时研磨的岩粉或铁屑常易堵塞孔壁裂隙，影响灌浆质量。在沙砾石层中钻孔，多采用优质泥浆固壁。在岩基中钻孔要分段测量孔斜，据以分析灌浆质量。为保证岩石灌浆质量，灌前要用有压水流冲洗钻孔，将裂隙或孔洞中的泥质填充物冲出孔外，或推移到灌浆处理范围以外。按一次冲洗的孔数分为单孔冲洗和群孔冲洗。按冲洗方法分为压力水连续冲洗、脉动冲洗和压气抽水冲洗。冲孔后灌浆前，每个灌浆段大都要做简易压水试验，即一个压力阶段的压水试验。其目的如下。

（1）了解岩层渗透情况，并与地质资料对照。

（2）根据渗透情况储备一个灌浆段用的材料并确定开灌时的浆液浓度。

（3）查看岩层渗透性与每米灌浆段实际灌入干料质量的大致关系，检查有无异常现象。

（4）查看各次序灌浆孔的渗透性随次序增加而逐渐减少的规律。

各类灌浆施工都要按规定顺序进行，分为一序孔、二序孔、三序孔等，随着序数增加，灌浆孔逐渐加密。

单孔灌浆方法有两种：一种是全孔一次灌浆法，以灌浆塞封闭孔口，有压浆液灌入全孔的岩层裂隙中，适于浅孔灌浆；另一种是全孔分段灌浆法，将全孔自下而上分成若干段，用灌浆塞将其中一段与相邻段隔离，有压浆液只灌入该段岩石裂隙中，适于深孔灌浆。

按浆液注入方式，又分为：纯压式灌浆法，灌入的浆液都压入岩石裂隙中，不让其返回地面，如化学灌浆多为定量灌浆，常采用这种方式；循环式灌浆法，注入的浆量大于裂隙吸浆量，多余浆液经回浆管返回搅拌机。其主要优点是浆液不易沉淀，有利于保证灌浆质量，帷幕灌浆或固结灌浆多采用这种方式。

灌浆过程中可能出现的事故有：灌浆中断；地面抬动；串浆、冒浆或绕塞返浆。

发生事故后应立即查明原因，及时采取处理措施，必要时停工处理。每个灌浆孔灌浆结束后都要用机械压浆法封孔。封孔质量非常重要，直接影响建筑物的安全。

喷灌器如图 5-32 所示。灌浆如图 5-33 所示。灌浆剖面示意图如图 5-34 所示。灌浆剖面结构图如图 5-35 所示。灌浆流程如图 5-36 所示。实地灌浆如图 5-37 所示。

5.5.6 质量评估

地基灌浆结束若干天后，通常要钻一定数量的检查孔，进行压水试验。通过对比灌浆前后地层渗透系数和渗透流量的变化，对施工资料和压水试验成果逐孔逐段分析，再与其他试验观测资料一起综合评定才能得出符合实际的质量评价。

检查灌浆效果的方法还有以下几种。

（1）工程地球物理勘探检查。

（2）从检查孔采取岩心试验检查。

（3）大口径钻孔直观检查。

（4）孔内摄影或电视检查。

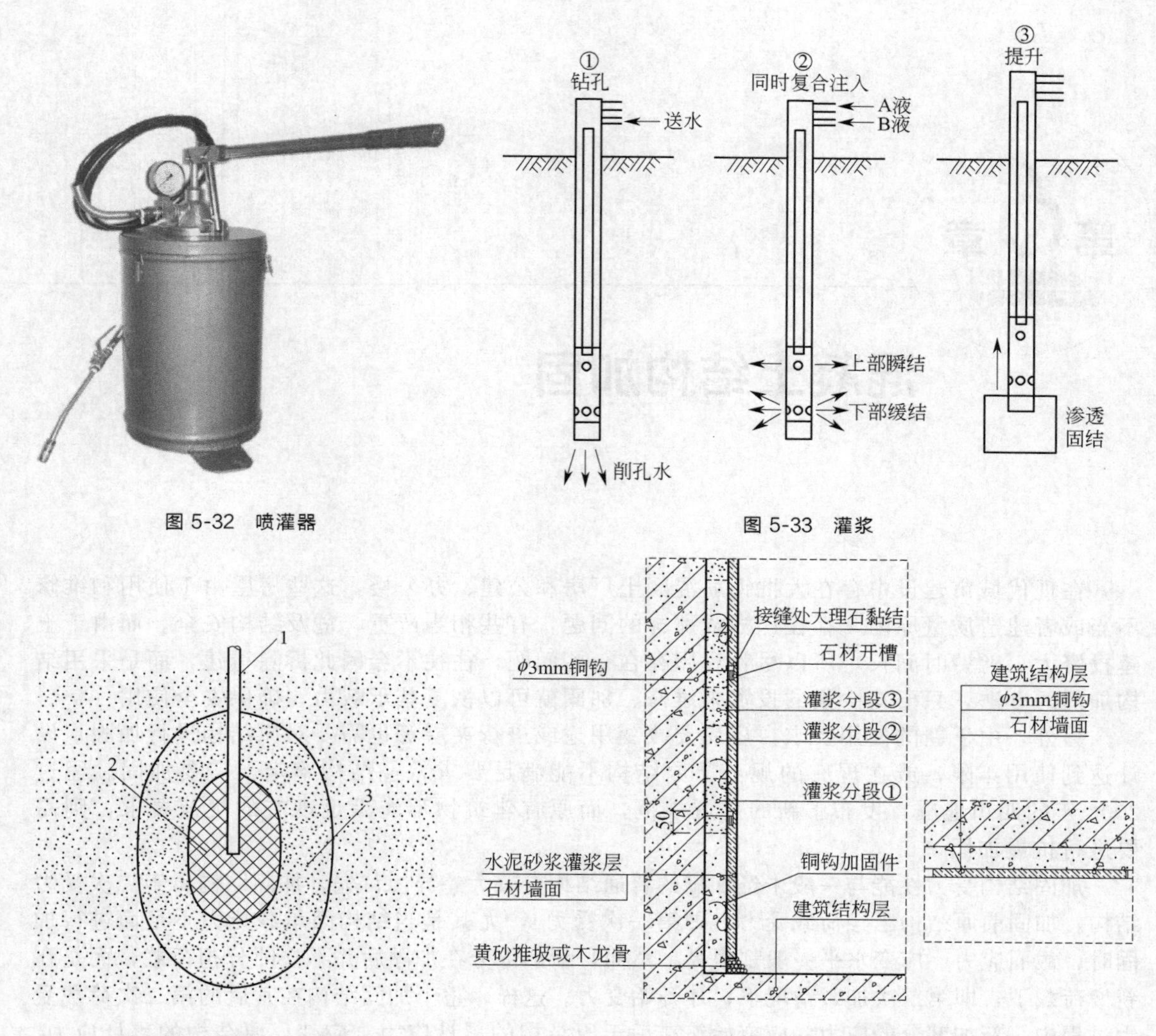

图 5-32 喷灌器

图 5-33 灌浆

图 5-34 灌浆剖面示意图

1—注浆管；2—球状浆泡；3—压密带

图 5-35 灌浆剖面结构图

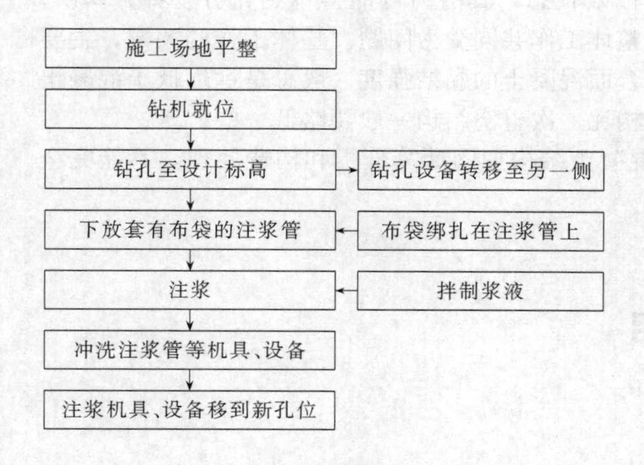

图 5-36 灌浆流程

图 5-37 实地灌浆

混凝土结构加固

在现代城市建设中存在大批钢筋混凝土厂房和公建、办公楼，这些房屋由于使用和维修不当或者建造质量原因，存在这样或那样的问题，有些相当严重，危及结构安全。而由于土建投资大，耗费时间长，所以尽管房屋存在一些问题，往往不会因此拆除重建，而是采用结构加固的办法，只要花少量的投资来维修、加固就可以恢复其承载力，确保安全使用。

另外，由于新的使用要求，房屋要改变用途或进行夹层等也需要对原结构进行加固；设计达到使用年限，或在现有的规范下原结构不能满足要求，经结构鉴定，需要加固。经过2008年的四川地震，发布了新的抗震规范，而原有建筑物不能满足现有的规范要求，则需要进行抗震加固。

加固结构受力性能与一般未经加固的普通结构有较大差异。首先，加固结构属于二次受力结构。加固前原结构已经荷载受力（即第一次受力），尤其是当结构因承载能力不足而进行加固时，截面应力、应变水平一般都很高。然而，新加部分在加固后并不立即分担荷载，而是在新增荷载下，即第二次加载情况下，才开始受力。这样，整个加固结构在其后的第二次荷载受力过程中，新加部分的应力、应变始终滞后于原结构的累计应力、应变，原结构的累计应力、应变值始终高于新加部分的应力、应变值，原结构达极限状态时，新加部分的应力、应变可能还很低，破坏时，新加部分可能达不到自身的极限状态，其潜力可能得不到充分发挥。其次，加固结构属于二次组合结构，新旧两部分存在整体工作共同受力问题。整体工作的关键，主要取决于结合面的构造处理及施工做法。由于结合面混凝土的黏结强度一般总是远远低于混凝土本身强度，因此，在总体承载力上二次组合结构比一次整浇结构一般要略低一些。

加固结构受力特征的上述差异，决定了混凝土结构加固计算分析和构造处理，不能完全沿用普通结构概念进行设计。

6.1 混凝土构件加固材料的选用

6.1.1 水泥

（1）水泥的强度要求　混凝土结构加固用的水泥，应优先采用强度等级不低于32.5级的硅酸盐水泥和普通硅酸盐水泥；也可采用矿渣硅酸盐水泥或火山灰质硅酸盐水泥，但其强度等级不应低于42.5级；必要时，还可采用快硬硅酸盐水泥。注意以下两点。

① 当混凝土结构有耐腐蚀、耐高温要求时，应采用相应的特种水泥。

② 配制复合砂浆用的水泥，其强度等级不应低于42.5级，且应符合复合砂浆产品说明书的规定。

（2）水泥的种类　水泥的性能和质量应分别符合现行国家标准《通用硅酸盐水泥》（GB 175—2007）。

（3）其他注意事项　结构加固工程中，严禁使用过期水泥、受潮水泥以及无出厂合格证和未经进场检验合格的水泥。

6.1.2 混凝土

（1）混凝土的强度要求　结构加固用的混凝土，其强度等级应比原结构、构件提高一级，且不得低于C20级。

（2）混凝土的拌和要求　配制结构加固用的混凝土，其骨料的品种和质量应符合下列要求。

① 粗骨料应选用坚硬、耐久性好的碎石或卵石。对现场拌和混凝土，最大粒径不宜大于20mm；对喷射混凝土，最大粒径不宜大于12mm；对短纤维混凝土，最大粒径不宜大于10mm；粗骨料的质量应符合现行行业标准《普通混凝土用砂、石质量及检验方法标准》（JGJ 52—2006）的规定；不得使用含有活性二氧化硅石料制成的粗骨料。

② 细骨料应选用中、粗砂；对喷射混凝土，其细度模数尚不宜小于2.5；细骨料的质量应符合现行行业标准《普通混凝土用砂、石质量及检验方法标准》（JGJ 52—2006）的规定。混凝土拌和用水应采用饮用水或水质符合现行行业标准《混凝土用水标准》（JGJ 63—2006）规定的天然洁净水。

（3）混凝土掺和料的要求　结构加固用的混凝土，允许使用商品混凝土，但其所掺的粉煤灰应是Ⅰ级灰，且其烧失量不应大于5%。

（4）混凝土的其他要求　结构加固工程选用聚合物混凝土、微膨胀混凝土、钢纤维混凝土、合成短纤维混凝土或喷射混凝土时，应在施工前进行试配，经检验其性能符合设计要求后方可使用。

不得使用铝粉作为混凝土的膨胀剂。

6.1.3 钢材及焊接材料

（1）钢材的强度要求　混凝土结构加固用的钢筋，其品种、质量和性能应符合下列要求。

① 应优先选用HRB335级的热轧带肋钢筋或HPB235级（Q235级）的热轧钢筋；当有工程经验时，尚允许使用HRB400级或RRB400级的热轧带肋钢筋。

② 钢筋的质量应分别符合现行国家标准《钢筋混凝土用钢　第1部分：热轧光圆钢筋》（GB 1499.1—2008）、《钢筋混凝土用钢　第2部分：热轧带肋钢筋》（GB 1499.2—2007）和《钢筋混凝土用余热处理钢筋》（GB 13014—2013）。

③ 钢筋的性能设计值应按现行国家标准《混凝土结构设计规范》（GB 50010—2010）的规定采用。

④ 不得使用无出厂合格证、无标志或未经进场检验的钢筋以及再生钢筋。

（2）钢材的类别要求　混凝土结构加固用的钢板、型钢、扁钢和钢管，其品种、质量和性能应符合下列要求。

① 应采用Q235级（3号钢）或Q345级（16Mn钢）钢材；对重要结构的焊接构件，若采用Q235级钢，应选用Q235-B级钢。

② 钢材质量应分别符合现行国家标准《碳素结构钢》（GB/T 700—2006）和《低合金高强度结构钢》（GB/T 1591—2008）的规定。

③ 钢材的性能设计值应按现行国家标准《钢结构设计规范》（GB 50017—2017）的规定采用。

④ 不得使用无出厂合格证、无标志或未经进场检验的钢材。

（3）钢筋作为植筋的要求　当混凝土结构锚固件为植筋时，应使用热轧带肋钢筋，不得使用光圆钢筋。植筋用的钢筋，其质量应符合相关规范的规定。

（4）钢筋作为锚固件的要求　当锚固件为钢螺杆时，应采用全螺纹的螺杆，不得采用锚入部位无螺纹的螺杆。螺杆的钢材等级应为Q345级或Q235级，其质量应分别符合现行国家标准《低合金高强度结构钢》（GB/T 1591—2008）和《碳素结构钢》（GB/T 700—2006）的规定。

（5）钢筋作为焊接件的要求　混凝土结构加固用的焊接材料，其型号和质量应符合下列要求。

① 焊条型号应与被焊接钢材的强度相适应。

② 焊条的质量应符合现行国家标准《非合金钢及细晶粒钢焊条》（GB/T 5117—2012）和《热强钢焊条》（GB/T 5118—2012）的规定。

③ 焊接工艺应符合现行行业标准《钢筋焊接及验收规程》（JGJ 18—2012）或《钢结构焊接规范》（GB 50661—2011）的规定。

④ 焊缝连接的设计原则及计算指标应符合现行国家标准《钢结构设计规范》（GB 50017—2017）的规定。

6.1.4　纤维和纤维复合材料

（1）生产纤维增强复合材料（以下简称纤维复合材）用的纤维应为连续纤维，其品种和性能应符合下列要求。

① 承重结构加固用的碳纤维，必须选用聚丙烯腈基（PAN基）12K或12K以下的小丝束纤维，严禁使用大丝束纤维。

② 承重结构加固用的玻璃纤维，必须选用高强度的S玻璃纤维或含碱量低于0.8%的E玻璃纤维，严禁使用A玻璃纤维或C玻璃纤维。

（2）结构加固用的纤维复合材必须采用符合相关规范要求的连续纤维与改性环氧树脂胶黏剂复合而成。使用前必须按表6-1或表6-2规定的性能指标和质量要求进行安全性及适配性检验。

表6-1　碳纤维复合材安全性及适配性检验合格指标

项目	单向织物(布)		条形板	
	高强度Ⅰ级	高强度Ⅱ级	高强度Ⅰ级	高强度Ⅱ级
抗拉强度标准值 f_{tk}/MPa	≥3400	≥3000	≥2400	≥2000
受拉弹性模量 E_f/MPa	≥2.4×10^5	≥2.1×10^5	≥1.6×10^5	≥1.4×10^5
伸长率/%	≥1.7	≥1.5	≥1.7	≥1.5
弯曲强度 f_{fb}/MPa	≥700	≥600	—	—
层间剪切强度/MPa	≥45	≥35	≥50	≥40
仰贴条件下纤维复合材与混凝土正拉黏结强度/MPa	≥max{2.5, f_{tk}}，且为混凝土内聚破坏			
纤维体积含量/%	—	—	≥65	≥55
单位面积质量/(g/m²)	200,250,300	200,250,300	—	—

表 6-2 玻璃纤维单向织物复合材安全性及适配性检验合格指标

玻璃纤维	抗拉强度标准值/MPa	伸长率/%	受拉弹性模量/MPa	弯曲强度/MPa	仰贴条件下纤维复合材混凝土黏结正拉强度/MPa	单位面积质量/(g/m²)	层间剪切强度/MPa
S玻璃纤维	≥2200	≥3.2	≥1.0×10^5	≥600	≥max{2.5, f_{tk}}，且为混凝土内聚破坏 3	300～450	≥40
E玻璃纤维	≥1500	≥2.8	≥7.2×10^4	≥500		300～450	≥35

(3) 纤维复合材的安全性及适配性检验指标的测定方法应符合下列规定。

① 对抗拉强度、受拉弹性模量及伸长率，应采用现行国家标准《定向纤维增强聚合物基复合材料拉伸性能试验方法》(GB/T 3354—2014) 进行测定。

② 对抗弯强度，应采用现行国家标准《定向纤维增强聚合物基复合材料弯曲性能试验方法》(GB/T 3356—2014) 进行测定。

③ 对层间剪切强度，应采用现行国家标准《工程结构加固材料安全性鉴定技术规范》(GB 50728—2011) 附录D纤维复合材层间剪切强度测定方法进行测定。

④ 对仰贴条件下纤维复合材与混凝土正拉黏结强度，应采用附录G粘接材料黏合加固材与基材的正拉黏结强度实验室测定方法及评定标准进行测定。

⑤ 对纤维体积含量，应采用现行国家标准《碳纤维增强塑料孔隙含量和纤维体积含量试验方法》(GB/T 3365—2008) 进行测定。

⑥ 对纤维织物单位面积质量，应采用现行国家标准《增强制品试验方法 第3部分：单位面积质量的测定》(GB/T 9914.3—2013) 进行测定。

(4) 当进行材料性能检验和加固设计时，纤维复合材截面面积的计算应符合下列规定。

① 对纤维织物，应按纤维的净截面面积计算。净截面面积取纤维织物的计算厚度乘以宽度。纤维织物的计算厚度应按其单位面积质量除以纤维密度确定。纤维密度应由厂商提供，但应出具独立检验或鉴定机构的抽样检测证明文件。

② 对单向纤维预成型板，应按不扣除树脂体积的板截面面积计算，即应按实测的板厚乘以宽度计算。

6.1.5 控制混凝土裂缝材料——杜拉纤维

6.1.5.1 杜拉纤维

杜拉纤维是美国希尔兄弟化工公司20世纪90年代初开始生产的聚丙烯单丝纤维，具有很好的抗老化能力，对酸、碱、紫外线等都有极高的耐受力，由于它的化学稳定性，使其能够在混凝土中长期保持良好的性能，能够有效控制混凝土塑性收缩和沉降引起的裂缝，改善了混凝土的抗裂、抗渗性能，提高了抗冲击和抗冻能力。在美国、加拿大、日本等许多国家，杜拉纤维大量用于地下工程防水，工业与民用建筑的屋面、墙体和地面，以及公路和桥梁工程。杜拉纤维在20世纪90年代中期由海外华人介绍到中国大陆，因其性能良好、质量稳定而在国内数以千计的建筑工程中应用，取得了显著的阻裂、防渗、抗冻成效。典型的工程案例有以下几个。

(1) 广州市50层的中心广场大厦，共有四层地下室，每层面积为7500m²，用杜拉纤维含量为0.7kg/m³的纤维混凝土浇筑各地下室的800mm厚C40底板、450mm厚C40侧墙及楼板，以解决刚性防水及抗裂。

(2) 广州市雅士康体中心，用纤维掺量为0.7kg/m³的杜拉纤维混凝土浇筑面积为8000m²的大型地下室的墙板和侧墙。

(3) 广州市文德广场大厦7000m²的防水屋面，采用纤维掺量为0.6kg/m³的杜拉纤维混凝土。

（4）深圳怡宝蒸馏水厂 7000m^2 的厂房防水屋面，采用纤维掺量为 0.6kg/m^3 的杜拉纤维混凝土。

（5）宁夏回族自治区邮政中心大楼，总面积为 15000m^2 的两层大型地下室的底板、侧墙及顶板，采用纤维掺量为 0.7kg/m^3 的杜拉纤维混凝土。

（6）重庆市朝天门广场大厦 17000m^2 的观景平台，采用纤维掺量为 0.9kg/m^3 的杜拉纤维混凝土。

（7）深圳华侨城愉悦酒店 2700m^2 的屋顶游泳池，采用纤维掺量为 0.7kg/m^3 的杜拉纤维混凝土。

（8）重庆市世界贸易中心，地上 55 层，地下 5 层，其截面为 1500mm×4500mm 的转换梁，采用了纤维含量为 0.9kg/m^3 的 C60 杜拉纤维混凝土。

（9）北京蓝海洋水上世界，地下室楼板、坡道、水池、游泳池等采用纤维掺量为 0.7kg/m^3 的杜拉纤维混凝土。

6.1.5.2 材料属性

按照纤维的基本材质，杜拉纤维就是丙纶。所谓丙纶，是合成化学工业中常提到的聚丙烯纤维在中国的商品名。

聚丙烯是由丙烯（化学式 $CH_3—CH═CH_2$）聚合而成的高分子化合物，是一种结构规整的结晶性聚合物，乳白色，无味，无毒，为轻质的热塑性塑料。聚丙烯的材料密度为 0.9～0.91g/m^3，是现有树脂中最轻的一种，不溶于水，耐热性能良好，在 121～160℃连续耐热，熔点在 165℃左右，是一种非极性聚合物，有良好的电绝缘性能，介电常数为 2.25，有较好的化学稳定性能，几乎不吸水，与大多数化学品如酸、碱和有机溶剂接触不发生作用。聚丙烯材料物理性能良好，拉伸强度为 $(3.3～4.14)×10^7$Pa，压缩强度为 $(4.14～5.51)×10^7$Pa，伸长率为 200%～700%，因此聚丙烯有较好的加工性能，聚丙烯可纺织、塑制、注射、吹膜、拉膜以及真空成型等。

6.1.5.3 杜拉纤维规格

目前美国杜拉纤维长度分为三种规格。

（1）3/4in，大约等于 19mm，通常用于混凝土及砂浆。

（2）3/8in，大约等于 9.5mm，可用于混凝土、砂浆和素浆。

（3）3/16in，大约等于 4.8mm，通常用于砂浆和薄壳净浆。

在中国境内销售的杜拉纤维，标准小包装为纸袋 1kg 装，标准大包装为纸箱 15kg 装。

6.1.5.4 杜拉纤维混凝土拌和物的获得

杜拉纤维混凝土拌和物，通常采取下列两种方法获得。

（1）先将纤维与砂、石、水泥干拌，再加水湿拌，使纤维均匀分布于混凝土中，全部搅拌时间应较拌制普通混凝土适当延长 1～2min。

（2）使砂、石、水泥与水先均匀拌和，再加入所用纤维，搅拌时间长短以纤维能在混凝土中均匀分布为度，一般为 3～5min。

在搅拌杜拉纤维混凝土时，值得指出的是搅拌时间不宜过长，以免因为物料之间的过分摩擦而损伤纤维。

6.1.5.5 杜拉纤维掺入混凝土所起的作用

杜拉纤维掺入混凝土中所起的阻裂作用大致可以分为两个阶段：一是在塑性混凝土中的

阻裂作用；二是在硬化混凝土中的阻裂作用。

（1）混凝土从搅拌到浇筑，直至硬化完成前，都呈现塑性状态，称为塑性混凝土。由于杜拉纤维的加入，可以显著减少甚至完全消除混凝土浇灌后尚处于塑性状态时产生的裂缝。采用膨胀剂或者钢丝网片均难以起到这种作用。杜拉纤维为什么能够起到这样的作用呢？

① 均匀散布的杜拉纤维在混凝土中呈现三维网络结构，起到了支承集料的作用，其作用效果是阻止了粗、细集料的沉降，即粗集料首先下沉，然后是细集料。由于杜拉纤维的存在，同时也可以减少混凝土表面的析水。这种水、料分开的现象称为离析，不仅影响混凝土的均质性；同时，因混凝土表面层存在较多的水泥净浆或含有较细集料的水泥砂浆，使得表层失水迅速而发生较大的收缩，从而导致混凝土表面出现比较多的裂缝。这种裂缝通常被称为沉降裂缝。由于杜拉纤维的加入可以有效防止和抑制混凝土的离析倾向，故而也就减少甚至完全阻止了混凝土表层裂缝的产生。

② 杜拉纤维在塑性状态的混凝土中承受干缩而产生的拉应力，因而减少裂缝的数量。塑性状态的混凝土强度极低，当水分蒸发时，混凝土因收缩而产生拉应力，极易引起裂缝。大量均匀分散在混凝土中的单丝纤维可承受此种拉应力，减少与防止裂缝的产生和发展。

（2）硬化阶段的混凝土会发生以下三种收缩：干燥收缩、温度收缩、碳化收缩。

① 混凝土毛细孔道内的水分蒸发，产生毛细管压力，使水泥基体发生干缩。当混凝土结构内产生的拉应力超过混凝土的抗拉强度时，混凝土就会产生大量裂缝。经水养护后的混凝土完全失水时，干燥率可达（600～800）$\times10^{-8}$ 左右。

② 混凝土结构在使用过程中受骤热骤冷的作用，或因外界环境温度下降而引起所谓的“冷缩”。当混凝土处于受约束情况下，此种温度变化会使混凝土内产生温度应力（拉应力），从而使混凝土产生大量裂缝。温度收缩裂缝在形成之初，通常较为细小，宽度一般不超过0.05mm。但此后经过反复干缩与冷缩，裂缝就会逐渐扩大并加宽。

③ 混凝土中的水泥水化后产生氢氧化钙，当大气中的二氧化碳通过混凝土中的毛细孔道进入其中后，即可能与氢氧化钙发生反应生成碳酸钙与氢氧化钙相比，反应生成碳酸钙的体积减少12%。体积减少，自然引起混凝土收缩，在约束条件下，也会导致混凝土中裂缝的产生。产生上述碳化反应的前提，是混凝土中的毛细孔道内含有一定的水分；否则，碳化不易进行。在混凝土中加入一定量的杜拉纤维，可降低微裂缝尖端的应力集中，防止微裂缝扩展，并可防止连通裂缝的出现。

6.1.5.6 北京国家大剧院工程C30纤维混凝土的研制与应用

国家大剧院工程基础底板厚1000mm，面积近26000m^2，属于大体积混凝土结构。作为地下防水的重要构件，在保证强度和整体性的同时，避免裂缝的出现尤为重要。一般裂缝可分为由外荷载应力引起的裂缝、结构次应力引起的裂缝和变形引起的裂缝，其中80%的裂缝是由变形引起的。为此，研制用聚丙烯纤维丝（网）、粉煤灰和复合防冻剂配制纤维混凝土，并借鉴国内外大体积结构施工经验，克服了大体积混凝土的收缩变形和温度变形，有效地提高了混凝土的防裂抗渗能力。

（1）配合比设计要求

① 底板混凝土强度等级为C30，抗渗等级为P16。

② 水灰比控制不大于0.5，碱集料含量小于3kg/m^3，以满足混凝土的耐久性要求。

③ 为满足混凝土的抗渗性要求。水泥用量大于250kg/m^3，以免因胶凝材料过少而降低混凝土的密实性。

④ 坍落度为（160±20）mm，在满足泵送要求的前提下，适当降低砂率，以免造成混凝土的收缩过大。

（2）配合比设计　目前应用最多的地下室底板防裂抗渗处理方法有使用微膨胀剂防水混凝土、掺防水剂的防水混凝土和聚丙烯纤维混凝土等，其中微膨胀剂防水混凝土的外加剂材料品质较难保障，对使用环境要求高，使用不当可能无膨胀效果，或膨胀过度反而有可能造成裂缝的产生，应谨慎使用。防水剂仅通过化学反应生成微小颗粒，以减小混凝土孔隙率，提高密实度，降低透水性，防裂效果不明显。

目前国外大体积结构和防水结构中已广泛应用聚丙烯纤维作为外加材料，这种材料能有效提高混凝土抗裂能力。其工作原理是聚丙烯纤维与水泥集料有极强的结合力，可迅速而轻易地与混凝土材料混合，分布均匀，在混凝土内部构成一种乱向无序的支承体系。这种分布形式可削弱混凝土的塑性收缩，收缩的能量被分散到无数的纤维丝上，从而有效地增强混凝土的韧性，明显减少混凝土初凝时收缩引起的裂纹和裂缝。

考虑大体积混凝土施工时，当大流动度的混凝土水泥用量较多时，水化热较高，混凝土内部温度梯度太大，会产生一定数量的温度裂缝。为此，在混凝土中掺加一定量的掺和料，以降低混凝土的水化热，延缓水化峰值出现，降低混凝土内部的温度梯度，可减少混凝土的温度裂缝出现，提高混凝土结构的密实度。综合考虑，决定采用粉煤灰、复合防冻剂及聚丙烯纤维复合配制混凝土。

（3）主要原材料

① 水泥　根据北京地区资源使用情况，决定采用北京某水泥厂产普通 32.5 级水泥，进场检验结果表明，完全满足规范要求。根据法定检测机构检定结果，水泥的碱含量低于 0.6%，达到低碱水泥的要求。

② 砂　采用潮白河系中粗砂，根据检测结果，该集料为低碱活性集料，含泥量、泥块含量等性能指标均高于规范的要求。

③ 石　潮白河系碎卵石，粒径 5～25mm。该集料为低碱活性集料，各项性能指标均高于规范的要求。

（4）纤维品种及配合比的确定　根据施工要求、设计指标及原材料性能，在此次试验过程中拟使用的 3 种 C60P16 混凝土中按不掺纤维材料（1 号）、掺纤维网 0.9%（2 号）和掺纤维丝（3 号）分别进行试验，结果如下。

① 混凝土的出机性能

a. 混凝土中掺加纤维网后流动性有所下降，混凝土的出机坍落度比未掺加纤维网的混凝土小 20mm 左右。

b. 掺加纤维丝的混凝土流动性，比掺加纤维网的混凝土流动性稍好。

c. 掺加纤维丝或纤维网后对混凝土的和易性均有一定改善，对粗骨料的下沉有一定的抑制作用，改善了混凝土的均质性。

d. 纤维丝和纤维网的掺入减少了塑性混凝土表面的析水，表现为泌水率下降。

e. 纤维丝和纤维网在混凝土中能均匀分散，未出现结团现象，混凝土的坍落度损失情况与未掺加纤维丝（网）的混凝土基本一致。

② 结果分析

a. 掺纤维网或纤维丝后，抗拉强度、抗折强度有所提高，但抗压强度略有降低，预拌纤维混凝土的和易性好，便于泵送施工。

b. 掺纤维丝混凝土与网状纤维混凝土的力学性能基本一致，但单丝纤维成本仅为网状纤维的 50%左右，故决定采用单丝纤维，即 3 号配合比。

（5）碱含量验算　经计算，每立方米混凝土含碱量为 2.44kg/m^3。

（6）纤维混凝土与普通混凝土的干缩对比

① 纤维混凝土比空白混凝土的抗拉强度和弹性模量增加 10%以上，极限拉伸也有所增

加，抗压强度略有下降，表明掺加纤维后，混凝土的力学性能，特别是抗拉防裂性能有了明显增加。

② 掺加聚丙烯纤维丝可明显改善混凝土抗渗能力。随着掺量增加，混凝土的渗水高度由高到低，再由低到高。这是由于纤维均匀分布于混凝土内部，在微裂缝发展过程中受纤维阻挡，而消耗能量，难以进一步发展。纤维的加入如同在混凝土中掺入了大量的微细筋，抑制了混凝土的开裂进程，提高了混凝土的断裂韧性，无数纤维丝在混凝土内形成的乱向支承体系可有效阻碍骨料的离析和混凝土表面的泌水，使混凝土中直径为 50～100mm 和大于 100mm 的孔隙的含量大大降低，提高了混凝土的抗渗能力。纤维丝的过量加入可增加混凝土中的界面，导致混凝土孔隙率提高。

③ 纤维混凝土比空白混凝土的干缩减小 10%左右。

④ 纤维混凝土与空白混凝土的耐久性相当。

⑤ 从 SEM 照片可以看出，纤维在混凝土中呈不规则的乱向分布，这种分布形式在混凝土中形成大量微配筋，吸收了混凝土的应力；纤维与水泥胶体之间的黏结效果好，表现为纤维表面可以明显看到较多的水泥水化产物；纤维表面多发生蠕变变形，破坏时纤维承担较多的剪切应力，提高了混凝土的剪切强度。

(7) 工程应用　在大量试验的基础上，国家大剧院基础底板于 2002 年 1 月进行浇筑，2002 年 3 月浇筑地下室外墙。掺加聚丙烯纤维丝和粉煤灰的防裂抗渗混凝土搅拌出机后纤维丝分散均匀，没有絮凝成团现象，拌和物有良好的保水性和黏聚性，泵送性能优良。在整个浇筑过程中未发生堵塞。混凝土强度和抗渗等级均满足设计要求，目前未发现可见裂缝。通过 C30P16 防裂抗渗纤维混凝土研制及应用，可得出以下结论。

① 采用优化配合比的基准混凝土，掺加聚丙烯纤维丝和粉煤灰可以配制出适用于潮湿环境或干燥环境的纤维抗渗混凝土。这种混凝土生产工艺简单，工作性能好，抗拉强度、抗折强度明显提高，具有良好的抗渗漏、防裂作用，有效地改善了混凝土的耐久性，提高了建筑物的使用寿命。

② 采用聚丙烯纤维和粉煤灰复合配制混凝土，在改善水泥胶凝材料的功能方面具有一定的创新性，为混凝土向高性能、多功能发展提供了一条途径。

③ 与国外同种纤维相比，采用国产改性聚丙烯纤维丝，改善混凝土物理力学性能的效果基本一致，其分散性能好，价格低，具有明显的技术经济效益。

6.1.6 钢纤维

6.1.6.1 钢纤维

钢纤维增强混凝土最早发展是在 1849 年，法国花匠莫尼尔在水泥中加入细铁丝网制成花盆和种橘树用的铁丝水泥桶；1855 年，法国工程师用细铁条增强水泥，制成一艘水泥船并获得专利；1910 年，美国人波特把薄钢片掺入混凝土中改善混凝土的抗拉强度和抗冲击性并获得专利。这些都是钢纤维混凝土的早期应用。

钢纤维混凝土，是目前国内外在实际工程中已经使用的纤维混凝土的主要品种之一。钢纤维属于金属纤维，是高弹性模量、非连续的短纤维。钢纤维混凝土和杜拉纤维混凝土虽然有各自的特点，但共同点是都有一定的抗裂作用，并具有防渗、提高变形能力、改善韧性和抗冲击性、提高抗拉强度和抗剪强度等性能。

6.1.6.2 材料属性

钢纤维高强混凝土，既具有高强度，又有良好的阻裂能力和韧性，在土木、水利、交通等工程领域得到了广泛应用。应用于叠合构件，能减缓“受拉钢筋应力超前”现象，从而改善了叠合构件的正常使用性。

对未加钢纤维混凝土与钢纤维体积率 V_f 分别为 1%、2%、3% 的钢纤维高强混凝土 C100 进行不同应变率单轴压缩试验结果表明，未掺钢纤维的试件在未破坏前，试件表面无可见裂缝，当轴向压力达到最大压力时，试件几乎立即发生突然的脆性破坏。当应变率为 $10^{-4}s^{-1}$ 时，试件周边差不多同时剥离，破坏成两个相对的锥体；而当应变率为 $10^{-3}s^{-1}$ 和 $10^{-2}s^{-1}$ 时，试件爆裂，碎块崩飞。而含有钢纤维的试件，轴向压力接近最大压力时，试件侧表面有裂缝出现，峰值应力之后，试件周边横向逐渐鼓胀，在破坏前，劈裂声持续较长时间，V_f 越大，峰值应力与初裂应力差值越大，试件破坏过程耗时越长。

6.1.6.3 材料应用

钢纤维混凝土由于价格较高，目前主要用于军工武器库、贵重物品储存库等重要工程，其他为增加混凝土抗裂能力和韧性的工程，普遍采用杜拉纤维混凝土。

6.2 混凝土构件增大截面工程

增大截面加固法，即采取增大混凝土结构或构筑物的截面面积，以提高其承重力和满足正常使用的一种加固方法。可广泛用于混凝土结构的梁、板、柱等构件和一般构筑物的加固。

6.2.1 一般规定

(1) 增大截面加固法适用于钢筋混凝土受弯和受压构件的加固。

(2) 采用增大截面加固法时，按现场检测结果确定的原构件混凝土强度等级不应低于 C10。

(3) 当被加固构件界面处理及其黏结质量符合规范要求时，可按整体界面计算。

(4) 采用增大截面加固钢筋混凝土结构构件时，其正截面承载力应按现行国家标准《混凝土结构设计规范》(GB 50010—2010) 的基本假定进行计算。

6.2.2 受弯构件正截面加固计算

采用增大截面加固受弯构件时，应根据原结构的结构构造和实际的受力情况，选用在受压区或受拉区增设现浇钢筋混凝土外加层的加固方式。

当仅在受压区加固受弯构件时，其承载力、抗裂度、钢筋应力、裂缝宽度及挠度的计算和验算，可按现行国家标准《混凝土结构设计规范》(GB 50010—2010) 关于叠合式受弯构件的规定进行。若验算结果表明，仅需增设混凝土叠合层即可满足承载力要求时，也应按构造要求配置受压钢筋和分布钢筋。

当在受拉区加固矩形截面受弯构件时 (图 6-1)，其正截面受弯承载力应按下列公式确定：

$$M \leqslant \alpha_s f_y A_s \left(h_0 - \frac{x}{2}\right) + f_{y0} A_{s0} \left(h_{01} - \frac{x}{2}\right) + f'_{y0} A'_{s0} \left(\frac{x}{2} - a'\right) \tag{6-1}$$

$$\alpha_1 f_{c0} bx = f_{y0} A_{s0} + \alpha_s f_y A_s - f'_{y0} A'_{s0} \tag{6-2}$$

$$2a' \leqslant x \leqslant \xi_b h_0 \tag{6-3}$$

式中　M——构件加固后弯矩设计值；

α_s——新增钢筋强度利用系数，一般取0.9；

f_y——新增钢筋的抗拉强度设计值；

A_s——新增受拉钢筋的截面面积；

x——等效矩形应力图形的混凝土受压区高度，简称混凝土受压区高度；

h_0，h_{01}——构件加固后和加固前的界面有效高度；

f_{y0}，f'_{y0}——原钢筋的抗拉强度、抗压强度设计值；

A_{s0}，A'_{s0}——原受拉钢筋和原受压钢筋的截面面积；

a'——纵向受压钢筋合力点至混凝土受压区边缘的距离；

α_1——受压区混凝土矩形应力图的应力值与混凝土轴心抗压强度设计值的比值，当混凝土强度等级不超过C50时，取$\alpha_1=0.1$，当混凝土强度等级为C80时，取$\alpha_1=0.94$，其间按线性内插法确定；

f_{c0}——原构件混凝土轴心抗压强度设计值；

b——矩形截面宽度；

ξ_b——构件增大截面加固后的相对界限受压区高度。

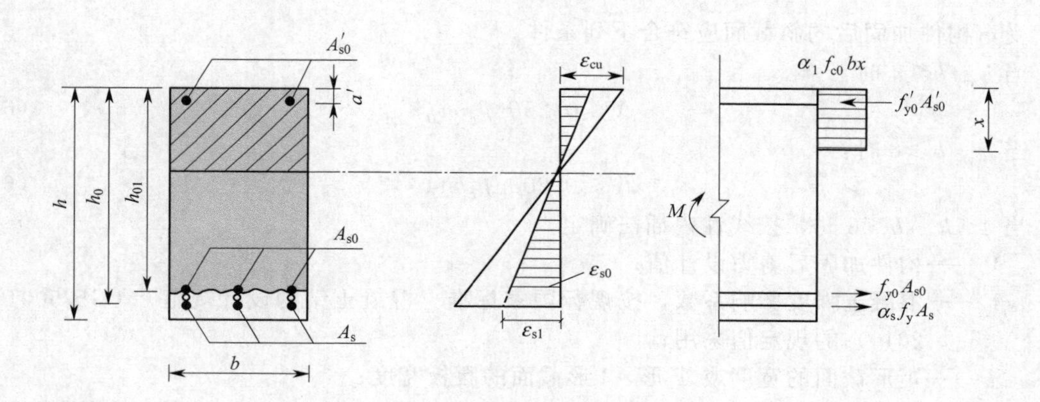

图6-1 受弯构件加固计算

受弯构件增大截面加固后的相对界限受压区高度ξ_b，应按下列公式确定：

$$\xi_b=\frac{\beta_1}{1+\frac{\alpha_s f_y}{\varepsilon_{cu}E_s}+\frac{\varepsilon_{s1}}{\varepsilon_{cu}}} \tag{6-4}$$

$$\varepsilon_{s1}=\left(\frac{1.6h_0}{h_{01}}-0.6\right)\varepsilon_{s0} \tag{6-5}$$

$$\varepsilon_{s0}=\frac{M_{0k}}{0.87h_{01}A_{s0}E_{s0}} \tag{6-6}$$

式中 β_1——计算系数，当混凝土强度等级不超过C50时，β_1取0.8，当混凝土强度等级为C80时，β_1取0.74，其间按线性内插法确定；

ε_{cu}——混凝土极限压应变，取0.0033；

ε_{s1}——新增钢筋位置处，按平截面假定的初始应变值，当新增主筋与原主筋的连接采用短钢筋焊接时，可近似取$h_{01}=h_0$，$\varepsilon_{s1}=\varepsilon_{s0}$；

M_{0k}——加固前受弯构件验算截面上原作用的弯矩标准值；

ε_{s0}——加固前在初始弯矩M_{0k}作用原受拉钢筋的应变值。

当按式(6-1)及式(6-2)算得的加固后混凝土受压区高度 x 与加固前原截面有效高度 h_{01} 之比 x/h_{01} 大于原截面相对界限受压区高度 ξ_{b0} 时，应考虑原纵向受拉钢筋应力 σ_{s0} 尚达不到 f_{y0} 的情况。此时，应将上述两公式中的 f_{y0} 改为 σ_{s0}，并重新进行验算。验算时，σ_{s0} 值可按下式确定：

$$\sigma_{s0}=\left(\frac{0.8h_{01}}{x}-1\right)\varepsilon_{cu}E_s\leqslant f_{y0} \tag{6-7}$$

若算得的 $\sigma_{s0}<f_{y0}$，则应按此验算结果确定加固钢筋用量；若算得的结果 $\sigma_{s0}\geqslant f_{y0}$，则表示原计算结果无须变动。

对翼缘位于受压区的T形截面受弯构件，其受拉区增设现浇配筋混凝土层的正截面受弯承载力，应按《混凝土结构加固设计规范》(GB 50367—2013) 第5.2.3条至第5.2.5条的计算原则和现行国家标准《混凝土结构设计规范》(GB 50010—2010) 关于T型截面受弯承载力的规定进行计算。

6.2.3 受弯构件斜截面加固计算

受弯构件加固后的斜截面应符合下列条件。

当 $h_w/b\leqslant 4$ 时：

$$V\leqslant 0.25\beta_c f_c bh_0 \tag{6-8}$$

当 $h_w/b\geqslant 6$ 时：

$$V\leqslant 0.20\beta_c f_c bh_0 \tag{6-9}$$

当 $4<h_w/b<6$ 时，按线性内插法确定。

式中 V——构件加固后剪力设计值；

β_c——混凝土强度影响系数，按现行国家标准《混凝土结构设计规范》(GB 50010—2010) 的规定值采用；

b——矩形截面的宽度或T形、I形截面的腹板宽度；

h_w——截面的腹板高度，对矩形截面，取有效高度；对T形截面，取有效高度减去翼缘高度；对I形截面，取腹板净高。

采用增大截面法加固受弯构件时，其斜截面受剪承载力应符合下列规定。

当受拉区增设配筋混凝土层，并采用U形箍筋与原箍筋逐个焊接时：

$$V\leqslant 0.7f_{t0}bh_{01}+0.7f_t b(h_0-h_{01})+1.25f_{yv0}\frac{A_{sv0}}{s_0}h_0 \tag{6-10}$$

当增设钢筋混凝土三层围套，并采用加锚式或胶锚式箍筋时：

$$V\leqslant 0.7f_{t0}bh_{01}+0.7\alpha_c f_t A_c+1.25\alpha_s f_{yv}\frac{A_{sv}}{s}h_0+1.25f_{yv0}\frac{A_{sv0}}{s_0}h_{01} \tag{6-11}$$

式中 α_c——新增混凝土强度利用系数，取 $\alpha_c=0.7$；

f_t，f_{t0}——新、旧混凝土轴心抗拉强度设计值；

A_c——三面围套新增混凝土截面面积；

α_s——新增箍筋强度利用系数，取 $\alpha_s=0.9$；

f_{yv}，f_{yv0}——新箍筋和原箍筋的抗拉强度设计值；

A_{sv}，A_{sv0}——同一截面内新箍筋各肢截面面积之和及原箍筋各肢截面面积之和；

s，s_0——新增箍筋或原箍筋沿构件长度方向的间距。

6.2.4 受压构件正截面加固计算

采用增大截面加固钢筋混凝土轴心受压构件，如图 6-2 所示。其正截面受压承载力应按下式确定：

$$N=0.9\varphi[f_{c0}A_{c0}+f'_{y0}A'_{s0}+\alpha_{cs}(f_cA_c+f'_yA'_s)] \tag{6-12}$$

式中 N——构件加固后的轴向压力设计值；

φ——构件稳定系数，根据加固后的截面尺寸，按现行国家标准《混凝土结构设计规范》(GB 50010—2010) 的规定值采用；

A_{c0}，A_c——构件加固前混凝土截面面积和加固后新增部分混凝土截面面积；

f'_y、f'_{y0}——新增纵向钢筋和原纵向钢筋的抗拉强度设计值；

A'_s——新增纵向受压钢筋的截面面积；

α_{cs}——综合考虑新增混凝土和钢筋强度利用程度的修正系数，取 $\alpha_{cs}=0.8$。

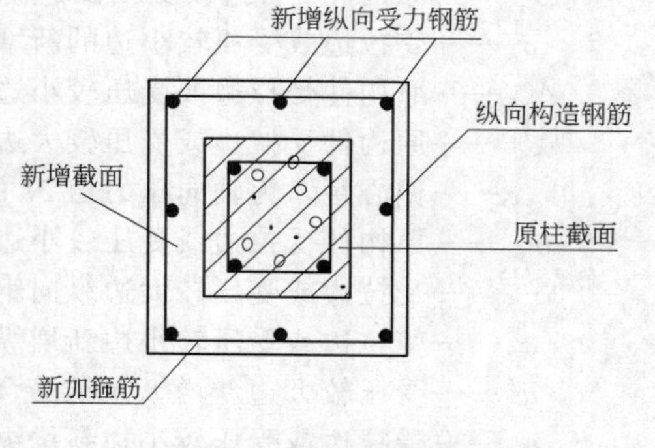

图 6-2 轴心受压构件增大截面加固

采用增大截面加固钢筋混凝土偏心受压构件时，如图 6-3 所示。

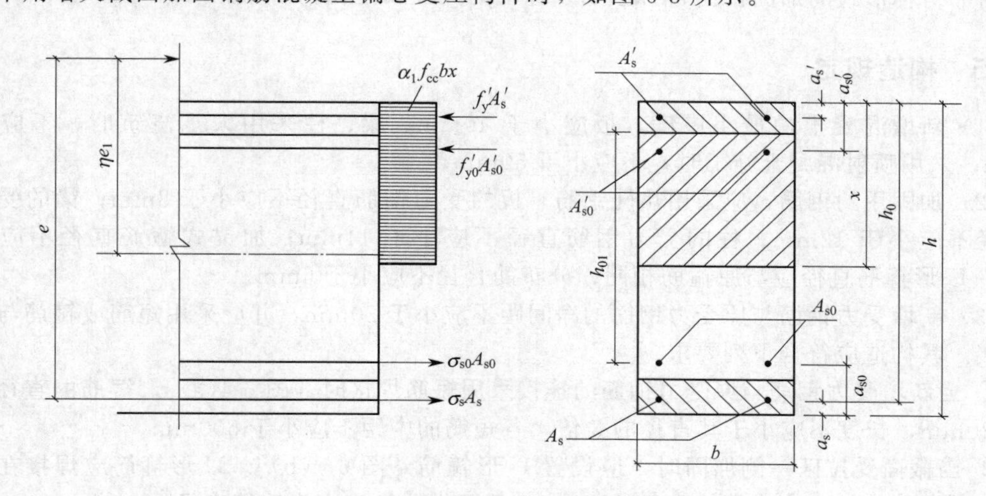

图 6-3 矩形截面偏心受压构件加固的计算

（当为小偏心受压构件时，图中 σ_{s0} 可能变向）

其矩形截面正截面承载力应按下列公式确定：

$$N\leqslant\alpha_1f_{cc}bx+0.9f'_yA'_s+f'_{y0}A'_{s0}-0.9\sigma_sA_s-\sigma_{s0}A_{s0} \tag{6-13}$$

$$Ne\leqslant\alpha_1f_{cc}bx\left(h_0-\frac{x}{2}\right)+0.9f'_yA'_s(h_0-a'_s)+f'_{y0}A'_{s0}(h_0-a'_{s0})+\sigma_{s0}A_{s0}(a_{s0}-a_s) \tag{6-14}$$

$$\sigma_{s0}=\left(\frac{0.8h_{01}}{x}-1\right)E_{s0}\varepsilon_{cu}\leqslant f_{y0} \tag{6-15}$$

$$\sigma_s=\left(\frac{0.8h_0}{x}-1\right)E_s\varepsilon_{cu}\leqslant f_y \tag{6-16}$$

式中　f_{cc}——新旧混凝土组合截面的混凝土轴心抗压强度设计值，可按 $f_{cc}=(f_{c0}+0.9f_c)/2$ 确定；

f_c，f_{c0}——新、旧混凝土轴心抗压强度设计值；

σ_{s0}——原构件受拉边或受压较小边纵向钢筋应力，当算得的 $\sigma_{s0}>f_{y0}$ 时，取 $\sigma_{s0}=f_{y0}$；

σ_s——受拉边或受压较小边的新增钢筋应力，当算得的 $\sigma_s>f_{y0}$ 时，取 $\sigma_s=f_y$；

A_{s0}——原构件受拉边或受压较小边纵向钢筋截面面积；

A'_{s0}——原构件受拉边或受压较大边纵向钢筋截面面积；

e——偏心距，为轴向压力值 N 的作用点至新增受拉钢筋合力点的距离；

a_{s0}——原构件受拉边或受压较小边纵向钢筋合力点到加固后截面近边的距离；

a'_{s0}——受拉边或受压较大边纵向钢筋合力点到加固后截面近边的距离；

a_s——受拉边或受压较小边新增纵向钢筋合力点到加固后截面近边的距离；

a'_s——受压较大边新增纵向钢筋合力点到加固后截面近边的距离；

h_0——受拉边或受压较小边新增纵向钢筋合力点到加固后截面受压较大边缘的距离；

h_{01}——原界面构件截面有效高度。

偏心距 e 应按现行国家标准《混凝土结构设计规范》（GB 50010—2010）的规定进行计算，但其增大系数 η 应乘以下列修正系数。

对围套或其他对称形式的加固：当 $e_0/h\geqslant 0.3$ 时，$\psi_\eta=1.1$；当 $e_0/h<0.3$ 时，$\psi_\eta=1.2$。

对非对称形式的加固：当 $e_0/h\geqslant 0.3$ 时，$\psi_\eta=1.2$；当 $e_0/h<0.3$ 时，$\psi_\eta=1.3$。

6.2.5　构造规定

（1）新增混凝土的最小厚度，板应小于 40mm；梁、柱采用人工浇筑时，不应小于 60mm；采用喷射混凝土施工时，不应小于 50mm。

（2）加固用的钢筋，应采用热轧钢筋。板的受力钢筋直径不应小于 8mm；梁的受力钢筋直径不应小于 12mm；柱的受力钢筋直径不应小于 14mm；加锚式箍筋直径不应小于 8mm；U 形箍筋直径应与原箍筋相同；分布筋直径不应小于 6mm。

（3）新增受力钢筋与原受力钢筋的净间距不应小于 20mm，并应采用短筋或箍筋与原钢筋焊接。其构造应符合下列要求。

① 当新增受力钢筋与原受力钢筋的连接采用短筋焊接时［图 6-4(a)］，短筋的直径不应小于 20mm，长度不应小于其直径的 5 倍，各短筋的中距不应小于 500mm。

② 当截面受拉区一侧加固时，应设置 U 形箍筋［图 6-4(b)］。U 形箍筋应焊接在原钢筋上，单面焊缝长度应为箍筋直径的 10 倍，双面焊缝长度应为箍筋直径的 5 倍。

③ 当用混凝土围套加固时，应设置环形箍筋或胶锚式箍筋［图 6-4(d) 和 (e)］。当受构造条件限制必须采用植筋方式埋设 U 形箍筋［图 6-4(c)］时，应采用锚固专用的结构胶种植；不得采用自行配制的环氧树脂胶砂或其他水泥砂浆。

④ 梁的新增纵向受力钢筋，其两端应可靠锚固；柱的新增纵向受力钢筋的下端应伸入基础并满足锚固要求；上端应穿过楼板与上层柱脚连接或在屋面板处封顶锚固。

6.2.6　增大截面加固法的施工要点

增大截面加固法施工的主要环节有加固前的卸荷处理、连接处的表面处理、新增层的施工。施工中应用到新旧混凝土截面处理专用技术。

（1）施工环节

① 加固前的卸荷。加固一般都存在新加部分应力滞后问题，为了使新旧结构尽可能共

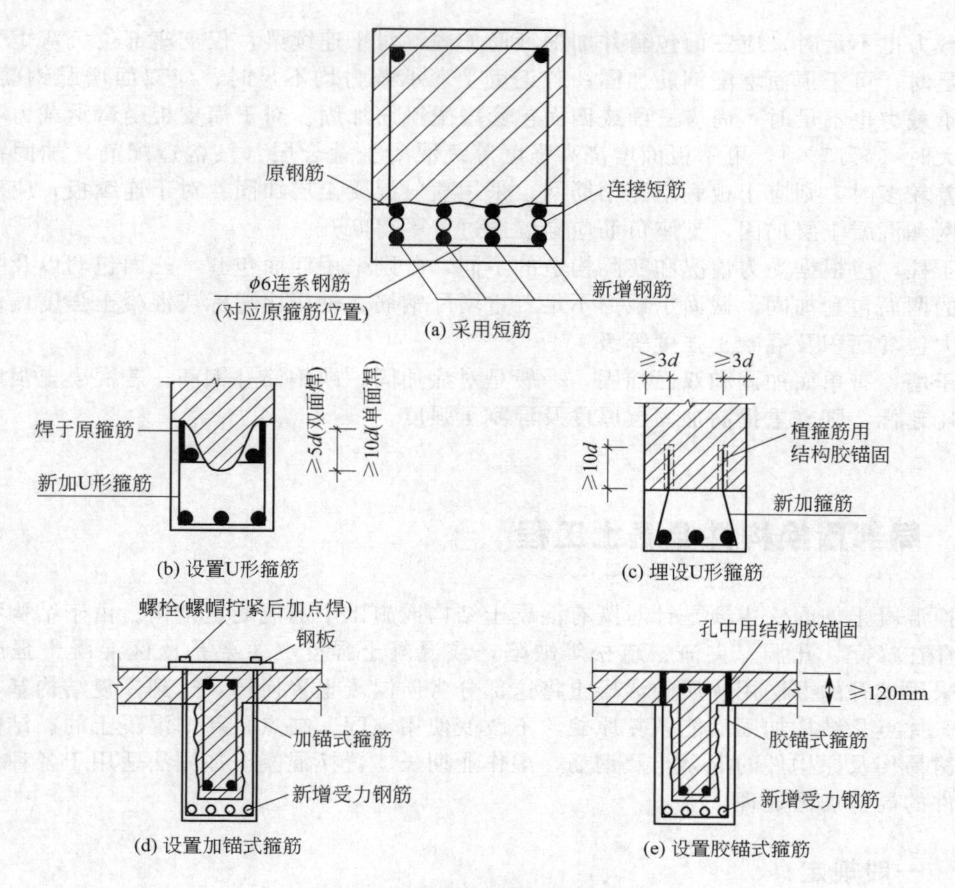

图 6-4　增大截面配置新增箍筋的连接构造

（d 为箍筋直径）

同受力，加固前应尽量卸去原结构所承受的荷载，完全和精确的卸荷可采用千斤顶反向加载，简单的卸荷可仅移去活荷载，并且控制施工荷载。

② 连接表面的处理。对原有混凝土的缺陷清理至密实部位，凿去一切风化酥松层、碳化锈层及油污层，并且将表面凿毛或打成沟槽。沟槽的深度不宜小于 6mm，间距不宜大于箍筋间距或 200mm，被包的混凝土棱角应打掉，同时应除去浮渣、尘土。原有混凝土表面应冲洗干净，浇筑混凝土前，原混凝土表面应保湿，擦干滞留水，刷净水泥浆或涂刷界面处理剂进行处理。原有和新设受力钢筋应进行除锈处理；在受力钢筋上施焊前应采取卸荷或支承措施，并且应逐根分区分段分层进行焊接，以尽量减少焊接热量对钢筋的影响。

③ 新增层的施工。模板搭设、钢筋安置以及新混凝土的浇筑和养护，应符合国家标准《混凝土结构工程施工质量验收规范》（GB 50204—2015）要求。

（2）施工工艺　以增大截面加固法加固施工时，推荐采用施工工艺是：喷射混凝土浇筑工艺，施工较为简便，混凝土质量和结合性能可显著提高。与普通混凝土相比，喷射混凝土早期强度较高，常温下一天的抗压强度可达 6.0～15.0MPa，与旧混凝土的黏结强度较高，黏结抗拉强度可达 1.5～2.5MPa，接近混凝土本身强度，比普通混凝土黏结强度高 2～4 倍。

6.2.7　增大截面加固法的工程应用

对于简支梁，仅正截面受弯承载力不足时，一般采用于梁底部增配钢筋加固；若斜截面受剪承载力也不足时，应三面包套并加配箍筋加固，对于连续梁，仅支座部位负弯矩受弯承载力不足时，可于顶面增配钢筋加固；若正负受弯承载力均不足时，应双面增配钢筋加固；若受剪承载力也不足时，尚应三面或四面包套增配箍筋加固。对于简支板受弯承载力不足但差别不大时（≤15%），可于板面增浇高强度等级混凝土叠合层（按构造配筋）加固；若承载力相差较多时，则应于板底增配钢筋网，采用喷射混凝土层加固。对于连续板，应双面增配钢筋网和混凝土层加固，支座负筋应穿墙通过，不得断开。

对于柱，应根据受力情况和实际构造的不同，分别采用四面包套、三面包套以及主要受力方向的两面包套加固。截面承载力不足着重增配钢筋，轴压比超标或混凝土强度偏低，则着重增大包套面积及混凝土强度等级。

对于墙，有单面加固和双面加固，一般是对症加固，缺钢筋补钢筋，若混凝土强度偏低或轴压比超标，则着重提高加固层厚度及混凝土强度。

6.3 局部置换构件混凝土工程

置换混凝土加固法主要是针对既有混凝土结构或施工中的混凝土结构。由于结构裂损或混凝土存在蜂窝、孔洞、夹渣、疏松等缺陷，或混凝土强度（主要是压区混凝土强度）偏低，而采用挖补的办法用优质的混凝土将这部分劣质混凝土置换掉，达到恢复结构基本功能的目的。优点是结构加固后能恢复原貌，不改变使用空间。缺点是新旧混凝土的黏结能力较差，挖凿易伤及原构件的混凝土及钢筋，湿作业期长。置换混凝土加固法适用于各种混凝土结构构件的局部加固处理。

6.3.1 一般规定

（1）此方法适用于承重构件受压混凝土强度偏低或有严重缺陷的局部加固。

（2）采用此方法加固梁式构件时，应对原构件加以有效的支顶。当采用此方法加固柱、墙等构件时，应对原结构、构件在施工过程中的承载状态进行验算、观测和控制，置换界面处的混凝土不应出现拉应力，若控制有困难，应采取支顶等措施进行卸荷。

（3）采用此方法加固混凝土结构时，其非置换部分的原构件混凝土强度等级，按现场检测结果不应低于该混凝土结构建造时规定的强度等级。

（4）当混凝土结构构件置换部分的界面处理及其施工质量符合规范的要求时，其结合面可按整体工作计算。

6.3.2 加固计算

（1）当采用置换法加固钢筋混凝土轴心受压构件时，其正截面承载力应符合下列规定：

$$N \leqslant 0.9\varphi(f_{c0}A_{c0}+\alpha_c f_c A_c+f'_{y0}A'_{s0}) \tag{6-17}$$

式中 N——构件加固后的轴向压力设计值；

φ——受压构件稳定系数，按现行国家标准《混凝土结构设计规范》（GB 50010—2010）的规定值采用；

α_c——置换部分新增混凝土的强度利用系数，当置换过程无支顶时，取 $\alpha_c=0.8$，当置换过采取有效的支顶措施时，$\alpha_c=1.0$；

f_{c0}，f_c——原构件混凝土和置换部分新增混凝土的抗压强度设计值；

A_{c0}，A_c——原构件截面扣去置换部分后的剩余截面面积和置换部分的截面面积；

f'_{y0}——原钢筋的抗压强度设计值；

A'_{s0}——原受压钢筋的截面面积。

（2）当采用置换法加固钢筋混凝土偏心受压构件时，其正截面承载力应按下列两种情况分别计算。

① 受压区混凝土置换深度 $h_0 \geqslant x_n$，按新增混凝土强度等级和现行国家标准《混凝土结构设计规范》（GB 50010—2010）的规定进行正截面承载力计算。

② 受压区混凝土置换深度 $h_0 < x_n$，其正截面承载力应符合下列规定：

$$N \leqslant \alpha_1 f_c b h_0 + \alpha_1 f_{c0} b (x_n - h_n) + f'_y A'_s - \sigma_s A_s \tag{6-18}$$

$$Ne \leqslant \alpha_1 f_c b h_0 h_{0n} + \alpha_1 f_{c0} b (x_n - h_n) h_{00} + f'_y A'_s (h_0 - a'_s) \tag{6-19}$$

式中　N——构件加固后的轴向压力设计值；

e——轴向压力作用点至受拉钢筋合力点的距离；

f_c——构件置换用混凝土抗压强度设计值；

f_{c0}——原构件混凝土抗压强度设计值；

x_n——加固后混凝土受压区高度；

h_n——受压区混凝土的置换深度；

h_0——纵向受拉钢筋合力点至受压区边缘的距离；

h_{0n}——纵向受拉钢筋合力点至置换混凝土形心的距离；

h_{00}——纵向受拉钢筋合力点至原混凝土（$x_n - h_n$）部分形心的距离；

A_s，A'_s——受拉区、受压区纵向钢筋的截面面积；

b——矩形截面的宽度；

a'_s——纵向受压钢筋合力点至截面近边的距离；

f'_y——纵向受压钢筋的抗压强度设计值；

σ_s——纵向受拉钢筋的应力。

（3）当采用置换法加固钢筋混凝土受弯构件时，其正截面承载力应按下列两种情况分别计算。

① 压区混凝土置换深度 $h_0 \geqslant x_n$，按新增混凝土强度等级和现行国家标准《混凝土结构设计规范》（GB 50010—2010）的规定进行正截面承载力计算。

② 压区混凝土置换深度 $h_0 < x_n$，其正截面承载力应符合下列规定：

$$M \leqslant \alpha_1 f_c b h_n h_{0n} + \alpha_1 f_{c0} b (x_n - h_n) h_{00} + f'_y A'_s (h_0 - a'_s) \tag{6-20}$$

$$\alpha_1 f_c b h_n + \alpha_1 f_{c0} b (x_n - h_n) = f_y A_s - f'_y A'_s \tag{6-21}$$

式中　M——构件加固后的弯矩设计值；

f_y，f'_y——原构件纵向钢筋的抗拉强度、抗压强度设计值。

6.3.3 构造规定

（1）置换混凝土的强度等级应比原构件混凝土提高一级，且不应低于 C25。

（2）混凝土的置换深度，板不应小于 40mm；梁、柱采用人工浇筑时，不应小于 60mm，采用喷射法施工时，不应小于 50mm。置换长度应按混凝土强度的检测结果及计算结果确定，但对非全长置换的情况，其两端应分别延伸不小于 100mm 的长度。

（3）置换部分应位于构件截面受压区内，且应根据受力方向，将有缺陷混凝土剔除；剔除位置应在沿构件整个宽度的一侧或对称的两侧；不得剔除界面的一隅。

6.3.4 方法要点

（1）理想的置换是零应力（或低应力）状态下的置换，即完全卸荷置换，因此，置换前应对被置换的构件进行卸荷。卸荷方法有直接卸荷和支顶卸荷。

（2）在卸荷状态下将质量低劣的混凝土或缺陷混凝土彻底剔凿干净，剔凿范围宜大不宜小，剔凿孔洞向四周坚实部分外延应分别大于或等于100mm，且总宽度应大于或等于250mm，孔深向坚实部位加深应大于或等于10mm，且总深应大于或等于40mm（板）、50mm（墙）、60mm（柱）。孔洞边沿以凿成1∶3坡度的喇叭口为宜，转角应为半径大于25mm的圆角。

（3）对于外观质量完好的低强混凝土，除特殊情况外，一般仅置换受压区混凝土。但为恢复或提高结构应有的耐久性，可用高强度树脂砂浆对其余部分进行抹面封闭处理。

（4）用于置换的新混凝土，流动性应大，强度等级应比原混凝土提高一级，且不小于C25。置换混凝土应采用膨胀混凝土或膨胀树脂混凝土；当体量较小时，应采用细石膨胀混凝土、高强度灌浆料或环氧砂浆等。

（5）为增强置换混凝土与原基材混凝土的结合能力，结合面应涂刷环氧树脂或混凝土界面剂一道，并且在环氧树脂或界面剂初凝前浇筑完置换混凝土。对于要求较高或剪应力较大的结合面，尚应置入一定的L形或U形锚筋，其规格如下：板、墙为A6～A8@200，梁、柱为A10～A12@300～400。

6.3.5 主要施工工艺流程

现场勘查→搭设安全支承及工作平台→卸荷→剔除局部混凝土（原钢筋除锈或增补钢筋）→界面处理→支模→浇筑或喷射混凝土→养护（非支承模板拆除）→承重模板拆除→施工质量验收（施工缺陷翻修）→竣工验收。

6.4 混凝土构件绕丝工程

绕丝加固法是在构件表面按一定间距缠绕经退火后的钢丝，使混凝土受到约束作用，从而提高其承载力和延性的一种加固方法。该方法施工简便，利用混凝土三向受力可以提高其单轴抗压强度的原理，改善了构件的抗震性能。梁用绕丝法加固后，具有良好的约束斜裂缝和变形的能力，强度也有一定的提高。

6.4.1 一般规定

（1）混凝土构件绕丝工程的施工程序应符合下列规定。

① 清理原结构。

② 剔除绕丝部位混凝土保护层。

③ 界面处理。

④ 绕丝施工。

⑤ 混凝土面层施工。

⑥ 施工质量检验。

（2）浇筑混凝土面层前，应对下列项目进行绕丝隐蔽工程验收。

① 界面处理质量。

② 绕丝的间距。

③ 退火钢丝、构造钢筋与原构件钢筋的焊接质量。

④ 楔紧质量。

6.4.2 界面处理

（1）主控项目

① 原结构、构件经清理后，应按设计的规定，凿除绕丝、焊接部位的混凝土保护层。凿除后，应清除已松动的骨料和粉尘，并且錾去其尖锐、凸出部位，但应保持其粗糙状态。凿除保护层露出的钢筋程度以能进行焊接作业为度；对方形截面构件，尚应凿除其四周棱角并进行圆化加工；圆化半径不宜大于40mm，且不应小于25mm。然后将绕丝部位的混凝土表面用清洁压力水冲洗干净。

检查数量：全数检查。

检验方法：观察，触摸，圆弧量规检查。

② 原构件表面凿毛后，应按设计的规定涂刷结构界面胶（剂）。结构界面胶（剂）的性能和质量应符合《建筑结构加固工程施工质量验收规范》（GB 50550—2010）第4.9.2条的规定。界面胶（剂）的涂刷工艺和涂刷质量应符合产品说明书的要求。

检查数量：全数检查。

检验方法：观察，检查施工记录。

（2）一般项目　涂刷结构洁面胶（剂）前，应对原结构表面处理质量进行复查，不得有松动的骨料、浮灰、粉尘和未清除干净的污染物。

检查数量：全数检查。

检验方法：观察，擦拭，尖头小槌敲探，检查施工记录。

6.4.3 绕丝施工

（1）主控项目

① 绕丝前，应采用间歇点焊法将钢丝及构造钢筋的端部焊牢在原构件纵向钢筋上。若混凝土保护层较厚，焊接构造钢筋时，可在原纵向钢筋上加焊短钢筋做过渡。

检查数量：全数检查。

检验方法：观察，检查试焊接头的力学性能试验报告。

② 绕丝应连续，间距应均匀；在施力绷紧的同时，尚应每隔一定距离用点焊加以固定；绕丝的末端也应在原钢筋焊牢。绕丝焊接固定完成后，尚应在钢丝与原构件表面之间有未绷紧部位打入钢片予以楔紧。

检查数量：全数检查。

检验方法：锤击法检查。

③ 混凝土面层的施工，可按工程实际情况和施工单位经验选用人工浇筑法或喷射法。当采用人工浇筑法时，其施工过程控制应符合现行国家标准《混凝土结构工程施工质量验收规范》（GB 50204—2015）的规定；其检查数量及检验方法也应按该规范的规定执行。当采用喷射法时，其施工过程控制应符合有关喷射混凝土加固技术的规定。其检查数量及检验方法也应按该规程执行。

④ 绕丝的净间距应符合设计规定，且仅允许有3mm负偏差。

检查数量：每个构件抽检绕丝间距3处。

检验方法：钢尺量测。

（2）一般项目

① 混凝土面层板的架设，当采用人工浇筑法时，应符合现行国家标准《混凝土结构工程施工质量验收规范》（GB 50204—2015）的规定。当采用喷射法时，应符合有关喷射混凝

土加固技术的规定。

检查数量：按该规范或规程的要求确定。

检验方法：观察，检查施工记录。

② 混凝土面层浇筑完毕后，应按《建筑结构加固工程施工质量验收规范》(GB 50550—2010) 第 5.3.4 条的规定及时进行养护。

检查数量：全数检查。

检验方法：观察，检查施工记录。

6.4.4 施工质量检验

(1) 主控项目

① 混凝土面层的施工质量不应有严重的缺陷及影响结构性能或使用功能的尺寸偏差。其检查、评定和处理方案应按《建筑结构加固工程施工质量验收规范》(GB 50550—2010) 第 5.4.1 条及第 5.4.2 条的规定执行。

② 钢丝的保护层厚度不应小于 30mm，且仅允许有 3mm 正偏差。

检查数量：随机抽取不少于 5 个构件，每一构件测量 3 点。若构件总数不多于 5 个，应全数检查。

检验方法：采用钢筋位置测定仪探测。

(2) 一般项目

① 混凝土面层的施工质量不宜有一般缺陷。若发现有一般缺陷，应按技术处理方案处理，并且重新检查验收。

检查数量：全数检查。

检验方法：观察，检查技术处理方案。

② 混凝土面层拆模后的尺寸偏差应符合设计规定。

面层厚度：仅允许 5mm 正偏差，无负偏差。

表面平整度：不应大于 0.5%，且不应大于设计规定值。

检查数量：每一检验批不少于 3 个构件。

检验方法：用钢尺检查厚度，用靠尺和塞尺检查平整度。

6.5 混凝土构件外加预应力工程

预应力加固法是采用外加预应力钢拉杆或型钢撑杆对结构构件或整体进行加固的方法，特点是通过预应力手段强迫后加部分拉杆或撑杆受力，改变原结构内力分布并降低原结构应力水平，致使一般加固结构中所特有的应力应变滞后现象得以完全消除。因此，后加部分与原结构能较好地共同工作，结构的总体承载能力可显著提高。预应力加固法具有加固、卸荷、改变结构内力的三重效果，适用于大跨度结构加固，以及采用一般方法无法加固或加固效果很不理想的较高应力应变状态下的大型结构加固。

预应力法加固按加固对象的不同，分为预应力拉杆加固及预应力撑杆加固。预应力拉杆加固主要用于一般梁板结构、框架结构、桁架结构、网架结构及大偏心受压结构；预应力撑杆加固主要用于轴心受压及小偏心受压框架柱。预应力拉杆加固根据加固目的及被加固结构受力要求的不同又分为水平式（或直线式）、下撑式（或折线式）及混合式等几种拉杆布置方式。

6.5.1 设计规定

(1) 外加预应力加固法适用于下列场合的梁、柱板和桁架的加固。

① 原构件截面偏小或需要增加其使用荷载。

② 原构件需要改善其使用性。

③ 原构件处于高应力、应变状态，且难以直接卸除其结构上的荷载。

(2) 混凝土构件采用预应力工程的施工方法，应根据设计规定的预应力大小和工程条件进行选择。预应力值较大时宜用机张法；若张拉力值较小，且张拉工艺允许时，可采用人工张拉法。必要时，还可辅以花篮螺栓收紧；当采用预应力撑杆时，宜采用横向拉紧螺栓建立预应力。

(3) 当采用外加预应力方法对钢筋混凝土结构、构件进行加固时，其原构件的混凝土强度等级应基本符合现行国家标准《混凝土结构设计规范》(GB 50010—2010) 对预应力结构混凝土强度等级的要求。

(4) 当采用此方法加固混凝土结构时，其新增的预应力拉杆、撑杆、缀板以及各种紧固件和锚固件等均应进行可靠的防锈蚀处理。

(5) 采用此方法加固的混凝土结构，其长期使用的环境温度不应高于60℃。

(6) 当被加固构件的表面有防火要求时，应按现行国家标准《建筑防火设计规范》(GB 50016—2014) 规定的耐火等级及耐火极限要求，对预应力构件及其连接进行防护。

(7) 采用外加预应力方法加固混凝土结构时，应根据被加固构件的受力性质、构造特点和现场条件，选择适用的预应力方法。

① 对正截面受弯承载力不足的梁、板构件，可采用预应力水平拉杆进行加固；正截面和斜截面均需加固的梁式构件，可采用预应力下撑式拉杆进行加固；若工程需要，且构造条件允许，也可同时采用水平拉杆和下撑式拉杆进行加固。

② 对受压承载力不足的轴心受压柱、小偏心受压柱以及弯矩变号的大偏心受压柱，可采用双侧预应力撑杆进行加固；若弯矩不变号，也可采用单侧预应力撑杆进行加固。

③ 对桁架中承载力不足的轴心受拉构件和偏心受拉构件，可采用预应力拉杆进行加固；对受拉钢筋配置不足的大偏心受压柱，也可采用预应力拉杆进行加固。

6.5.2 加固计算

当采用预应力钢拉杆加固钢筋混凝土梁板时，加固结构的性能和受力特征，与后张无黏结预应力结构相近，尤其是当拉杆紧贴梁板底面布置时，承载力可近似按后张无黏结预应力结构计算。然而，当拉杆布置在构件侧面时，或虽布置在构件底面但与构件之间存在空隙时，则属于体外张拉。此种情况，由于拉杆不随同梁一道挠曲，荷载所引起的拉杆应变和应力增值，远较一般预应力梁板结构为小，致使拉杆不能充分发挥作用。预应力拉杆加固梁板，属于超静定结构，其内力可根据拉杆和原构件的变形协调条件求解；加固结构的承载力，主要取决于压弯状态下原构件的承载力。具体步骤如下。

(1) 根据梁中正截面大偏心受压承载力要求，按下列公式，计算拉杆所需承担的轴向拉力 N_p：

$$N_p = f_c bx + f'_y A'_s - f_y A_s$$

$$N_p \left[\eta\left(\frac{M}{N_p} - c\right) + h_0 - y\right] = f_c bx\left(h_0 - \frac{x}{2}\right) + f_y A'_s (h_0 - a'_s)$$

式中　N_p——拉杆轴拉力设计值；

M——加固梁弯矩设计值；

η——偏心距增大系数，可近似取 $\eta=1.1$；

c——跨中拉杆至截面重心的等效距离。

预应力拉杆加固梁受力简图如图 6-5 所示。

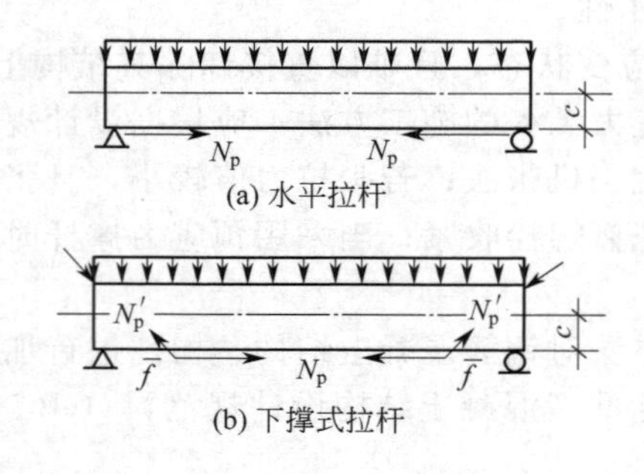

图 6-5 预应力拉杆加固梁受力简图

(2) 根据加固梁达极限状态时拉杆的应力值，按下列公式计算拉杆的截面面积：

$$N_p \leqslant A_p \sigma_p$$

拉杆应力设计值可分别按下列情况计算。

当拉杆紧贴梁底面布置，且能随同梁一道挠曲时：对于 HPB235 级和 HRB335 级钢筋，取 $\sigma_p=f_{py}$；对于碳素钢丝、钢绞线，取 $\sigma_p=\sigma_{pe}+140\sim180\text{N/mm}^2$，但不大于 f_{py}。

(3) 根据控制应力，分别按下列公式计算拉杆横向张拉、竖向张拉量 Δ 值。

对于无撑棍水平拉杆：

$$\Delta=L\sqrt{\left(\frac{\sigma_{con}}{E_s}+1\right)^2-1}$$

对于设置撑棍水平拉杆：

$$\Delta=\frac{L}{n}\sqrt{\left(\frac{\sigma_{con}}{E_s}+1\right)^2-1}$$

仅两端设置：

$$\Delta=(L-2a)\sqrt{\left[\frac{\sigma_{con}L}{(L-2a)E_s}+1\right]^2-1}$$

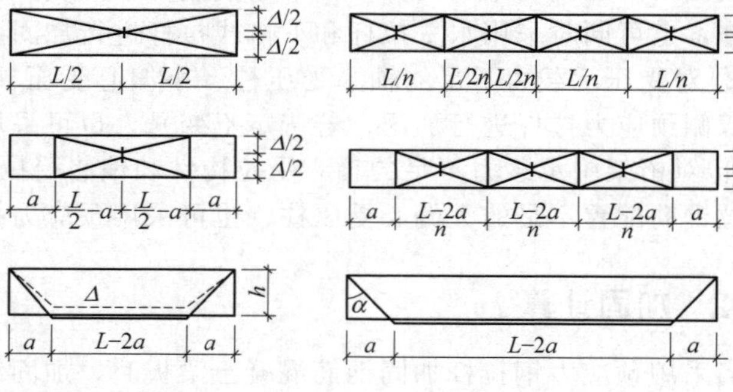

图 6-6 预应力拉杆横向张拉量计算图

预应力拉杆横向张拉量计算图如图 6-6 所示。

对于下撑式拉杆，两点竖向张拉：

$$\Delta=\sqrt{\left[\sqrt{h^2+a^2}+\left(\sqrt{h^2+a^2}+\frac{L}{2}-a\right)\frac{\sigma_{con}}{E_s}\right]^2-a^2}-h$$

n 等分设撑棍横向张拉：

$$\Delta=\frac{L-2a}{n}\sqrt{\left\{\frac{\sigma_{con}}{E_s}\left[1+\frac{1}{\left(\frac{L}{2a}-1\right)\cos\alpha}\right]+1\right\}^2-1}$$

(4) 根据加固后的实际内力值，按下列公式验算梁端斜截面受剪承载力：

$$V-V_{p}\leqslant V_{cs}+0.05N_{p}$$

$$V_{p}=\begin{cases}0 & \text{（水平拉杆）}\\ N_{p}\dfrac{\sin\alpha}{1+2\mu\sin\dfrac{\alpha}{2}} & \text{（下撑式拉杆）}\end{cases}$$

$$V_{cs}=\begin{cases}0.7f_{t}bh_{0}+f_{yv}\dfrac{A_{sv}}{s}h_{0} & \text{（一般梁）}\\ \dfrac{1.75}{\lambda+1.5}f_{t}bh_{0}+f_{yv}\dfrac{A_{sv}}{s}h_{0} & \text{（集中荷载下的独立梁）}\end{cases}$$

式中　V——梁剪力设计值；

V_{p}——下撑式拉杆拉力 N_{p} 所产生的梁端剪力设计值；

λ——计算截面的剪跨比；

f_{t}——混凝土受拉强度设计值。

（5）预应力撑杆加固柱的受力，与非预应力加固柱有所不同。加固时，对撑杆所加预压应力，实质上是将原柱所受部分荷载，等量地转移到撑杆，致使原柱应力、应变超前和撑杆应力、应变滞后现象大为缓解，只要预压应力选取得当，理论上可完全消失。因此，从实用简化考虑，对于一般型钢预应力撑杆加固柱，截面承载力可近似按二次制作、一次受力结构计算。即当预应力撑杆与原柱采用湿式连接时，按湿式外包钢相应公式计算；当采用干式连接时，按干式外包钢相应公式计算。

$$\Delta=H\sqrt{\left(\frac{\sigma'_{con}}{E_{s}}+1\right)^{2}-1}$$

6.5.3　构造规定

（1）预应力加固法构造设计的方法　采用预应力拉杆进行加固时，其构造设计应考虑施工采用的张拉方法。当采用机张法时，应按现行国家标准《混凝土结构设计规范》（GB 50010—2010）及《混凝土结构工程施工质量验收规范》（GB 50204—2015）的规定进行设计；当采用横向张拉法时，应按下列规定进行设计。

① 采用预应力水平拉杆或下撑式拉杆加固梁，且加固的张拉力在 150kN 以下时，可采用两根直径为 12～30mm 的 HPB235 级钢筋；若加固的预应力较大，应采用 HRB335 级钢筋。当加固梁的截面高度大于 600mm 时，应用型钢拉杆。

采用预应力拉杆加固桁架时，可用 HRB335 级钢筋、HRB400 级钢筋、精轧螺纹钢筋、碳素钢丝或钢绞线等高强度钢材。

② 预应力水平拉杆或预应力下撑式拉杆中部的水平段距离被加固梁或桁架下缘的净空宜为 30～80mm。

③ 预应力下撑式拉杆（图 6-7）的斜段宜紧贴在被加固梁的梁肋两旁；在被加固梁下应设厚度不大于 10mm 的钢垫板，其宽度宜与被加固梁宽相等，其梁跨度方向的长度不应小于板厚的 5 倍；钢垫板下应设直径不小于 20mm 的钢筋棒，其长度不应小于被加固梁宽加 2 倍拉杆直径再加 40mm；钢垫板宜用结构胶固定位置，钢筋棒可用点焊固定位置。

④ 预应力拉杆端部的锚固构造如下：被加固构件端部有传力预埋件可利用时，可将预应力拉杆与传力预埋件焊接，通过焊缝传力；当无传力预埋件时，宜焊制专门的钢套，套在混凝土构件上与拉杆焊接。钢套箍可用型钢焊成，也可用钢板加焊加劲肋。钢套箍与混凝土

构件间的空隙，应用细石混凝土填塞。钢套箍对构件混凝土的局部受压承载力应经验算合格。

⑤ 横向张拉应采用工具式拉紧螺杆。拉紧螺杆的直径应按张拉力的大小计算确定，但不应小于16mm，其螺帽的高度不得小于螺杆直径的1.5倍。

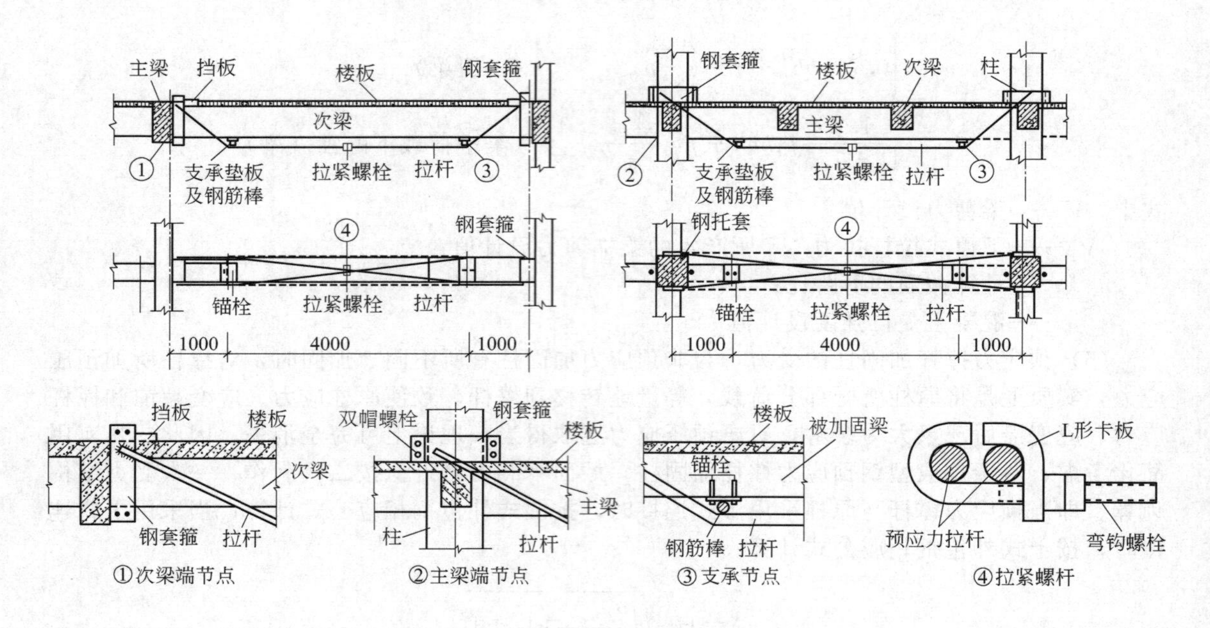

图 6-7　预应力下撑式拉杆构造

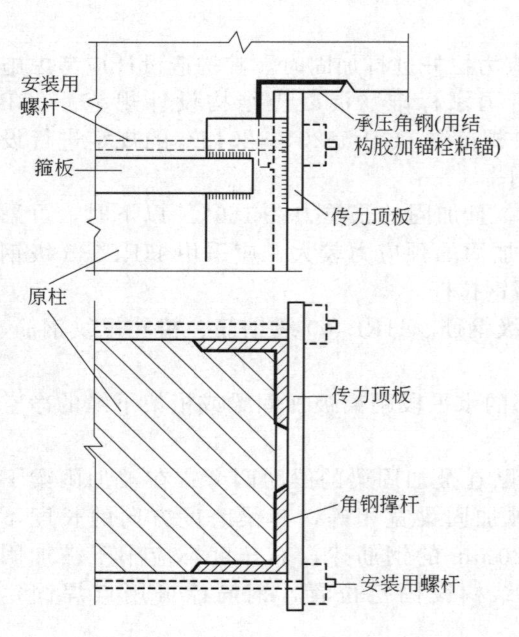

图 6-8　撑杆端传力构造

（2）预应力加固法构造设计的规定　采用预应力撑杆进行加固时，其构造设计应遵守下列规定。

① 预应力撑杆用的角钢，其截面不应小于50mm×50mm×5mm；压杆肢的两根角钢用缀板连接形成槽形的截面；也可用单根槽钢作压杆肢。板的厚度不得小于6mm，宽度不得小于80mm，其长度应按角钢与被加固柱之间的空隙大小确定。相邻缀板间的距离应保证单个角钢的长细比不大于40。

② 压杆肢末端的传力构造（图 6-8），应采用焊在压杆肢上的顶板与承压角钢顶紧，通过抵承传力。承压角钢嵌入被加固柱的柱身混凝土或柱头混凝土内不应少于25mm。传力顶板宜用厚度不小于16mm的钢板，其与角钢肢焊接的板面及与承压角钢抵承的面均应刨平。承压角钢截面不得小于100mm×75mm×12mm。

③ 当预应力撑杆采用螺栓横向拉紧的施工方法时，双侧加固的撑杆，其两个压杆肢的中部应向外弯折，并且应在弯折处采用工具式拉紧螺杆建立预应力并复位［图 6-9(a)］。单侧加

固的撑杆只有一个压杆肢，仍应在中点处弯折，并且应采用工具式拉紧螺杆进行横向张拉与复位［图 6-9(b)］。

④ 压杆肢的弯折与复位应符合下列规定：弯折压杆肢前，应在角钢的侧立肢上切出三角形缺口，缺口背面，应补焊钢板加强（图 6-10）；弯折压杆肢的复位应采用工具式拉紧螺杆，其直径应按张拉力的大小计算确定，但不应小于 16mm，其螺帽高度不应小于螺杆直径的 1.5 倍。

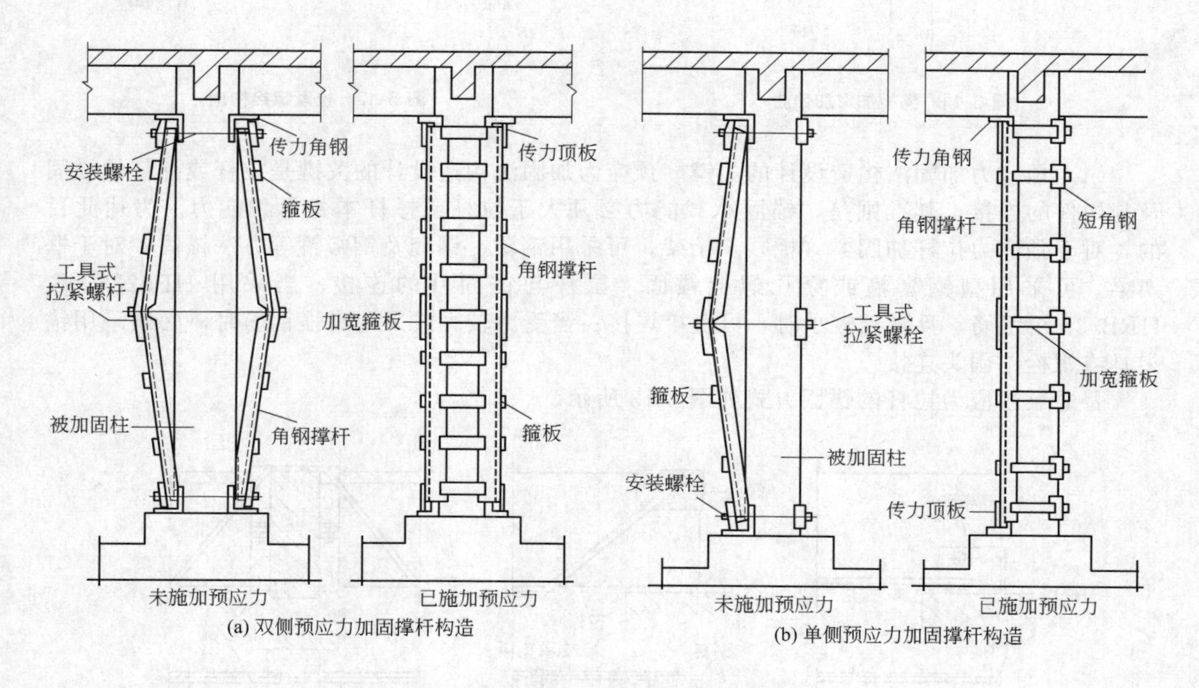

图 6-9 钢筋混凝土柱预应力加固撑杆构造

（3）预应力拉杆端部的锚固构造

① 被加固构件端部有传力预埋件可利用时，可将预应力拉杆与传力预埋件焊接，通过焊缝传力。

② 如无传力预埋件时，宜焊制专门的钢套箍，套在混凝土构件上与拉杆焊接。钢套箍可用型钢焊成，也可用钢板加焊加劲肋。钢托套与混凝土构件间的空隙，应用细石混凝土砂浆填塞密实。钢托套对构件混凝土的局部受压承载能力应经验算合格。横向张拉通过拧紧螺栓的螺帽进行。拉紧螺栓的直径不得小于 16mm，其螺帽的高度不得小于螺杆直径的 1.5 倍。

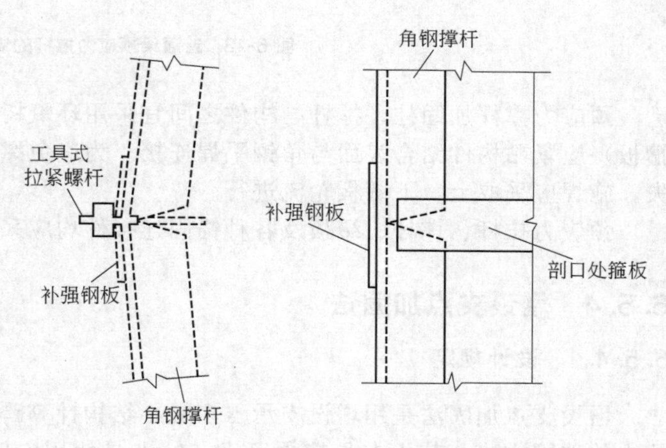

图 6-10 角钢缺口处加焊钢板补强

钢板加焊加劲肋如图 6-11 所示。拉紧螺栓构造如图 6-12 所示。

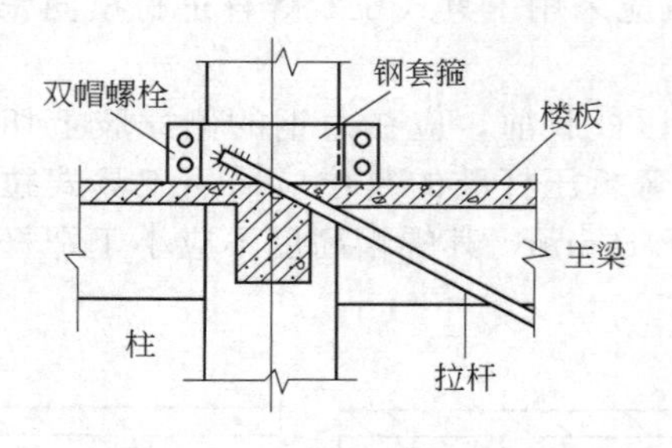

图 6-11 钢板加焊加劲肋

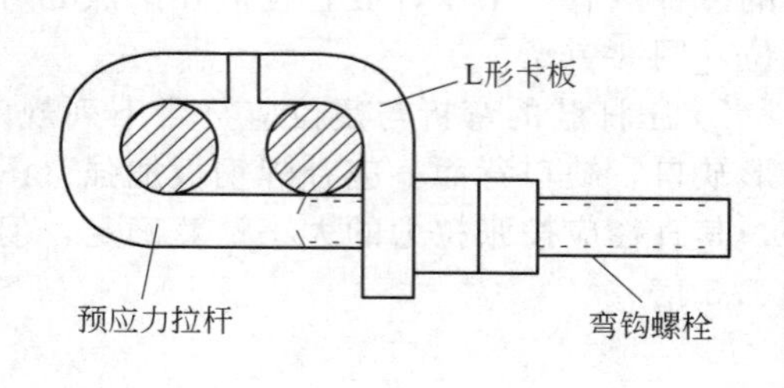

图 6-12 拉紧螺栓构造

(4) 预应力加固法构造设计的关键 预应力加固法构造设计的关键是拉杆或撑杆的锚固及与构件的连接，其准则是，锚固承载能力必须大于拉杆或撑杆本身承载能力。为达此目的，对于预应力拉杆加固梁（板）及桁架，可采用钢靴、钢套及钢板箍等方法锚固；对于框架梁，可采用型钢套箍或穿孔螺栓锚固。拉杆与锚固件的连接，当采用 HPB235 级、HRB335 级钢筋，且直径较小时，可直接焊接；当受力较大或采用高强钢筋时，必须采用锚夹具或螺栓锚固头连接。

普通梁预应力拉杆的锚固方式如图 6-13 所示。

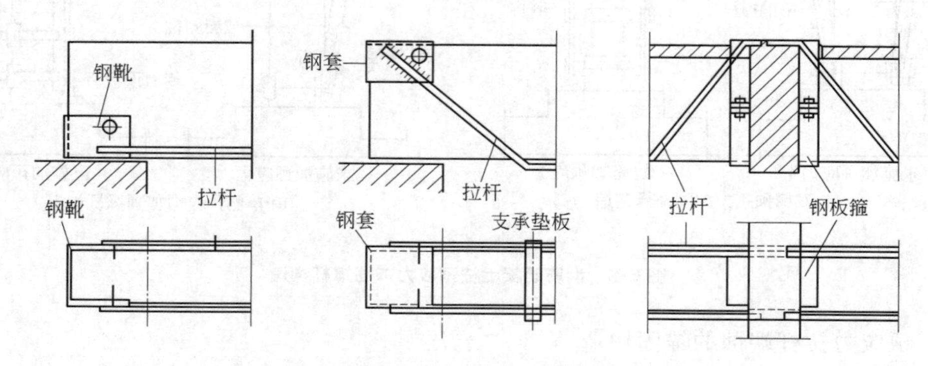

图 6-13 普通梁预应力拉杆的锚固方式

预应力撑杆加固柱，撑杆与构件之间宜采用环氧树脂灌浆湿式连接，此时，缀板（连接箍板）应紧贴构件结合表面与角钢平焊连接。为避免撑杆因焊接受热而产生过大的预应力损失，施焊应采取上、下缀板轮流进行。

预应力拉杆、撑杆、缀板及各种锚固连接件均应采用有效的防腐、防火保护措施。

6.5.4 增设支点加固法

6.5.4.1 设计规定

增设支点加固法是用增设支承点来减小结构计算跨度，达到减小结构内力和提高其承载能力的加固方法。其优点是简单可靠，缺点是使用空间会受到一定影响。这种方法适用于梁、板、桁架、网架等水平结构的加固。该法按支承结构的变形性能，又分为刚性支点和弹性支点两种情况。刚性支点法是通过支承结构的轴心受压或轴心受拉将荷载直接传给基础或柱子的一种加固方法。由于支承结构的轴向变形远远小于被加固结构的挠曲变形，对被加固结构而言，支承结构可简化按不动支点考虑，结构受力较为明确，内力计算大为简化；弹性支点法是以支承结构的受弯或桁架作用间接传递荷载的一种加固方法。由于支承结构和被加固结构的变形同属一数量级，支承结构只能按可动点——弹性支点考虑，内力分析较为复杂。相对而言，刚性支点加固对结构承载能力提高影响较大，弹性支点加固对结构使用空间影响较小。增设支点加固法支承结构所受外力，应根据被加固结构是否预加支承力，分为两种情况计算。对于有预加支承力时，预加支承力可视作外力计算，由于此力与外荷载方向相反，因此，对结构内力减小较多；对于无预加支承力时，在正常使用工作状态下被加固结构所能传给支承结构的力，一般只是加固后使用中所增加的荷载的部分荷载，对结构内力减小有限。因此，除新增荷载量值较大情况外，为充分发挥支承结构潜力，提高结构加固效果，在增设支点的同时，一般都要采用预加支承力或卸荷等辅助措施，尤其是弹性支点加固。

增设支点加固法，对支承结构与被加固结构在支承点的连接及支承结构尽端的固定，应根据支承结构的类型及受力性质的不同，分别采用干式连接、湿式连接及混合连接。当支承结构为型钢时，可采用干式连接；当支承结构为钢筋混凝土时，可采用湿式连接或混合连接，是在支承点或固定点相应部位的梁或柱截面上用型钢箍或螺栓箍箍结，再将支承结构与型钢箍焊接，使其结为一体；是在支承点或固定点的相应部位用钢筋箍或混凝土围套，将支承结构与被加固结构结为一体。钢筋箍可为 n 形，也可为 r 形，但应绕过并卡住整个梁截面，并且与支柱或支承中的受力钢筋焊接，钢筋箍直径应由计算确定。混合连接是以短角钢用螺栓锚固于固定点的相应部位（框架梁一般选在梁根部），再将受压斜撑外伸受力钢筋与短角钢焊接，最后浇筑混凝土使其结为一体。节点的后浇混凝土强度等级不应低于 C25。支承结构尽端直接支承于地面时，应按一般地基基础构造要求设置基础。

6.5.4.2 增设支点加固梁板计算

（1）对于用刚性支点加固梁（板），结构计算应按下列步骤进行。

① 计算并绘制加固前原梁的内力图。

② 计算并绘制加固后在新增荷载作用下的内力图。

③ 将上述两项内力叠加，并且与梁截面实际承载力进行对比。

（2）对于弹性支点加固梁板，应先计算出所需支点弹性反力，然后根据此力确定支承结构所需刚度及截面面积。

新增荷载下，被加固梁与支承梁间的弹性支点反力 X，可根据支承点处的变形协调条件求解。下面提供了几种常见荷载的反力值 X 及相应的刚度比值 B_1/B_2。刚性支点如图 6-14 所示。

① 均布荷载

$$\frac{5qL^4}{384B_1}-\frac{XL^3}{48B_1}=\frac{XL^3}{48B_2}$$

$$\frac{X}{48}\left(1+\frac{B_1}{B_2}\right)=\frac{5qL}{384}$$

$$X=\frac{5qL}{8}\Big/\left(1+\frac{B_1}{B_2}\right)$$

$$\frac{B_1}{B_2}=\frac{5qL}{8X}-1$$

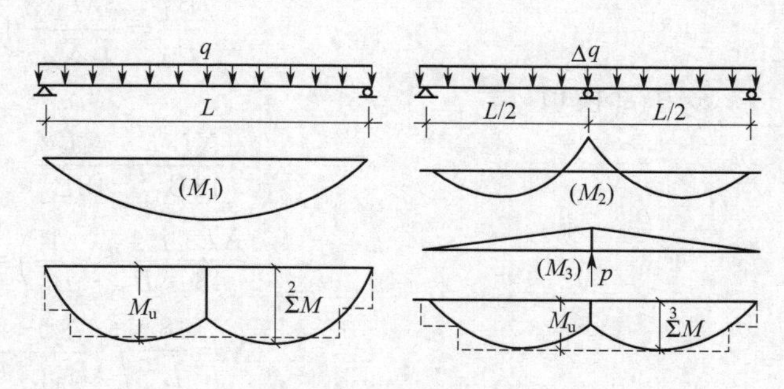

图 6-14 刚性支点

原梁承担弯矩：

$$M_1=\frac{qL^2}{8}-\frac{5qL^2}{16\times4}=\frac{3qL^2}{64}$$

支承梁承担弯矩：

$$M_2=\frac{XL}{4}=\frac{5qL^2}{64}$$

由此可以看出，支承梁仅承担一部分荷载，而且是加固后新增荷载的一部分荷载。因此，弹性支点加固效果是非常有限的。

原梁单独承担时弯矩：

$$M_{\max}^0=\frac{qL^2}{8}$$

$$M_1+M_2=M_{\max}^0$$

② 局部均布荷载

$$\frac{qa^2LL/2}{24B_1}\left[2-\left(\frac{a}{L}\right)^2-\frac{1}{2}\right]=\frac{XL^3}{48}\left(\frac{1}{B_1}+\frac{1}{B_2}\right)$$

$$X=\frac{qa^2}{L}\left[1.5-\left(\frac{a}{L}\right)^2\right]\Big/\left(1+\frac{B_1}{B_2}\right)$$

$$\frac{B_1}{B_2}=\frac{qa^2}{LX}\left[1.5-\left(\frac{a}{L}\right)^2\right]-1$$

③ 集中荷载

$$\frac{PaL^2}{6B_1}\left[(\xi-\xi^3)-\left(\frac{a}{L}\right)^2\xi\right]=\frac{PaL^2}{6B_1}\left[\frac{1}{2}-\frac{1}{8}-\frac{1}{2}\left(\frac{a}{L}\right)^2\right]$$

$$=\frac{PaL^2}{48B_1}\left[3-4\left(\frac{a}{L}\right)^2\right]=\frac{XL^3}{48}\left(\frac{1}{B_1}+\frac{1}{B_2}\right)$$

$$X=P\ \frac{a}{L}\left[3-4\left(\frac{a^2}{L}\right)\right]\Big/\left(1+\frac{B_1}{B_2}\right)$$

$$\frac{B_1}{B_2}=\frac{Pa}{LX}\left[3-4\left(\frac{a}{L}\right)^2\right]-1$$

④ 端弯矩

$$\frac{M_0L^2}{12B_1}\left(2-\frac{3}{2}+\frac{1}{4}\right)=\frac{M_0L^2}{48B_1}3=\frac{XL^3}{48}\left(\frac{1}{B_1}+\frac{1}{B_2}\right)$$

$$X=\frac{3M_0}{L}\Big/\left(1+\frac{B_1}{B_2}\right)$$

$$\frac{B_1}{B_2}=\frac{3M_0}{LX}-1$$

⑤ 中部楔顶

$$\frac{XL^3}{48B_1}+\frac{XL^3}{48B_2}=\Delta$$

$$\frac{XL^3}{48}\left(\frac{1}{B_1}+\frac{1}{B_2}\right)=\Delta$$

$$X=\frac{48\Delta}{L^3}\Big/\left(\frac{1}{B_1}+\frac{1}{B_2}\right)$$

$$\frac{B_1}{B_2}=\frac{48\Delta}{L^3X}B_1-1$$

中部楔顶是充分发挥弹性支点加固潜力的有效手段。

砌体结构加固

7.1 砌体柱外加预应力撑杆工程

7.1.1 一般规定

当原砌体柱应力较高或变形较大而外加荷载又难以卸除时，可采用外加预应力撑杆进行加固。

当采用外加预应力撑杆加固砌体柱时，宜选用两对角钢组成的双侧预应力撑杆的加固方式（图 7-1）。

当按现行规范的要求施加预应力时，可不考虑原柱应力水平对加固效果的影响。

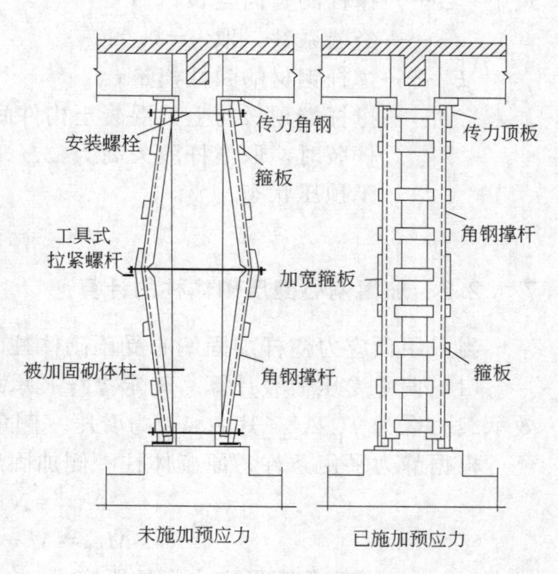

图 7-1　预应力撑杆加固方式

7.1.2 计算方法

7.1.2.1 加固轴心受压砌体柱的计算

当采用预应力撑杆加固轴心受压砌体柱时，应按下列步骤进行设计计算。

（1）内力计算

① 确定砌体柱加固后需承受的轴向压力设计值 N。

② 根据原柱可靠性鉴定结果确定其轴心受压承载力 N_0

③ 计算需由撑杆承受的轴向压力设计值 N_1。

$$N_1 = N - N_0 \tag{7-1}$$

（2）截面计算　预应力撑杆的总截面面积 N_1，应按下式计算：

$$N_1 \leqslant \varphi_a f'_{py} A'_p \tag{7-2}$$

式中　φ_a——撑杆构架的稳定系数；

f'_{py}——撑杆角钢的抗压强度设计值；

A'_p——撑杆的总截面面积。

（3）承载能力验算　预应力撑杆加固后的砌体柱轴心受压承载力 N，可按下式计算：

$$N \leqslant \varphi_0 (A_m f + A'_p f'_{py}) \tag{7-3}$$

式中　φ_0——原柱轴心受压的稳定系数，应按现行国家标准《砌体结构设计规范》（GB 50003—2011）的规定值采用；

A_m——原柱的截面面积；

f——砌体轴心抗压强度设计值。

若验算结果不满足设计要求，可加大撑杆截面面积，再重新验算。

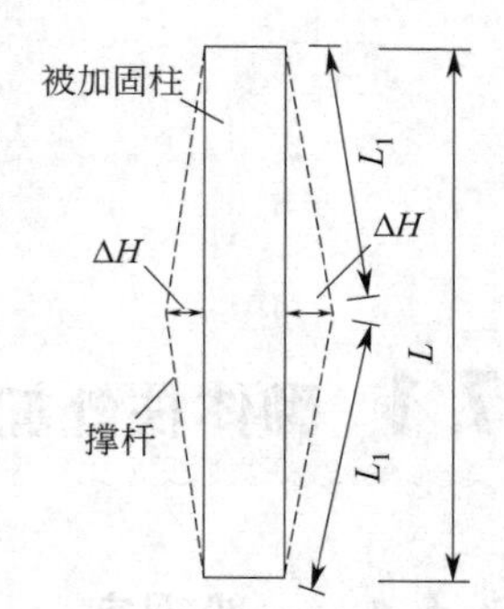

图 7-2　预应力撑杆肢横向张拉量

（4）缀板计算　缀板可按现行国家标准《钢结构设计规范》（GB 50017—2017）进行计算，其尺寸和间距尚应保证在施工期间受压肢（单根角钢）不致失稳。

（5）确定预加压应力值　施工时的预加压应力值 σ'_p，应按下列公式确定：

$$\sigma'_p \leqslant \varphi_1 f'_{py} \tag{7-4}$$

$$0.4 f'_{py} \leqslant \sigma'_p \leqslant 0.7 f'_{py} \tag{7-5}$$

式中　φ_1——用横向张拉法时，压杆肢的稳定系数，其计算长度取压杆肢全长的 1/2。

（6）计算施工的张拉控制量　当用横向张拉法（图 7-2）安装撑杆时，其横向张拉控制量 ΔH，可按下式确定：

$$\Delta H = 0.5L \sqrt{2\sigma'_p / \eta E_a} + \delta \tag{7-6}$$

式中　L——撑杆的竖向全长；

η——经验系数，取 $\eta = 0.9$；

E_a——撑杆钢材的弹性模量；

δ——撑杆端顶板与上部混凝土构件间的压缩量，一般取 δ 为 5～7mm。实际弯折撑杆肢时，取撑杆肢矢高为 ΔH + 3～5mm，但施工中只收紧 ΔH，以使撑杆处于预压状态。

7.1.2.2　加固偏心受压砌体柱的计算

当采用预应力撑杆加固偏心受压砌体柱时，应按下列步骤进行设计计算。

（1）偏心受压荷载计算　确定撑杆肢承载力，可先试用两根较小的角钢作撑杆肢，其有效承载力取为 $f'_{py} A'_{p1}$（其中 A'_{p1} 为受压一侧角钢的总截面面积）。

根据静力平衡条件，原砌体柱一侧加固后需承受的偏心受压荷载为：

$$N_{01} = N - 0.9 f'_{py} A'_{p1} \tag{7-7}$$

$$M_{01} = M - 0.9 f'_{py} A'_{p1} a / 2 \tag{7-8}$$

式中　a——两侧角钢形心之间的距离。

（2）偏心受压柱加固后承载力验算　按现行国家标准《砌体结构设计规范》（GB 50003—2011）验算原砌体柱在 N_{01} 和 M_{01} 作用下的承载力。

当原砌体柱的承载力不满足上述验算要求时，可加大角钢截面面积，并且重新进行验算。

（3）缀板计算　缀板的设计应符合现行国家标准《钢结构设计规范》（GB 50017—2017）的要求，并且应保证撑杆肢的角钢在施工中不致失稳。

（4）确定施工时预加压应力值　施工时，宜取撑杆的预加压应力值 σ'_p 为 50～80N/mm^2。

（5）计算横向张拉量　横向张拉量 ΔH 的计算和要求，按现行规范确定。

（6）按受压荷载较大一侧计算出需要的角钢截面后，柱的另一侧也用同规格角钢组成压杆肢，使撑杆的两侧的截面对称。

角钢撑杆加固的预顶力应控制在柱各阶段所受竖向恒荷载标准值的 0.9 倍以内，以免原砌体柱被顶裂。

7.1.3　构造规定

预应力撑杆用的角钢，其截面尺寸不应小于 60mm×60mm×6mm。压杆肢的两根角钢应用钢缀板连接，形成槽形截面，缀板截面尺寸不应小于 80mm×6mm。缀板间距应保证单肢角钢的长细比不大于 40。

撑杆肢上端的传力构造及预应力撑杆横向张拉的构造，可参照现行国家标准《混凝土结构加固设计规范》（GB 50367—2013）进行设计。

7.1.4　施工和验收

7.1.4.1　一般规定

适用于抗震烈度为 7 度及 7 度以下地区砌体柱外加双侧预应力撑杆（简称撑杆）工程的施工过程控制和施工质量验收。

（1）施工过程控制　砌体柱外加撑杆的施工程序应符合下列规定。

① 清理原结构、构件。

② 划线标定预应力撑杆的位置。

③ 制作撑杆（含传力构造）及张拉装置。

④ 剔除有碍安装的局部砌体并加以补强。

⑤ 安装撑杆及张拉装置。

⑥ 施加预应力（预顶力）。

⑦ 焊接固定撑杆。

⑧ 施工质量检验。

⑨ 防护面层施工。

若原结构、构件的基础为毛石或条石基础（图 7-3），或虽为砖基础，但外观质量很差，应在清理原结构、构件后，增加一个加固基础的施工程序。其一般做法是在原基础上增设钢筋混凝土围套，围套内应按设计要求设置箍筋及纵向构造筋。围套应采用强度等级不低于 C20 的混凝土现浇而成。

（2）施工质量验收　检查数量和检验方法如下。

检查数量：全数检查。

检验方法：检查设计、施工图纸和施工记录。

外加撑杆焊接时，其施工环境应符合现行行业标准《钢结构焊接规范》（GB 50661—

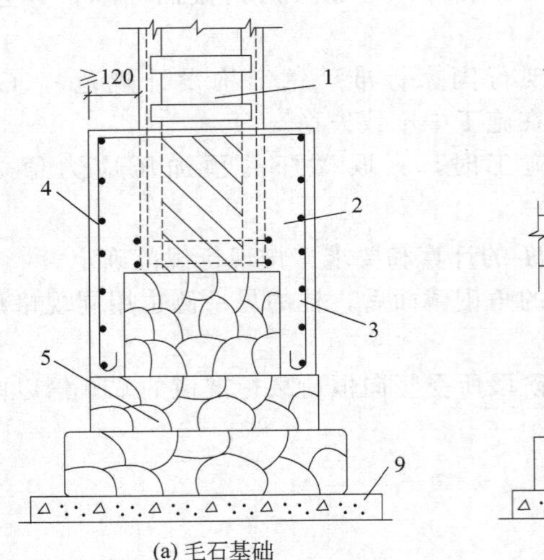

(a) 毛石基础

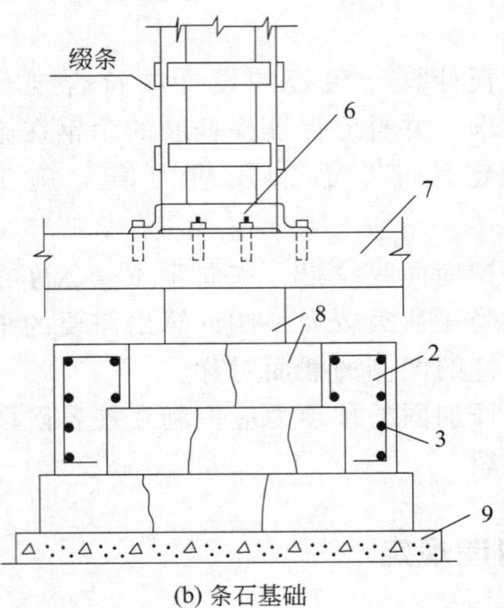

(b) 条石基础

图 7-3 毛石、条石基础加设围套处理示意图

1—被加固砌体柱；2—混凝土围套；3—箍筋；4—构造钢筋；5—毛石基础；

6—柱脚加劲角钢；7—地梁；8—条石；9—素混凝土垫层

2011）的要求。

7.1.4.2 界面处理

（1）主控项目　原结构、构件经按现行规范的要求清理后，应根据贴合角钢的需要，将砌体构件表面打磨平整，截面四个棱角还应打磨成圆角。其半径取 15～25mm，以角钢能贴紧原构件表面为度。

检查数量：全数检查。

检验方法：试安装角钢肢，检查其平整度与贴合程度。

（2）一般项目　当原构件的砌体表面平整度很差，且打磨有困难时，可在原构件表面清理洁净并剔除勾缝砂浆后，采用 M15 级水泥砂浆找平，但应在改变现行规范的做法前，征得设计单位同意。

检查数量：全数检查。

检验方法：观察，并且通知设计单位参与检查。

7.1.4.3 撑杆制作

（1）主控项目

① 预应力撑杆及其部件宜在现场就近制作。制作前应在原构件表面划线定位，并且按实测尺寸下料、编号。

检查数量：全数检查。

检验方法：观察，检查编号。

② 撑杆的每侧杆肢由两根角钢组成，并且以钢缀板焊接成槽形截面组合肢（简称组合肢）。其截面尺寸及缀板尺寸、间距等应符合设计规定。

检查数量：全数检查。

检验方法：观察，钢尺量测。

③ 在组合肢中点处，应将角钢侧立翼板切割出三角形缺口，并且将组合肢整体弯折成

设计要求的形状和尺寸。然后再弯折角钢另一完好翼板的该部位，用预先弯好的补强钢板焊上。补强钢板的厚度应符合设计要求。

检查数量：全数检查。

检验方法：观察，钢尺量测。

④ 撑杆组合肢的上下端应焊有钢制抵承板（传力顶板），抵承板的尺寸和板厚应符合设计要求，且板厚不应小于 14mm。抵承板与承压板及撑杆肢的接触面应经刨平。

检查数量：全数检查。

检验方法：观察，钢尺及游标卡尺量测。

⑤ 制作撑杆肢承力构造的承压板时，应根据所采用的锚栓品种确定其构造方式。当采用埋头锚栓与上部混凝土构件锚固时，宜采用角钢制成；当采用一般锚栓时，应将承压板做成槽形（图 7-4），套在上部混凝土构件上，从两侧进行锚固。承压板的厚度应符合设计要求。承压板与抵承板相互顶紧的面，应经刨平。

检查数量：全数检查。

检验方法：观察，游标卡尺量测。

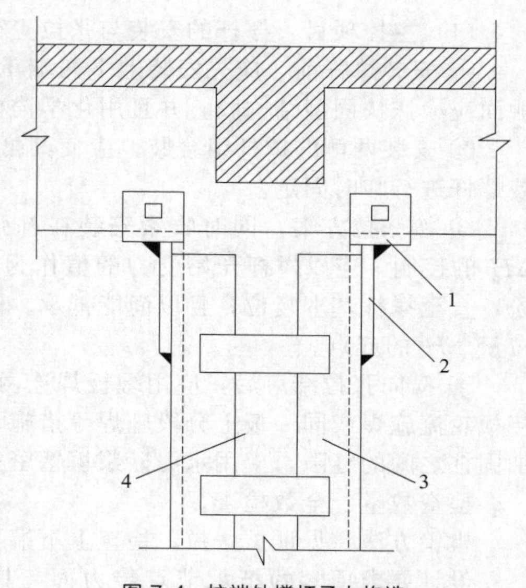

图 7-4　柱端处撑杆承力构造

1—槽形承压板；2—抵承板（传力顶板）；3—撑杆组合肢；4—被加固砌体柱

⑥ 预应力撑杆的横向张拉构造，可利用现行规范的补强钢板钻孔（图 7-5），穿以螺杆，通过收紧螺杆建立预应力。张拉用的螺杆，其净直径不应小于 18mm；其螺帽高度不应小于 1.5d（d 为螺杆公称直径）。

检查数量：全数检查。

检验方法：观察，游标卡尺量测。

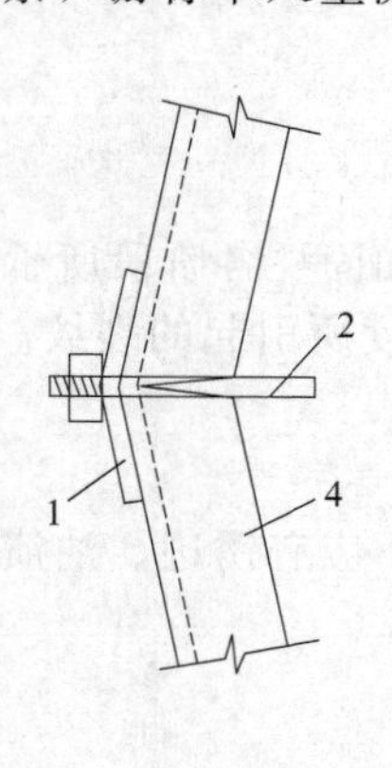

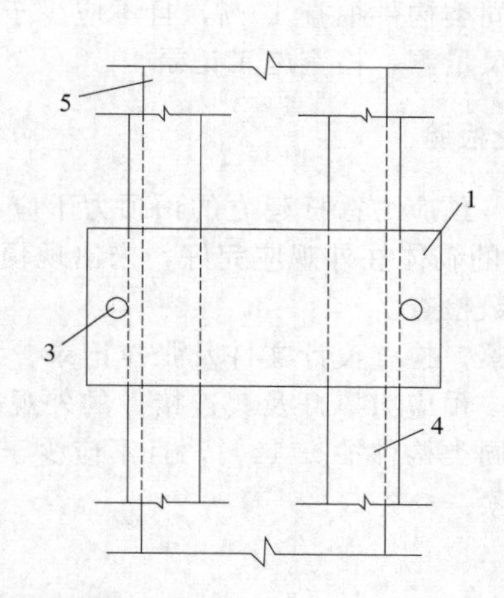

图 7-5　预应力撑杆横向张拉构造

1—补强钢板；2—拉紧螺栓；3—钻孔（供穿拉紧螺栓用）；4—撑杆；5—被加固砌体柱

⑦ 预应力撑杆钢部件及其连接的制作、加工质量应符合现行国家标准《钢结构工程施工质量验收规范》（GB 50205—2020）的规定。

检查数量及检验方法：按现行规范的规定执行。

（2）一般项目　钢部件及其连接的加工偏差应符合现行国家标准《钢结构工程施工质量验收规范》（GB 50205—2020）对加工允许偏差的规定。

检查数量及检验方法：按现行规范的规定执行。

7.1.4.4 撑杆安装与张拉

（1）主控项目 撑杆的安装与张拉应符合下列规定。

① 安装撑杆前，应先安装上下两端承压板。承压板与相连接构件（如混凝土梁）的接触面应涂抹快固型结构胶，并且用化学锚栓予以锚固。

② 安装两侧的撑杆组合肢，应使其抵承板抵紧于承压板上，然后用穿在抵承板中的安装螺杆进行临时固定。

③ 按张拉方案，同时收紧安装在补强钢板两侧的螺杆，进行横向张拉。横向张拉量 ΔH 的控制，应以撑杆开始受力的值作为张拉的起始点。为此，宜先拧紧螺杆，再逐渐放松，直至撑杆基本复位，且以尚能抵承，但无松动感为度。此时的测试读数即可作为横向张拉量 ΔH 的起点。

④ 横向张拉结束后，应用缀板焊连两侧撑杆组合肢。焊接缀板时可采取上下缀板、连接板轮流施焊或同一板上分段施焊等措施，以防止预应力受热损失。焊好缀板后，撑杆与被加固柱之间的缝隙，应用水泥砂浆填塞密实。

检查数量：全数检查。

检验方法：见证试张拉，检查上下端顶紧质量及张拉记录。

设计要求顶紧的抵承节点传力面，其顶紧的实际接触面积不应少于设计接触面积的80%，且边缘最大缝隙不应大于0.8mm。

检查数量：按抵承节点数抽查10%，且不应少于5个。

检验方法：用塞尺检查。

（2）一般项目 撑杆及其连接件安装的偏差应符合现行国家标准《钢结构工程施工质量验收规范》（GB 50205—2020）对安装允许偏差的规定。

检查数量：按同类构件抽查10%，且不应少于3件。

检验方法：钢尺量测，检查施工记录。

7.1.4.5 施工质量检验

（1）主控项目 预应力撑杆建立的预顶力不应大于加固柱各阶段所承受的恒荷载标准值的90%，且被加固的砌体柱外观应完好，未出现预顶过度所引起的裂纹。

检查数量：全数检查。

检验方法：观察，检查设计文件及张拉记录。

（2）一般项目 预应力撑杆及其连接件的外观表面不应有锈迹、油渍和污垢。

检查数量：按同类构件抽查10%，且不应少于3件。

检验方法：观察。

7.2 砌体构件外加钢筋网-砂浆面层工程

7.2.1 一般规定

外加钢筋网片水泥砂浆面层加固法适用于各类砌体墙、柱的加固。一般情况下，新增的外加面层，其钢筋网片在墙上的固定，宜采用穿墙的S形钢筋或不穿墙的U形钢筋拉结的夹板形式（图7-6）；对独立柱和窗间墙宜采用围套形式；对非承重墙，也可采用仅在墙的内侧增设以种植异形销钉或尼龙锚栓拉结钢筋网片的形式。

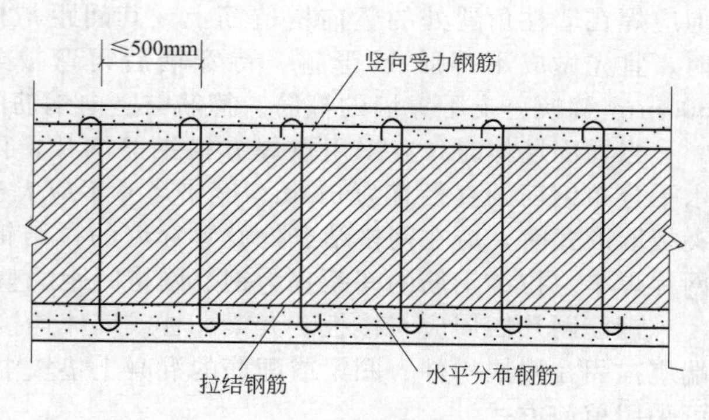

图 7-6 钢筋网片水泥砂浆面层

当采用外加钢筋网片水泥砂浆面层加固砌体构件时，原构件的应力水平 $\beta_m>0.85$，应在加固前采取措施卸载，使 β_m 小于此限值。

块材严重风化（酥碱）的砌体，不应采用钢筋网水泥砂浆进行加固。

7.2.2 计算方法

7.2.2.1 加固轴心受压砌体构件的验算

当采用外加钢筋网片水泥砂浆面层加固轴心受压砌体构件时，其加固后正截面承载力的验算，可按现行规范规定的方法进行，但计算公式中的混凝土强度指标及 σ_c 和 σ_s 两个参数，应按下列规定予以更改。

（1）应取同强度等级（C15～C50）混凝土轴心抗压强度设计值的 70%，作为 M15～M50 水泥砂浆轴心抗压强度设计值。

（2）水泥砂浆的强度利用系数 σ_c，对砖砌体，取 $\sigma_c=0.85$；对混凝土空心小型砌块砌体，取 $\sigma_c=0.75$。

（3）钢筋的强度利用系数 σ_s 取 0.9。

7.2.2.2 加固偏心受压砌体构件的验算

当采用外加钢筋网片水泥砂浆面层加固偏心受压砌体构件时，其加固后正截面承载力的验算，可按现行规范规定的方法进行。但其计算公式中的混凝土强度指标及 σ_c 和 σ_s 两个参数，应按下列规定予以更改。

（1）将同强度等级（C15～C50）混凝土轴心抗压强度设计值乘以 0.7，作为 M15～M50 水泥砂浆轴心抗压强度设计值。

（2）水泥砂浆的强度利用系数 σ_c，对砖砌体，取 $\sigma_c=0.9$；对混凝土小型空心砌块砌体，取 $\sigma_c=0.8$。

（3）钢筋的强度利用系数 σ_s 取 0.9。

根据加固计算结果确定的钢筋网片水泥砂浆面层厚度大于 50mm 时，宜改用钢筋混凝土面层，并且重新进行设计。

7.2.3 构造规定

当采用外加钢筋网片水泥砂浆面层加固砌体承重构件时，其面层厚度，对于室内正常湿度环境，应为 35～45mm；对于露天或潮湿环境，应为 45～50mm。

加固用的水泥砂浆，其强度等级，对于轴心受压构件不应低于 M10；对于偏心受压构件，不应低于 M15。

加固用的钢筋，宜采用 HPB235 级钢筋，也可采用 HRB335 级钢筋。

当加固柱和墙的壁柱时，竖向受力钢筋直径宜取 12mm，其净间距不应小于 30mm；受压钢筋一侧的配筋率不应小于 0.2%；受拉钢筋的配筋率不应小于 0.15%。柱的箍筋应采用封闭式，其直径不应小于 6mm，间距不应大于 150mm。柱的两端各 500mm 范围内，箍筋应加密，其间距可取为 100mm。在墙的壁柱中，应设两种箍筋：一种为不穿墙的 U 形筋，但应焊在墙柱角隅处的竖向构造筋上，其间距与柱的箍筋相同；另一种为穿墙箍筋，加工时，宜先做成不等肢U形箍，待穿墙后再弯成封闭式箍，其直径宜为8～10mm，每隔600mm替换一支不穿墙的箍筋。箍筋与竖向钢筋的连接应为焊接。

当加固墙体时，宜采用点焊方格钢筋网片，网片中竖向受力钢筋直径不应小于8mm；水平分布钢筋的直径宜为6mm；网格尺寸不应大于500mm。当钢筋网片水泥砂浆面层采用夹板墙形式时，应在网格结点处设置穿墙的拉结钢筋，其直径可取8mm。拉结筋应与钢筋网片焊牢。拉结钢筋的间距宜为钢筋网格间距的整倍数，并且呈梅花状布置。

钢筋网片四周应与楼板、大梁、柱或墙体连接。墙、柱加固增设的竖向受力钢筋，其上端应锚固在楼层构件、圈梁或配筋的混凝土垫块中；其伸入地下一端应锚固在基础内。锚固可采用植筋方式。

当原构件为多孔砖砌体或混凝土小砌块砌体时，应采用专门的机具和结构胶埋设穿墙的箍筋或拉结筋。若无此条件，应先在钻好的孔洞（直径不小于30mm）中，以压力灌浆法注入结构用灌浆料填实内部空隙，然后再植入钢筋。混凝土小砌块砌体不得采用单侧外加面层。

竖向受力钢筋的保护层厚度、钢筋的搭接长度和锚固长度应按现行国家标准《混凝土结构设计规范》（GB 50010—2010）的要求确定。

钢筋网的横向钢筋遇有门窗洞时，对单面加固情形，宜将钢筋弯入洞口侧面并沿周边锚固；对双面加固情形，宜将两侧的横向钢筋在洞口处闭合，且尚应在钢筋网折角处设置加固竖筋。

7.2.4 施工和验收

7.2.4.1 一般规定

本章适用于砌体构件外加钢筋网-高强度水泥砂浆面层或混凝土构件外加钢筋网-水泥复合砂浆面层加固的施工过程控制和施工质量检验。

在以下条文中，高强度等级普通水泥砂浆和高强度水泥复合砂浆分别简称为普通砂浆和复合砂浆。若现行规范某些条文中无须区分哪种砂浆时，尚统称为砂浆。

承重构件外加钢筋网-砂浆面层的施工程序应符合下列规定。

（1）清理、修整原结构、构件。

（2）制作钢筋网及拉结件或拉结筋。

（3）界面处理。

（4）安装钢筋网。

（5）配制砂浆。

（6）钢筋网砂浆层施工。

（7）养护、拆模。

若设计要求对原钢筋和新配钢筋进行阻锈处理，应按阻锈剂产品使用说明书的施工程序规定增补一个阻锈工序。

7.2.4.2 界面处理

（1）主控项目　在清理、修整原结构、构件过程中发现的裂缝和损伤，应逐个予以修补；对砌体构件，若修补有困难，应进行局部拆砌。修补或拆砌完成后，应用清洁的压力水冲刷干净，并且按设计规定的工艺要求喷涂结构界面胶（剂）。

检查数量：全数检查。

检验方法：观察，检查施工记录。

（2）一般项目　当设计对原构件表面喷抹砂浆层前有湿润要求时，应按规定的提前时间，顺墙面反复浇水湿润，并且应待墙面无明水后再进行面层施工。若设计无此要求，不得擅自浇水。

在原构件表面喷涂结构界面胶（剂）时，其喷涂方法及喷涂质量应符合产品说明书的规定。

检查数量：全数检查。

检验方法：观察，检查施工记录。

7.2.4.3　钢筋网安装及砂浆面层施工

（1）主控项目

① 钢筋网的安装及砂浆面层的施工，应按先基础后上部结构、由下而上的顺序逐层进行；同一楼层尚应分区段加固；不得擅自改变施工图规定的程序。

② 钢筋网与原构件的拉结采用穿墙 S 形筋时，S 形筋应与钢筋网片点焊，其点焊质量应符合现行行业标准《钢筋焊接及验收规程》（JGJ 18—2012）的规定。

检查数量及检验方法：按上述规程确定。

③ 钢筋网与原构件的拉结采用种植 Γ 形剪切销钉、胶黏螺杆或尼龙锚栓时，其孔径、孔深及间距应符合设计要求；其种植质量应符合现行规范的规定。

检查数量及检验方法：按规范第 19 章确定。

④ 穿墙 S 形筋的孔洞、楼板穿筋的孔洞以及种植 Γ 形剪切销钉和尼龙锚栓的孔洞，均应采用机械钻孔。

检查数量：全数检查。

检验方法：观察。

⑤ 钢筋网片的钢筋间距应符合设计要求；钢筋网片间的搭接宽度不应小于 100mm；钢筋网片与原构件表面的净距应取 5mm，且仅允许有 1mm 正偏差，不得有负偏差。

检查数量：每检验批抽查 10%，且不应少于 5 处。

检验方法：钢尺量测。

⑥ 承重构件外加钢筋网采用普通砂浆或复合砂浆面层时，其强度等级必须符合设计要求。用于检查砂浆强度的试块，应按现行规范的规定进行取样和留置，并且应按规定的检查数量及检验方法执行。

⑦ 当砂浆试块漏取或不慎丢失，或对试块强度试验报告有疑义时，应按现行规范规定的回弹方法进行检测与评定。

检查数量：按每一检验批见证抽取 5 个构件，在每一构件上任选 3 个测区进行检测。

检验方法：检查现场检测报告。

（2）一般项目　承重构件外加钢筋网的面层砂浆，其设计厚度 $t \leqslant 35$mm 时，宜分 3 层抹压；当 $t > 35$mm 时，尚应适当增加抹压层数。

7.2.4.4　施工质量检验

（1）主控项目

① 承重构件外加钢筋网的砂浆面层，其浇筑或喷抹的外观质量不应有严重缺陷。对硬化后砂浆面层的严重缺陷应按表 7-1 进行检查和评定。对已出现者应由施工单位提出处理方案，经业主（监理单位）和设计单位共同认可后进行处理并应重新检查、验收。

检查数量：全数检查。

检验方法：观察，检查技术处理方案及施工记录。

② 承重构件外加钢筋网-砂浆面层与基材界面黏结的施工质量，可采用现场锤击法或其他探测法进行探查。按探查结果确定的有效黏结面积与总黏结面积之比的百分率不应小于90%。

检查数量：全数检查。

检验方法：检查探测报告。

③ 砂浆面层与基材之间的正拉黏结强度，必须进行见证取样检验。其检验结果，对混凝土基材应符合现行规范的要求；对砌体基材应符合表7-1的要求。

表7-1 现场检验加固材料与砌体正拉黏结强度的合格指标

检验项目	烧结普通砖或混凝土砌块强度等级	28d检验合格指标		正常破坏形式
		普通砂浆（⩾M15）	聚合物砂浆或复合砂浆	
正拉黏结强度及其破坏形式	MU10～MU15	⩾0.6MPa	⩾1.0MPa	砖或砌块内聚破坏
	⩾MU20	⩾1.0MPa	⩾1.3MPa	

注：1. 加固前应通过现场检测，对砖或砌块的强度等级予以确认。

2. 当为旧标号块材，且符合原规范规定时，仅要求检验结果为块材内聚破坏。

④ 新加砂浆面层的钢筋保护层厚度检测，可采用局部凿开检查法或非破损探测法。检测时，应按钢筋网保护层厚度仅允许有5mm正偏差、无负偏差进行合格判定。

钢筋保护层厚度检验的检测误差不应大于1mm。

检查数量：每检验批抽取5%，且不少于5处。

检验方法：检查检测报告。

⑤ 当采用植筋或锚栓拉结钢筋网时，应在其施工完毕后，分别按现行规范的规定以及隐蔽工程的验收要求提前进行施工质量检验。

（2）一般项目　承重构件外加钢筋网的砂浆面层，其外观质量不宜有一般缺陷。对已出现的一般缺陷，应由施工单位按技术处理方案进行处理，并且重新检查验收。

检查数量：全数检查。

检验方法：观察，量测，检查技术处理方案。

钢结构加固

8.1 钢构件增大截面工程

8.1.1 一般规定

（1）采用加大截面加固钢构件时，所选截面形式应有利于加固技术要求并考虑已有缺陷和损伤的状况。

（2）加固的构件受力分析的计算简图，应反映结构的实际条件，考虑损伤及加固引起的不利变形，加固期间及前后作用在结构上的荷载及其不利组合。对于超静定结构尚应考虑因截面加大，构件刚度改变使体系内力重分布的可能。必要时应分阶段进行受力分析和计算。

（3）被加固构件的设计工作条件类别见表 8-1。

表 8-1　构件的设计工作条件类别

类别	使用条件	类别	使用条件
Ⅰ	特繁重动力荷载作用下的焊接结构	Ⅲ	除Ⅳ外仅承受静力荷载或间接动力荷载作用的结构
Ⅱ	除Ⅰ外直接承受动力荷载或振动荷载的结构	Ⅳ	受有静力荷载并允许按塑性设计的结构

（4）负荷下焊接加固结构，其加固时的最大名义应力 $\sigma_{0\max}$ 应按表 8-1 划分的结构类别预以限制：对于Ⅰ、Ⅱ类结构分别为 $|\sigma_{0\max}|\leqslant 0.2f_y$ 和 $|\sigma_{0\max}|\leqslant 0.4f_y$；对于Ⅲ、Ⅳ类结构为 $|\sigma_{0\max}|\leqslant 0.55f_y$。一般情况下，对于受有轴心压（拉）力和弯矩的构件，其 $\sigma_{0\max}$ 可按下列公式确定：

$$\sigma_{0\max}=\frac{N_0}{A_{0n}}\pm\frac{M_{0x}+N_0\omega_{0x}}{\alpha_{Nx}W_{0xn}}\pm\frac{M_{0y}+N_0\omega_{0y}}{\alpha_{Ny}W_{0yn}} \tag{8-1}$$

式中　N_0，M_{0x}，M_{0y}——原构件的轴力，绕 x 轴和 y 轴的弯矩；

A_{0n}，W_{0xn}，W_{0yn}——原构件的净截面面积，对 x 轴和 y 轴的净截面抵抗矩；

α_{Nx}，α_{Ny}——弯矩增大系数，对拉弯构件取 $\alpha_{Nx}=\alpha_{Ny}=1.0$，对压弯构件按式(8-1) 和式(8-3) 计算。

$$\alpha_{Nx}=1-\frac{N_0\lambda_x^2}{\pi^2EA_0} \tag{8-2}$$

$$\alpha_{Ny}=1-\frac{N_0\lambda_y^2}{\pi^2 EA_0} \tag{8-3}$$

式中　A_0，λ_x，λ_y——原构件的毛截面面积，对 x 轴和 y 轴的长细比；

ω_{0x}，ω_{0y}——原构件对 x 轴和 y 轴的初始挠度，其值取实测值与按式(8-4）或式(8-5）计算的等效偏心距 e_{0x}（或 e_{0y}）之和。

$$e_{0x}=\frac{M_{0nx}(N_{0y}-N_0)(N_{0Ex}-N_0)}{N_0N_{0y}N_{0Ex}} \tag{8-4}$$

$$e_{0y}=\frac{M_{0ny}(N_{0y}-N_0)(N_{0Ey}-N_0)}{N_0N_{0y}N_{0Ey}} \tag{8-5}$$

式中　N_0——原构件轴力。

N_{0y}、N_{0Ex}、N_{0Ey}、M_{0nx} 和 M_{0ny} 分别用下列各式计算：

$$N_{0y}=A_0f_y \tag{8-6}$$

$$N_{0Ex}=\frac{\pi^2 EA_0}{\lambda_x} \tag{8-7}$$

$$N_{0Ey}=\frac{\pi^2 EA_0}{\lambda_y} \tag{8-8}$$

$$M_{0nx}=W_{0nx}f_y \tag{8-9}$$

$$M_{0ny}=W_{0ny}f_y \tag{8-10}$$

式中　A_0——原构件的毛截面面积。

（5）加固后的Ⅰ、Ⅱ类构件，必要时应对其剩余疲劳寿命进行专门研究和计算。

（6）对负荷下加固后钢构件的计算，按《钢结构设计规范》（GB 50017—2017）规定进行。对非负荷下加固后钢构件的计算，也参照规范的规定进行。

8.1.2　受弯构件的加固

（1）在主平面内受弯的加固受弯构件，应按下式计算其抗弯强度：

$$\frac{M_x}{r_xW_{nx}}+\frac{M_y}{r_yW_{ny}}\leqslant\eta_m f \tag{8-11}$$

式中　M_x，M_y——绕加固后截面形心 x 轴和 y 轴的加固前弯矩与加固后增加的弯矩之和；

W_{nx}，W_{ny}——对加固后截面 x 轴和 y 轴的净截面抵抗矩；

r_x，r_y——截面塑性发展系数，对Ⅰ、Ⅱ类结构取 $r_x=r_y=1.0$，对Ⅲ、Ⅳ类结构根据截面形状按《钢结构设计规范》（GB 50017—2017）规定采用；

η_m——受弯构件加固强度折减系数，对Ⅰ、Ⅱ类焊接结构取 $\eta_m=0.85$，对其他结构取 $\eta_m=0.9$；

f——截面中最低强度级别钢材的抗弯强度设计值。

（2）Ⅰ、Ⅱ、Ⅲ类结构的受弯构件截面的抗剪强度 τ，组合梁腹板计算高度边缘处的局部承压强度 σ_c 和折算应力可分别按《钢结构设计规范》（GB 50017—2017）规定计算；按塑性设计的Ⅳ类构件，也按其规范的规定计算腹板的抗剪强度，计算时钢材强度值取计算部位钢材强度设计值。

（3）主平面内受弯的加固构件，可按《钢结构设计规范》（GB 50017—2017）规定计算其整体稳定性，但应将钢材的抗弯强度设计值 f 改取钢材换算强度设计值 f^* 并乘以折减系数 η_m。

（4）组合截面板梁的翼缘和腹板应按《钢结构设计规范》（GB 50017—2017）规定设计和计算其局部稳定，对按塑性设计的第Ⅳ类结构构件，其宽厚比也应符合规范的规定。

（5）所加固结构构件的总挠度 ω_T 一般可按下式确定：

$$\omega_T=\omega_0+\omega_w+\Delta\omega \tag{8-12}$$

式中 ω_0——初始挠度，按实测资料或加固时荷载由加固前的截面特性计算确定；

ω_w——焊接加固时的焊接残余挠度，可按第 6 条确定；

$\Delta\omega$——挠度增量，按加固后增加荷载标准值和已加固截面特征计算确定。

ω_T 值不应超过《钢结构设计规范》（GB 50017—2017）规定的限值。

（6）焊接残余挠度 ω_w 应专门研究或近似由下式确定：

$$\omega_w=\frac{\delta h_f^2 L_s(2L_0-L_s)}{200I_0}\sum_{i=1}^{m}\xi_i\Psi_i y_i \tag{8-13}$$

式中 δ——考虑加固件间断焊缝连续性的系数，当为连续焊缝时，取 $\delta=1.0$，当为间断焊缝时，取加固焊缝实际施焊段长度与延续长度之比；

h_f——焊脚尺寸；

L_s——加固件焊缝延续的总长度；

L_0——受弯构件在弯曲平面内的计算长度，简支单跨梁时取梁的跨度；

I_0——原构件截面的惯性矩；

y_i——第 i 条加固焊缝至构件截面形心的距离；

ξ_i——与加固焊缝处结构应力水平 σ_{0i} 有关的系数；

Ψ_i——系数，结构构件受拉和受压区均有加固焊缝时取 1.0，仅受拉和受压区有加固焊缝时取 0.8，计算稳定性时取 0.7。

8.1.3 轴心受力和拉弯、压弯构件的加固

（1）轴心受拉或轴心受压构件宜采用对称的或不改变形心位置的加固截面形式，其强度应按下列规定计算：

$$\frac{N}{A_n}\leqslant\eta_n f \tag{8-14}$$

式中 A_n——加固后构件净截面面积；

f——截面中最低强度级别钢材的强度设计值；

η_n——轴心受力加固构件的强度降低系数，对非焊接加固的轴心受力或焊接加固的轴心受拉Ⅰ、Ⅱ类构件取 $\eta_n=0.85$，对Ⅲ、Ⅳ类构件取 $\eta_n=0.9$。

对焊接加固的受压构件按式(8-15）取值：

$$\eta_n=0.85-\frac{0.23\sigma_0}{f_y} \tag{8-15}$$

式中 σ_0——构件未加固时的名义应力。当采用非对称或形心位置改变的截面加固时，应按第 2 条式(8-16）计算。

（2）拉弯或压弯构件的截面加固应根据原构件的截面特性、受力性质和初始几何变形状况等条件，综合考虑选择适当的加固截面形式，其截面强度应按下列规定计算：

$$\frac{N}{A_n}\pm\frac{M_x+N\omega_{Tx}}{r_x W_{nx}}\pm\frac{M_y+N\omega_{Ty}}{r_y W_{ny}}\leqslant\eta_{EM} f \tag{8-16}$$

式中 N，M_x，M_y——构件承受的总轴心力，绕 x 轴和 y 轴的总最大弯矩；

A_n，W_{nx}，W_{ny}——计算截面净截面面积，对 x 轴和 y 轴的净截面抵抗矩；

ω_{Tx}，ω_{Ty}——构件对 x 轴和 y 轴的总挠度；

r_x，r_y——塑性发展系数，对Ⅰ、Ⅱ类结构构件取 $r_x=r_y=1.0$，对Ⅲ、Ⅳ类

结构构件按《钢结构设计规范》(GB 50017—2017) 采用；

η_{EM}——拉弯或压弯加固构件的强度降低系数，对Ⅰ、Ⅱ类结构构件取 $\eta_{EM}=0.85$，对Ⅲ、Ⅳ类结构构件取 $\eta_{EM}=0.9$，当 $N/A_n \geqslant 0.55f_y$ 时，取 $\eta_{EM}=\eta_n$ (η_n 见第1条)；

f——截面中最低强度级别钢材的强度设计值。

(3) 实腹式轴心受压构件，当无初始弯曲损伤且对称或形心位置不改变加固截面时，其整体稳定性按下列规定计算：

$$\frac{N}{\varphi_A A} \leqslant \eta_n f^* \tag{8-17}$$

式中 N——加固时和加固后构件所受总轴心压力；

φ_A——轴心受压构件稳定系数，按《钢结构设计规范》(GB 50017—2017) 相应屈服强度钢材的C类截面系数表格查取，或按其表后所附公式计算（计算时取 $f_y=1.1f^*$)；

A——构件加固后的截面面积；

η_n——轴心受力加固构件强度降低系数，按上述第1条规定采用；

f^*——钢材换算强度设计值，按第6条规定采用。

当构件有初始弯曲损伤或非对称或形心位置改变的加固截面引起的附加偏心时，应按以下加固的压弯构件计算其稳定性。

(4) 加固实腹式压弯构件，弯矩作用在对称平面内的稳定性，应按下列规定计算。

① 弯矩作用平面内的稳定性

$$\frac{N}{\varphi_x A}+\frac{\beta_{mx}M_x+N\omega_x}{r_x W_{1x}(1-0.8N/N_{Ex})} \leqslant \eta_{EM} f^* \tag{8-18}$$

$$N_{Ex}=\frac{\pi^2 EA}{\lambda_x^2} \tag{8-19}$$

式中 N——所计算构件段范围内轴心压力；

φ_x——弯矩作用平面内的轴心受力构件的稳定系数，按第3条规定采用；

M_x——所计算构件段范围内最大弯矩；

r_x——截面塑性发展系数，对Ⅰ、Ⅱ类构件取 $r_x=1.0$，对Ⅲ、Ⅳ类构件按《钢结构设计规范》(GB 50017—2017) 采用；

W_{1x}——弯矩作用平面内较大受压纤维的毛截面抵抗矩；

η_{EM}——压弯加固构件的强度折减系数，按第2条规定采用；

ω_x——构件对 x 轴的初始挠度 ω_0 及焊接加固残余挠度 ω_w 之和，ω_w 按8.1.2节第6条确定；

β_{mx}——等效弯矩系数，按《钢结构设计规范》(GB 50017—2017) 规定采用；

f^*——钢材换算强度设计值，按第6条规定采用；

N_{Ex}——欧拉临界力；

A——加固后构件的截面面积；

λ_x——加固后构件对截面 x 轴的长细比。对于轧制或组合成的T形和槽形单轴对称截面，当弯矩作用在对称轴平面且使较大受压翼缘受压时，除按式(8-18)计算外，尚应按下式计算：

$$\frac{N}{A}+\frac{\beta_{mx}M_x+N\omega_x}{r_x W_{2x}(1-1.25N/N_{Ex})} \leqslant \eta_{EM} f^* \tag{8-20}$$

式中　W_{2x}——对较小翼缘或腹板边缘的毛截面抵抗矩。

② 弯矩作用平面外的稳定性

$$\frac{N}{\varphi_y A}+\frac{\beta_{tx}M_x+N\omega_x}{\varphi_b W_{1x}}\leqslant\eta_{EM}f^* \tag{8-21}$$

式中　N——构件所受轴心压力；

φ_y——弯矩作用平面外的轴心受压构件稳定系数，参照第3条规定采用；

A——加固后构件的截面面积；

φ_b——均匀弯曲的受弯构件整体稳定系数，按《钢结构设计规范》（GB 50017—2017）规定计算（计算时取 $f_y=1.1f^*$），对箱形截面可取 $\varphi_b=1.4$；

M_x——所计算构件段范围内最大弯矩；

β_{tx}——等效弯矩系数，按《钢结构设计规范》(GB 500017—2003) 规定采用；

ω_x——构件对 x 轴的初始挠度 ω_{0x} 与焊接残余挠度 ω_w 之和。

(5) 弯矩作用在两个主平面内的双轴对称加固实腹式工字形和箱形截面压弯构件，其稳定性按下列公式计算：

$$\frac{N}{\varphi_x A}+\frac{\beta_{mx}M_x+N\omega_x}{r_x W_{1x}(1-0.8N/N_{Ex})}+\frac{\beta_{tx}M_y+N\omega_y}{\varphi_{0y}W_{1y}}\leqslant\eta_{EM}f^* \tag{8-22}$$

$$\frac{N}{\varphi_y A}+\frac{\beta_{my}M_y+N\omega_y}{r_y W_{1y}(1-0.8N/N_{Ey})}+\frac{\beta_{tx}M_x+N\omega_x}{\varphi_{0x}W_{1x}}\leqslant\eta_{EM}f^* \tag{8-23}$$

式中　φ_x，φ_y——对强轴和弱轴的轴心受压构件稳定系数，参照第3条的规定确定；

φ_{bx}，φ_{by}——均匀弯曲的受弯构件整体稳定系数，对箱形截面取 $\varphi_{bx}=\varphi_{by}=1.4$，对工字形截面取 $\varphi_{by}=1.0$，φ_{bx} 可按《钢结构设计规范》（GB 50017—2017）规定计算（计算时取 $f_y=1.1f^*$）；

M_x，M_y——所计算构件段范围内对强轴和弱轴的最大弯矩；

N_{Ex}，N_{Ey}——构件分别对 x 轴和 y 轴的欧拉临界力；

ω_x——构件对 x 轴的初始挠度 ω_{0x} 与焊接残余挠度 ω_{wx} 之和；

ω_y——构件对 y 轴的初始挠度 ω_{0y} 与焊接残余挠度 ω_{wy} 之和；

W_{1x}，W_{1y}——对强轴和弱轴的毛截面抵抗矩；

β_{mx}，β_{my}——等效弯矩系数，按《钢结构设计规范》(GB 50017—2017) 规定采用；

β_{tx}，β_{ty}——等效弯矩系数，按《钢结构设计规范》(GB 50017—2017) 规定采用。

(6) 加固构件整体稳定计算时，钢材换算强度设计值可按下列规定采用：当 $f_0\leqslant f_s\leqslant 1.15f_0$ 时，取 $f^*=f_0$；当 $1.15f_0<f_s$ 时，按式(8-24) 计算确定：

$$f^*=\sqrt{\frac{(A_s f_s+A_0 f_0)(I_s f_s+I_0 f_0)}{(A_s+A_0)(I_s+I_0)}} \tag{8-24}$$

式中　f_0，f_s——构件原来用钢材和加固用钢材的强度设计值；

A_0，A_s——加固构件原有截面和加固的截面面积；

I_0，I_s——加固构件原有截面和加固截面对加固后截面形心主轴的惯性矩。

(7) 加固的格构式轴心受压构件，当无初始弯曲且对称加固截面时，可按第1条规定计算其强度；按第3条规定计算其稳定性，但对虚轴的长细比应按《钢结构设计规范》(GB 50017—2017) 计算取用换算长细比。

当构件有初始弯曲损伤或非对称加固截面引起的附加偏心（包括焊接残余挠度 ω_w）时，应根据损伤和附加偏心的实际情况，考虑为加固的格构式压弯构件，分别按第8条、第9条、第10条或第11条计算其稳定性。

（8）仅有绕虚轴（x 轴）作用弯矩和初始弯曲，附加偏心（ω_{w}）的加固格构式压弯构件，其弯矩作用平面内的整体稳定性按下式计算：

$$\frac{N}{\varphi_x A}+\frac{\beta_{mx}M_x+N\omega_x}{W_{1x}(1-\varphi_x N/N_{Ex})}\leqslant\eta_{EM}f^* \tag{8-25}$$

$W_{1x}=I_x/y_0$，I_x 为加固后截面对 x 轴的毛截面惯性矩，y_0 为由 x 轴到压力较大分肢的轴线距离或者到压力较大分肢的腹板边缘的距离，二者取较大者；φ_x、N_{Ex} 由换算长细比确定。

弯矩作用平面外的整体稳定性可不计算，但应计算分肢的稳定性。分肢的轴力可按桁架的弦杆，并且考虑构件所受轴力、弯矩和弯曲损伤，附加偏心算得；对于缀板式构件的分肢尚应考虑由剪力引起的弯矩。

（9）弯矩绕实轴作用，且无弯矩作用平面外的初始弯曲损伤、附加偏心的格构式压弯构件，其弯矩作用平面内和平面外的稳定性计算均与加固的实腹式压弯构件的相同，但在计算弯矩作用平面外的稳定性时，长细比应取换算长细比且 φ_b 取 1.0。

（10）弯矩作用在两个主平面和有双向初始弯曲和附加偏心（ω_w、ω_y）的加固的双肢格构式压弯构件，其稳定性按以下规定计算。

① 按整体计算

$$\frac{N}{\varphi_x A}+\frac{\beta_{mx}M_x+N\omega_x}{W_{1x}(1-0.8N/N_{Ex})}+\frac{\beta_{ty}M_y+N\omega_y}{W_{1y}}\leqslant\eta_{EM}f^* \tag{8-26}$$

φ_x、N_{Ex} 按换算长细比并参照第 3 条中关于轴心受压稳定系数的规定确定。

② 按分肢计算　在 N 和 M_y 作用下，将分肢作为桁架弦杆计算其轴心力，M_y 可按式(8-27) 和式(8-28) 分配给两肢，然后按式(8-25) 计算分肢的稳定性。

分肢 1：

$$M_{y1}=\frac{I_1/y_1}{I_1/y_1+I_2/y_2}M_y \tag{8-27}$$

分肢 2：

$$M_{y2}=\frac{I_2/y_2}{I_1/y_1+I_2/y_2}M_y \tag{8-28}$$

式中　I_1，I_2——分肢 1、分肢 2 对 y 轴的惯性矩；

y_1，y_2——M_y 作用的主轴平面至分肢 1、分肢 2 轴线的距离。

（11）对实腹式轴心受压、压弯构件和格构式构件单肢的板件，应按《钢结构设计规范》(GB 50017—2017) 有关规定验算局部稳定性。

8.1.4　构造与施工要求

（1）加大截面加固结构构件时，应保证加固件与被加固件能够可靠地共同工作、断面的不变形和板件的稳定性，并且要尽可能便于施工。

加固件的切断位置应尽可能减小应力集中并保证未被加固处截面在设计荷载作用下处于弹性工作阶段。

（2）在负荷下进行结构加固时，其加固工艺应保证被加固件的截面因焊接加热，附加钻、扩孔洞等所引起的削弱影响尽可能小，为此必须制定详细的加固施工工艺过程和要求的技术条件，并且据此按隐蔽工程进行施工验收。

（3）在负荷下进行结构构件的加固，当 $|\sigma_{0\max}|\geqslant 0.3f_y$，且采用焊接加固件加大截面法加固结构构件时，可将加固件与被加固件沿全长互相压紧；用长 20～30mm 的间断(300～500mm) 焊缝定位焊接后，再由加固件端向内分区段（每段不大于 70mm）施焊所

需要的连接焊缝，依次施焊区段焊缝应间歇 2～5min。对于截面有对称的成对焊缝时，应平行施焊；有多条焊缝时，应交错顺序施焊；对于两面有加固件的截面，应先施焊受拉侧的加固件，然后施焊受压侧的加固件；对一端为嵌固的受压杆件，应从嵌固端向另一端施焊，若其为受拉杆，则应从另一端向嵌固端施焊。

当采用螺栓（或铆钉）连接加固加大截面时，将加固与被加固构件相互压紧后，应从加固件端向中间逐次做孔和安装拧紧螺栓（或铆钉），以便尽可能减少加固过程中截面的过大削弱。

（4）加大截面法加固有两个以上构件的静不定结构（框架、连续梁等）时，应首先将全部加固与被加固构件压紧和点焊定位，然后从受力最大构件依次连续地进行加固连接，并且考虑第 2 条和第 3 条的规定。

8.2 钢构件焊缝补强工程

8.2.1 一般规定

（1）钢结构加固连接方法，即焊缝、铆钉、普通螺栓和高强度螺栓连接方法的选择，应根据结构需要加固的原因、目的、受力状态、构造及施工条件，并且考虑结构原有的连接方法确定。

（2）在同一受力部位连接的加固中，不宜采用刚度相差较大的，如焊缝与铆钉或普通螺栓共同受力的混合连接方法，但仅考虑其中刚度较大的连接（如焊缝）承受全部作用力时除外。也可采用焊缝和摩擦型高强螺栓共同受力的混合连接。

（3）加固连接所用材料应与结构钢材和原有连接材料的性质匹配，其技术指标和强度设计值应符合《钢结构设计规范》（GB 50017—2017）规定。

（4）负荷下连接的加固，尤其是采用端焊缝或螺栓的加固而需要拆除原有连接，和扩大、增加钉孔时，必须采取合理的施工工艺和安全措施，并且做核算以保证结构（包括连接）在加固负荷下具有足够的承载力。

8.2.2 焊缝连接的加固

（1）焊缝连接的加固，可依次采用增加焊缝长度、有效厚度或两者同时增加的办法实现。

（2）新增加固角焊缝的长度和焊脚尺寸或熔焊层的厚度，应由连接处结构加固前后设计受力改变的差值，并且考虑原有连接实际可能的承载力计算确定。计算时应对焊缝的受力重新进行分析并考虑加固前后的焊缝的共同工作、受力状态的改变以及第 5 条和第 6 条的规定。

（3）负荷下用焊缝加固结构时，应尽量避免采用长度垂直于受力方向的横向焊缝，否则应采取专门的技术措施和施焊工艺，以确保结构施工时的安全。

（4）负荷下用增加非横向焊缝长度的办法加固焊缝连接时，原有焊缝中的应力不得超过该焊缝的强度设计值，加固处及其邻区段结构的最大初始名义应力 $\sigma_{0\max}$ 不得超过上一节第 4 条的规定。焊缝施焊时采用的焊条直径不大于 4mm；焊接电流不超过 220A；每焊道的焊脚尺寸不大于 4mm；前一焊道温度冷却至 100℃以下后，方可施焊下一焊道；对于长度小于 200mm 的焊缝增加长度时，首焊道应从原焊缝端点以外至少 20mm 处开始补焊，加固前后焊缝可考虑共同受力，按第 6 条规定进行强度计算。

（5）负荷下用堆焊增加角焊缝有效厚度的办法加固焊缝连接时，应按下式计算和限制焊缝应力：

$$\sqrt{\sigma_f^2+\tau_f^2}\leqslant\eta_f f_f^w \tag{8-29}$$

式中 σ_f，τ_f——角焊缝有效面积（$h_e L_w$）计算的垂直于焊缝长度方向的应力和沿焊缝长度方向的剪应力；

η_f——焊缝强度影响系数，可按表 8-2 采用。

表 8-2 焊缝强度影响系数

加固焊缝总长度/mm	≥600	300	200	100	50	≤30
η_f	1.0	0.9	0.8	0.65	0.25	0

（6）加固后直角角焊缝的强度按下列公式计算，并且可考虑新增和原有焊缝的共同受力作用。

在通过焊缝形心的拉力、压力或剪力作用下，当力垂直于焊缝长度方向时：

$$\sigma_f = \frac{N}{h_e L_w} \leqslant f_f^w \tag{8-30}$$

当力平行于焊缝长度方向时：

$$\tau_f = \frac{V}{h_e L_w} \leqslant 0.85 f_f^w \tag{8-31}$$

在各种力综合作用下，σ_f 和 τ_f 共同作用处：

$$\sqrt{\sigma_f^2 + \tau_f^2} \leqslant \eta_f f_f^w \tag{8-32}$$

式中 σ_f——按角焊缝有效截面（$h_e L_w$）计算，垂直于焊缝长度方向的应力；

τ_f——按角焊缝有效截面计算，沿焊缝长度方向的剪应力；

h_e——角焊缝的有效厚度，对于直角角焊缝等于 $0.7h_f$，h_f 为较小焊脚尺寸；

L_w——角焊缝的计算长度，对每条焊缝其实际长度减去 10mm；

f_f^w——角焊缝的强度设计值，根据加固结构原有钢材和加固用强度较低的钢材，按《钢结构设计规范》（GB 50017—2017）确定。

（7）当仅用增加焊缝长度、有效厚度或两者共同的办法不能满足连接加固的要求时，可采用附加连接板的办法，附加连接板可以用角焊缝与基本构件相连；也可用附加节点板与原节点板对接，不论采用何种方法，都需进行连接的受力分析并保证连接（包括焊缝及附加板件、节点板等）能够承受各种可能的作用力。

8.2.3 螺栓和铆钉连接的加固

（1）螺栓或铆钉需要更换或新增加固其连接时，应首先考虑采用适宜直径的高强度螺栓连接。当负荷下进行结构加固，需要拆除结构原有受力螺栓、铆钉或增加、扩大钉孔时，除应设计计算结构原有和加固连接件的承载能力外，还必须校核板件的净截面面积的强度。

（2）当用摩擦型高强度螺栓部分地更换结构连接的铆钉，从而组成高强度螺栓和铆钉的混合连接时，应考虑原有铆钉连接的受力状况，为保证连接受力的匀称，宜将缺损铆钉和与其相对应布置的非缺损铆钉一并更换。

（3）当用高强度螺栓更换有缺损的铆钉或螺栓时，可选用直径比原钉孔小 1～3mm 的高强度螺栓，但其承载力必须满足加固设计计算的要求。

（4）用摩擦型高强度螺栓加固铆钉连接的混合，可考虑两种连接的共同受力工作，但高强度螺栓的承载力设计值可按《钢结构设计规范》（GB 50017—2017）有关规定计算确定。

（5）用焊缝连接加固螺栓或铆钉连接时，应按焊缝承受全部作用力设计计算其连接，不考虑焊缝与原有连接件的共同工作，且不宜拆除原有连接件。

8.2.4 加固件的连接

（1）为加固结构而增设的板件（加固件），除须有足够的设计承载能力和刚度外，还必须与被加固结构有可靠的连接，以保证二者能良好地共同工作。

加固件与被加固结构间的连接，应根据设计受力要求经计算并考虑构造和施工条件确定。对于轴心受力构件，可根据式(8-33) 计算；对于受弯构件，应根据可能的最大设计剪力计算；对于压弯构件，可根据以上二者中的较大值计算。

(2) 对于仅用增设中间支承构件（点）来减少受压构件自由长度加固时，支承杆件（点）与加固构件间连接受力可按式(8-33) 计算，其中 A_t 取原构件的截面面积：

$$V=\frac{A_t f}{50}\sqrt{\frac{f_y}{235}} \tag{8-33}$$

式中 A_t——构件加固后的总截面面积；

f——构件钢材强度设计值，当加固件与被加固构件钢材强度不同时，取较高钢材强度的值；

f_y——钢材的屈服强度，当加固件与被加固构件钢材强度不同时，取较高钢材强度的值。

(3) 加固件的焊缝、螺栓、铆钉等连接的计算可按《钢结构设计规范》(GB 50017—2017) 规定进行，但计算时，对角焊缝强度设计值应乘以 0.85，其他强度设计值或承载力设计值应乘以 0.95 的折减系数。

8.2.5 构造与施工要求

(1) 焊缝连接加固时，新增焊缝应尽可能地布置在应力集中最小、远离原构件的变截面以及缺口、加劲肋的截面处；应该力求使焊缝对称于作用力，并且避免使之交叉；新增的对接焊缝与原构件加劲肋、角焊缝、变截面等之间的距离不宜小于 100mm；各焊缝之间的距离不应小于被加固板件厚度的 4.5 倍。

(2) 对用双角钢与节点板角焊缝连接加固焊接时，应先从一角钢一端的肢尖端头开始施焊，继而施焊同一角钢另一端的肢尖焊缝，再按上述顺序和方法施焊角钢的肢背焊缝以及另一角钢的焊缝。

(3) 用盖板加固受有动力荷载作用的构件时，盖板端应采用平缓过渡的构造措施，尽可能地减少应力集中和焊接残余应力。

(4) 摩擦型高强度螺栓连接的板件连接接触面处理应按设计要求和《钢结构设计规范》(GB 50017—2017) 及《钢结构工程施工质量验收规范》(GB 50205—2020) 规定进行。当不能满足要求时，应征得设计人同意，进行摩擦面的抗滑移系数试验，以便确定是否需要修改加固连接的设计计算。

(5) 结构的焊接加固，必须由有较高焊接技术级别的焊工施焊。施焊镇静钢板的厚度不大于 30mm 时，环境空气温度不应低于—15℃，当厚度超过 30mm 时，温度不应低于 0℃，当施焊沸腾钢板时，应高于 5℃。

8.3 钢结构裂纹修复工程

8.3.1 一般规定

(1) 结构因荷载反复作用及材料选择、构造、制造、施工安装不当等产生具有扩展性或脆断倾向性裂纹损伤时，应设法修复。在修复前，必须分析产生裂纹的原因及其影响的严重性，有针对性地采取改善结构实际工作或进行加固的措施，对不宜采用修复加固的构件，应予拆除更换。在对裂纹构件修复加固设计时，应按《钢结构设计规范》（GB 50017—2017）规定进行疲劳验算，必要时应专门研究，进行抗脆断计算。

（2）为提高结构的抗脆性断裂和疲劳破坏的性能，在结构加固的构造设计和制造工艺方面应遵循下列原则：降低应力集中程度，避免和减少各类加工缺陷，选择不产生较大残余拉应力的制作工艺和构造形式，以及采用厚度尽可能小的轧制板件等。

（3）在结构构件上发现裂纹时，作为临时应急措施之一，可于板件裂纹端外（0.5～1.0）t（t 为板件厚）处钻孔，以防止其进一步急剧扩展，并且及时根据裂纹性质及扩展倾向再采取恰当措施修复加固。

8.3.2 修复裂纹的方法

（1）修复裂纹时应优先采用焊接方法，一般按下述顺序进行。

① 清洗裂纹两边 80mm 以上范围内板面油污至露出洁净的金属面。

② 用碳弧气刨、风铲或砂轮将裂纹边缘加工出坡口，直达纹端的钻孔，坡口的形式应根据板厚和施工条件按现行《气焊、手工电弧焊及气体保护焊焊缝坡口的基本形式与尺寸》（GB/T 985—2008）的要求选用。

③ 将裂纹两侧及端部金属预热至 100～150℃，并且在焊接过程中保持此温度。

④ 用与钢材相匹配的低氢型焊条或超低氢型焊条施焊。

⑤ 尽可能用小直径焊条以分段分层逆向焊施焊，每一焊道焊完后宜立即进行锤击。

⑥ 按设计要求检查焊缝质量。

⑦ 对承受动力荷载的构件，堵焊后其表面应磨光，使之与原构件表面齐平，磨削痕迹线应大体与裂纹切线方向垂直。

⑧ 对重要结构或厚板构件，堵焊后应立即进行退火处理。

（2）对网状、分叉裂纹区和有破裂、过烧或烧穿等缺陷的梁、柱腹板部位，宜采用嵌板修补，修补顺序如下。

① 检查确定缺陷的范围。

② 将缺陷部位切除，宜切带圆角的矩形孔，切除部分的尺寸均应比缺陷范围的尺寸大 100mm。

③ 用等厚度同材质的嵌板嵌入切除部位，嵌入板的长宽边缘与切除孔间两个边应留有 2～4mm 的间隙，并且将其边缘加工成对接焊缝要求的坡口形式。

④ 嵌板定位后，将孔口四角区域预热至 100～150℃，采用分段分层逆向焊法施焊。

⑤ 检查焊缝质量，打磨焊缝余高，使之与原构件表面齐平。

（3）用附加盖板修补裂纹时，一般宜采用双层盖板，此时裂纹两端仍须钻孔。当盖板用焊接连接时，应设法将加固盖板压紧，其厚度与原板等厚，焊脚尺寸等于板厚，盖板的尺寸和焊接顺序可参照第 2 条执行。当用摩擦型高强度螺栓连接时，在裂纹的每侧用双排螺栓，盖板宽度以能布置螺栓为宜，盖板长度每边应超出纹端 150mm。

（4）当吊车梁腹板上部出现裂纹时，应检查和先采取必要措施如调整轨道偏心等，再按第 1 条修补裂纹。

建筑结构抗震加固

9.1 建筑抗震鉴定与加固的基本原则

9.1.1 总体原则

现有建筑的抗震鉴定、抗震加固设计及施工，尚应符合现行国家标准、规范的有关规定。主要包括以下几点。

（1）抗震主管部门发布的有关通知。

（2）危险房屋鉴定标准，工业厂房可靠性鉴定标准，民用房屋可靠性鉴定标准等。

（3）现行建筑结构设计规范中，关于建筑结构设计统一标准的原则、术语和符号的规定，静力设计的荷载取值等。

（4）对《建筑抗震鉴定标准》（GB 50023—2009）和加固规程未给出具体规定而涉及其他设计规范时，尚应符合相应规范的要求。

（5）材料性能及其计算指标应符合国家有关质量标准及相应设计规范的规定。

（6）施工及验收，除了重点问题在有关手册做了说明外，尚应符合国家有关质量标准、施工及验收规范的要求。

（7）建筑抗震鉴定和加固的设防标准比抗震设计规范对新建工程规定的设防标准低，因此，不可按抗震设计规范的设防标准对现行建筑进行鉴定；也不能按现有建筑抗震鉴定的设防标准进行新建工程的抗震设计，降低要求；也不能作为新建工程未执行抗震设计规范的借口。

9.1.2 评估

在进行抗震加固前，必须对已有建筑进行鉴定评估，才能得出与其相对应的加固措施。我国抗震鉴定采取两级鉴定的方法，当符合第一级鉴定标准时则可不进行第二级鉴定，属于逐级筛选的方法。

（1）第一级鉴定的基本内容　第一级鉴定是以宏观控制、构造鉴定为主，属于抗震概念鉴定，包括了房屋高度、层数、建筑平立面布置、结构体系、构件性能及连接、非结构构件和材料的要求等。建筑抗震概念鉴定的基本内容及要求，应符合以下规定。

① 多层建筑的高度和层数应符合建筑抗震鉴定标准规定的最大值的限值要求。

② 建筑的平面、立面、质量、刚度和墙体等抗侧力构件在平面内分布明显不对称时，应进行地震扭转效应的分析；结构竖向构件上下不连续或刚度沿高度分布突变时，应找出薄弱部位并按相应的要求鉴定。

③ 结构体系应注意部分结构或结构构件破坏导致整个体系丧失抗震能力的可能性；当房屋有错层或不同类型结构体系相连时，应提高相应部位的抗震鉴定要求。

④ 要保证结构构件间的连接构造及必要的支承系统，当构件尺寸、截面形式不利于抗震时，宜提高该结构构件的构造要求。

⑤ 非结构构件与主体结构的连接构造应满足不倒塌伤人的要求，位于出入口及临街处的构件，需适当提高构造要求。

⑥ 结构材料实际强度等级应符合规定的基本要求；当建筑建造在不利地段时，应符合地基基础的有关鉴定要求。

（2）第二级鉴定　第二级鉴定是在第一级鉴定的基础上进行的。上部结构第二级鉴定一般包括以下内容。

① 构造不符合第一级鉴定要求，对房屋抗震能力的定性或半定量估计。

② 根据材料实际强度等级、构件现有截面尺寸进行结构现有抗震承载力验算。

③ 考虑构造影响后，对结构综合抗震能力进行鉴定。

从房屋的综合抗震能力的判断出发，并不需要对房屋的每个构件、每个部位都进行仔细的检查，只需按照结构的震害特征，对影响整体性能的关键、重点部位进行鉴定。例如，对多层砖房，房屋的四角、底层和大房间等的墙体砌筑质量以及墙体交接处是检查的重点，屋盖的整体性也是重点；对底层框架砖房，底层是重点；对内框架砖房，房屋的顶层是重点，底层是一般部位；对框架结构，6度、7度时，主体结构一般不会损坏，不作为重点，填充墙等非结构构件是重点；8度、9度时，除了非结构构件外，柱子的截面和配筋也是重点。

9.1.3　抗震加固的鉴定

现有建筑加固前，需按国家鉴定标准进行抗震鉴定。当不符合鉴定要求时，则需进行抗震加固。

（1）抗震加固设计总的要求

① 应根据抗震鉴定结果确定加固方案，包括整体房屋加固、区段加固或构件加固，并宜结合维修改造，改善其使用功能。

② 加固方案应便于施工，并注意减少对生产、生活的影响。

③ 有关非抗震问题宜一并考虑。

（2）对抗震加固时的结构布置与连接构造的要求

① 加固总方案应优先注意增加整个结构的抗震性能，要针对场地与建筑的具体情况，选择地震反应较小的结构体系，避免加固后地震作用的增大超过结构抗震能力的提高。

② 加固后应避免由于局部加强导致结构的刚度突变，尽量使结构的重力和刚度分布比较均匀对称，防止扭转效应及薄弱层或薄弱部位转移。

③ 注意加强薄弱部位的抗震构造。在不同结构类型的连接处、房屋平面与立面的局部突出部位等，由于鞭梢效应等因素使地震反应放大，宜在加固时采取比一般部位适当增强其

承载力或变形能力的措施。

④ 加强新、旧构件的连接。连接得可靠与否是加固后结构整体工作的关键，增设的抗震墙、柱等竖向构件应有可靠的基础，不允许直接放到楼板上。

⑤ 对于女儿墙等非结构构件，不符合抗震鉴定要求时优先考虑拆除、拆短或改用轻质材料，当需保留时则应加固。

9.1.4 建筑抗震鉴定加固步骤

（1）震前对抗震能力不足的建筑物进行抗震鉴定加固的决策，是由惨重的地震灾害中总结出来的重要经验。但由于我国地震区范围广，经济实力有限，因此要逐级筛选，确定轻重缓急，突出重点，使有限的抗震加固资金用在刀刃上，用到急需保障安全的地区和建筑上。

① 根据地震危险性（主要按地震基本烈度区划图和中期地震预报确定）、城市政治经济的重要性、人口数量以及加固资金情况确定重点抗震城市和地区。

② 在这些重点抗震城市和地区内，根据政治经济和历史的重要性、震时产生次生灾害的危险性和震后抗震救灾急需程度（如供水供电等生命线工程、消防工程、救死扶伤的重要医院）确定重点单位和重点建筑物。根据地震趋势，突出重点，还要根据情况分期分批使所有应加固的建筑得到加固，以减少地震灾害。

③ 根据建筑物原设计、施工情况、建成后使用情况及建筑物的现状，进行抗震鉴定，确定其在抗震设防烈度时的抗震能力。对不满足抗震鉴定标准的建筑物，考虑抗震对策或进行抗震加固。

（2）正确处理抗震鉴定、抗震加固与维修及城市或企业改造间的关系，有步骤地进行抗震工作。

① 对城市（或大型企业）的所有建筑物和工程设计，进行抗震性能的普查鉴定，确定不需要加固和需要加固的建筑物项目名称和工程量。

② 对抗震鉴定需要加固的项目进行分类排队，区分出没有加固价值、可以暂缓加固和急需加固的项目和工程量。

③ 对急需加固的项目，按照加固设计、审批、施工、验收、存档的程序进行。对无加固价值者，结合城市建设逐步进行改造。

（3）建筑抗震鉴定加固通常按下列程序进行。

① 抗震鉴定。按现行《建筑抗震鉴定标准》（GB 50023—2009）对建筑物的抗震能力进行鉴定，通过图纸资料分析，现场调查核实，进行综合抗震能力的逐级筛选，对建筑物的整体抗震性做出评定，并提出抗震鉴定报告。经鉴定不合格的工程，提出抗震加固计划，报主管部门核准。

② 抗震加固设计。针对抗震鉴定报告指出的问题，通过详细的计算分析，进行加固设计。设计文件应包括技术说明书、施工图、计算书和工程概算等。

③ 设计审批。抗震加固设计方案和工程概算，一般要经加固单位的主管单位组织审批。审批的内容是：是否符合鉴定标准和工程实际，加固方案是否合理和便于施工，设计数据是否准确，构造措施是否恰当，设计文件是否齐全。

④ 工程施工。施工单位必须持有效施工执照。按图施工，严格遵照有关施工验收规范。要做好施工记录（包括原材料质量合格证件、混凝土试件的试验报告、混凝土工程施工记录等），当采用新材料和新工艺时，要有正式试验报告。

⑤ 工程监理。根据工程情况确定工程监理，审查工程计划和施工方案；监督施工单位严格施工，审核技术变更，控制工程质量，检查安全防护措施（抗震加固过程的拆改尤应特

别注意)，确认检测原材料和构件质量，参加施工验收，处理质量事故。

⑥ 工程验收。抗震加固工程的验收，通常分两阶段进行：一是隐蔽结构工程的验收，通常在建筑装修以前，对结构工程（特别是建筑装修后难以检查的部位，如设于顶棚内的加固措施，抹灰后难以辨认的做法和地下工程等）进行检查验收；二是竣工验收，全面对建筑结构进行系统的检查验收。

⑦ 工程存档。抗震鉴定对原有建筑结构做了系统的检查、验算、鉴定，找出原有建筑的缺陷与问题。抗震加固又针对这些提出加固措施。在施工过程中可能有所变动。在加固后使用过程中可能出现情况，例如地基的沉陷经过加固，可能稳定，也可能继续开展。原有的裂缝也可能再度发展。因此，必须将抗震鉴定书、加固图纸、施工档案进行工程存档。

9.2 现有抗震加固的基本规定

9.2.1 适用的对象

基本与鉴定标准相同，并且是经抗震鉴定评定为需要加固的现有建筑。加固设计中应体现先鉴定后加固原则。

9.2.2 抗震加固的设防目标

不低于抗震鉴定的目标，通过加固宜适当提高目标如下：

$$S \leqslant \psi_1 \psi_2 R / \gamma_{Ra} \quad \text{或} \quad \beta \geqslant 1.0 \quad \text{(鉴定公式)}$$

$$S < \psi_{1s} \psi_{2s} R_s / \gamma_{Rs} \quad \text{或} \quad \beta > 1.0 \quad \text{(加固公式)}$$

9.2.3 确定抗震加固方案需考虑的几个因素

(1) 提高综合抗震能力的原则（承载力、整体性)。

(2) 强调整体加固、抗震加固，避免构件加固（抗震加固不同于安全性加固或工程事故处理)。

(3) 找出解决问题的关键，选择整体、区段或局部加固。

(4) “内加固”与“外加固”的比较。

(5) 应尽可能消除原结构的不规则、不合理、薄弱层等不利因素。

(6) 加固方案应尽可能减少对地基基础的影响。

(7) 加固方案要考虑施工及对周边环境的影响。

9.2.4 抗震加固方法选择

(1) 承载力或刚度不足时：两者均需提高，增设构件、加大截面；仅需提高承载力，增设钢构套、粘钢、粘碳纤维布；仅需提高变形能力，增设连接构件、钢构套。

(2) 结构体系明显不合理，优先增设构件予以改善，同时提高承载力和变形能力。

(3) 整体性连接不良，增设拉结构件，以提高变形能力为主。

(4) 局部构件的构造不符合要求，可选择不转移薄弱部位的局部处理，增设构件承担地震力来保护局部构件。

(5) 非结构构件的构造不符合要求，优先对可能倒塌伤人的部位进行处理。

(6) 砌体结构超高超层处理：超高不超层，提高承载能力、加强约束措施；超层，改变结构体系、改变用途、减少层数。

9.2.5 抗震加固验算的特殊要求

抗震验算要按加固后的实际情况进行，验算公式为：

$$S<\frac{\psi_{1s}\psi_{2s}R_s}{\gamma_{Rs}}$$

式中 S——地震作用效应，当加固后刚度和质量的增加分别超过10%、5%时，可不重新计算；

ψ_{1s}，ψ_{2s}——加固后的体系影响系数与局部影响系数；

R_s——加固后计入应变滞后的构件实际承载能力，砌体墙采用增强系数的方式，钢筋混凝土构件采用专门的计算公式；

γ_{Rs}——抗震加固的承载力调整系数，一般情况按《建筑抗震鉴定标准》(GB 50023—2009)规定取值，A类建筑新增构件可按原有构件对待，壁柱或组合柱加固承载力抗震调整系数取0.85。

9.2.6 抗震加固设计其他注意事项

(1) 抗震验算应取两个主轴方向分别进行，且两个主轴方向的楼层综合抗震能力指数或受剪承载力不宜相差过大。

(2) 避免因加固造成楼层综合抗震能力指数或受剪承载力发生突变，造成新的薄弱楼层。

控制指标是上一楼层不超过下一楼层的20%。处理方法是当超过时应同时对下一楼层进行加强。

(3) 结构原有的综合抗震能力指数或受剪承载力发生突变的楼层可适当灵活处理。

(4) 保证加固措施的有效性，尽可能减少对原结构构件的损坏，加固构件与原结构有可靠的连接，加固后应避免出现新的薄弱层，保证新旧构件的协同工作。

(5) 充分利用地基基础现有承载能力，尽可能减少地基加固工程量，加固所增重力不大时，可不做地基验算与地基处理。

9.2.7 加固材料的要求

(1) 加固材料应符合相关标准的最低要求。

(2) 加固材料与原结构材料的匹配，尽可能采用相同的材料加固，强度宜提高一级，过高的强度并不能真正发挥作用。

(3) 特殊加固材料的耐久性问题，提供相关的检验报告，设计中应予以说明。

9.2.8 加固施工的特殊要求

(1) 复核　对构件实际尺寸进行测量和核对，因设计上的尺寸与现有建筑的实际尺寸大多有不同程度的差异。当原始资料不全时，加固施工图往往注明“以实际尺寸为准”。这些均需要进行测量，以免因误差过大而降低加固效果或无法施工。

(2) 查缺　检查原结构及其相关工程的隐蔽部位是否有严重的构造缺陷，一旦发现，要暂停施工，再会同加固设计人员采取有效措施进行处理后放可继续施工。

(3) 防损　在原有构件上凿洞、钻孔等施工过程中，要采取有效措施，避免破坏原有钢筋、砂浆黏结力等，并且防止误触电源、气源、水源等管线造成事故。一旦损伤构件，要及时修补。

(4) 防倒　加固施工前，要充分估计施工中可能造成的房屋倾倒、构件开裂或倒塌等不安全因素，采取相应的临时措施予以防止。

9.3 抗震加固技术的选择与计算要点

抗震加固的目标是提高房屋的抗震承载能力、变形能力和整体抗震性能，根据我国近30年的试验研究和抗震加固实践经验，常用的抗震加固方法分述如下。

9.3.1 增强自身加固法

增强自身加固法是为了加强结构构件自身，使其恢复或提高构件的承载能力和抗震能力，主要用于修补震前结构裂缝缺陷和震后出现裂缝的结构构件的修复加固。

(1) 压力灌注水泥浆加固法　可以用来灌注砖墙裂缝和混凝土构件的裂缝，也可以用来提高砌筑砂浆强度等级M1（即10号砂浆）以下砖墙的抗震承载力。

(2) 压力灌注环氧树脂浆加固法　可以用于加固有裂缝的钢筋混凝土构件，最小缝宽可为0.1mm，最大可达6mm。裂缝较宽时，可在浆液中加入适量的水泥节省环氧树脂用量。

(3) 铁把锯加固法　此法用来加固有裂缝的砖墙。铁把锯可用钢筋弯成，其长度应超过裂缝两侧200mm，两端弯成100mm的直钩。

9.3.2 外包加固法

外包加固法是指在结构构件外面增设加强层，以提高结构构件的抗震承载力、变形能力和整体性。这种加固方法适用于结构构件破坏严重或要求较多地提高抗震承载力的情形，一般做法有以下几种。

(1) 外包钢筋混凝土面层加固法　这是加固钢筋混凝土梁、柱和砖柱、砖墙及筒壁的有效办法，如钢筋混凝土围套、钢筋混凝土板墙等，可以支模板浇制混凝土或用喷射混凝土加固，尤宜用于湿度高的地区。

(2) 钢筋网水泥砂浆面层加固法　此法主要用于加固砖柱、砖墙与砖筒壁，可以不用支模板，铺设钢筋后分层抹灰，比较简便。

(3) 水泥砂浆面层加固法　适用于不要过多地提高抗震强度的砖墙加固。

(4) 钢构件网笼加固法　适用于加固砖柱、砖烟囱和钢筋混凝土梁、柱及桁架杆件，其优点是施工方便，但须采取防锈措施，在有害气体侵蚀和湿度高的环境中不宜采用。

9.3.3 增设构件加固法

在原有结构构件以外增设构件是提高结构抗震承载力、变形能力和整体性的有效措施。在进行增设构件的加固设计时，应考虑增设构件对结构计算简图和动力特性的影响。

(1) 增设墙体加固法　当抗震横墙间距超过规定值或墙体抗震承载力严重不足时，宜采用增设墙体的方法加固。增设的墙体可为钢筋混凝土墙，也可为砌体墙。

(2) 增设柱子加固法　设置外加柱可以增加其抗倾覆能力，当抗震墙承载力差值不大时，可采用外加钢筋混凝土柱与圈梁、钢拉杆进行加固。内框架房屋沿外纵墙增设钢筋混凝土外加柱是提高这类结构抗震承载力的一种方法。增设的柱子应与原有圈梁可靠连接。

(3) 增设拉杆加固法　此法多用于受弯构件（如梁、桁架、檩条等）的加固和纵横墙连接部位的加固，也可用来代替沿内墙的圈梁。

(4) 增设支承加固法　增设屋盖支承、天窗架支承和柱间支承，可以提高结构的抗震强度和整体性，并且可增加结构受力的赘余度（冗余度），起二道防线的作用。

(5) 增设圈梁加固法　当抗震圈梁设置不符合规定时，可采用钢筋混凝土外加圈梁或板底钢筋混凝土夹内墙圈梁进行加固。沿内墙圈梁可用钢拉杆代替。外墙圈梁沿房屋四周应形成封闭，并且与内墙圈梁或钢拉杆共同约束房屋墙体及楼、屋盖构件。

(6) 增设支托加固法　当屋盖构件（如檩条、屋面板）的支承长度不足时，宜加支托，以防止构件在地震时塌落。

(7) 增设刚架加固法　当原应增设墙体加固时，由于受使用净空要求的限制，也可增设刚度较大的刚架来提高抗震承载力。

(8) 增设门窗框加固法　当承重窗间墙宽度过小或能力不满足要求时，可增设钢筋混凝土门框或窗框来加固。

9.3.4　增强连接加固法

震害调查表明，构件的连接是薄弱环节。针对各结构构件间的连接采用下列各种方法进行加固，能够保证各构件间的抗震承载力，提高变形能力，保障结构的整体稳定性。这种加固方法适用于结构构件承载力能够满足，但构件间连接差。其他各种加固方法也必须采取措施增强其连接。

(1) 拉结钢筋加固法　砖墙与钢筋混凝土柱、梁间的连接可增设拉筋加强，一端弯折后锚入墙体的灰缝内，一端用环氧树脂砂浆锚入柱、梁的斜孔中或与锚入柱、梁内的膨胀螺栓焊接。新增外加柱与墙体的连接也可采用拉结钢筋，以加强柱和墙间的连接。

(2) 压浆锚杆加固法　适用于纵横墙间没有咬茬砌筑，连接很差的部位。采用长锚杆，一端嵌入内横墙，另一端嵌固于外纵墙上（或外加柱）。其做法是先钻孔，贯通内外墙，嵌入锚杆后，用水玻璃砂浆压灌。

(3) 钢夹套加固法　适用于隔墙与顶板和梁连接不良时，可采用镶边型钢夹套与板底连接并夹住砖墙或在砖墙顶与梁间增设钢夹套，以防止砖墙平面外倒塌。

(4) 综合加固增强连接法　如外包法中的钢构套加固法把梁和柱间的节点用钢构件网笼以增强连接。又如增设构件加固法的钢拉杆可以代替压浆锚杆，也对砖墙平面外倒塌起约束作用；增设圈梁可以增强山墙与纵墙连接；增设支托可增强支承连接。

9.3.5　替换构件加固法

对原有强度低、韧性差的构件用强度高、韧性好的材料来替换。替换后需做好与原构件的连接。通常采用的有以下几种。

(1) 钢筋混凝土替换砖。如钢筋混凝土柱替换砖柱、钢筋混凝土墙替换砖墙。

(2) 钢构件替换木构件。

9.3.6　抗震鉴定和加固验算的基本规定

(1) 抗震设防烈度为 6 度的建筑物不需验算。

(2) 本书各章列出的具体方法（如楼层综合抗震能力指数法）可作为抗震鉴定验算的基本方法，这些具体方法一般有所简化，容易掌握。

（3）抗震鉴定与抗震加固宜在两个主轴方向进行结构的抗震验算。

（4）当本书未给出具体方法时，可按现行国家标准《建筑抗震设计规范》（GB 50011—2010）规定的方法进行，但抗震鉴定或抗震加固与抗震设计比较，可靠性要求有所降低，地震作用、内力调整、承载力验算公式均不变。但采用抗震鉴定或抗震加固的承载力调整系数以替代抗震设计规范的承载力抗震调查系数，并且按下式进行结构构件抗震鉴定或抗震加固验算：

抗震鉴定验算时　　$S \leqslant R/\gamma_{Ra}$

抗震加固验算时　　$S \leqslant R/\gamma_{Rs}$

9.3.7 加固后结构分析和构件承载力计算要求

抗震加固设计对加固后结构的分析和构件承载力计算，尚应符合下列要求。

（1）结构的计算简图应根据加固后的荷载、地震作用和实际受力状况确定。当加固后结构刚度的变化不超过原有结构刚度的10%和加固后结构重力荷载代表值的变化不超过原有的5%时，可不计入地震作用变化的影响。

（2）结构构件的计算截面面积，应采用实际有效的截面面积。

（3）结构构件承载力验算时，应计入实际荷载偏心、结构构件变形等造成的附加内力，并且应计入加固后的实际受力程度、新增部分的应变滞后和新旧部分协同工作的程度对承载力的影响。

9.4 多层砌体房屋的抗震加固

9.4.1 多层砌体房屋的抗震加固基本原则

（1）按砌体房屋不同功能时的损坏程度区别对待。静力下出现损坏，以各承重墙柱等的加固为主，抗震鉴定不合格的，则以整个结构总体功能的恢复为主，而不要求每个构件都完全恢复功能。

（2）对非刚性结构体系的房屋，应选用有利于消除不利因素的抗震加固方案。当采用加固柱或墙垛，增设支承或支架等保持非刚性结构体系的加固措施时，应控制层间位移和提高其变形能力。

（3）为防止加固后内力重分布形成新的薄弱部位或导致薄弱部位转移，加固后综合抗震能力指数、层间受剪承载力不应大于相邻下一层的20%。当加固后使本层超过相邻下一楼层的20%时，则需要同时加固相邻下一楼层。

（4）同一楼层中，自承重墙体加固后的抗震能力不应超过承重墙体加固后的抗震能力；否则，应增强相应承重墙体。

（5）当选用区段加固的方案时，应优先对楼梯间的墙体采取加强措施。

（6）高度和层数超过规定限值时的对策：超高不超层时，应采取高于一般房屋的承载力，且加强墙体约束的有效措施；超层时，应改变结构体系或减少层数，当采用改变结构体系的方案时，应在两个方向增设一定数量的钢筋混凝土墙体，新增的混凝土墙应计入竖向压应力滞后的影响并宜承担结构的全部地震作用；乙类设防的超层房屋，可改变用途按丙类设防使用，并且符合丙类设防的层数限值；丙类设防且横墙较少的房屋超出规定限值一层和3m以内时，应提高墙体承载力，且新增构造柱、圈梁等应达到现行国家标准《建筑抗震设计规范》(GB 50011—2010) 对横墙较少房屋不减少层数和高度的相关要求。

9.4.2 多层砖房的抗震加固

9.4.2.1 抗震加固方法

砌体结构主要以脆性材料为主，其刚度较大，产生的地震作用也较大，而材料本身的抗剪强度低，延性差。因此，在地震中的震害较重。

针对房屋抗震承载力不足、整体性不良、易倒塌部位和明显扭转效应等不同情况，提出了不同的加固方法。

(1) 提高抗震承载力

① 外加柱加固。在墙体交接处外加现浇钢筋混凝土构造柱加固，柱应与圈梁、拉杆连成整体，或现浇钢筋混凝土楼盖连接，外加柱必须有相应的基础。

② 面层或夹板墙加固。在墙体一侧或两侧采用水泥砂浆面层、钢丝网砂浆面层或现浇钢筋混凝土板墙加固。

③ 拆砌式增设。对强度过低的原墙体可拆除重砌，或增设抗震墙，这种加固需先与拆后重建的方案做一经济比较。

④ 修补和灌浆。对已开裂墙体可采用压力灌浆修补，对砂浆饱满度差或强度等级过低的墙体可用满墙灌浆加固。

此外，还有包角钢镶边加固和增设支承等加固方法。

(2) 加强房屋整体性

① 当圈梁不符合要求时应再增设圈梁。外墙圈梁一般用现浇钢筋混凝土，内墙圈梁可用钢拉杆或在进深梁端加锚杆。

② 当纵、横墙连接差时，可用钢拉杆、锚杆或外加壁柱和外加圈梁的方法。

③ 楼面、屋盖梁支承长度不足时，可增设托梁或采用其他有效措施。

(3) 加固易倒塌部位及防扭转效应　为防止扭转，应优先在薄弱部位增砌砖墙或现浇混凝土墙。对易倒塌部位，应针对具体情况采用加固措施，如承重窗间墙太窄可增设钢筋混凝土窗框或采用面层、夹板墙加固。当隔墙无拉结或拉结不牢时，需采取锚接措施。

9.4.2.2 水泥砂浆或钢筋网水泥砂浆面层加固砖房

当砖房的抗震墙承载力不足时，可采用水泥砂浆抹面或配有钢筋网片的水泥砂浆抹面层进行加固(这一方法通常称为夹板墙加固法)。这一方法目前被广泛应用于砖墙的加固，同时在砖烟囱和水塔的筒壁加固中亦得到应用。对一些低烈度区的空旷房屋、砖柱厂房以及内框架房屋中的砖壁柱，亦可采用这种方法加固。砂浆抹面或钢筋网砂浆抹面加固墙体时，采用的砂浆强度等级一般以 M7.5～M15 为宜，砂浆厚度不宜小于 20mm，钢筋网间距根据计算要求可采用 150～400mm (图 9-1～图 9-3)。

试验研究表明，不论是纯砂浆抹面还是钢筋网水泥砂浆抹面加固墙体，都能提高墙体的抗剪承载力，提高的程度受砂浆面层厚度和强度的影响较大，而钢筋间距影响则比较小，但钢筋对改善墙体的延性有良好的作用。同时，试验结果也反映出，用面层加固墙体后，墙体的刚度提高亦较明显，特别是当原墙体的砌筑砂浆强度较低时 (如 M0.4)，其刚度的提高率超过抗剪承载力的提高，这样吸收更多的地震能量，使加固达不到预期的目标。因此采用面层加固墙体时，对面层厚度以及加固位置的选择，要从提高结构整体抗震能力出发全面考虑。面层加固的基准增强系数见表 9-1。

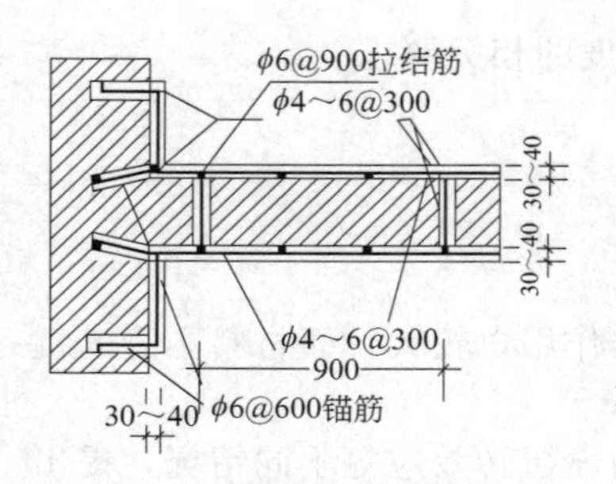

图 9-1　横墙双面加面层

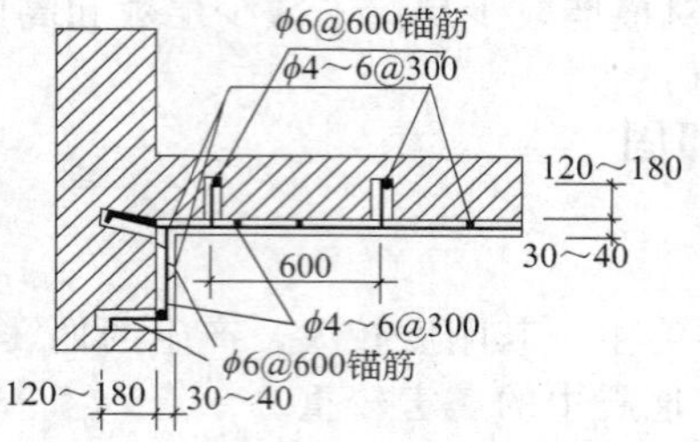

图 9-2　横墙单面加面层

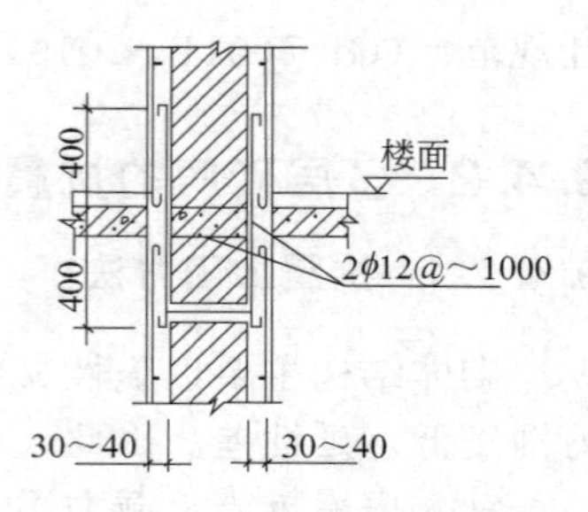

图 9-3　横板处做法

表 9-1　面层加固的基准增强系数

面层厚度/mm	面层砂浆强度等级	钢筋网规格/mm		基准增强系数					
				单面加固			双面加固		
		直径	间距	M0.4	M1	M2.5	M0.4	M1	M2.5
20	M10	无筋	—	1.46	1.04	—	2.08	1.46	1.13
30		6	300	2.06	1.35	--	2.97	2.05	1.52
40		6	300	2.16	1.51	1.16	3.12	2.15	1.65

9.4.2.3　混凝土板墙加固砖房

砖房的混凝土板墙加固类似于钢筋网水泥面层加固方法，具有较大的灵活性。首先，可根据结构综合抗震能力指数提高程度的不同增设不同数量的混凝土板墙，板墙可设置为单面或双面，甚至可在楼梯间部位设置封闭的板墙，形成混凝土筒；其次，采用混凝土板墙加固时，可根据业主的意图采用“内加固”或“外加固”方案。当希望保持原有建筑风貌时，可采用“内加固”方案；当需结合抗震加固进行外立面装修时，则可采用以“外加固”为主的方案。

采用混凝土板墙加固可更好地提高砖墙的承载能力，控制墙体裂缝的开展。此外，在板墙四周采用集中配筋形式取代外加柱、圈梁和钢拉杆，以提高墙体的延性和变形能力。这种处理方法对建筑外观和内部使用的影响很小。图 9-4 和图 9-5 给出了采用板墙加固时常用的做法。

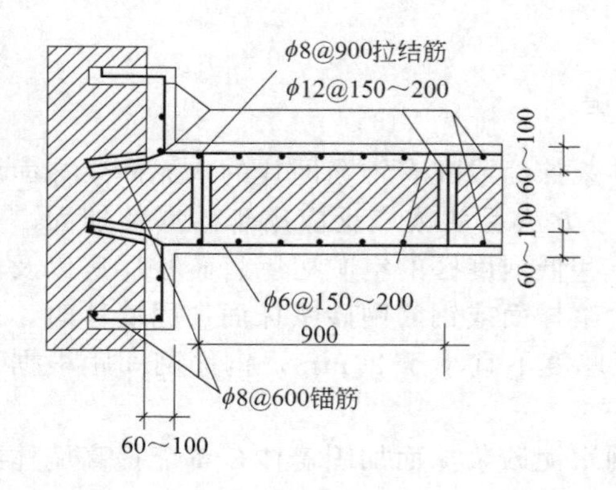

图 9-4　横墙双面加混凝土板墙

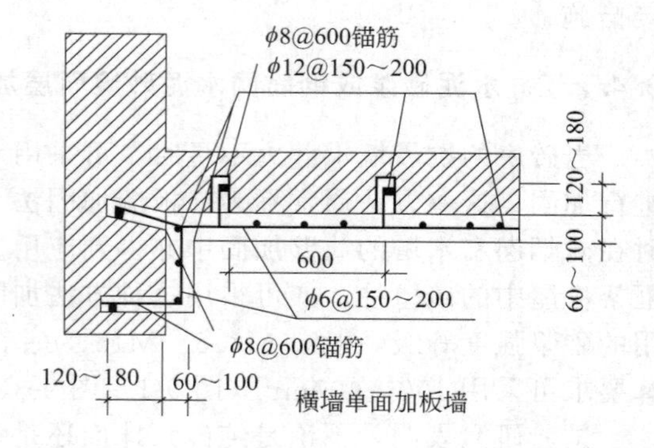

图 9-5　横墙单面加混凝土板墙

9.4.2.4　增设抗震墙的加固

增设抗震墙是提高建筑抗震能力的有效措施，特别是对于原建筑的抗震墙较少，抗震墙间距超过抗震鉴定标准要求时更为适合。抗震墙可采用砖砌抗震墙，也可采用钢筋混凝土抗震墙，这里主要讨论砖砌抗震墙的增设。北京市房修技术研究所曾对墙内增设配筋网片和钢筋混凝土带的抗震性能进行了研究。增加钢筋网片的墙就是在墙高的中部砖墙灰缝内，配置纵筋和 ϕ4@150 分布筋的钢筋网片；增设钢筋混凝土带的墙就是沿墙高每 1m 增设 60mm 厚的 C15 的细石混凝土带，并且配纵筋 ϕ3@200 分布筋。经试验表明，两种方法均能提高抗震能力，采用增设钢筋混凝土带与钢筋网片的墙体比未增设的墙体的承载能力分别提高 14.6%和 8.4%，刚度分别提高了 15.7%和 5.2%。同时，也提高了墙体的变形能力，改善了墙体的抗倒塌性能。试验对比结果说明，增设钢筋混凝土带的墙体的抗震性能优于增设钢筋网片墙体的抗震性能。相关做法见图 9-6 和图 9-7。

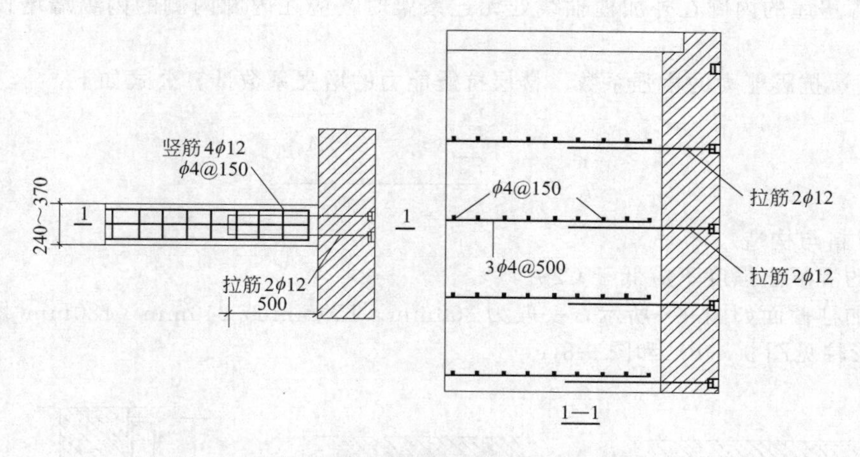

图 9-6 新增横墙设焊接网片并与纵墙拉结

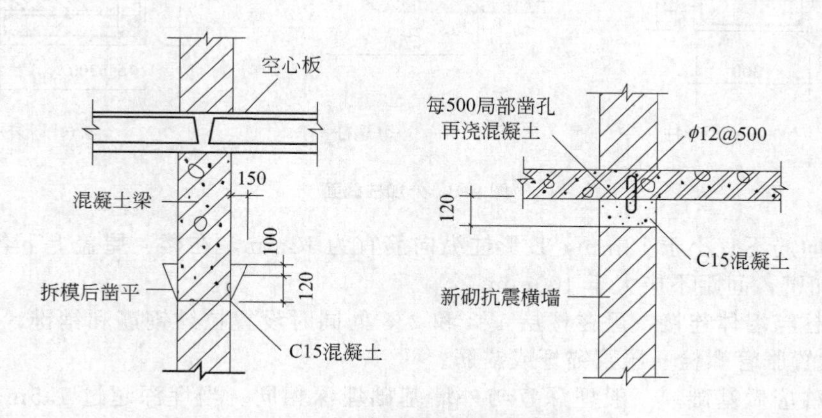

图 9-7 新增横墙与楼盖的连接

9.4.2.5 外加钢筋混凝土柱加固多层砖房

采用钢筋混凝土柱连同圈梁和钢拉杆一起加固砖房，是唐山大地震以后从加固实践中总结出来的一种抗震加固措施，后经中国建筑科学研究院等单位对这一加固系统的抗震性能进行了试验研究。试验研究表明，外加柱加固墙体后对墙体的抗剪承载力有一定提高，尤其推迟了墙体裂缝的出现；能提高墙体的延性和变形能力，对防止结构发生突然倒塌有良好效果。因此，采用钢筋混凝土外加柱这一加固系统加固砖房是一种比较简单易行而有效的方法，这种方法至今仍被普遍采用，它适合于房屋抗震承载力与抗震要求相差在 20%以内以及整体连接较差房屋的加固。

外加柱设置及楼层抗震能力的增强系数如下。

（1）设置要求

① 外加柱应在房屋四角、楼梯间和不规则平面转角处设置，并且可根据房屋状况在内墙交接处每开间或隔开间布置。

② 外加柱在平面内宜对称，沿高度不得错位，由底层起全部贯通。

③ 外加柱应与圈梁、钢拉杆连成封闭系统。

④ 采用外加柱增强墙体的抗震能力时，在圈梁内的锚固长度应满足受拉钢筋的要求。

⑤ 内廊房屋的内廊在外加柱轴线处无连系梁时，应在内廊两侧的内纵墙增设柱或增设连系梁。

（2）楼层抗震能力的增强系数　楼层抗震能力的增强系数计算公式如下：

$$\eta_{ci}=1+\frac{\sum_{j=1}^{n}(\eta_{cij}-1)A_{ij0}}{A_{i0}}$$

（3）材料与构造

① 柱的混凝土强度不应低于C20。

② 外加柱截面如图9-8所示，一般为300mm×150mm或240mm×180mm[图9-8(a)]，扁柱及L形柱见图9-8(b）和图9-8(c)。

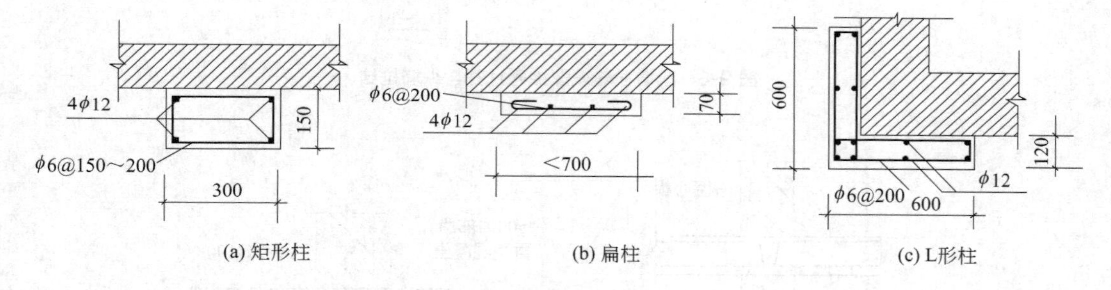

图9-8　外加柱截面

③ 柱纵向筋不宜小于12mm，L形柱纵向筋宜为12mm，在楼、屋盖上下各500mm高度内箍筋应加密，间距不应大于100mm。

④ 外加柱与墙体连接，可在楼层1/3和2/3处同时设置拉结钢筋和销键，也可沿墙高每500mm设置胀管螺栓、压浆锚杆或锚筋。

⑤ 外加柱应做基础，一般埋深宜与外墙基础埋深相同。当埋深超过1.5m时，可采用1.5m的埋深（图9-9），但不得浅于冻结深度。

9.4.2.6　外加圈梁及钢拉杆加固多层砖房

圈梁是保证多层砖房整体性的重要措施。当同时采用外包柱时，亦可保证提高房屋的抗震承载力。抗震加固时，对外加圈梁及拉杆的要求如下。

（1）圈梁的布置、材料和构造

① 圈梁布置与抗震设计要求相同，如增设的圈梁宜在楼、屋盖标高的同一平面内闭合，对于圈梁标高变化处应采取局部加强措施。

② 圈梁混凝土强度等级不应小于C20，其截面不应小于180mm×120mm。

③ 圈梁配筋要求当7度区箍筋间距不应小于200mm。

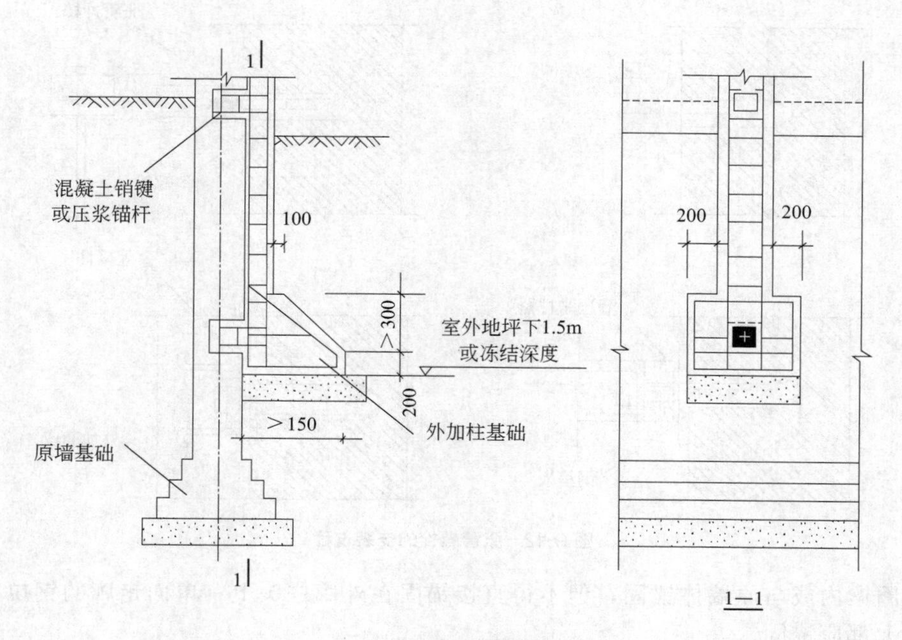

图 9-9　外加柱基础

(2) 圈梁与墙体的连接　圈梁与墙体连接的好坏是影响圈梁能否发挥作用的关键。外加钢筋混凝土圈梁与砖墙的连接宜优先采用普通锚栓（图 9-10）或砂浆锚栓（图 9-11），亦可选用胀管螺栓或钢筋混凝土销键。普通锚栓的一端应做成直角弯钩埋入圈梁，另一端用螺帽拧紧。砂浆锚筋布置与钢拉杆的间距和直径有关，一般从距离拉杆 500mm 处开始设置，锚筋埋深 $l_m=10d$，孔深 $l_k=l_m+10\text{mm}$。胀管螺栓的安装过程如图 9-12 所示。

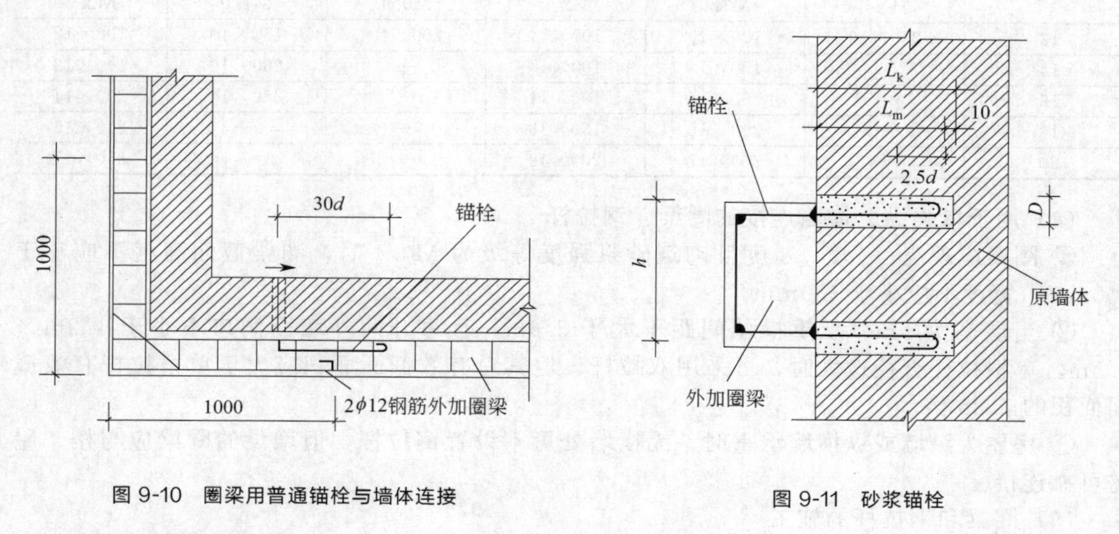

图 9-10　圈梁用普通锚栓与墙体连接

图 9-11　砂浆锚栓

(3) 内墙圈梁的钢拉杆

① 当每开间均有横墙时隔开间应至少采用 2 根直径为 12mm 的钢筋，多开间有横墙时在横墙两侧的钢拉杆直径不应小于 14mm。

② 沿内纵墙端部布置的钢拉杆长度不得小于两开间；沿横墙布置的钢拉杆两端应锚入

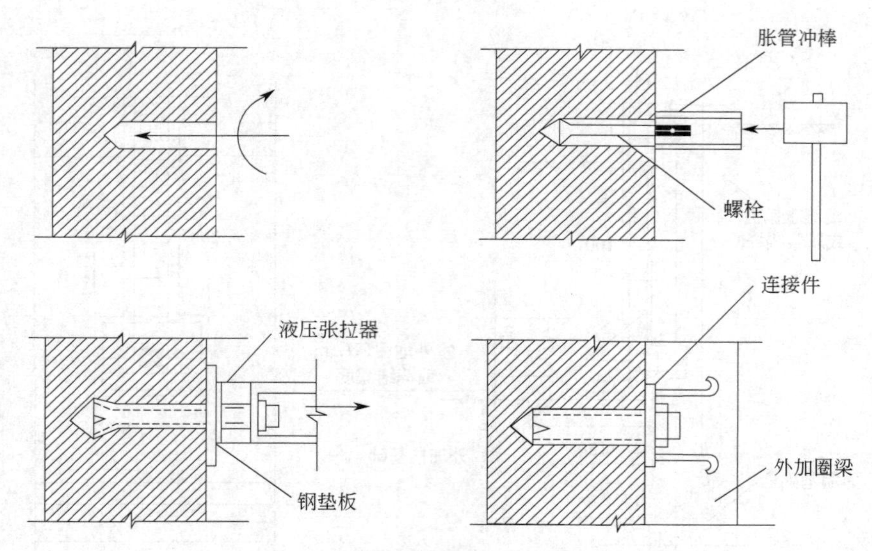

图 9-12 胀管螺栓的安装过程

外加柱、圈梁内或与原墙体锚固，但不得直接锚固在外廊柱头上；单面走廊的钢拉杆在走廊两侧墙体上都应锚固。

③ 钢拉杆在增设圈梁内锚固时，可采用弯钩，其长度不得小于拉杆直径的 35 倍；或加焊 80mm ×50mm×8mm 的垫板埋入圈梁内，其垫板与墙面的间隙不应小于 50mm。

④ 钢拉杆在原墙体锚固时，应采用钢垫板，拉杆端部应加焊相应的螺栓。钢拉杆方形垫板的尺寸可按表 9-2 采用。

表 9-2 钢拉杆方形垫板尺寸

钢拉杆直径/mm	垫板尺寸/mm					
	原墙体厚度 370mm			原墙体厚度 180～240mm		
	M0.4	M1.0	M2.5	M0.4	M1.0	M2.5
12	200×10	100×10	100×14	200×10	150×10	100×12
14	—	150×12	100×14	—	250×10	100×12
16	—	200×15	100×14	—	350×14	200×14
18	—	200×15	150×16	—	—	250×15
20	—	300×17	200×19	—	—	350×17

（4）用于增强纵、横墙连接的圈梁、钢拉杆

① 圈梁应现浇，7 度、8 度且砌筑砂浆强度等级为 M0.4 时，圈梁截面高度不应小于 200mm，宽度不应小于 180mm。

② 当层高为 3m、承重横墙间距不大于 3.6m，且每开间外墙面洞口不小于 1.2m×1.5m，单根拉杆直径过大时，可采用双拉杆，但其总有效截面面积应大于单根拉杆有效截面面积的 1.25 倍。

③ 房屋为纵墙或纵横墙承重时，无横墙处可不设置钢拉杆，但增设的圈梁应与楼、屋盖可靠连接。

（5）圈梁和钢拉杆的施工

① 增设圈梁处的墙面有酥碱、油污或饰面层时，应清除干净；圈梁与墙体连接的孔洞应用水冲洗干净；混凝土浇筑前，应浇水润湿墙面和木模板；锚筋和胀管螺栓应可靠锚固。

② 圈梁的混凝土宜连续浇筑，不得在距钢拉杆（或横墙）1m 以内留施工缝，圈梁顶面应做泛水，其底面应做滴水槽。

③ 钢拉杆应张紧，不得弯曲和下垂；外露铁件应涂刷防锈漆。

9.4.3 加固后的综合抗震能力指数计算

加固后楼层或墙段的综合抗震能力指数计算公式为：

$$\beta_s=\eta\psi_1\psi_2\beta_0$$

式中 β_s——加固后楼层或墙段的综合抗震能力指数；

β_0——楼层或墙段原有平均抗震能力指数；

ψ_1——加固后的整体影响系数；

ψ_2——加固后的局部影响系数；

η——加固增强系数，面层加固取 1.05～3.12（$M<2.5$），板墙加固取 1.8～2.5（$M>2.5$），外加柱取 1.0～1.3。

9.4.4 加固后墙体的抗震承载力计算

加固后墙体的抗震承载力计算公式为：

$$V_s\leqslant\eta\psi_1\psi_2V_{R0}$$

式中 V_{R0}——墙体原有抗震承载力设计值，按现行规范的方法计算，材料强度设计值按现行标准取值；

V_s——加固后墙体的抗震承载力。

9.4.5 常用加固方法及其基本作用

（1）砖墙修补、灌浆和拆砌　提高已开裂或局部强度过低的墙体抗震承载力。修补可恢复到未开裂时的承载力，压力灌浆可按比原砂浆强度等级提高一级估计其承载力，拆砌则按新墙体计算承载力。

（2）面层或板墙加固　提高墙体承载力，增加楼板支承长度。

（3）增设抗震墙　改变受力分配、力的传递途径，总体上提高房屋抗震承载力，减少薄弱部位。

（4）包角、镶边　用型钢或钢筋混凝土对柱墙垛、墙角、门窗洞加固，提高构建承载力和变形能力。

（5）外加构造柱　提高房屋延性和抗倒塌能力，提高局部易损墙段的承载力。

（6）外加圈梁　提高楼盖整体性，增加墙体的连接性和稳定性，提高抵抗地基不均匀沉降的能力，改善房屋总体变形能力。

9.4.6 加固方案的确定

当楼层抗震承载能力不足时，可选择普遍或集中于若干墙段用面层或板墙加固的方案，也可增设抗震墙。

当具有明显扭转效应的多层砌体房屋抗震能力不满足要求时，可优先在薄弱部位增砌砖墙或现浇钢筋混凝土墙，或在原墙加面层，也可采取分割平面单元，减少扭转效应的措施。

现有的空斗墙房屋和普通黏土砖砌筑的墙厚不大于 180mm 的房屋需要继续使用时，应采用双面钢筋网砂浆面层或板墙加固。

墙段承载力稍差而整体性不良时，可不直接加固墙段而利用构造柱提高其承载力。

承重墙段宽度过小或抗震能力不满足要求时，可选择面层或板墙加固等，也可结合外加构造柱加固。

对于承载力明显不足的砖柱、墙垛，可选择型钢或现浇钢筋混凝土包角或镶边，或采用钢筋混凝土套加固。

变形缝一侧的敞口墙，抗震加固时可选择增设墙体或钢筋混凝土框的加固方案。

构造柱或芯柱设置不符合鉴定要求时，应增设外加柱；当采用双面钢筋网砂浆面层或钢筋混凝土板墙加固并在纵横墙交接部位设置可靠拉结的配筋加强带时，可不另设构造柱。

圈梁设置不满足时，在外墙圈梁宜采用现浇钢筋混凝土，内墙圈梁可用钢拉杆或在进深梁端加锚杆代替；当采用双面钢筋网砂浆面层或钢筋混凝土板墙加固并在上下两端设置配筋加强带时，可不另设圈梁。

支承大梁等的墙段抗震能力不满足要求时，可增设砌体柱、组合柱、钢筋混凝土柱或采用钢筋网砂浆面层、板墙加固。

9.5 钢筋混凝土房屋的抗震加固

9.5.1 钢筋混凝土房屋的抗震鉴定

9.5.1.1 抗震鉴定的一般原则

（1）抗震鉴定的适用范围　本节介绍的由国家标准《建筑抗震鉴定标准》（GB 50023—2009）给出的鉴定方法仅适合不超过 10 层的钢筋混凝土框架和框架-抗震墙结构。

（2）两级鉴定方法　钢筋混凝土房屋两级鉴定是按结构体系、构件承载力、连接构造等因素对整幢房屋进行综合抗震能力的整体鉴定。多层钢筋混凝土房屋的两级鉴定如图 9-13 所示。

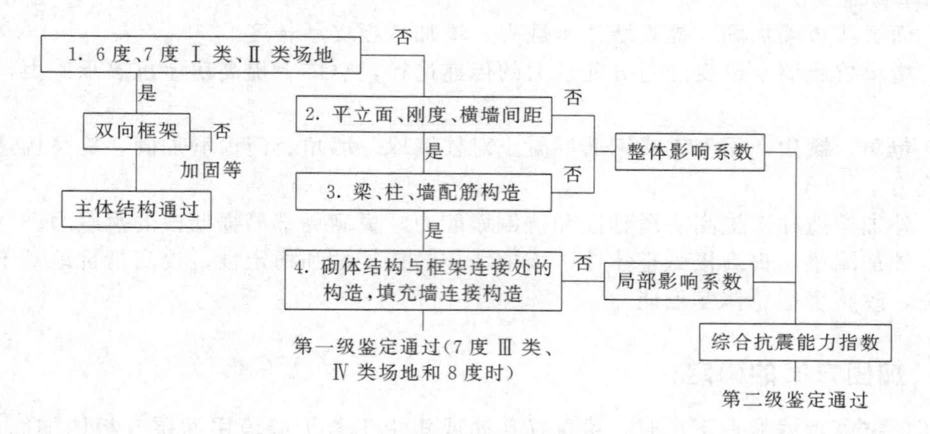

图 9-13　多层钢筋混凝土房屋的两级鉴定

第一级鉴定是以宏观控制、构造鉴定为主的定性分析，强调了对结构体系、框架节点、填充墙与主体结构连接及梁柱配筋等方面要求。第二级鉴定是在第一级鉴定不满足要求时进行的半定性半定量分析判断的方法。

9.5.1.2 第一级鉴定

第一级鉴定需达到以下要求，才算鉴定通过；否则，需进行第二级鉴定。

（1）结构体系和结构布置

① 双向框架在地震区，为了抵抗来自任意方向的地震作用，需设置梁柱刚接的沿两个方向的双向框架；否则，需加强楼盖整体性，且同时增设抗震墙、支承等抗侧力措施。

② 结构布置需按抗震设计中对结构布置的要求，检查平面布置是否基本均匀对称，沿结构高度的刚度是否基本均匀，抗震墙间距是否符合规定等。抗震墙之间楼、屋盖最大长宽比是满足规定要求。

（2）梁、柱配筋要求　对于纵筋锚固、柱截面尺寸及箍筋最小直径与间距均应满足相应的规定要求。当建筑处于6度、7度设防的Ⅰ级、Ⅱ级建筑场地时，要求按非抗震区设计标准鉴定即可。对7度设防而场地土较软弱的Ⅲ类、Ⅳ类区和8度、9度时，则需按抗震设计要求鉴定。

（3）填充墙与主体结构的连接构造　第一级鉴定对砖砌体填充墙的要求与抗震设计时相近。

① 当考虑填充墙抗侧力作用时，处于6～8度的填充墙厚度不应小于180mm。

② 沿柱高每隔600mm，应有拉筋埋入填充墙内，8度、9度时伸入墙内的长度不宜小于墙长的1/5且不小于700mm；当墙高大于5m时，墙内宜有连系梁与柱连接。

9.5.1.3　第二级鉴定

多层钢筋混凝土房屋的第二级抗震鉴定是采取综合定量方法求出平面结构楼层综合抗震能力系数β值；当$\beta \geqslant 1.0$时即符合抗震鉴定要求，否则需进行抗震加固。

9.5.2　钢筋混凝土房屋常见问题

9.5.2.1　单向框架结构体系

早期建成的框架结构多数横向为框架结构，框架梁柱为刚性连接，纵向则采用连系梁对框架柱进行连接，这类结构纵向抗震能力很差，地震中容易破坏倒塌。对于单向框架结构，宜通过节点加固改变为双向框架结构，确有困难时要采取加强楼、屋盖整体性，同时沿纵向增设钢筋混凝土抗震墙、抗震支承等抗侧力构件，以提高纵向抗震能力。

9.5.2.2　单跨框架结构体系

纯框架结构缺乏多道抗震设防，地震中容易发生破坏，而单跨框架结构由于抗震赘余度（冗余度）少，遭遇大地震时极易发生整体倒塌。单跨框架结构的抗震加固，首先应采用增设钢筋混凝土抗震墙的方法，将框架结构改变为框架-抗震墙结构体系。当增设抗震墙的位置与数量受限制时，可采用增设翼墙、抗震支承或消能减震支承等方法，也可将对应轴线的单跨框架改为多跨框架。

9.5.2.3　梁、柱或节点配筋不满足要求

当框架梁、柱的计算配筋不满足要求时，可增设抗震墙加固以减小框架所承担的地震作用，也可增设消能支承减少结构总的地震作用；当框架梁、柱的配筋构造不满足要求时，同样也可增设抗震墙，提高综合抗震能力避免对构件的逐个加固，采用增设消能支承加固时，对框架部分的构造要求也可适当降低。当部分构件的配筋不满足要求时，可采用构件加固的方法提高构件的抗震承载能力。

9.5.2.4　柱轴压比不满足要求

可采用增设抗震墙方法以减少地震作用引起的柱轴压力的增加。当框架柱的混凝土强度

等级较低时，增设抗震墙方法尚不能解决轴压比过高问题时，可采用现浇钢筋混凝土套以增大柱截面的方法进行处理，也可采用粘贴碳纤维布、高强钢绞线网-聚合物砂浆方法提高对混凝土的约束作用，降低对轴压比的限值要求。

9.5.2.5 “强柱弱梁”要求不满足

可采用加固框架柱（如钢构套、钢筋混凝土套、粘贴钢板等方法）提高框架柱抗弯承载力的方法，也可通过罕遇地震下的弹塑性变形验算以确定对策。

9.5.2.6 刚度偏弱、结构布置不均匀

可采用增设抗震墙或翼墙，也可增设抗震支承进行加固，以提高结构的刚度，并且使结构抗侧力构件布置尽可能均匀对称，减少扭转效应的不利影响。

9.5.2.7 填充墙与框架主体结构的连接不满足要求

可增设水平拉结筋加强填充墙对框架柱的连接，在墙顶增设钢夹套加强填充墙与框架梁的拉结；楼梯间的填充墙不满足要求时，可采用钢筋网水泥砂浆面层进行加固。

9.5.3 抗震加固

9.5.3.1 基本要求

钢筋混凝土房屋抗震加固的基本要求如下。

（1）加固后楼层综合抗震能力指数应大于1.0，且不宜超过下一楼层的20%，这是为防止薄弱层的转移。当不符合上述要求时，应同时增强下一楼层的抗震能力。

（2）根据房屋的实际薄弱情况分别采取措施，提高框架抗震承载力，提高刚度或加强延性，或改变结构体系，而不加固框架的每根梁柱。

（3）加固后框架应避免形成短柱、短梁或强梁弱柱。

9.5.3.2 增设钢筋混凝土抗震墙或翼缘

当框架结构抗震承载力严重不足、刚度明显不均匀或较弱时，在框架中增设抗震墙或增加已有抗震墙的厚度或在框架柱两侧增设翼墙是提高框架结构抗震能力、减小结构扭转效应以及改善结构抗震性能的重要途径。增设钢筋混凝土抗震墙或翼墙，其主要问题是要解决好新增墙与原框架的连接，新增墙体的配筋要与原框架可靠连接，以传递地震时产生的拉力和剪力。

（1）抗震墙及翼缘布置　增设抗震墙时，应按框架-抗震墙结构进行墙的布置，横向抗震墙宜均匀对称，沿高度不要突变，抗震墙宜设置在框架的轴线位置；钢筋混凝土翼墙宜设在柱两侧对称布置。

（2）墙体和翼缘的材料及截面　混凝土强度等级不应低于C20，且不低于原框架柱的强度等级，墙厚不宜小于140mm。

（3）墙体和翼缘的配筋要求　竖向与横向最小配筋率均不应小于0.2%，钢筋宜双排布置，且两排钢筋间的拉结筋间距不应大于700mm。

（4）墙与原有框架的连接构造　采用锚筋或钢筋混凝土套两种连接方式。

① 锚筋连接（图9-14）。梁柱边的距离不小于30mm，沿梁柱布置的间距不应大于300mm，一端应采用环氧树脂类的高强胶锚入梁柱钻孔内，且埋深不小于10*d*（*d*为锚筋直径），另一端宜与墙的分布筋焊接。

② 现浇钢筋混凝土套连接（图9-15）。钢筋混凝土套厚度不小于50mm，此方法对施工

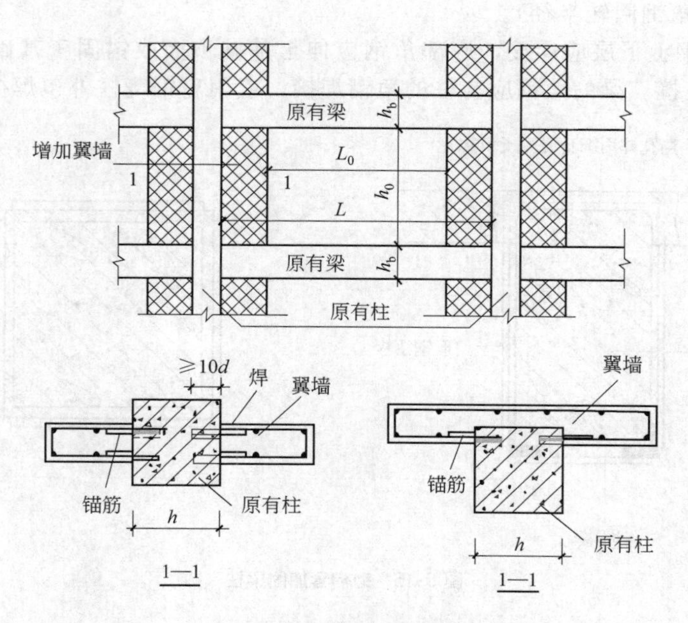

图 9-14 框架柱增设翼墙加固

水平要求较低。

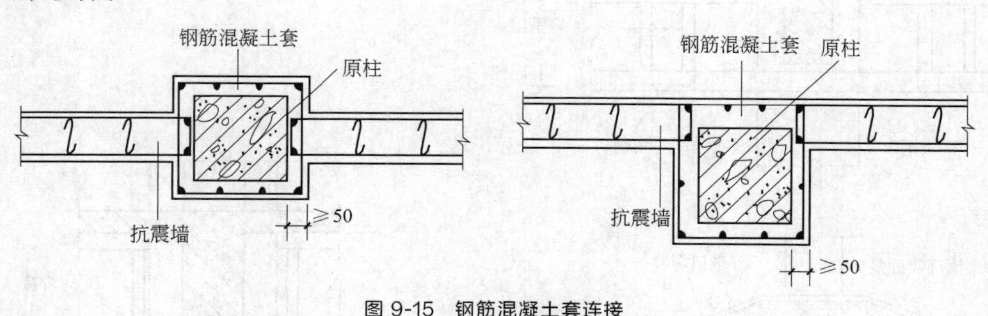

图 9-15 钢筋混凝土套连接

(5) 加固后的抗震分析 增设抗震墙后则改变了框架体系，需按框架-抗震墙结构来进行抗震分析。增设翼缘的柱子可按整体偏心受压构件计算，增设的混凝土和钢筋的强度均应乘以折减系数 0.85。

9.5.3.3 钢构套加固框架

在钢筋混凝土梁、柱角部外包角钢，并且用缀板焊接连成整体的钢构架，加固框架梁、柱或钢筋混凝土排架梁、柱是提高构件承载力的有效方法。采用外包型钢构架加固钢筋混凝土梁、柱构件对原件断面增加较小，结构刚度提高不大，有利于提高结构延性和避免地震反应增加过大。

钢构套加固梁柱见图 9-16。梁柱节点加固构造见图 9-17 和图 9-18。框架梁采用扁钢箍加固时，扁钢箍上端可与楼板底面沿梁通长粘贴的扁钢架焊接，下端则焊于梁下角角钢肢上。钢构套加固是在构件角部用环氧树脂等将角钢紧贴梁、柱角边粘贴，并且用钢缀板焊成整体。此法可直接提高构件承载力，对原结构的刚度影响较小，可避免增大地震作用。

(1) 钢构套构造

① 角钢不宜小于 50mm×6mm，钢缀板不宜小于 40mm×4mm，间距不应大于 400mm

及 $40r$（r 为单肢角钢回转半径）。

② 柱四角角钢上下层应连接，底部角钢应伸至基础顶面或锚固于基础上，顶层角钢应与屋面板有可靠连接。梁的角钢应与柱的角钢焊接，或用扁钢绕柱外包焊接。

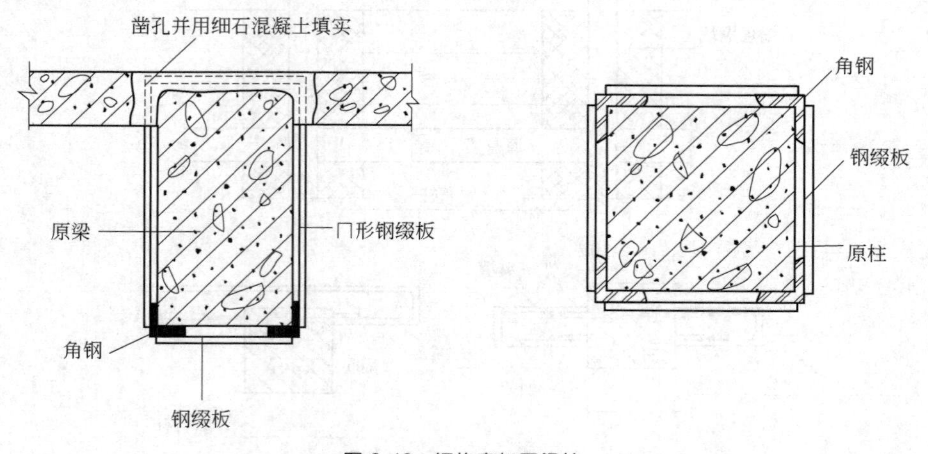

图 9-16 钢构套加固梁柱

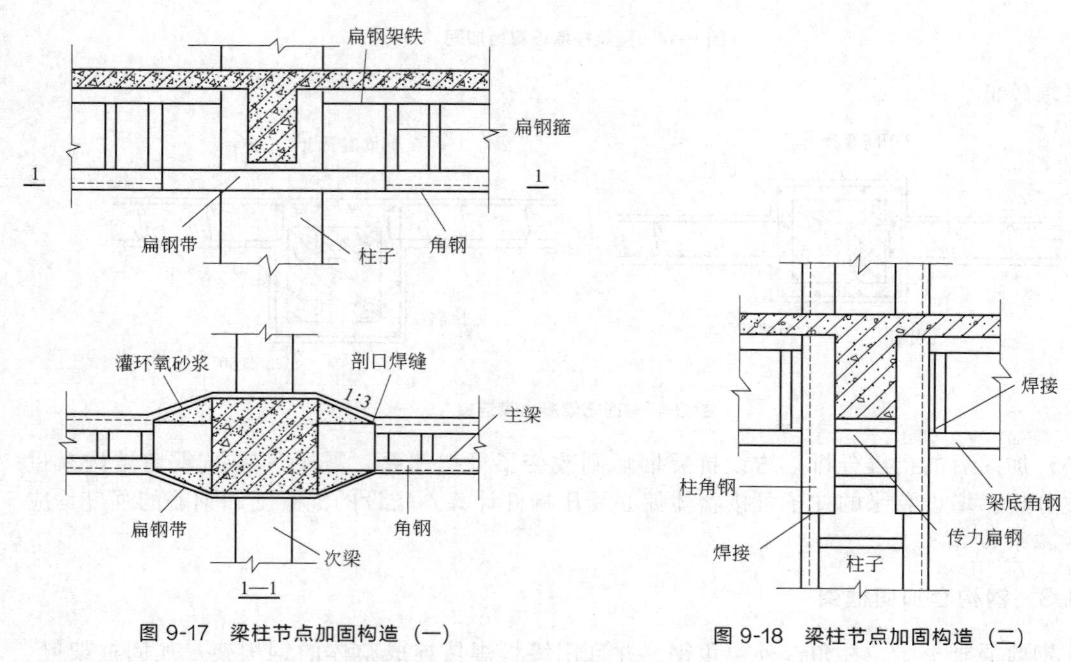

图 9-17 梁柱节点加固构造（一）

图 9-18 梁柱节点加固构造（二）

（2）加固后梁、柱的抗震验算 加固后梁、柱箍筋构造的体系影响系数取 1.0。

① 梁加固后，角钢可作为纵向钢筋，钢缀板可作为箍筋验算，此时材料强度应乘以折减系数 0.5。

② 柱加固后的初始刚度按下式计算：

$$K=K_0+0.8E_aI_a$$

式中 K——柱加固后的初始刚度；

K_0——原柱截面的弯曲刚度；

E_a——角钢的弹性模量；

I_a——角钢对柱截面形心的惯性矩。

③ 柱加固后的正截面受弯承载力按下式计算：

$$M_y = M_{y0} + 0.7A_a f_{ay} h$$

式中 M_{y0}——原柱现有正截面受弯承载力；

A_a——柱一侧外包角钢的截面面积；

f_{ay}——角钢抗拉屈服强度；

h——验算方向柱截面高度。

④ 柱加固后斜截面抗剪承载力按下式计算：

$$V_y = V_{y0} + 0.7f_y \frac{A}{s}h$$

式中 V_{y0}——原柱现有斜截面受剪承载力；

A——柱同一截面内扁钢缀板截面面积；

f_y——柱同一截面内扁钢缀板抗拉屈服强度；

s——扁钢缀板间距。

9.5.3.4 钢筋混凝土套加固梁、柱

钢筋混凝土套加固梁、柱是指在梁、柱构件外增加钢筋混凝土围套，以保证构件的整体性能，提高构件承载力，见图9-19。围套厚度不应小于50mm。柱子采用围套加固时，围套内上端纵筋应穿过楼板，直至不需加固的上一层楼板底面。框架梁加固时，围套梁底部纵筋应绕过柱子，并且与邻跨围套内底部纵筋焊接（图9-20）。框架梁柱加固中所增加的柱侧翼墙或柱间剪力墙，在楼层上下贯通时的包梁构造做法见图9-21。注意主筋保持连续。

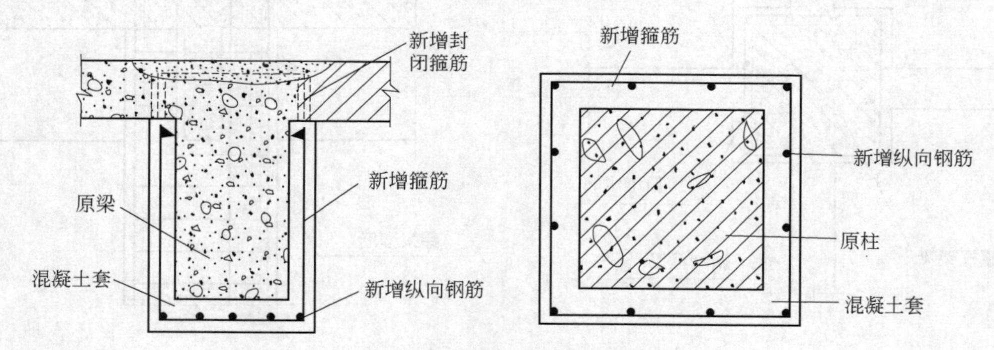

图9-19 钢筋混凝土套加固

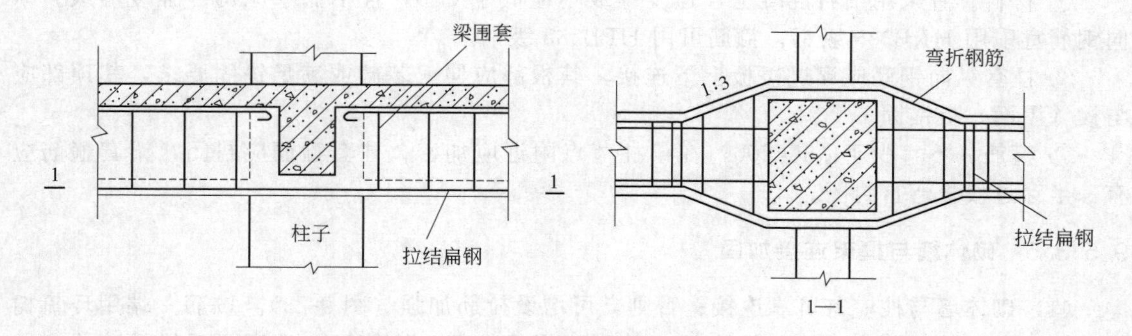

图9-20 梁围套纵筋绕柱构造

需强调的是，20世纪50～60年代建造的框架结构，在梁柱节点区横向钢筋稀少甚至为

素混凝土，历次地震震害表明节点区的破坏相当普遍，且震后修复的难度大。因此，对于抗震加固而言，梁柱节点的加固远比梁柱构件本身的加固更重要。但在以往的加固工程中，由于受当时技术水平的限制，对于如何使梁高范围内的柱横向箍筋封闭问题，未能很好解决，从而影响了节点的加固补强效果。现今钻孔、植筋技术的出现，轻而易举地解决了这一技术难题。图 9-22 是采用加大截面法加固梁柱节点的构造图。

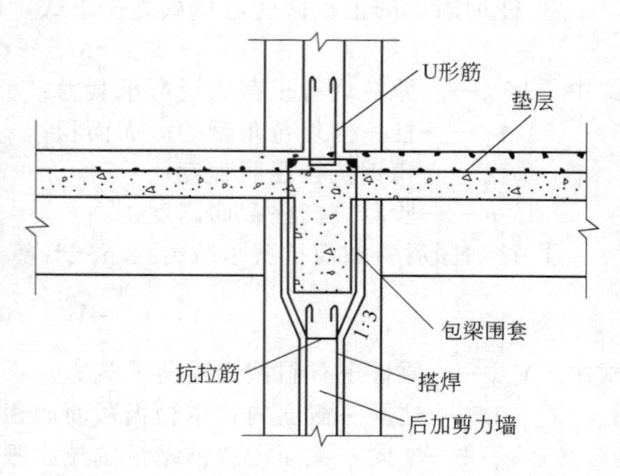

图 9-21 剪力墙包梁做法

(1) 加固后验算 加固后可按整体构件进行验算，但新增加混凝土和钢筋强度应乘以折减系数 0.85。加固后梁柱箍筋、轴压比等体系影响系数可取 1.0。

(2) 钢筋混凝土套的材料和构造 除以上提到的构造要求外，还应考虑以下几点。

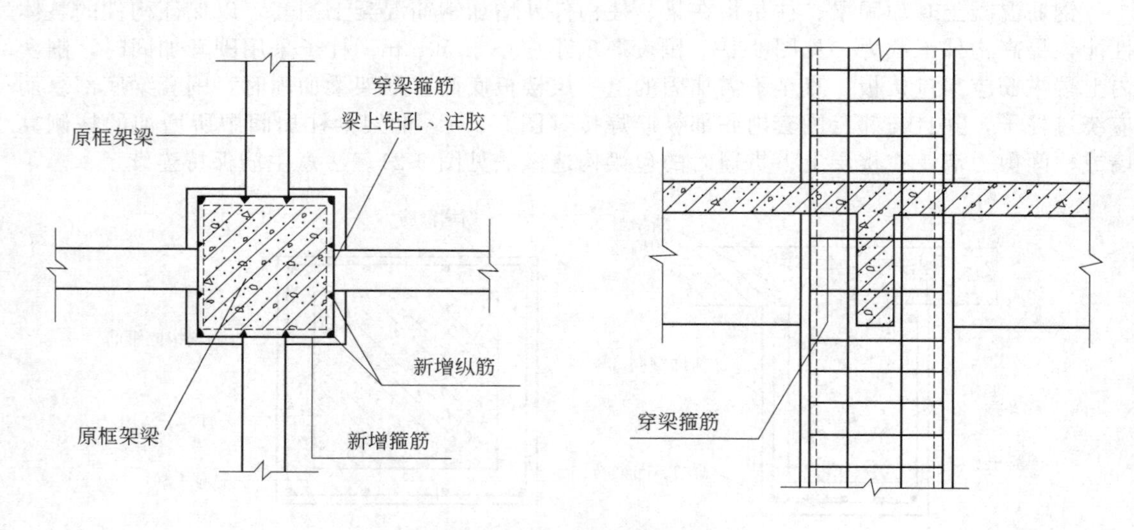

图 9-22 围套梁柱节点构造

① 材料。宜采用细石混凝土，强度等级不应低于 C20，且不低于原构件强度等级。纵向钢筋宜采用 HRB335 级钢，箍筋可用 HPB235 级钢。

② 柱套纵向钢筋应穿过楼板上下连接，其根部应伸入基础或满足锚固要求，其顶部应与楼（屋面）板锚固。

③ 箍筋。不宜少于 $\phi 8@200$，在梁柱节点附近应加密，柱套箍筋应封闭，梁套箍筋应有一半穿过楼板弯折封闭。

9.5.3.5 砌体墙与框架连接加固

(1) 砌体墙与柱应有可靠连接；否则，可增设拉筋加强（图 9-23）。拉筋一端用环氧树脂砂浆锚入柱的斜孔内，或与锚入柱内的膨胀螺栓焊接；拉筋另一端弯折后锚入墙体灰缝内，并且用 1∶3 的水泥砂浆将墙面抹平。

(2) 墙与梁连接，可采用在墙顶增设钢夹套的方法（图 9-24），角钢不应小于 L63×6，沿梁轴线的间距不宜大于1.0m。

（3）加固后墙体连接的局部影响系数可取1.0。

（4）拉筋的锚孔和螺栓孔应采用钻孔成型，不得用手凿；钢夹套的钢材表面应涂刷防锈漆。

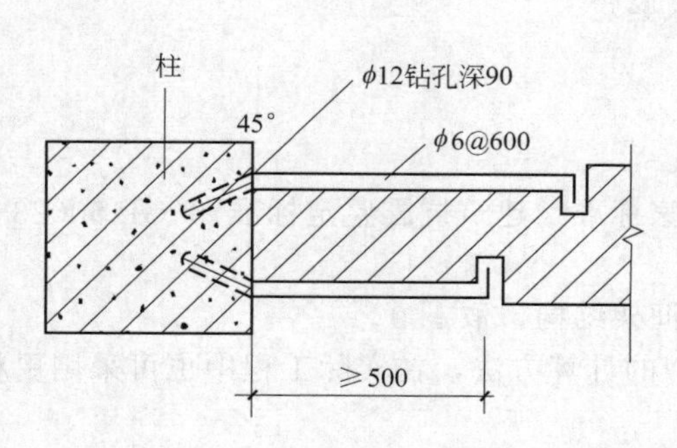

图9-23 砌体墙与柱的拉筋连接

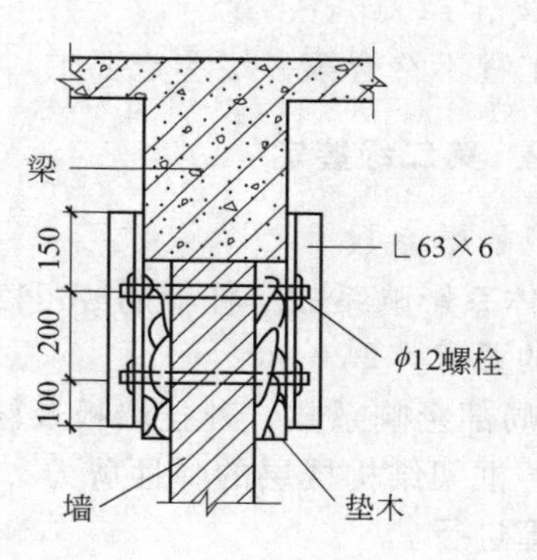

图9-24 墙与梁的钢夹套连接

9.5.4 工程实例

建于20世纪50年代的某四层现浇框架结构，采用外挂墙板和轻质内隔墙，框架下部有箱形地下室，平面布置见图9-25。梁、柱采用C13混凝土，该工程位于9度设防区，11类场地，设计地震分组为第一组。

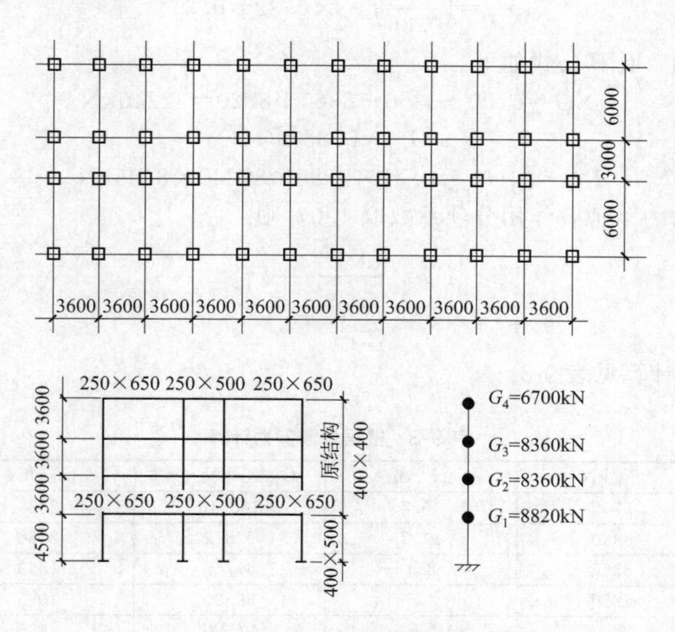

图9-25 平面及剖面示意图

抗震鉴定如下。

9.5.4.1 第一级鉴定

（1）该工程平立面规则，无砌体结构相连，为纯钢筋混凝土框架结构，无女儿墙和填充墙等易倒塌构件，原设计未考虑抗震。

（2）梁、柱及其节点经40余年使用，有局部剥落、开裂现象，尚未发现钢筋露筋、锈蚀等情况，主体结构明显倾斜。

（3）地基为砂质黏土，未发现不均匀沉陷，基础为兼作地下室的箱形基础，原地基承载力为15t/m^2（150kPa）。

本工程不符合第一级鉴定要求，需进行第二级鉴定。

9.5.4.2 第二级鉴定

（1）影响系数

① 体系影响系数　柱箍筋ϕ6@200不符合国家标准《建筑抗震鉴定标准》（GB 50023—2009）的要求，取0.80。

② 局部影响系数　外挂墙板及轻质隔墙的纯框架结构，取1.0。

（2）框架结构楼层的弹性剪力　本例采用近似的计算方法，在实际工程中也可采用更精细的电算进行。

① 基本自振周期　计算公式如下：

$$T_1=0.1\alpha_0 N=0.1\times0.9\times4=0.36\text{s}$$

$$T_g=0.35(\text{Ⅱ类场地})$$

$$T_1=0.36<1.4T_g=0.49$$

$$\delta_n=0$$

$$\alpha_{max}=0.32(9\text{度区})$$

$$\alpha_1=\left(\frac{0.35}{0.36}\right)^{0.9}\times0.32=0.31$$

② 底部总剪力　计算公式如下：

$$\Sigma G=6700+8360+8360+8820=32240\text{kN}$$

$$G_{eq}=0.85\Sigma G$$

$$F_{ek}=\alpha_1 G_{eq}=0.31\times0.85\times32240=8495\text{kN}$$

③ 楼层地震剪力　地震作用分项系数取1.0，则：

$$F_i=\frac{G_i H_i}{\sum_{j=1}^{n} G_j H_j}F_{ek}$$

楼层地震剪力计算见表9-3。

表9-3　楼层地震剪力计算

层	G_i/kN	H_i/m	G_iH_i/kN·m	F_i/kN	V_i/kN
4	6700	15.3	102510	2830	2830
3	8360	11.7	97812	2760	5530
2	8360	8.1	67716	1869	7395
1	8820	4.5	69690	1096	8495
Σ	32240		307728	8495	

（3）框架结构楼层现有受剪承载力　纯框架结构层间现有受剪承载力按下列两种情况的公式计算，并且取其较小值。

① 按偏压柱正截面的受弯承载力计算柱受剪承载力　以一层边柱为例，原设计为Ⅰ级钢筋，$f_{yk}=235\text{N/mm}^2$。柱混凝土强度为C13时，$f_{tk}=1.16\text{N/mm}^2$，$f_{ck}=8.6\text{N/mm}^2$。

$M_{cy}=f_{yk}A_s(h_0-a_s)+0.5Nh(1-N/f_{ck}bh)$
$=235\times1257\times(465-35)+0.5\times863\times10^3\times500\times(1-863\times10^3/8.6\times400\times500)$
$=235\times10^6\,N\cdot mm$
$=235kN\cdot m$

$$V_{cy1}=\frac{M_{cy}^{u}+M_{cy}^{L}}{H_n}$$

柱净高为：

$$H_n=4.5-0.6=3.9m$$

② 按偏压柱截面计算柱受剪承载力　柱的剪跨比为：

$$\lambda=H_0/2h_0=3.9/2\times0.465=4.19>3$$

取 $\lambda=3$。

$$N=863>0.3f_{ck}bh_0=0.3\times8.6\times400\times465/1000=480kN$$

故应取 480kN。

值得注意的是顶层：

$$N=179<0.3\times8.6\times400\times365/1000=377kN$$

应取 179kN。

柱端箍筋采用 $\phi6@200$，$A_{sy}=57mm^2$，则有：

$$V_{cy2}=\frac{1.05}{\lambda+1}f_{tk}bh_0+f_{yvk}\frac{A_{sV}}{s}h_0+0.056N$$
$$=\frac{1.05}{3+1}\times1.16\times400\times465+235\times\frac{57}{200}\times465+0.056\times480\times10^3$$
$$=115\times10^3N$$
$$=115kN$$

③ 楼层综合抗震能力指数　计算公式为：

$$\beta_0=\psi_1\psi_2\varepsilon_y$$
$$\varepsilon_y=V_y/V_e$$

该工程无填充墙和抗震墙，只有框架柱，故楼层柱现有受剪承载力为：

$$V_y=\sum V_{cy}+0.7\sum V_{my}+0.7\sum V_{wy}=\sum V_{cy}$$

从表 9-3 和表 9-4 中可知，一层边柱的 V_{cy} 分别为 120kN 和 116kN，取其较小值 116kN，一层中柱的 V_{cy} 亦为 120kN 和 116kN，其较小值亦为 116kN。

$$V_y=24\times116+24\times116=2784+2784=5568kN$$

故一层结构楼层综合抗震能力指数为：

$$\beta_0=0.8\times1.0\times0.655=0.524$$

现列表计算各层综合抗震能力指数，见表 9-4。

表 9-4　综合抗震能力指数计算

楼层	柱列	V_{cy1}/kN	V_{cy2}/kN	V_{cy} 取值/kN	柱数量/根	柱受剪承载力/kN	楼层受剪承载力/kN	V_e/kN	β_0
4	边柱	52	79	52	24	1248	2520	2830	0.712
	中柱	53	79	53	24	1272			
3	边柱	77	90	77	24	1848	3720	5530	0.538
	中柱	78	90	78	24	1872			
2	边柱	94	90	90	24	2160	4320	7395	0.467
	中柱	94	90	90	24	2160			
1	边柱	120	116	116	24	2784	5568	8495	0.524
	中柱	120	116	116	24	2784			

（4）鉴定结论　从表 9-4 中可知，楼层横向综合抗震能力指数均小于 1.0（楼层纵向抗震能力指数计算从略），不符合第二级鉴定的要求，应采取加固或其他相应措施。

9.6 内框架和底层框架砖房的抗震鉴定与加固

9.6.1 抗震鉴定的一般规定

9.6.1.1 鉴定适用范围

（1）6～9 度区，黏土砖墙和钢筋混凝土柱混合承重的内框架砖房，砖墙厚度为 240mm，其柱列布置如下。

① 从底到顶单排柱，现不允许在 9 度区新建单排柱内框架砖房，但对 9 度区内已建成的二层单排柱内框架砖房可进行鉴定、加固。

② 从底到顶多排柱（包括双排柱）。

（2）6～9 度区，上部全为砖房（墙厚 180mm），底层为全框架（包括填充墙框架）的底层框架砖房。

（3）6～8 度区，上部全为砖房（墙厚 180mm），仅底层为内框架和砖墙混合承重的底层内框架砖房（现已不允许地震区新建底层内框架砖房）。

（4）6～8 度区，由砌块和钢筋混凝土混合承重的内框架和底层框架砌块房屋，可比照本节规定的原则进行鉴定。

9.6.1.2 房屋的最大高度和层数

（1）内框架和底层框架砖房的最大高度和层数宜符合表 9-5 要求的规定，并且考虑后面四项。

表 9-5　房屋鉴定的最大高度和层数

房屋类别	墙体厚度/mm	6 度		7 度		8 度		9 度	
		高度/m	层数/层	高度/m	层数/层	高度/m	层数/层	高度/m	层数/层
底层框架砖房	≥240	19	6	19	6	16	5	10	3
	180	13	4	13	4	10	3	7	2
底层内框架砖房	≥240	13	4	13	4	10	3		
	180	7	2	7	2	7	2		
多排柱内框架砖房	≥240	18	5	17	5	15	4	8	2
单排柱内框架砖房	≥240	16	4	15	4	12	3	7	2

（2）底层框架和底层内框架砖房中墙体厚度为 180mm 者只适用于底层框架房屋的上部各层砖房，由于这种墙体稳定性较差，故适用的高度一般降低 6m，层数一般降低 2 层（如表 9-5 内所示）。

（3）6～8 度时，类似的内框架和底层框架砌块房屋可按表 9-5 规定的高度相应降低 3m，层数相应减少一层进行抗震鉴定。但 9 度时不适用。

（4）内框架和底层框架砖房的层数和高度超过表内规定值一层和 3m 以内时，应采用《建筑抗震设计规范》（GB 50011—2010）方法进行第二级鉴定。当多于一层和大于 3m 时，可不再进行第二级鉴定，直接对建筑采取加固或其他相应措施。

（5）房屋高度是指室外地坪到檐口高度，半地下室可从地下室室内地面算起。檐口高度是指房屋屋顶顶板上皮平面的高度，平屋顶时不计女儿墙高度，坡屋顶时不计檐口的上屋盖高度。

9.6.1.3 内框架砖房和底层框架砖房的整体综合抗震能力评定

（1）内框架砖房和底层框架砖房的两级鉴定可参照图 9-26 的框图进行。

（2）内框架和底层框架砖房符合下述的第一级鉴定的相应要求者，可评为满足抗震鉴定要求。

① 内框架砖房是单排柱还是多排柱，底层框架砖房的底层是全框架或内框架，其房屋最大高度和层数。

② 房屋整体性连接，如墙体与框架间的连接；内框架砖房在外墙的支承长度；底层框架砖房的底层楼盖的做法。

③ 局部易损部位的构造，如女儿墙、出屋顶小烟囱、通风道的高度和防倒塌措施；内框架砖房纵向窗间墙等局部尺寸。

④ 砖墙和框架的抗震承载力直接按房屋高度、横墙间距和砂浆强度等级来判断是否符合抗震要求。

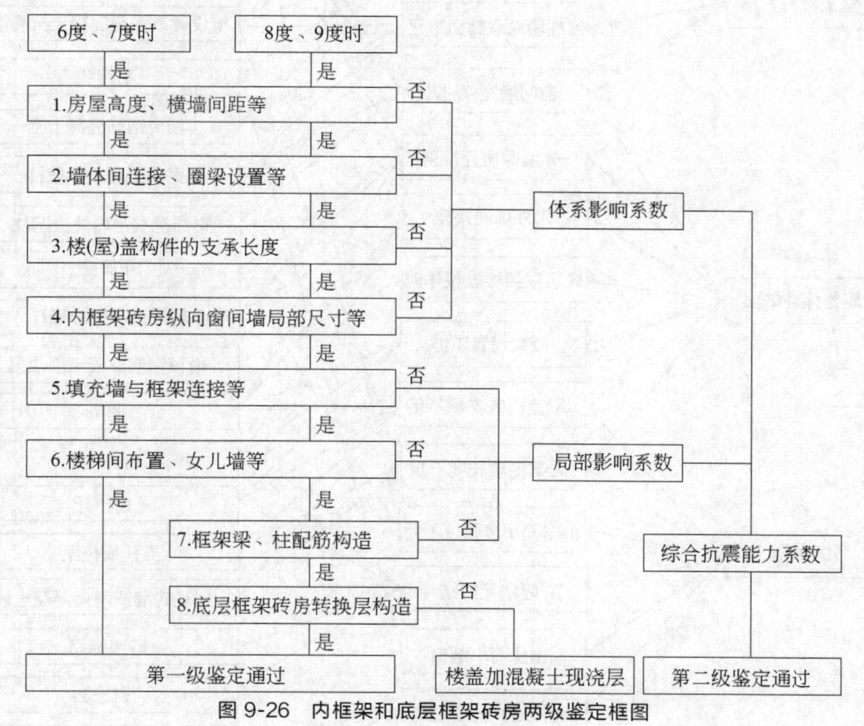

图 9-26 内框架和底层框架砖房两级鉴定框图

9.6.2 抗震加固的一般规定

（1）内框架和底层框架砖房抗震加固适用的最大高度和层数，一般应符合表 9-5 的规定，防止认为通过抗震加固就可以随便超越最大高度，随便增加层数的做法。

（2）当现有房屋比表9-5的规定多1层或3m以内时，根据《建筑抗震鉴定标准》（GB 50023—2009）条文说明：在第二级鉴定中采用《建筑抗震设计规范》（GB 50011—2010）方法验算后仍需加固者，在加固后，仍应按《建筑抗震设计规范》（GB 50011—2010）方法进行加固后验算。

（3）底层框架砖房的上部各层砖房，当原墙体厚度为180mm，其最大高度和层数超过表9-5规定时，可通过增设钢筋网砂浆面层加固180mm厚砖墙达到增强墙体抗震能力后，按墙体厚度240mm从表9-5中重新确定其最大高度和层数。

（4）楼、屋盖构件的支承长度不满足要求时，可增设托梁或采取增强楼、屋盖整体性的措施。

砖房易倒塌部位不符合鉴定要求时，可按有关规定选择加固方法。

底层框架和内框架砖房通过抗震鉴定发现，既有砖墙的问题，又有框架的问题，而且混合结构的加固更需要相互协调，在图9-27中列出针对查出的问题提供的抗震加固措施，供加固设计选用。

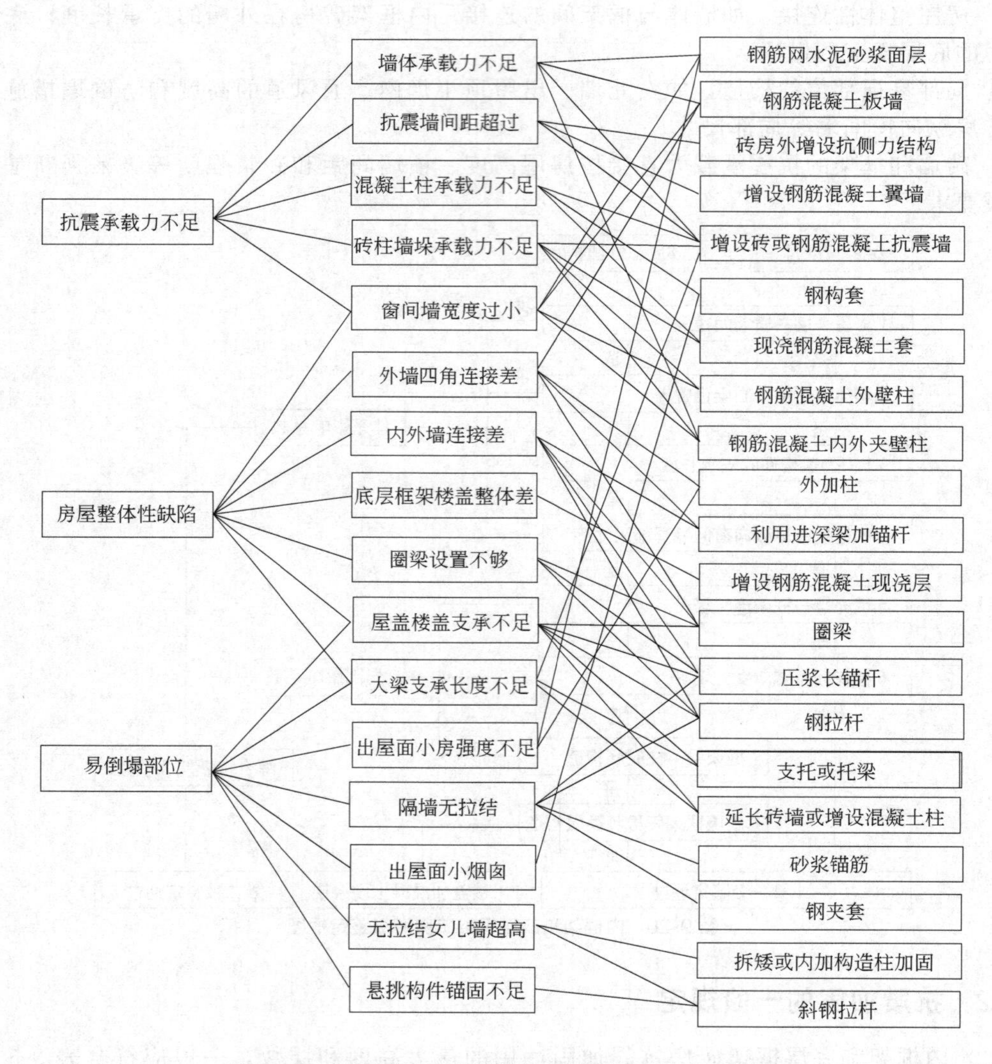

图9-27 多层内框架、底层框架砖房鉴定问题与加固措施

9.6.3 主要加固技术

9.6.3.1 增设钢筋网砂浆面层、板墙和抗震墙加固房屋

（1）底层框架、底层内框架砖房的底层和多层内框架砖房各层的地震剪力宜全部由该方向的抗震墙承担。也就是说，当这些房屋通过鉴定必须加固时，最好加固墙体以承受该方向的全部地震剪力，针对内框架房屋常遇到的抗震横墙承载力不足和抗震横墙间距超过限值的问题，加固时要遵守下列原则。

① 内框架房屋抗震横墙间距未超过限值而承载力不足时，采用钢筋网砂浆面层加固可提高承载力并改善结构延性，而且施工比较方便，也能保持内框架的原有大空间；当原抗震墙承载力与设防要求相差较大时，可采用钢筋混凝土板墙加固。

② 内框架房屋抗震墙间距超过限值，或整个房屋横向抗震承载力相差较多时，应优先增设抗震墙，因为这种方法加固效果最好。抗震墙一般情况下可采用砖墙，当房屋楼盖整体性较好，且横向抗震承载力与设防要求相差较大时，也可采用钢筋混凝土抗震墙。

（2）采用钢筋混凝土板墙加固墙体后，影响系数及增强系数按下列情况确定。

① 承重的窗间墙、承受大梁的内墙阳角至门窗洞边的距离和外墙尽端至门窗洞边的距离，原不符合抗震鉴定要求者，经用板墙加固后，上述墙体局部影响系数可取 1.0。

② 板墙加固后，墙段的增强系数见表 9-6。

表 9-6 板墙加固墙段的增强系数

原墙体砌筑砂浆强度等级	M2.5，M5	M7.5	M10
墙段的增强系数	2.5	2.0	1.8

（3）增设砖抗震墙和现浇钢筋混凝土抗震墙后，影响系数和增强系数按下列情况确定。

① 抗震墙加固后，横墙间距的体系系数应根据新的横墙间距情况做相应改变。

② 增设现浇钢筋混凝土抗震墙，可按厚 240mm 砖墙考虑，该墙段的增强系数取 2.8（即相应于 240×2.8＝672mm 厚的砖墙段）。

9.6.3.2 壁柱加固

（1）内框架房屋在横向地震作用下，外纵墙（柱）的承载力不足时可采用钢筋混凝土壁柱加固。壁柱可以设在纵墙内侧或外侧，也可以在纵墙内外侧同时增设。仅在纵墙外侧增设壁柱加固时，应采取措施加强壁柱与墙体、圈梁和楼盖梁的连接。壁柱应从底层设起，沿砖柱（墙垛）全高贯通。

（2）壁柱的材料和构造。

① 混凝土强度等级不应低于 C20；纵向钢筋宜采用Ⅱ级钢，箍筋可采用Ⅰ级钢。

② 壁柱的截面面积不应小于 $36000mm^2$，截面宽度不宜大于 700mm，截面高度不宜小于 70mm；内壁柱的截面宽度应大于相连的梁宽，且比梁两侧各宽出的尺寸不应小于 70mm。

③ 壁柱的纵向钢筋宜双向对称布置；壁柱的箍筋直径可采用 6mm，其间距宜为 200mm，在楼、屋盖标高上下各 500mm 范围内，箍筋间距不应大于 100mm，内外壁柱间沿高度每隔 600mm 应拉通一道箍筋。

④ 壁柱在楼、屋盖处应与圈梁或楼、屋盖拉结；内壁柱应有 50％的纵向钢筋穿过楼板，另 50％的纵向钢筋可采用插筋相连。插筋上下端的锚固长度或与纵向钢筋的搭接长度，不应小于插筋直径的 40 倍。

⑤ 外壁柱与砖柱（墙垛）的连接可与多层砖房外加柱与墙体的连接一样，按下列方法之一进行可靠连接。

a. 在楼层 1/3 和 2/3 层高处同时设置拉结钢筋和销键与墙体连接。

b. 沿墙体高度每隔 500mm 设置胀管螺栓、压浆锚杆、螺栓或锚筋与墙体连接。

⑥ 壁柱应做基础，埋深宜与外墙基础相同，当外墙基础埋深超过 1.5m 时，壁柱基础可采用 1.5m，但不得小于冻结深度。

(3) 壁柱加固后，形成的组合砖柱（墙垛）的抗震验算。

① 当横墙间距符合鉴定要求时，加固后组合砖柱承担的地震剪力按各抗侧力构件的有效侧移刚度分配的值，按下式确定：

$$V_{cji}=\frac{K_{cij}}{\sum K_{cij}+0.4\sum K_{wij}+0.3\sum K_{mij}}V_i$$

抗震加固时，对多道抗震设防的要求比新建工程低，抗震墙体的有效侧移刚度的取值比《建筑抗震设计规范》(GB 50011—2010) 大些，故加固后砖柱（墙垛）承担的地震作用也较小。

② 横墙间距超过规定值，而又无法增设抗震墙来满足横墙间距时，根据试验结果加固后的组合砖柱承担的地震剪力可按下式计算：

$$V_{cij}=\frac{\eta K_{cij}}{\sum K_{cij}}(V_i+V_{ei})$$

$$\eta=\frac{1.6L}{L+B}$$

式中 V_{ei}——第 i 层所有抗震墙现有受剪承载力之和；

L——抗震横墙间距；

B——房屋宽度。

③ 加固后组合砖柱（墙垛）的抗震验算，可采用梁柱铰接的计算简图，并且按钢筋混凝土壁柱与砖柱（墙垛）共同工作按组合构件验算其抗震承载力。验算时，钢筋和混凝土的强度宜乘以折减系数 0.85。

④ 壁柱加固后，有关的体系影响系数和局部尺寸的影响系数可取 1.0。

(4) 增设钢筋混凝土现浇层加固楼盖，其做法如下。

① 现浇层的厚度不应小于 40mm。

② 钢筋直径不应小于 6mm，其间距不应大于 300mm，配置的钢筋应有 50%穿过墙体。另 50%的钢筋可采用插筋相连，插筋两端锚固长度不应小于插筋直径的 40 倍。

9.6.4 综合加固措施

9.6.4.1 夹板墙加固

内框架和底层框架砖房承载力不足时，首先考虑将墙体用钢筋网水泥砂浆面层或钢筋混凝土板墙加固，因为在原有墙体上加固不影响原有平面布置，通过加固还可以与周边的构件加强连接，加强房屋的整体性。有些原来不承重的砖隔墙，也可通过夹板墙加固改善其性能，起到抗震墙作用，并且防止原来的易倒塌现象的发生。

9.6.4.2 增设抗震墙

(1) 内框架砖房各层和底层框架砖房的底层的横墙间距不符合要求，应该增设砖抗震墙或钢筋混凝土抗震墙，当外墙的砖柱（墙垛）承载力不足时，增设抗震墙可以减少砖柱（墙垛）承担的地震作用。

（2）增设砖抗震墙。采用砖抗震墙可以避免刚度过于集中。

（3）钢筋混凝土抗震墙可参见图 9-28，其中墙体的厚度不宜小于 140mm，墙内的纵横钢筋可按构造布置，最少为 ϕ8@300。

（4）采用钢筋混凝土外包梁柱使钢筋混凝土抗震墙与其成为一体，对加强整体性更为理想。

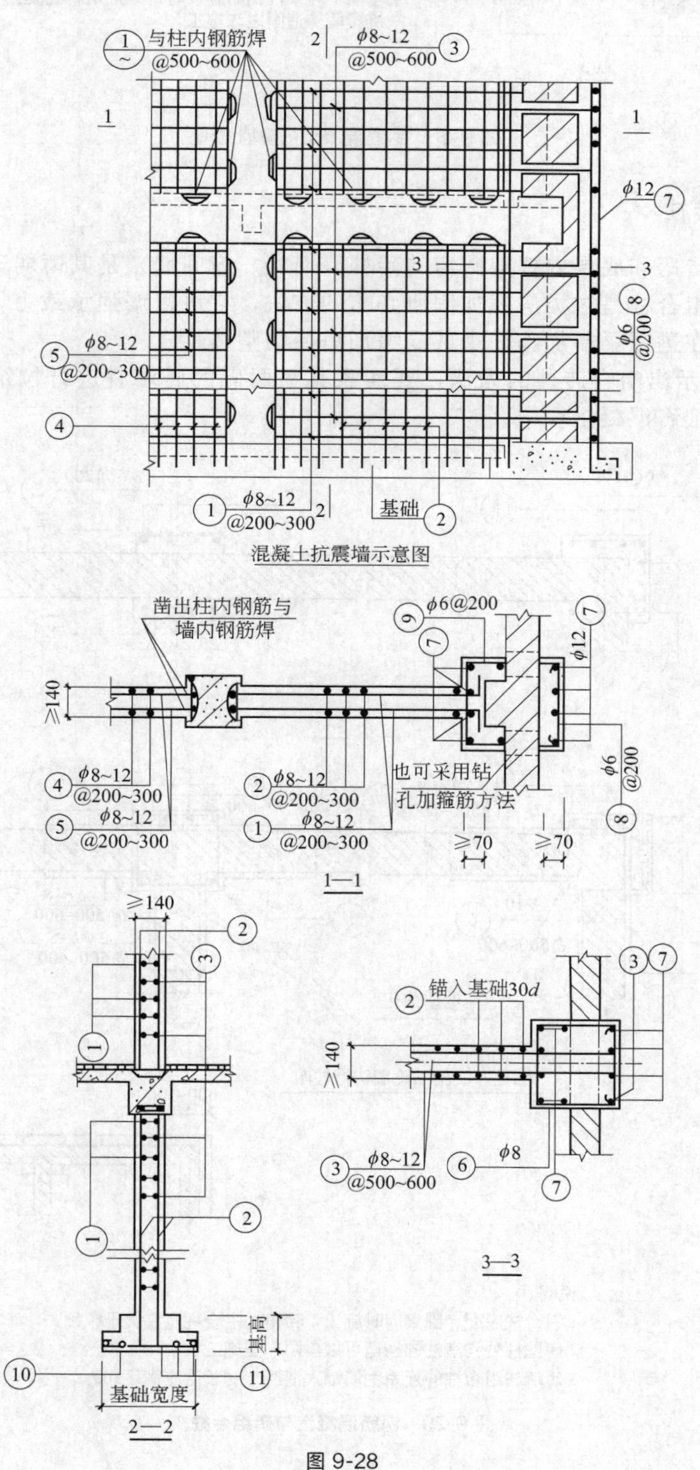

图 9-28

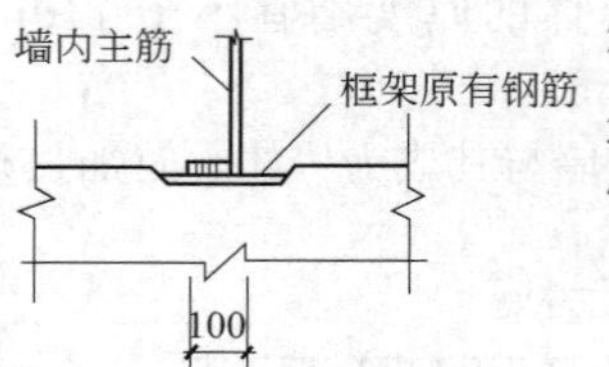

说明：
1.墙内钢筋和基础大小由计算决定。
2.施工时抗震墙的混凝土必须与旧有结构紧密连接。
3.采用钻孔方法时箍筋宜采用$\phi 8$，间距约400。
4.墙筋不与梁柱钢筋焊接时，应按钢筋混凝土抗震墙构造图之二施工。

图 9-28 钢筋混凝土抗震墙构造

9.6.4.3 组合砖柱

（1）内框架砖房和底层内框架砖房的砖柱（墙垛、窗间墙）是其薄弱环节，采用钢筋混凝土套与砖组成组合柱是这类房屋加固所必需的方法，它可以增强承载力，而且与圈梁、拉杆连成整体，或在进深梁端加锚杆来共同增加房屋的整体性。

（2）图 9-29 示出组合砖柱的做法，要注意其与两侧的砖墙宜进行拉结，沿砖水平缝嵌入拉筋并锚固于细石混凝土块中。

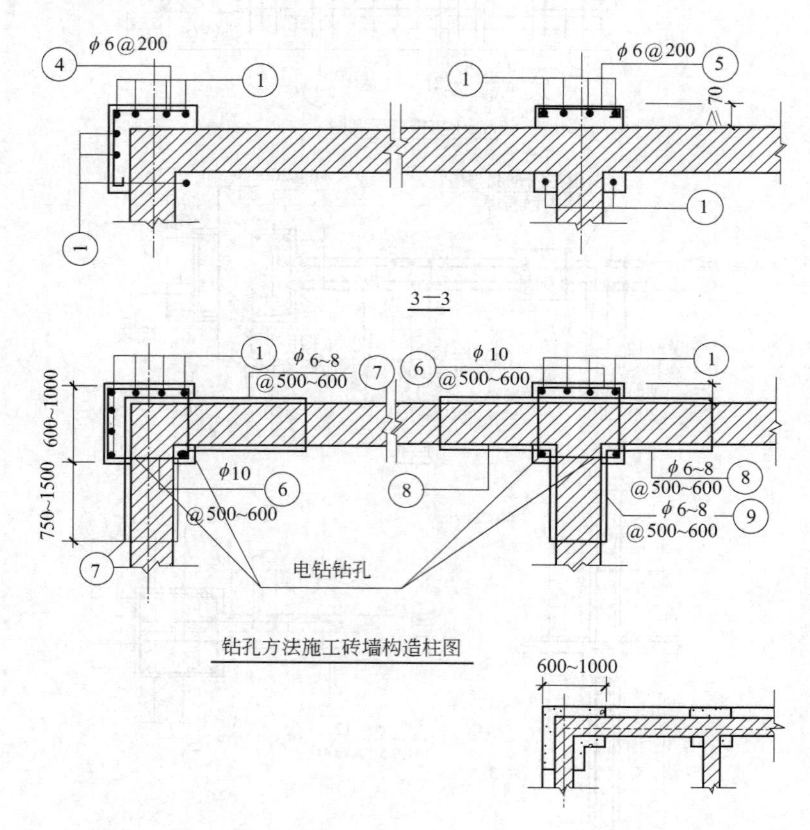

说明：
1.组合柱应配合圈梁同时施工，转角处组合柱宽宜大于中柱。
2.砖壁柱处构造柱的构造可以参照本图施工。
3.砖墙与组合柱的连系钢筋锚入混凝土的长度应满足30d。

图 9-29 钢筋混凝土与砖组合柱

（3）图 9-30 示出砖墙内侧的钢筋混凝土内加柱，它既可以加固砖墙，又能针对梁支承长度不足进行加固，其中 4—4 和 5—5 示出内壁柱的截面宽度应大于相连的梁宽且每侧宽出 70mm，而 1—1 和 2—2 示出仅作加固梁支承长度不足的情况。其中柱的竖筋与梁的纵筋相焊接，也可采用砂浆锚筋或胀管螺栓锚固于梁内，一端与柱的竖筋相焊接。

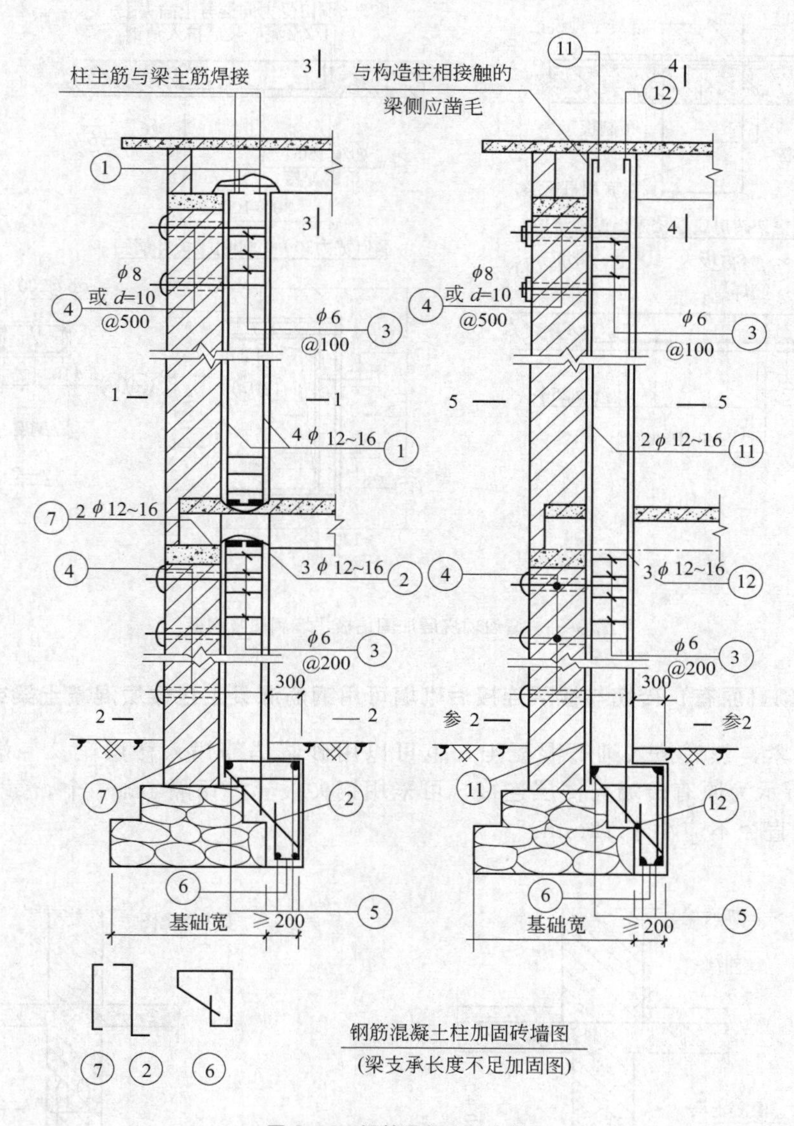

图 9-30　钢筋混凝土加内柱

9.6.4.4　增设现浇层、堵塞板墙洞口及窗框加固

（1）底层框架砖房的底层楼盖如为预制板，当 8 度、9 度时，应采用钢筋混凝土现浇层，板的纵横配筋应有一半通过上部砖房底部的砖墙，另一半用插筋。周边还应与外墙用砂浆锚筋拉结。

（2）楼板开口过大（如工业厂房吊装孔）可以堵死，以增强刚度和承载力，建议采用楼板补洞的方法。

（3）窗洞过大引起内框架砖房窗间墙破坏，因此，除用钢筋混凝土与砖墙（墙垛）组合砖柱或用钢筋网水泥砂浆面层加固窗间墙外，图 9-31 列出增设现浇层加固堵板、墙洞口及窗框。

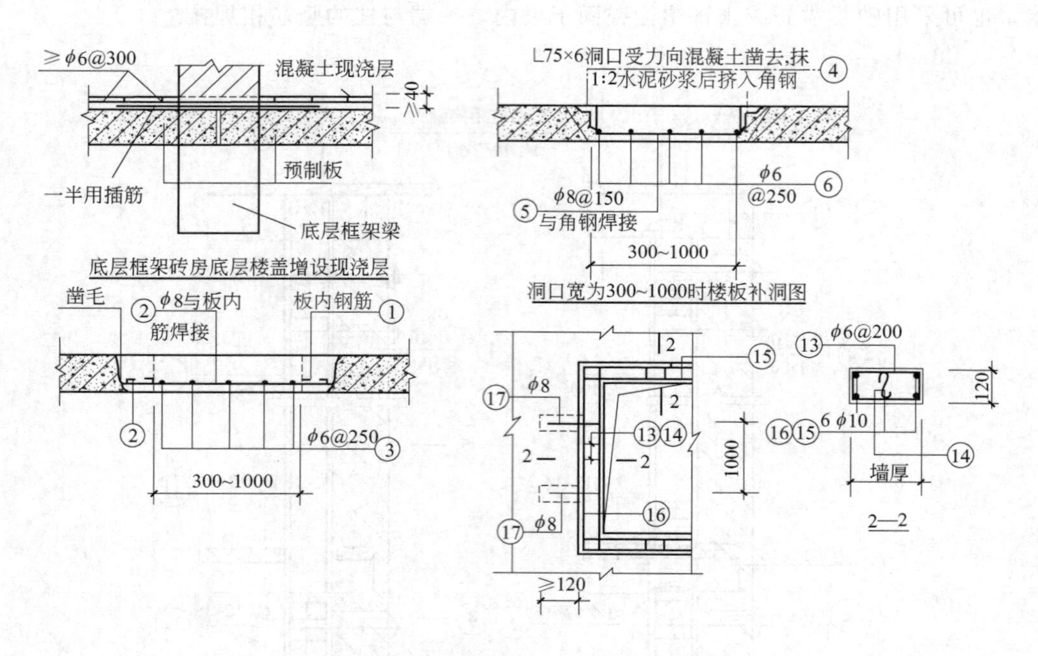

图 9-31 增设现浇层加固堵板、墙洞口及窗框

9.6.4.5 后砌（原有）砖墙与楼层连接后砌墙可用钢筋混凝土包楼层混凝土梁或在墙顶梁底

打楔块顶紧，然后挤入细石混凝土，也可以用砂浆锚筋锚入楼层梁，一端砌筑在砖墙内。图 9-32 所示为原有砖墙与楼层连接，可采用钢夹板套，每隔 1m 一个，每个夹板宜有 2 个螺栓，螺栓直径不应小于 12mm。

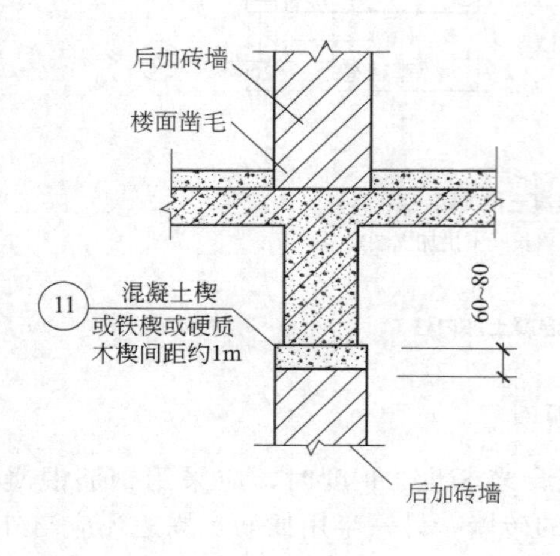

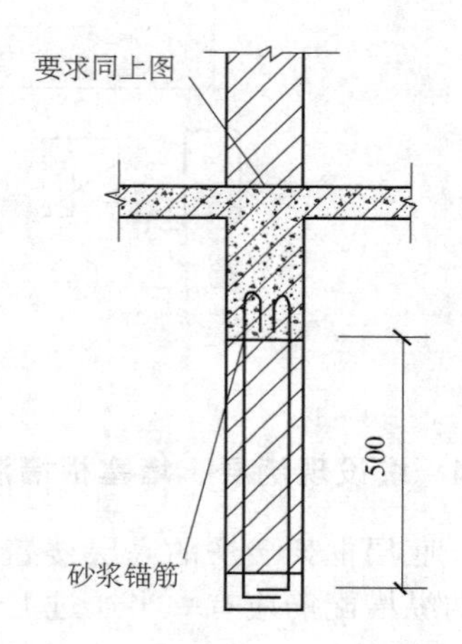

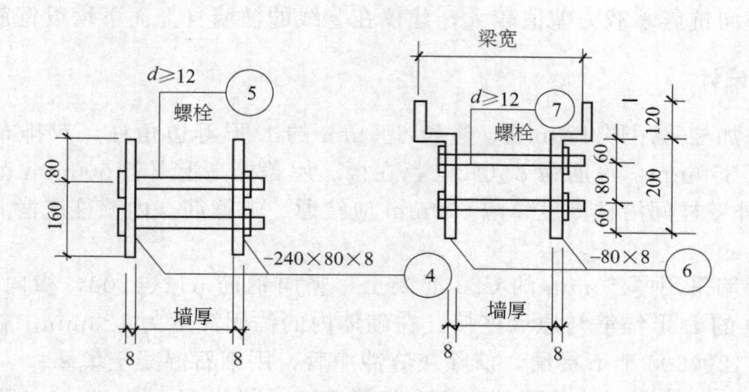

图 9-32　原有砖墙与楼层连接

9.6.5　工程实例

7 度区Ⅱ类场地上某厂装配车间，为五层现浇内框架砖房，每层层高均为 3.3m，外墙厚 370mm，内墙厚 240mm，砖强度等级 MU7.5，砌筑砂浆等级 1～4 层 M5，5 层 M2.5，混凝土强度等级 C13。双排柱内框架砖房见图 9-33。

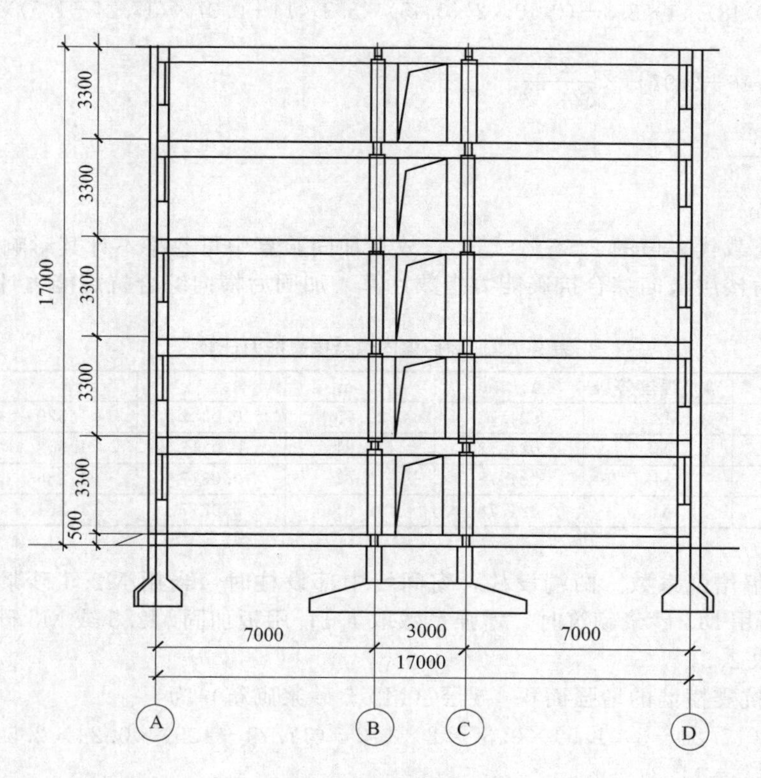

图 9-33　双排柱内框架砖房

9.6.5.1　加固方案

（1）房屋四角和楼梯间四角未设有构造柱或拉结内外墙钢筋，建议四角设置包角外加柱，并且在③-⑥线⑧、⑥轴各设置钢筋混凝土壁柱。

（2）鉴于横向抗震承载力差值较大，建议在②线的横墙自上而下增设钢筋混凝土板墙。

9.6.5.2 加固设计

（1）包角外加柱采用厚120mm、边长600mm的L形等边角柱，双排布置，壁柱内外各厚70mm，宽350mm，箍筋为$\phi 6@200$，在楼、屋盖标高上下各500mm范围内箍筋间距为100mm，内外壁柱间沿柱高度每隔600mm应拉通一道箍筋。内壁柱应凿开楼板，竖筋在角部上下贯通。

（2）单面板墙采用厚70mm的C20混凝土，竖向钢筋$\phi 12@200$，横向钢筋$\phi 6@200$，并且用$\phi 8@600$的L形锚筋与原墙连接，在砌体内的锚固深度为120mm。在原现浇楼板应凿开孔洞并设$\phi 12@600$上下贯通，清除灰渣冲净后，用细石混凝土填塞。

（3）外加柱、壁柱和板墙的下部，应在带形基础外增设宽200mm的加强基础，基础深度与原有砖墙基础一样，为1.5m。

9.6.5.3 加固验算

（1）各楼层加固后荷载代表值增加的影响　各楼层由于增设外包角柱、壁柱和板墙等，平均荷载的代表值增加了，则有：

$$[0.12\times(0.6+0.48)\times4\times3.3+(0.10\times2\times0.45)\times3.3\times14+0.07\times(17.24-1.5)\times2.7]\times\frac{25}{624.78}$$

$$=[1.71+4.16+2.97]\times\frac{25}{624.78}$$

$$=8.84\times\frac{25}{624.78}$$

$$=0.354\text{kN/m}^2$$

为原楼层荷载代表值的2.95%≤5%，故在加固验算中可忽略不计其影响。

（2）加固后楼层横向综合抗震能力指数计算　加固后横向综合抗震能力计算见表9-7。

表9-7　加固后横向综合抗震能力计算

楼层	砂浆强度等级	A_{bi}/m^2	A_i/m^2	A_i/A_{bi}	β_i	B_{si}
5	M2.5	624.78	20.75	0.0332	1.529	1.223
4	M5	624.78	19.81	0.0317	1.508	1.207
3	M5	624.78	19.81	0.0317	1.286	1.028
1～2	M5	624.78	19.81	0.0317	1.351	1.081

① 抗震横墙增强系数　两端设柱，窗间墙中部设柱时：当用M2.5砂浆砌筑时，增强系数取1.2；当用M5砂浆砌筑时，增强系数取1.1；用板加固M2.5或M5砂浆砌筑的砖墙时，增强系数取2.5。

② 加固后抗震横墙的增强面积　5层（M2.5砂浆砌筑）为：

$$(17.24-3\times1.5)\times0.37\times2\times1.2+(17.24-1.5)\times0.24\times2.5$$
$$=11.31+9.45$$
$$=20.76\text{m}^2$$

1～4层（M5砂浆砌筑）为：

$$(17.24-3\times1.5)\times0.37\times2\times1.1+(17.24-1.5)\times0.24\times2.5$$
$$=10.37+9.44$$
$$=19.81\text{m}^2$$

③ 抗震墙基准面积率调整系数　由于无筋砖墙改为组合砖柱，则有：

$$\eta_{fi}=[1-(0.012\times8+0.0075\times8)\times(7.5+6\times1.76)/5\times3]\eta_{0i}=0.812\eta_{0i}$$

得出：

1～2 层　$\eta_{fi}=0.812$

3 层　$\eta_{fi}=0.812\times1.05=0.853$

4 层　$\eta_{fi}=0.812\times1.15=0.934$

5 层　$\eta_{fi}=0.812\times1.4=1.137$

(3) 加固后楼层纵向综合抗震能力指数计算　加固后纵向综合抗震能力计算见表 9-8。

表 9-8　加固后纵向综合抗震能力计算

楼层	砂浆强度等级	A_{bi}/m^2	A_i/m^2	A_i/A_{bi}	β_i	B_{si}
5	M2.5	624.78	18.93	0.0303	1.480	1.184
4	M5	624.78	17.44	0.0279	1.430	1.144
3	M5	624.78	17.44	0.0279	1.254	1.003
1～2	M5	624.78	17.44	0.0279	1.317	1.054

抗震纵墙增强后面积为：

5 层
$$(36.24-2.7\times6)\times0.37\times2\times1.2+(6.24-1.5)\times0.24$$
$$=17.80+1.13$$
$$=18.93m^2$$

1～4 层
$$(36.24-2.7\times6)\times0.37\times2\times1.1+(6.24-1.5)\times0.24$$
$$=16.31+1.13$$
$$=17.44m^2$$

经核算，加固后纵横向综合抗震能力指数均大于 1，符合加固要求。

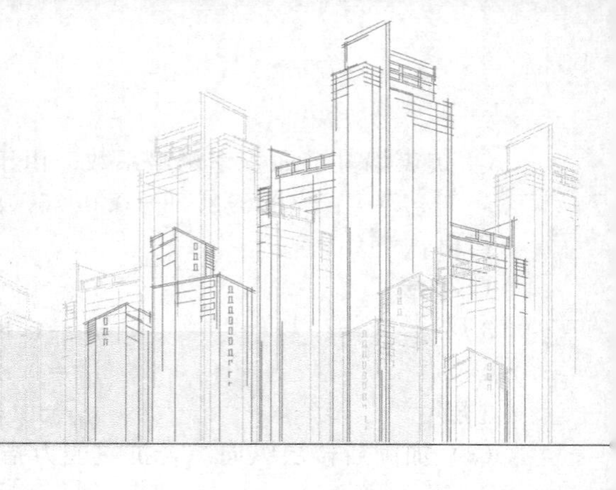

建筑结构的检测与加固实例

10.1 混凝土结构的检测与加固

10.1.1 既有钢筋混凝土框架结构加固

（1）工程概况　北京市某大学教学楼建于1982年，地下二层，地上五层，地下部分为现浇钢筋混凝土框架结构，地上部分为装配式钢筋混凝土框架结构，楼、屋面板均采用预制混凝土圆孔板（局部现浇混凝土板）。

（2）抗震鉴定　因教学楼使用时间较长，楼内教学设备及建筑布局不满足现代化教学等使用功能的要求，业主拟对全楼进行全面的改造，并且委托北京市某建设工程质量检测单位对该楼进行了抗震性能鉴定。根据《建筑抗震鉴定标准》（GB 50023—2009）对8度地区、B类建筑（后续使用年限40年）、丙类抗震设防的要求进行抗震鉴定，鉴定报告结论为该楼抗震变形不满足要求，部分柱轴压比不满足要求，部分框架梁、柱的抗震承载力不满足要求。

（3）加固设计的依据　依据抗震鉴定报告给出的结论及其他数据，根据《建筑抗震加固技术规程》（JGJ 116—2009）、《混凝土结构加固设计规范》（GB 50367—2013）对该楼进行加固设计，加固设计中需按改造后的使用功能确定结构计算时的采用荷载等参数，加固完成后该建筑满足后续使用年限40年的要求。

（4）加固设计的思路和加固方法的选择　结构加固设计应先从结构体系上整体出发，先整体后局部。从减少整体结构作用、调整结构竖向及水平承载体系等方面，提高结构的整体承载能力，使结构加固的效率大幅度提高，减小结构需要加固的构件，从而减少结构加固总量。根据鉴定报告的结论及采用改造后的具体参数重新计算的结果，教学楼在地震力作用下地下二层至一层均有较多框架柱的轴压比超过规范要求或实际配筋不满足承载力要求，地下二层至五层均有较多的框架梁实际配筋不满足承载力要求，同时教学楼在水平地震作用下的结构位移与规范要求相差较大。

① 综合考虑以上因素，加固设计需首先考虑从结构体系上进行加固，在教学楼的适当位置增设钢筋混凝土剪力墙，使其结构体系改变为框架剪力墙结构，刚度较大的剪力墙可以分担大部分的水平地震力，减小框架部分的荷载效应，从而大幅度减少需进行加固的框架梁、柱构件，降低加固成本。在具体加固设计中，根据教学楼具体改造方案，在教学楼中不

影响建筑功能的位置新增了四道剪力墙，包括纵、横方向剪力墙各两道。经计算，增设剪力墙后，框架部分承担的地震力大幅度减小，但尚有部分框架梁、柱的承载力不满足要求。

② 因增设剪力墙后尚有部分框架柱轴压比超过限值，需采用增大截面法进行加固，在尽量减小对建筑功能的影响的前提下，在原框架柱外侧新增钢筋混凝土套，增大原框架柱截面。

③ 对配筋不满足承载力要求的框架梁的加固需考虑尽量避免增大梁截面，以免减小房间净高，影响建筑使用功能，进行结构计算后，采用粘钢的方法进行加固能够满足要求。

④ 因教学楼的楼面板为预制圆孔板，为半刚性楼盖，根据《建筑抗震设计规范》（GB 50011—2010），结构水平地震力的分配无法按抗侧力构件的等效刚度进行分配，而上述加固设计均是建立在水平地震力的分配无法按抗侧力构件的等效刚度进行分配的基础上，经过对改造方案的分析，教学楼改造过程中已涉及对框架结构填充墙及楼面面层的拆除翻新，可利用此改造过程，在预制板上增设 50mm 厚现浇钢筋混凝土叠合层，使楼盖改变为装配整体式楼盖，满足刚性楼板假定，前述加固设计的前提得到满足。板顶增设现浇钢筋混凝土叠合层能较大幅度提高楼板的承载能力，但在一般的加固中如果不涉及楼面面层及填充墙的拆除，单独采用叠合层的加固方法会产生较多的楼面面层、填充墙体的拆除及恢复的费用，而本工程则利用了改造本身对填充墙及楼面装饰面层的拆除翻新，降低了楼板加固成本。确定结构的加固方法后，需对新增剪力墙的配筋、框架柱增大截面处的配筋以及梁粘钢加固的钢板设置情况根据结构计算结果进行具体设计，同时还需根据结构的实际情况对各种加固方法的节点进行详细设计，使加固后的结构和构件安全、可靠，达到加固目的。经过加固后，该楼的抗震性能满足《建筑抗震鉴定标准》（GB 50023—2009）对 8 度地区、B 类建筑、丙类抗震设防的要求。

10.1.2 武汉市某综合楼框架剪力墙结构检测鉴定与加固

（1）工程概况　武汉市沿江大道某综合楼于 1986 年建成并投入使用。该建筑主体高 17 层，塔楼高 4 层，地下 1 层，高 65.75m，总建筑面积约 15200m^2。建筑结构形式为框架-剪力墙结构，桩-箱联合基础，梁、柱、剪力墙均为现浇，楼面为预制板加现浇面层。图 10-1 所示为 1 层结构平面示意图。

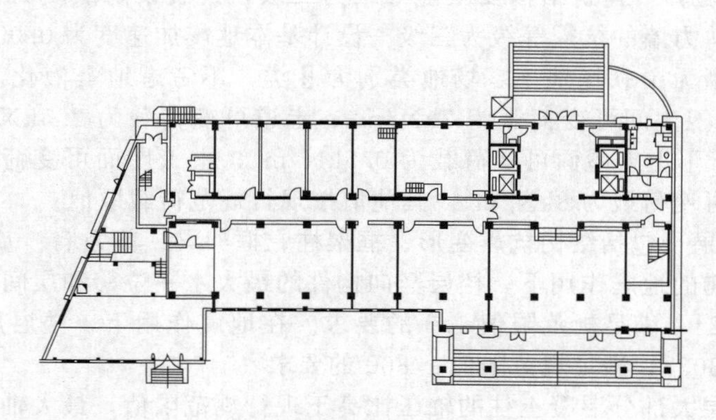

图 10-1　1 层结构平面示意图

本工程结构依据 74 版相关规范设计，建筑安全可靠度和抗震设防水准低于现行《建筑抗震设计规范》（GB 50011—2010）要求。为消除安全隐患，延长建筑物使用年限，须进行抗震鉴定，根据鉴定结果进行加固处理，保证加固改造后能消除结构安全隐患，加固后建筑使用年限为40年。

(2) 原结构检测结果　现场测量混凝土构件尺寸及建筑物轴线尺寸，并且与设计图纸对比。检查并评估建筑物的施工质量，对建筑结构现有裂缝、露筋、锈蚀等受损的构件区域进行普查时发现，主楼结构截面尺寸与原设计图基本吻合，部分砌体填充墙装修层、填充墙与主体结构连接处、预制板板底、预制楼梯连接处有明显裂缝。桩-箱联合基础箱体部分密封性较好，未发现明显的因基础沉降或不均匀沉降引发的变形，满足设计要求。主楼结构最大倾斜率为0.03%，框架柱垂直度符合要求，框架梁挠度小于规范允许值。

① 混凝土强度测定　混凝土强度采用钻芯法测定，在构件上钻取芯样46个，按《钻芯法检测混凝土强度技术规程》(CECS 03：2007)，经切割、加工、研磨、养护后进行抗压强度试验，按95%保证率评定混凝土强度，得到以下强度评定值：箱基混凝土强度为28.0MPa，地下1层至8层混凝土强度为27.2MPa，9层至12层混凝土强度为23.0MPa，13层及以上混凝土强度为20.0MPa。

② 混凝土碳化深度及保护层厚度检测　箱形基础侧墙碳化深度为5mm；梁碳化深度平均值为18.9mm，保护层厚度平均值为22.7mm；柱碳化深度平均值为23.2mm，保护层厚度平均值为28.2mm；混凝土墙碳化深度平均值为20.9mm，保护层厚度平均值为15.5mm。大部分梁、部分柱、局部剪力墙的混凝土保护层厚度不满足规范容许值的规定。部分梁、少部分柱、大部分剪力墙的混凝土碳化深度超过保护层厚度，结构的耐久性不满足规范要求。

③ 典型预制楼板承载力检验　对两处楼板进行现场静荷载试验，结果表明面荷载实测值为6kN/m^{2}时，挠度变形和裂缝宽度未超过规范容许值，预制板满足原设计荷载值4kN/m^{2}要求。

(3) 抗震性能鉴定　根据《建筑抗震鉴定标准》(GB 50023—2009) 对结构进行抗震鉴定，该综合楼按后续使用年限为40年的B类建筑进行抗震鉴定。

① 抗震措施鉴定　本工程结构布置规则是：结构体系为双向框架结构，实测混凝土强度等级均不低于C20，框架梁、柱截面宽度均满足现行抗震鉴定标准要求。框架梁、柱箍筋加密区箍筋间距均超过标准的规定值。悬挑构件中，将纵向框架一侧外伸的悬挑梁作为消防楼梯的支承，且将消防楼梯作为预制构件搁置于悬挑梁上，不符合抗震要求。

② 抗震承载力验算　建筑结构安全性等级为二级，抗震设防烈度为6度，抗震设防类别为丙类，框架和剪力墙的抗震等级为三级。设计基本地震加速度为0.05g，设计地震分组为第一组，场地类型为中软场地土，场地类别为Ⅱ类，不考虑地震液化。楼面永久荷载为4kN/m^2，办公室、卫生间可变荷载为2kN/m^2，走道可变荷载为2.5kN/m^2，楼梯间可变荷载为3.5kN/m^2，不上人屋面可变荷载为0.5kN/m^2，上人屋面可变荷载为2kN/m^2，信息机房、通信机房可变荷载为8kN/m^2，其他值按现行规范荷载取值。

③ 检测鉴定结果　包括结构抗震变形、框架柱、框架梁、剪力墙、基础的要求。

在偶然偏心影响的地震作用下，楼层竖向构件的最大水平位移和层间位移与该楼层平均值的最大比值为1.24，满足规范限值1.5的要求。在地震作用下，楼层层间最大位移与层高的最大比值为1/3038，满足规范限值1/800的要求。

地下1层至6层大部分混凝土柱的轴压比高于现行规范限值，最大轴压比达0.99，6层以上仅极少数柱轴压比高于规范限值。混凝土框架柱实际配筋面积普遍低于计算配筋面积，且部分楼层柱正截面抗弯承载力不满足要求。所有柱的柱端箍筋加密及非加密区箍筋体积配箍率不满足抗震构造措施要求。

大部分混凝土框架梁正截面抗弯承载力不足，仅6层、7层横向框架梁斜截面抗剪承载力不足，且所有框架梁的梁端箍筋加密不满足要求。

少部分剪力墙正截面承载力在底部层不满足要求，部分墙体未按要求设置边缘构件，所有边缘构件部位箍筋均未按要求加密，部分剪力墙墙身未按要求设置拉结筋，所有剪力墙底部加强部位拉结筋未按规范要求加密，不满足抗震构造要求。

单桩极限承载力为930kN，共布置360根工程桩，群桩的总承载力及单桩承载力均满足要求；箱基底板的抗冲切和挑板的抗剪承载力满足要求，箱基构造要求满足规范规定。

（4）加固方案　依据鉴定结果，合理选择加固方案，加固后的建筑结构能消除安全隐患，满足抗震设防和使用功能的要求，并且延长使用年限。

① 框架柱加固　根据鉴定结果确定框架柱加固方案。对轴压比超抗震规范限值0.9及正截面抗弯承载力加固幅度超过40%的柱采用外粘型钢法加固。该法不增加截面尺寸，但新增角钢及钢板箍的横向约束作用，可使原框架柱处于三轴应力状态，大幅度提高柱的承载力，施工方便。柱外粘型钢法加固做法如图10-2所示。加固时柱四角沿柱通长设加固角钢，角钢等级为Q235B，地下室到3层采用L100×8，4层到17层采用L75×6，横向设钢箍板与角钢焊接，间距400mm，角钢和扁钢箍内灌注WSJ建筑结构胶。经复核验算，加固后柱轴压比满足规范要求。

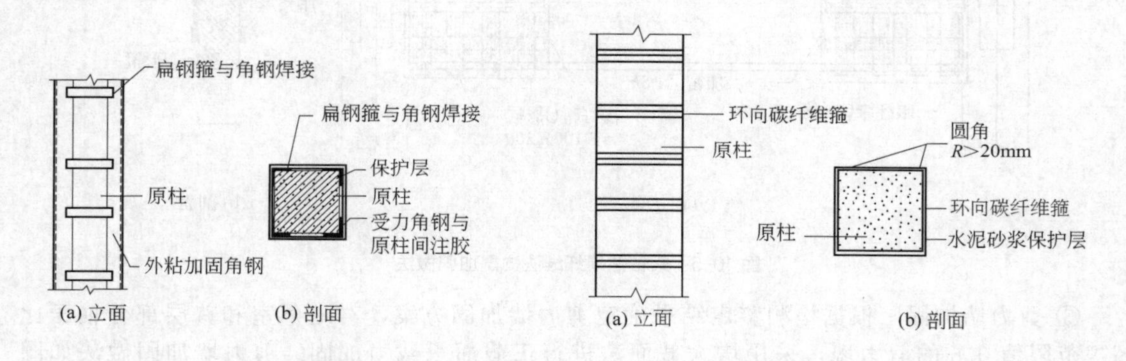

图10-2　柱外粘型钢法加固做法

图10-3　柱贴粘碳纤维法抗震加固设计

对箍筋加密区不满足规范要求的框架柱依据《碳纤维片材加固修复混凝土结构技术规范》（CECS 146：2003）用粘贴碳纤维法进行抗震加固。该法可降低施工难度，对结构外观和净空无明显影响，具有耐腐蚀和潮湿、不增加额外荷载等优点。柱贴粘碳纤维法抗震加固设计如图10-3所示。沿柱环向粘贴3层150mm宽的碳纤维箍，加密区间距200mm，非加密区间距600mm。粘碳纤维布前，应将柱截面棱角打磨成半径大于20mm的圆角，混凝土表面底涂WSX底涂料，使用WSX碳纤维黏结胶粘贴纤维，以保证粘贴平整。两种方法加固后的构件表面采用25mm厚水泥砂浆防护，并且涂刷界面剂增加粉刷层的黏结力。

② 框架梁加固　根据检测结果确定框架梁的加固方案，对进行正截面抗弯承载力加固的框架梁采用外粘钢板法加固。该法施工快速，施工现场仅有抹灰等少量湿作业，对生产和生活影响小。梁粘贴钢板法加固做法如图10-4所示。梁底沿梁通长粘贴受力扁钢板，梁顶在加密区粘贴扁钢板，钢板等级为Q345B，扁钢通过锚栓固定，植深180mm，扁钢与加固柱钢板通长焊接。梁外部增设宽100mm、厚3mm的U形箍，加密区间距300mm，非加密区间距500mm，通过两排间距200mm。

对其余抗弯承载力、抗剪承载力、箍筋加密区不满足规范要求的梁采用粘贴碳纤维法加固。梁粘贴碳纤维法抗震加固做法如图10-5所示。加固前应将梁截面棱角打磨成圆角，曲率半径大于20mm。梁面粘碳纤维布处底涂WSX底涂料，梁底粘贴2层通长碳纤维布，梁四周粘贴1层100mm宽的碳纤维布U形箍，加密区间距200mm，非加密区间距800mm。

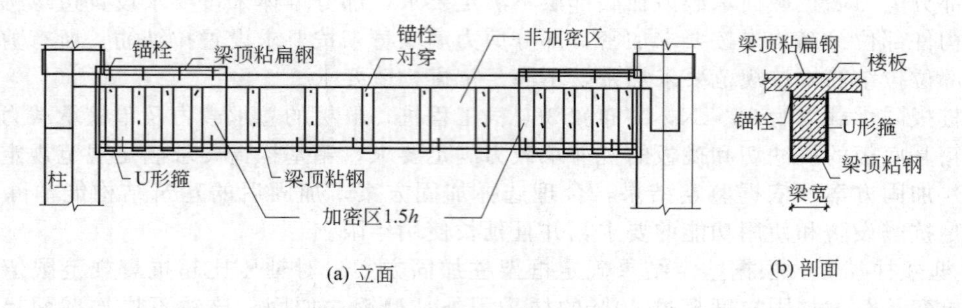

图 10-4　梁粘贴钢板法加固做法

横向沿梁净跨通长粘贴 1 层 100mm 宽碳纤维压条固定 U 形箍，布置 2 排，胶黏剂采用 WSX 碳纤维黏结胶。

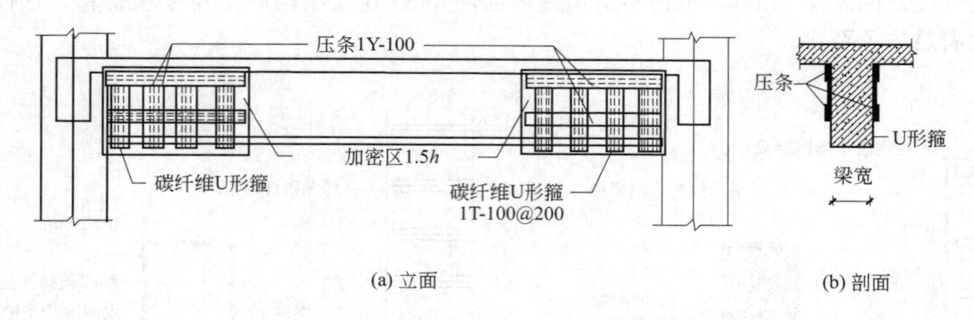

图 10-5　梁粘贴碳纤维法抗震加固做法

③ 剪力墙加固　根据检测鉴定结果确定剪力墙加固方案，对地下室和首层部分轴压比超规范限值 0.6 的剪力墙，采用增大截面法进行正截面承载力加固。剪力墙加固做法如图 10-6 所示。

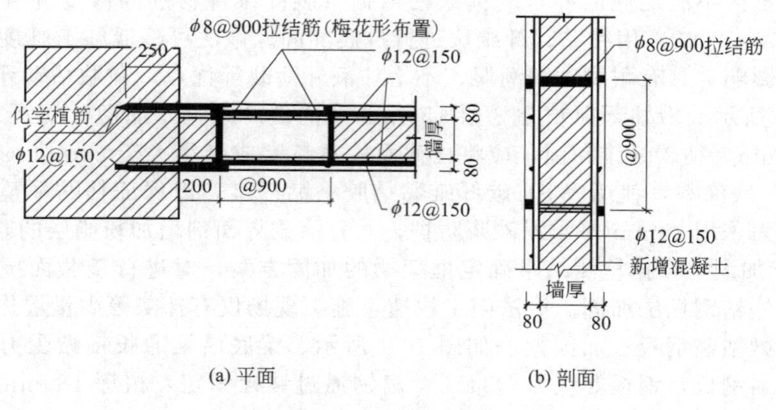

图 10-6　剪力墙加固做法

该法适用于受压区混凝土强度较低及有严重缺陷的承重构件的加固，能提高构件的承载力和整体刚度，但会在一定程度上减少净空，且施工时间长。

浇筑前将结合面混凝土凿毛，涂刷高黏结性的界面结合剂；在剪力墙两侧分别浇筑 80mm 厚自密实混凝土层，新增混凝土强度等级为 C30，并且按计算要求配置双向受力钢筋，钢筋锚入原混凝土柱或梁，以保证连接可靠。加固后剪力墙刚度增加，对结构整体进行二次复核发现，由于采用增大截面法加固的剪力墙数量很少，故对主体结构的整体刚度影响很小。对剪力墙端柱箍筋间距过大、电梯间剪力墙转角部位未设边缘构件的部位，采用粘贴钢板法加固，钢板等级为 Q235B，钢板间用螺栓连接。

④ 预制板加固　根据检测鉴定结果，预制板承载力基本满足设计要求。对板底仅表面抹灰层裂缝的板，剔除表层裂缝重新抹灰；对有较大裂缝、板底露筋且钢筋腐蚀严重、楼面活荷载增大幅度较大的板，现将钢筋手工除锈，抹灰后采用粘贴碳纤维法加固。预制板加固示意图如图 10-7 所示。加固时沿板横向粘贴 2 层 150mm 宽受力纤维布，满布预制板，预制板沿板净跨两端及中间共粘贴 3 条 100mm 宽碳纤维布拉条，各块预制板上的压条拉通。加固完成后，在预制板表面涂刷防护材料。

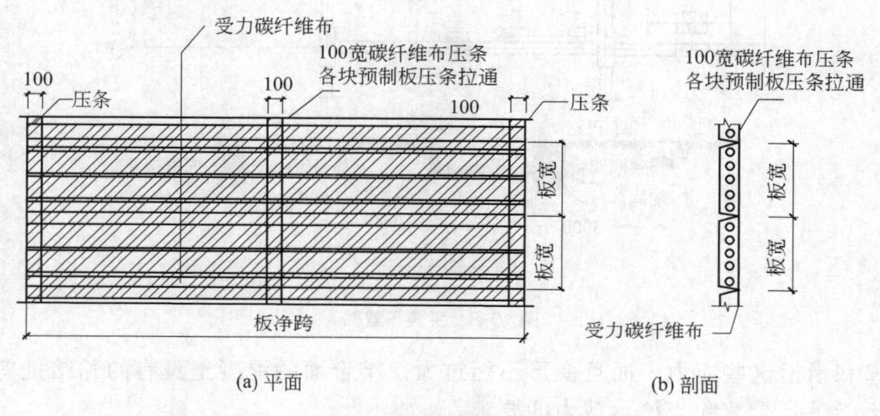

图 10-7　预制板加固示意图

⑤ 其他构建加固　将建筑物南侧的预制装配式楼梯拆除，改为现浇钢筋混凝土消防楼梯，梯板受力钢筋均植入原框架梁或剪力墙以满足锚固要求。

对开裂墙体先清除原粉刷层，在开裂处粘贴玻璃纤维网，抹 25mm 厚水泥砂浆。

根据鉴定结果，对受碳化影响的钢筋混凝土构件进行防碳化处理，先除去原有混凝土碳化层，采用修补砂浆修复，以增强混凝土的抗碳化能力，最后涂抹环氧树脂以加强防腐性能。

10.1.3　钢筋混凝土结构加固实例及分析

（1）工程概况　某厂房车间因技术改造的需要而使结构平面内荷载分布发生变化，造成某些已有结构构件不满足正常使用结构安全的要求，需要进行改造与加固处理。经过计算及经济比较分析，决定新增加混凝土次梁 L1，并且对框架梁 KL1 采用加大截面法进行加固。平面布置图如图 10-8 所示。

（2）钢筋混凝土加固结构的受力特征及破坏机理　钢筋混凝土加固结构的受力特性与普通结构有较大差异：首先它属于二次受力结构，新加结构的应力应变始终滞后于原结构的累计应力应变，当原结构到达极限状态时，新加部分的应力应变可能还很低，因而潜力可能得不到充分发挥；其次新旧两部分存在共同工作和共同受力的问题，整体工作的关键在于结合面的构造处理和施工方法。由于结合面混凝土的黏结强度一般总是远低于混凝土本身受拉强度设计值，因此在总体承载力上二次组合的加固结构一般会略低于一次整浇的结构。当加固结构受力临近破坏时，结合面会出现拉、压、弯、剪等复杂应力，特别是受弯或偏压构件的剪应力，有时可能是相当大的。加固结构新旧两部分整体工作的关键，主要是结合面能否

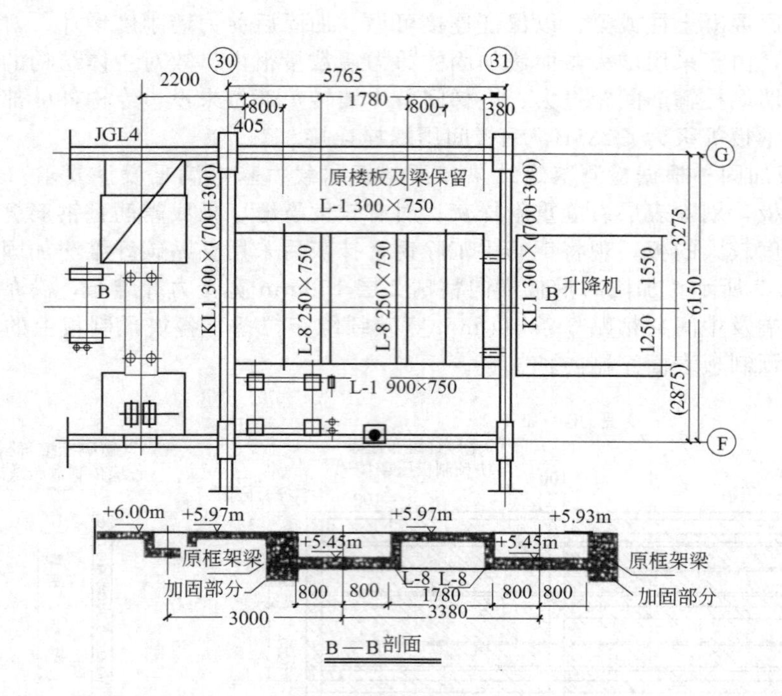

图 10-8 平面布置图

有效地传递和承担这些应力，而且变形不能过大。结合面的混凝土具有的黏结抗剪和抗拉能力有时远不能满足受剪和受拉承载力的要求。

（3） 新旧混凝土结合面的分析与处理 新旧混凝土的结合面实际上在梁的端部形成了一道竖向施工缝，次梁 L2 上有重达 44t 的设备致使两端剪力较大，而结合面上的抗剪强度很低，故在结合面上对钢筋混凝土结构抗剪非常不利。新浇筑的混凝土收缩会在结合面上造成剪切或拉伸，在荷载作用下会造成新旧混凝土结合面开裂，以至于不能协同工作，影响梁的承载力。但因结合面不影响压力的传递，对 L1 梁的抗弯强度没有影响。

① 结合面的剪切分析 梁端的剪切破坏可分为斜截面破坏和直截面破坏，通常情况下斜截面是控制截面。斜截面的抗剪承载力为：

$$V_c = 0.07 f_c b h_0 \text{（不考虑钢筋作用时）}$$

直截面的抗剪承载力为：

$$V_{cv} = f_{cv} b h_0$$

而对一次现浇结构，当混凝土为 C25 时，$F_c = 12.5\text{MPa}$（标准值），$F_{cv} = 1.8\text{MPa}$，则：

$$V_c = 0.07 \times 12.5 b h_0 = 0.0875 b h_0 < F_{cv} = 1.8\text{MPa}$$

因此，现浇结构中的直截面抗剪承载力大于斜截面承载力，抗剪强度是由斜截面控制的(其他强度等级的混凝土同样可以类推)。

但在加固工程中则大为不同，直截面是结合面，该面的混凝土抗剪强度很低，结合面混凝土的黏结抗剪强度 $F_{cv} = 0.33\text{MPa}$（C25 混凝土），则：

$$F_{cv} = 0.33\text{MPa} < V_c = 0.07 \times 12.5 b h_0 = 0.0875 b h_0$$

故在加固与改造工程中直截面是危险截面，提高直截面的抗剪承载力是关键所在。

②结合面的抗剪加固方法 本工程采用箍筋围套法提高梁端的抗剪承载能力。具体施工方法是将框架梁需加箍筋围套位置的混凝土保护层打掉，剔除浮起的混凝土并清理干净，然后将 2 条钢筋焊为开口倒八字形，注意弯折部位应避免垂直弯折，因采用Ⅱ级钢，应采用弧

形弯折。这样可按弯起钢筋抗剪计算方法，计算钢筋承担在垂直方向的剪力分量。但应注意为了保证新加围护箍筋与框架梁的良好结合，以及恢复原框架梁外表面时保证砂浆与钢筋的黏结，不应采用光面钢筋。

（4）框架梁的抗弯加固及次梁集中力加固　本工程经核算，框架梁 KL1 的抗弯强度及挠度均不能满足承载力要求，因此需对框架梁进行抗弯加固并增大其刚度，但因该车间湿度大，温度高，不易采用碳纤维或粘钢加固，决定采用加大截面法加固框架梁，因原框架梁已能满足抗剪要求，故只需在梁底增大截面，增加配筋量并与原框架梁共同受力即可。加固方案图如图 10-9 所示。

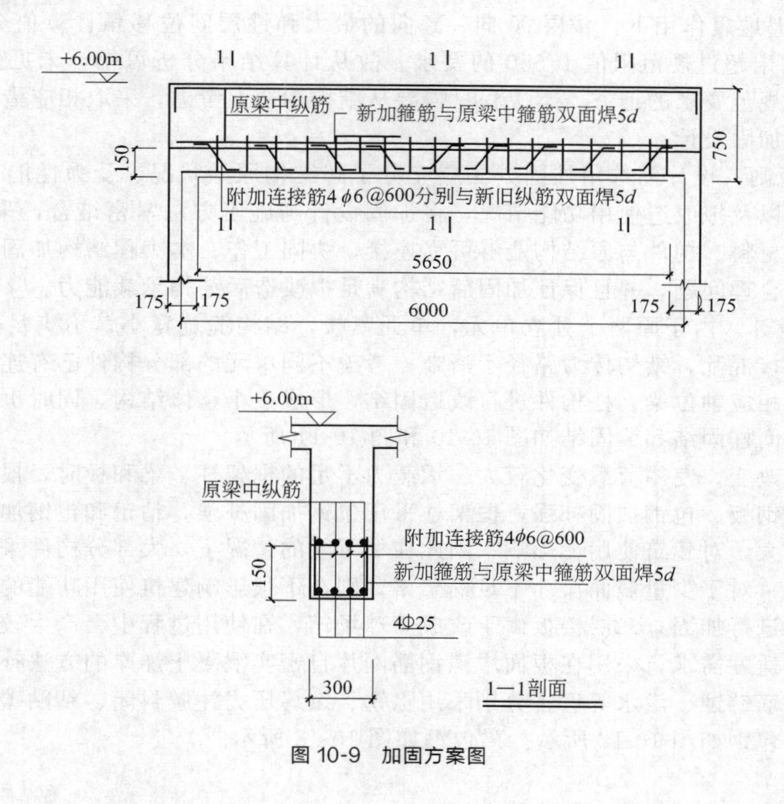

图 10-9　加固方案图

10.1.4　某混凝土礼堂建筑结构改造加固

（1）工程概况　某机关礼堂为三层现浇钢筋混凝土框架结构，原楼在 1996 年进行改扩建施工，并且投入使用至今。原设计施工图现已遗失，现仅存改建部分结构施工图，改建部分及桩基补强部分采用锚杆静压桩基础，现状房屋高度为 12.6m，建筑面积约 2640m^2。现建设单位拟将其改造为综合文体中心，结构二层由原来的会议礼堂变更为篮球场馆，屋面层由原来的不上人屋面改造为网球场所。功能改变较大，部分结构改动大。

（2）建筑结构现状调查　现该楼三层存在开间楼板大开洞，部分开间楼层错层 2.0m，结构平面布置不规则，部分轴框架沿纵向未拉通，改扩建轴框架梁与柱中线未重合，结构布置不合理，传力路径不清晰。框架部分采用增大截面法加固的钢筋混凝土柱净高与截面高度比小于 4。部分框架柱、梁箍筋加密区长度及平均间距不满足规范要求。存在部分结构梁露筋、主筋锈蚀、个别板开裂渗水现象。另外上部结构未见因基础不均匀沉降引起变形及裂缝，侧向位移未见明显偏移，结构混凝土强度等级和配置钢筋基本满足原设计要求。

（3）结构计算分析

① 计算参数　建筑结构的安全性等级取二级，结构重要性系数 R_0 取 1.0；抗震设防烈度 7 度区（0.10g），设计地震分组为第二组，抗震设防类别为标准设防类，场地类别为Ⅲ类，框架抗震等级为三级；基本风压取 0.7kN/m^2，地面粗糙度为 C 类，风荷载体型系数为 1.3；根据现行荷载规范，主要使用活荷载取值如下：大会议室、屋面网球场取 3.0kN/m^2，上人屋面取 2.0kN/m^2；混凝土强度等级根据检测数据结合改扩建图纸，各层柱、梁取 C20。

② 验算结果分析　楼层竖向构件的最大水平位移和层间位移角未超过楼层平均值的 1.2 倍，在多遇地震作用下，楼层 X 向、Y 向的最大弹性层间位移角计算值分别为 1/1092 与 1/1077，均未超过规范限值 1/550 的要求。故从计算结果分析可知，未见建筑结构形体上不适合现行规范要求的地方，本工程只需要从结构构造上考虑，采取相应措施。

（4）改造加固设计

① 设计原则　设计前选用加固方法应充分了解结构原始状况、受力性能，结合工程特点、施工条件以及拟改造使用功能情况，将加固设计与施工方法紧密结合，采取有效措施，保证之后加固材料、构件与原结构能够可靠连接，协同工作。本工程结构加固重点是解决结构传力体系不合理问题，并且保证加固后结构满足拟改造后结构承载能力。

② 加固设计　由于原两个独立单元，单元紧挨，结构缝缝宽小，不满足规范要求；后改扩建单元搭接混乱，结构传力路径不清晰。考虑不同单元的部分构件已有连接，故改造中将各结构单元相应轴位梁、柱构件进行改造固结，形成一个整体结构，同时也解决了单跨框架问题。单元间柱固结和梁固结如图 10-10 和图 10-11 所示。

由于功能改变，使用荷载变化较大、承载力不足的框架柱、梁和板时，根据验算结果框架梁采用粘贴钢板、包钢加固补强，框架柱采用包钢加固补强，粘钢和包钢加固后原构件截面尺寸不会增大，对建筑使用无影响，因此在尽可能的情况下，大部分构件采用了粘钢和包钢加固法加固；对于少量截面尺寸不足框架梁，则在不很影响建筑使用功能的情况下采用部分加大截面法进行加固；二层楼板由于改成篮球场馆，在使用过程中会产生较大动荷载，考虑人体感官舒适度需求，采用在板面增铺钢筋网片自密实混凝土加厚的方法补强，提高楼板刚度；其他钢筋锈蚀、渗水等病害分别采用除锈、裂缝压力注胶封闭、粘贴碳纤维布补强等方法处置。柱包钢如图 10-12 所示。梁包钢如图 10-13 所示。

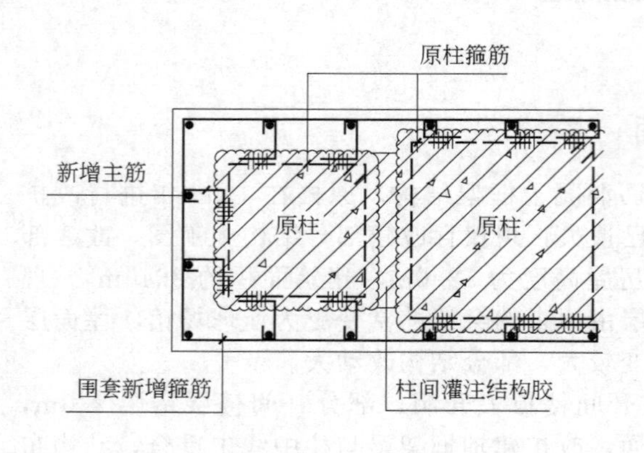

图 10-10　二柱固结

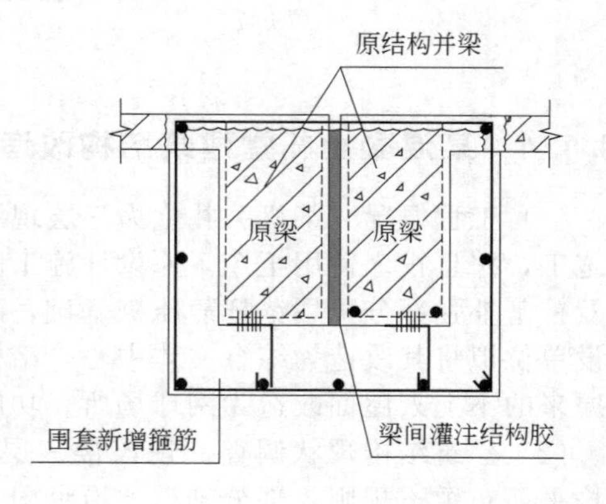

图 10-11　并梁固结

框架梁与柱轴线位置未重合问题，采用梁、柱加大截面法提高梁承载力，同时使得框架梁和柱进行有效对接。

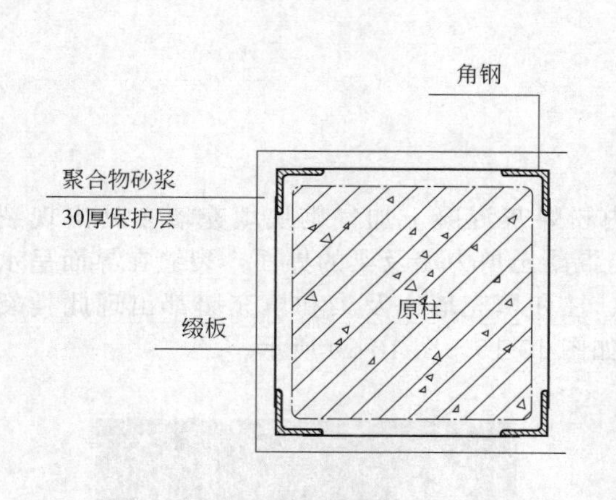

图 10-12　框架柱包钢加固

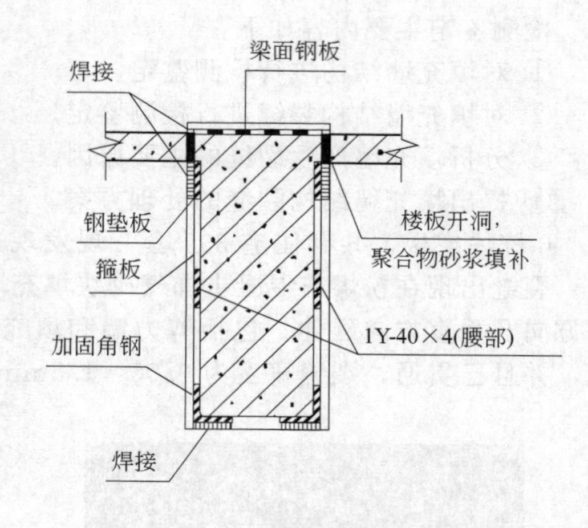

图 10-13　梁包钢加固

框架柱净高与截面高之比小于 4 为短柱情况，原结构未按规范要求进行箍筋加密处理，故采用粘贴碳纤维布环向围束加密，提高短柱延性。

三层部分结构由于使用功能需求，采用无损切割凿除部分结构；屋面新增平整结构楼板，用于网球场所。加固后建筑整体作为一个结构体进行复核验算，楼层竖向构件的最大水平位移和层间位移角未超过楼层平均值的 1.2 倍，在多遇地震作用下，楼层 X 向、Y 向的最大弹性层间位移角计算值均未超过规范限值 1/550 的要求，因此，本工程加固方案方法可行。

10.1.5　某框架剪力墙结构填充墙裂缝检测鉴定与处理

（1）工程概况　某框架剪力墙结构住宅楼于 2009 年 12 月竣工交付使用（以下简称“住宅楼”）。共 6 栋住宅楼，结构形式为框架剪力墙结构，基础采用人工挖孔灌注桩，外墙及分户墙采用黏土空心砖填充墙，户内填充墙采用粉煤灰混凝土加气砌块填充墙。住宅楼总平面图如图 10-14 所示。

图 10-14　住宅楼总平面图

（2）检测、评定原因和内容　现发现户内粉煤灰混凝土加气砌块填充墙多处出现裂缝，为确保住宅楼的正常使用，需要对住宅楼户内粉煤灰混凝土加气砌块填充墙裂缝进行检测鉴定。

检测鉴定主要内容如下。

① 对填充墙结构进行检测鉴定。

② 对填充墙结构裂缝进行检测鉴定。

③ 分析填充墙产生裂缝的主要原因。

④ 提出填充墙结构裂缝的处理方案。

6 栋住宅楼，共有住宅 395 套，现发现户内粉煤灰混凝土加气砌块填充墙多处出现裂缝。裂缝出现在粉煤灰混凝土加气砌块填充墙与混凝土剪力墙及梁的界面，裂缝在界面呈水平方向及垂直方向延伸，包括剪力墙和填充墙、柱和填充墙以及梁和填充墙都出现此类裂缝，并且已贯通，裂缝宽度为 0.05～1.5mm，如图 10-15～图 10-20 所示。

图 10-15 住宅内视

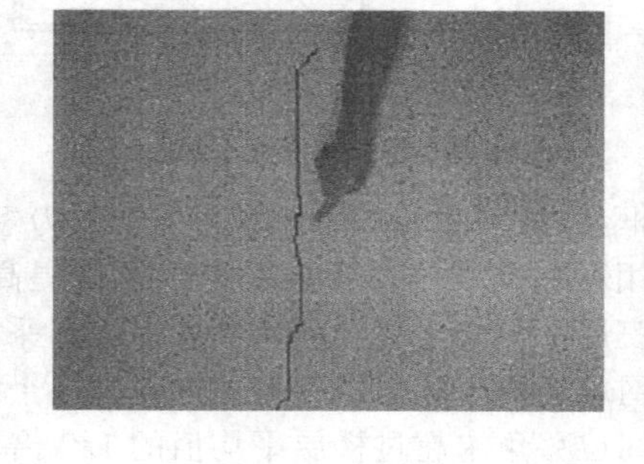

图 10-16 界面裂缝（一）

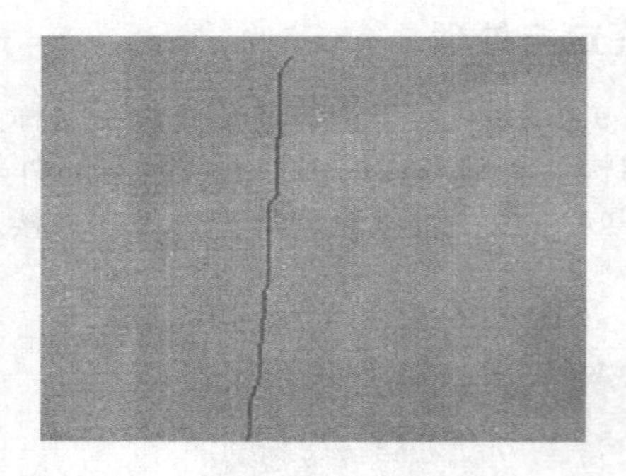

图 10-17 界面裂缝（二）

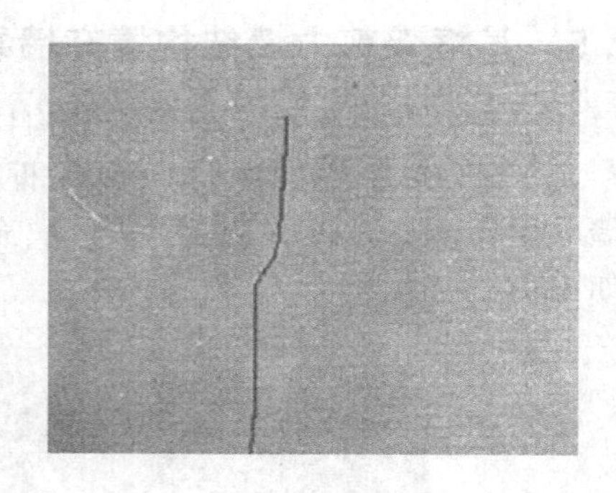

图 10-18 界面裂缝（三）

图 10-19 凿开的界面裂缝（一）

图 10-20 凿开的界面裂缝（二）

采用回弹法对住宅楼存在裂缝的部分楼面梁、柱混凝土抗压强度进行现场抽检，检测结果见表 10-1。检测结果表明，所检测构件的混凝土抗压强度推定值为 23.1～25.9MPa，满足设计要求。

表 10-1　混凝土抗压强度检测结果汇总

构件名称及位置	设计强度等级	混凝土强度换算值/MPa		混凝土强度评定值/MPa
		强度平均值	强度最小值	
一层 11×C 轴柱	C20	25.5	23.1	23.1
一层 12×D 轴柱	C20	26.1	25.3	25.3
一层 14×B 轴柱	C20	25.9	25.1	25.1
一层 17×C 轴柱	C20	26.6	25.9	25.9
二层 5×A 轴柱	C20	25.8	24.3	24.3
二层 6×C 轴柱	C20	26.5	25.5	25.5
二层 7×B 轴柱	C20	25.7	25.2	25.2
二层 18×B 轴柱	C20	26.6	25.4	25.4
二层 3×A～C 轴楼面梁	C20	24.4	23.2	23.2
二层 10×A～C 轴楼面梁	C20	25.4	24.1	24.1
二层 17×A～C 轴楼面梁	C20	27.3	25.5	25.5
二层 20×B～C 轴楼面梁	C20	26.9	24.6	24.6
二层 26×B～C 轴楼面梁	C20	27.6	25.7	25.7

采用 CM-9 钢筋探测仪对房屋承重柱、梁的配置钢筋大小、间距、保护层厚度等进行检测，检测结果见表 10-2。

表 10-2　柱、梁钢筋检测结果

构件名称及位置	纵向钢筋设计值/mm	梁底纵向钢筋实测值/mm	保护层厚度/mm	箍筋设计值（加密区）/mm	箍筋实测值/mm
一层 11×C 轴柱	8Φ25	8Φ25/28	33～34	Φ12@150	Φ8@152/158
一层 12×D 轴柱	8Φ25	8Φ25/28	30～35	Φ12@150	Φ8@150/154
一层 14×B 轴柱	8Φ25	8Φ22/25	18～21	Φ12@150	Φ12@145/158
一层 17×C 轴柱	8Φ25	8Φ25/28	17～22	Φ12@150	Φ12@142/155
二层 5×A 轴柱	8Φ25	8Φ25/28	18～21	Φ12@150	Φ12@144/153
二层 6×C 轴柱	8Φ25	8Φ25/28	19～22	Φ12@150	Φ12@140/152
二层 7×B 轴柱	8Φ25	8Φ25/28	18～22	Φ12@150	Φ12@132/145
二层 18×B 轴柱	8Φ25	8Φ25/28	19～27	Φ12@150	Φ12@137/148
二层 3×A～C 轴楼面梁	4Φ22	4Φ22/25	16～25	Φ12@150	Φ12@143/154
二层 10×A～C 轴楼面梁	4Φ22	4Φ22/25	19～26	Φ12@150	Φ12@145/150
二层 17×A～C 轴楼面梁	4Φ22	4Φ22/25	17～26	Φ12@150	Φ12@141/153
二层 20×B～C 轴楼面梁	4Φ22	4Φ22/25	19～26	Φ12@150	Φ12@142/149
二层 26×B～C 轴楼面梁	4Φ22	4Φ22/25	19～27	Φ12@150	Φ12@139/145

由表 10-2 可知，所检测的柱和楼板底筋混凝土保护层厚度满足《混凝土结构工程施工质量验收规范》（GB 50204—2015）表中对柱保护层厚度允许偏差±5mm 的要求和对板保护层厚度允许偏差±3mm 的要求；柱和楼板底部受力钢筋间距和箍筋间距设计值满足《混凝土结构工程施工质量验收规范》（GB 50204—2015）表中对柱和板中受力钢筋间距允许偏差±10mm 的要求。

（3）裂缝产生的原因分析　综合现场检测情况，分析住宅楼裂缝产生原因如下。

① 粉煤灰混凝土加气砌块与钢筋混凝土构件界面处理措施不到位是产生界面裂缝的主要原因，界面处理措施不到位主要体现在填充墙砌筑砂浆不饱满、拉结钢筋不规范、界面抹灰未做特殊处理等。

②次要原因是粉煤灰混凝土加气砌块与钢筋混凝土构件两种不同的材料，其弹性模量不同，线胀系数不同，混凝土收缩及温度变化在两种结构表面产生了裂缝。

(4) 检测鉴定结论与建议

① 对房屋底框承重构件（柱、梁）混凝土抗压强度进行现场抽检，检测结果表明：所检测混凝土构件的抗压强度推定值为23.1～25.9MPa；楼面梁的混凝土抗压强度值满足设计要求。

② 对二层开裂楼面梁钢筋配置情况进行抽检，检测结果表明：钢筋大小、间距、保护层厚度均满足设计要求。

③ 住宅楼为填充墙界面裂缝，不影响住宅楼结构安全性及耐久性，但对正常使用及美观产生一定的影响。

④ 粉煤灰混凝土加气砌块与钢筋混凝土构件界面处理措施不到位是产生界面裂缝的主要原因，界面处理措施不到位主要体现在填充墙砌筑砂浆不饱满、拉结钢筋不规范、界面抹灰未做特殊处理等。次要原因是粉煤灰混凝土加气砌块与钢筋混凝土构件两种不同的材料，其弹性模量不同，线胀系数不同，混凝土收缩及温度变化引起了变形裂缝。

综上所述，住宅楼为填充墙界面裂缝，不影响住宅楼结构安全性及耐久性，但对正常使用及美观产生一定的影响，应该对界面裂缝进行处理。

(5) 加固方法简介

① 粘贴玄武岩纤维复合材料加固法的概念　玄武岩纤维加固法是近年来得以迅速发展起来的一种混凝土结构加固技术，玄武岩纤维水泥砂浆修补兼以梁底粘贴玄武岩纤维布修复加固混凝土结构。

② 粘贴玄武岩纤维复合材料加固混凝土结构技术的优点　玄武岩纤维与碳纤维、芳纶、超高分子量聚乙烯纤维（UHMWPE）等高技术纤维相比，除了具有高强度、高模量的特点外，玄武岩纤维还具有耐高温性佳、抗氧化、抗辐射、绝热隔声、过滤性好、抗压强度和抗剪强度高、能适应于各种环境下使用等优异性能，且性价比好，是一种纯天然的无机非金属材料，也是一种可以满足国民经济基础产业发展需求的新的基础材料和高技术纤维。

(6) 裂缝加固方案　针对本工程中粉煤灰混凝土加气砌块填充墙与混凝土构件界面出现的裂缝，采用粘贴玄武岩纤维的加固方法进行加固。对二层6×C轴柱、7×B轴柱、18×B轴柱、3×A～C轴楼面梁、三层10×A～C轴楼面梁、17×A～C轴楼面梁、20×B～C轴楼面梁、26×B～C轴楼面梁与粉煤灰混凝土加气砌块填充墙出现的界面裂缝采用粘贴玄武岩纤维的加固方法进行加固。加固详图如图10-21、图10-22所示。

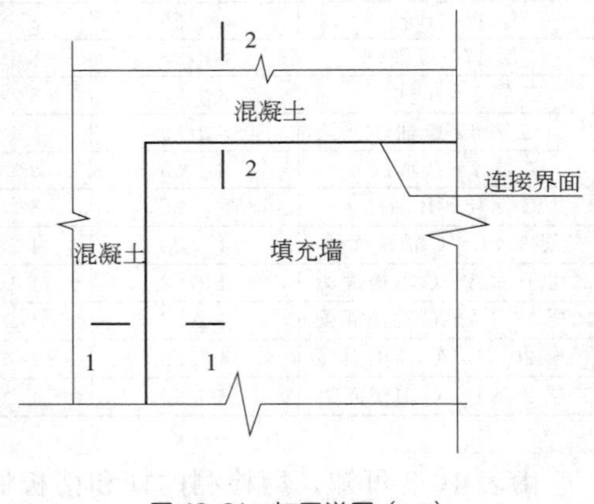

图10-21　加固详图（一）

(7) 加固施工技术

① 玄武岩纤维加固方法（加固混凝土结构构件的施工工艺）　住宅楼户内粉煤灰混凝土加气砌块填充墙与混疑土构件界面裂缝影响住宅楼的正常使用，施工工艺如下：沿界面裂缝凿除250mm宽的抹灰层，用高压水冲洗干净，对填充墙砌筑砂浆空洞部位进行修补；用M15抗裂砂浆抹250mm宽、20mm厚并内铺钢丝网（ϕ0.4mm，10mm×10mm）；贴350mm宽玄武岩纤维；表面恢复原饰面层。

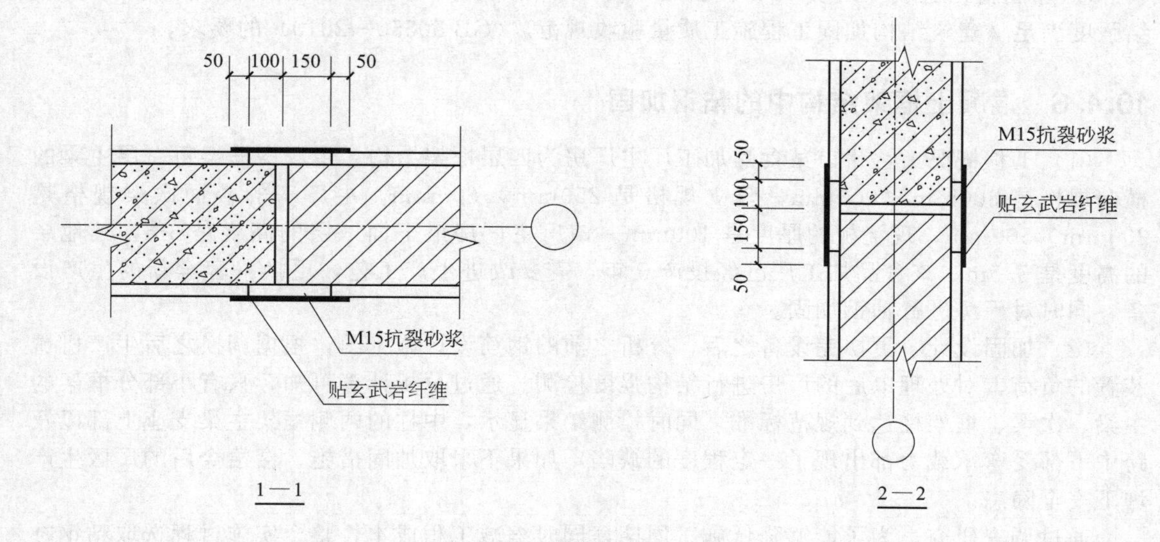

图 10-22 加固详图（二）

② 粘贴玄武岩纤维材料施工环境 应该符合下列要求：施工环境温度应该符合结构胶黏剂产品使用说明书的规定。若未做规定，应按控制在不低于 16℃进行；作业场地应无粉尘，且不受日晒、雨淋和化学介质污染。

防护面层的构造和施工应符合设计规定。对各种不同面层的施工过程控制和施工质量验收，应符合国家现行有关标准的规定。

(8) 加固施工检验与验收

① 加固施工检验 为保证加固工程的施工质量，确保房屋的安全及正常使用，对该房屋的加固工程质量进行了检测鉴定。玄武岩纤维与基材混凝土的正拉黏结强度采用现场见证抽样检验，其检验结果见表 10-3。

表 10-3 粘贴玄武岩纤维与混凝土正拉黏结强度的检测结果

原构件名称及位置	原构件实测混凝土强度等级	检验合格指标/MPa	实测值/MPa	检验方法
二层 5×A 轴柱	C20	1.5	1.8	详见《建筑结构加固工程施工质量验收规范》(GB 50550—2010)附录 U
二层 6×C 轴柱	C20	1.5	1.9	
二层 7×B 轴柱	C20	1.5	1.7	
二层 18×B 轴柱	C20	1.5	1.9	
一层 11×C 轴柱	C20	1.5	2.0	
一层 12×D 轴柱	C20	1.5	1.9	
一层 14×B 轴柱	C20	1.5	2.1	
一层 17×C 轴柱	C20	1.5	1.9	
二层 3×A～C 轴楼面梁	C20	1.5	1.8	
二层 10×A～C 轴楼面梁	C20	1.5	2.1	
二层 17×A～C 轴楼面梁	C20	1.5	1.8	
二层 20×B～C 轴楼面梁	C20	1.5	2.0	
二层 26×B～C 轴楼面梁	C20	1.5	1.8	

注：其破坏形式均为混凝土内聚破坏。

② 加固施工验收　由表 10-3 检验结果可知，粘贴玄武岩纤维布与基材混凝土的正拉黏结强度满足《建筑结构加固工程施工质量验收规范》(GB 50550—2010) 的要求。

10.1.6　混凝土框架结构中的粘钢加固

(1) 工程概况　兰州市某食品加工厂主厂房为四层框架结构。主厂房框架每一层主梁的横向规格是 300mm×900mm，竖立规格是 250mm×600mm，主厂房的楼面次梁规格是 200mm×500mm，现浇板的厚度是 100mm。该厂主厂房最下面一层的高度是 6m，其他层的高度是 5.5m。该食品加工厂已经投产 5 年，需要改进生产工艺，更换一套全新的生产设备，同时对厂房进行粘钢加固。

(2) 加固设计　更换完设备之后，分析之前的钢筋设计施工图，根据调换之后生产机械装置的负荷，对处理以后的厂房进行结构强度检测。通过分析计算可知，只有小部分框架的主梁、次梁、框架柱达到规范标准。同时检测结果显示，中柱的两侧框架主梁支座上部以及跨中下部受弯承载力都出现了一定程度的缺陷，如果不采取加固措施，会给今后的厂区生产埋下安全隐患。

通过调查研究，为了能够降低施工周期，同时缩减工程成本，整个实施过程选取粘钢补强加固方案。把框架主梁所有截面能够承载的最高水平，看成是策划加固方案的凭证。

在加固领域，国家颁布了《混凝土结构加固设计规范》(GB 50367—2013)。本设计严格按照这一规范执行。跨中受弯构件正截面受拉区的加固措施，可通过将钢板黏附在受拉区外层来实现加固。为了让工程实施操作过程更加便捷，中柱的两边框架主梁负弯矩区的正截面承载力的加固措施是把钢板黏着在梁的两边的板面上，粘贴的范围为 4 倍板厚。贴有钢板的板面截面图如图 10-23 所示。

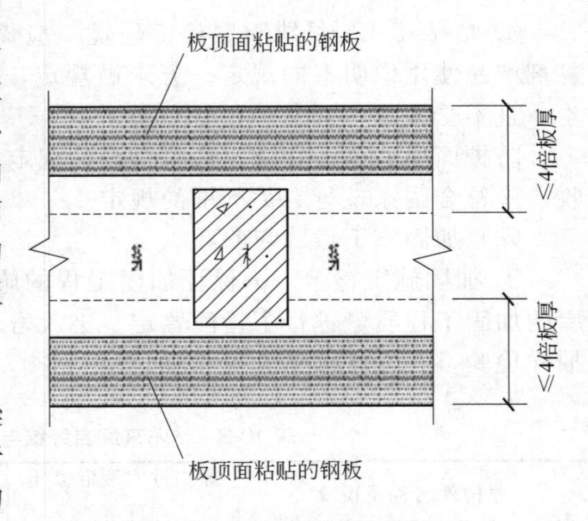

图 10-23　贴有钢板的板面截面图

(3) 粘钢加固的工程实施

① 施工材料　厂房施工时，主厂房框架梁选用 C25 混凝土，混凝土的抗压强度高于 15MPa 符合国家规范标准，我国自主生产的 JGN 建筑结构胶为本工程使用的黏结剂，钢板和混凝土的复合抗剪强度超出混凝土本身的抗剪强度，同时还存在较高的耐久性与弹性，具有很好的力学性能，试验得到的抗剪强度为 3.15MPa。粘钢加固钢板的钢材选用 Q235，厚度约为 3mm，这样能够降低工程实施过程中的粘贴难度。

② 施工步骤　在施工过程中，需要将钢板混凝土黏着结实，这就要求黏着面平整干净，需要使用质地坚硬的刷子配合强力去污剂刷擦黏着面表面，这样一来便能够去除黏着面外侧的油污，然后使用冷水将外表冲洗干净。紧接着将黏着面表面打磨光滑，将厚度为 2～3mm 的粗糙外侧面打磨掉，一直到黏着面显现全新的界面，然后将打磨产生的粉尘和颗粒通过无油压缩空气除掉。如果混凝土的黏着面比较新且油污较少，就不需要借助去污剂，直接打磨黏着面，将厚度为 1～2mm 的粗糙外侧面打磨掉，一直到黏着面显现全新的界面，然后将打磨产生的粉尘和颗粒通过无油压缩空气或者清水冲洗除掉，最后使用丙酮将表面擦拭干净。同时还应当对钢板的黏着面采取除锈以及粗糙处理，来提升其黏着性。若钢板没有生锈

的迹象，或是轻度生锈，可直接使用喷砂、砂布或者平砂轮等对钢板表面进行打磨，打磨到表面显现出金属光亮为止。打磨粗糙度越大越好，打磨纹路应与钢板受力方向垂直，最后用脱脂棉蘸丙酮擦拭干净，若钢板外表面锈蚀程度很大，应当选取一定浓度的盐酸浸泡20min，将所生成的锈完全去除，然后使用石灰水对处理完后的表面进行冲洗处理，中和多余的酸离子，最后采取平砂轮进行打磨，处理出纹路。

（4）施工工艺及技术要求　厂房所使用的加固工程施工操作流程是：处理被粘混凝土表面和钢板表面、黏结剂配制→加固构件卸荷→涂覆胶→粘贴→固定加压→固化→卸支承检验→防腐、粉刷。粘钢加固实施操作按照《混凝土结构加固设计规范》(GB 50367—2013)规定进行。施工过程中需要注意以下几个方面。

① 在黏结钢板时，应当提前对被加固的构件去除荷载。可利用千斤顶将构件抬起去除荷载。对于承受均布荷载的梁，应采用多点（至少2点）均匀顶升；对于有次梁作用的主梁，每根次梁下均应当放置千斤顶。顶升吨位以顶面不出现裂缝作为标准。

② JGN黏结剂包括甲、乙2种构成成分，需要在使用之前，现场对黏结剂进行质量检验，检验合格之后才能够施工使用，在使用的过程中严格按产品的使用说明书规定进行调配。注意搅拌时应避免雨水进入容器，按同一方向进行搅拌，容器内不得有油污。

③ 调配好黏结剂之后，使用抹刀将黏结剂涂抹在提前处理好的混凝土表面与钢板表面上，厚度1～3mm，中间厚、边缘薄，然后将钢板贴于预定位置。如果是立面粘贴，为防止流淌，可加一层脱蜡玻璃丝布。粘好钢板后，用手锤沿粘贴面轻轻敲击钢板，如无空洞声，表示已粘贴密实，否则应剥下钢板，补胶，重新粘贴。

10.1.7 商业广场屋面裂缝鉴定及加固

（1）工程概况　该商业广场工程地下一层，剪力墙结构，地上四层，框架结构，柱网尺寸12500mm×8950mm，总建筑面积近4万平方米。屋面为现浇空心楼板，板厚350mm，中间全部填充直径220mm的GRF高强薄壁空心管，间距285mm（换算为等重量的实心板厚221mm），混凝土强度为C30，楼板受力钢筋均为HRB335，隔肋布置。框架梁均为1250mm×500mm宽扁梁，纵向钢筋为HRB400。因单层建筑面积较大（8000m^2），各层在跨中设计了纵横3条后浇带将平面分成面积近似相等的六段。

（2）事故原因及应急措施　浇筑最后两段顶板混凝土时，因方便施工将后浇带位置由跨中移至跨边，留置在轴北侧梁边。顶板混凝土强度达到设计值后拆模，拆模时发现悬挑板端部下沉，并且有扩大趋势，悬挑板根部上表面出现通长裂缝，下表面无裂缝。经事后验算表明裂缝系悬挑板无法承受自身荷载所至。根据现场发生情况，立即在悬臂端半跨范围内搭设满堂脚手架，用可调支承顶紧，并且在悬臂梁板端均匀布置液压千斤顶16台（每台10tf），用水准仪在屋面监测。千斤顶顶升高度略高于原设计标高，然后将所有可调支承顶紧、固定，最后快速支承后浇带底模，然后浇筑C35混凝土。从拆模至顶承到位，共历时8h，高低差最大80mm，最大裂缝宽2mm。为安全起见，决定验算该跨梁板结构承载力，并且根据鉴定结论进行补强处理。

（3）承载力鉴定

① 因屋盖近似于无梁楼盖，故将梁板钢筋均匀分布，取1m宽悬挑板带验算承载力。配筋：上筋，1536mm^2＋768mm^2；下筋，1214mm^2＋713mm^2。查《混凝土结构设计规范》(GB 50010—2010)，HRB335与HRB400的弹性模量E_s均为$2\times10^5 N/mm^2$，C30混凝土弹性模量E_c为$3\times10^4 N/mm^2$，f_{cm}为14.3N/mm^2，f_t为1.43N/mm^2，钢筋保护层厚度a_s为35mm。根据钢筋应力-应变完全弹塑性模型，钢筋屈服前应力与应变呈线性关

系，屈服后应力保持不变，但应变增加，钢筋进入塑流阶段。因二级钢与三级钢的弹性模量相当，故两种钢筋共同作用时，在弹性阶段，钢筋应力相等；当二级钢屈服后进入塑流阶段后，应力基本不变，而多余的应力则全部由三级钢承担。

② 裂缝产生前悬挑板支承刚拆去，远端（后浇带处）钢筋尚未受力，楼板处于完全悬挑状态，此时悬挑板根部弯矩最大。工程所用钢材均来自大型正规钢厂，复试报告显示，三级钢平均屈服点为 470MPa（>400MPa），f_y 取 400MPa；二级钢平均屈服点为 398MPa（>335MPa），f_y 和 f_y'取 335MPa。因事故发生前后屋面均停止作业，故忽略活荷载，恒载系数取 1.2。荷载为 57.92kN，力矩为 263.54kN·m。根据《混凝土结构设计规范》（GB 50010—2010），混凝土受压区计算高度为 9.1mm，小于 70mm（$2a_s$ 为 70mm），故可忽略混凝土的压应力，受拉钢筋应力 σ_y 为 409.5MPa（>400MPa）。受压钢筋应力 σ_y' 为 488.4MPa（>400MPa）。

③ 悬挑板无法承受自身重量，根部负筋全部屈服，随裂缝的开展进入塑流阶段，且有一定的塑性变形，但未达到极限强度，因此必须对根部受拉区采取加强措施。受压区钢筋也屈服，但塑性变形很小。当悬挑板复位后，混凝土受压区高度会提高，从而大幅度降低了钢筋压应力，因此受压区不必加固。裂缝最大时 2mm，此时远端最大下沉量 80mm。后浇带处底部钢筋绷紧，抑制了裂缝的进一步展开，而上部钢筋松弛，受力较小。

④ 可用两种模型验算“悬挑板”远端钢筋是否屈服。一种是静定结构模型，根据裂缝产生的原因及现场观测情况假定：悬挑板根部受拉区应力全部由负筋承担，负筋屈服后应力值恒定在屈服点，受压区应力全部由底部钢筋及少量混凝土承担，并且在钢筋截面形心处形成塑性铰支座；后浇带处上部钢筋松弛而不受力，下部钢筋因板端下沉而受拉力；悬挑板混凝土结构刚度无限大，忽略其弹性变形。可得 σ_3 为 28.7MPa（<335MPa），因计算忽略后浇带处上部钢筋拉力作用，从而使得 σ_3 比实际情形偏小。另一种是弹性理论模型，钢筋处于弹性阶段时应力与应变成正比，如果钢筋应变超过弹性应变范围，则认为钢筋已经屈服。钢筋应变区段原长取“自由段+有效握裹长度”。螺纹钢的黏结能力主要取决于摩擦力和机械咬合力，其平均黏结强度 τ_u 与混凝土的抗拉强度 f_t 基本成正比，比例系数取 3.2，考虑剪力对黏结强度的不利影响，折减系数取 0.8，故 τ_u 为 3.66MPa。假设后浇带处下部钢筋已屈服，则 N_3 为 691890N。每米宽的下部钢筋截面周长约 500mm，故钢筋有效握裹长度 378mm。二级钢与三级钢的弹性应变标准值分别为 0.17%和 0.2%。后浇带处下部钢筋应变量为 3.02mm，三级钢应变 0.15%小于许用应变 0.17%。

⑤“静定结构模型”与“弹性理论模型”两者的计算均表明，后浇带处下部钢筋未屈服，不必做加强处理，且后浇带混凝土达到设计强度后，该处钢筋由受拉变为受压，大部分压应力由受压区高强度混凝土承担。上部钢筋一直处于松弛状态，也不必做加强处理。

10.1.8 某医院建筑结构加固改造实例分析

（1）工程概况　某医院医疗大楼位于医院院内东侧，属近代优秀建筑，并属市级文物保护建筑物。该大楼始建于 20 世纪 30 年代，大楼结构为砖混四层，面积 9278m^2，为纵向砖墙承重体系，80 年代曾对该楼进行过一次抗震加固，增设了部分横墙。该大楼因年久，加之使用功能改变，故需要进行加固改造，在不改变大楼立面的情况下，对大楼的楼板、梁、墙体进行了加固。根据建筑平面调整后使用功能要求，改造成为医院肾脏科及普外科医疗分部，楼面活荷载设计要求最大为 2.5kN/m^2。

（2）加固方案

① 加固改造内容　该工程加固改造主要有以下几个方面内容：增大截面法对各层楼面梁进行加固，增加楼面的承载力；平面上增加横向抗震框架，增强房屋的抗震能力；中间走廊破坏较严重的纵向墙体进行加固；二层、三层密肋楼板处增放加固梁；采用更换保护法对梁、板露筋、钢筋锈蚀进行处理。

② 加固方法　综合上述加固要求，除常规处理方法（除锈、局部、补强等）外，该工程加固采用了三种方法：粘钢法，主要加固密肋梁；改变受力途径法，增加新的加固梁，减少原有密肋梁上的荷载；增大截面尺寸法，主要针对墙体、楼板进行加固。

③ 结构单元分析　对具体的结构单元分析如下：墙体加固，墙体加固集合房间功能改造及抗震要求进行，根据肾脏科及普外科的使用功能，重新分割开间，墙体为承重墙，对原有的墙体进行了整治，保证原有墙体的承重能力。梁加固时，该工程梁加固共有两种措施：一是增加新梁：二是对原有的梁进行加固。板加固时，板加固采用增加板的厚度和在新增的混凝土内配置双向钢筋方法来提高板的承载力。

(3) 加固后承载力检测　试验采用堆载法对四层楼面上表面进行加载，加载物为整包水泥，每包50kg，在开间内均匀放置，在四楼楼板的下表面进行检测和观测。试验总荷载为设计活荷载（2.5kN/m^2）的1.2倍，即3.0kN/m^2。试验加载等级为6级，每级为0.05kN/m^2，每级加载结束后，间隔5min，然后进行挠度及应变测试与裂缝观测，直至预期的总荷载3.0kN/m^2。

① 板的跨中位移　本次实测到5个开间的板在最大加载下的挠度为0.12～0.49mm，各开间板的跨中挠度最大值见表10-4。

表10-4　最大荷载下实测各开间板的挠度值

开间号	A	B	C	D	E
板跨中挠度/mm	0.14 (0.12)	0.40 (0.49)	0.09	0.12	0.29 (0.33)

② 板的跨中应变（双向）　本次试验实测楼板下表面的跨中拉应变值，共实测15个点的应变值，其中纵向8个，横向7个。实测的横向应变值均小于6$\mu\varepsilon$，纵向应变值变化范围为18～48$\mu\varepsilon$，具体数据见表10-5。

表10-5　最大荷载下实测各开间板的应变

开间号	A	B	C	D	E
板的跨中应变/$\mu\varepsilon$	21	48(43)	18	32(36)	20(31)
对应的拉应力/MPa	0.46	1.01(0.95)	0.40	0.7(0.79)	0.44(0.68)
板的跨中应变/$\mu\varepsilon$	4(3)	6	3	4(4)	5
对应的拉应力/MPa	0.09(0.07)	0.13	0.07	0.09(0.09)	0.11

10.1.9　八层混凝土框架结构抗震鉴定与加固

某宾馆为八层现浇钢筋混凝土框架，采用箱形基础，各层楼板采用预应力多孔板，上有40mm厚现浇层，内配ϕ6@200钢筋网，框架的内外墙体均采用空心砖（尺寸为300mm×250mm×100mm）砌体填充，绝大部分墙体厚100mm，砌筑砂浆M5，填充墙与柱间有ϕ6钢筋拉结，但与框架梁无拉结，平面布置及构件尺寸如图10-24所示。梁柱采用C20混凝土，该工程位于9度区，Ⅱ类场地，设计地震分组为第一组。

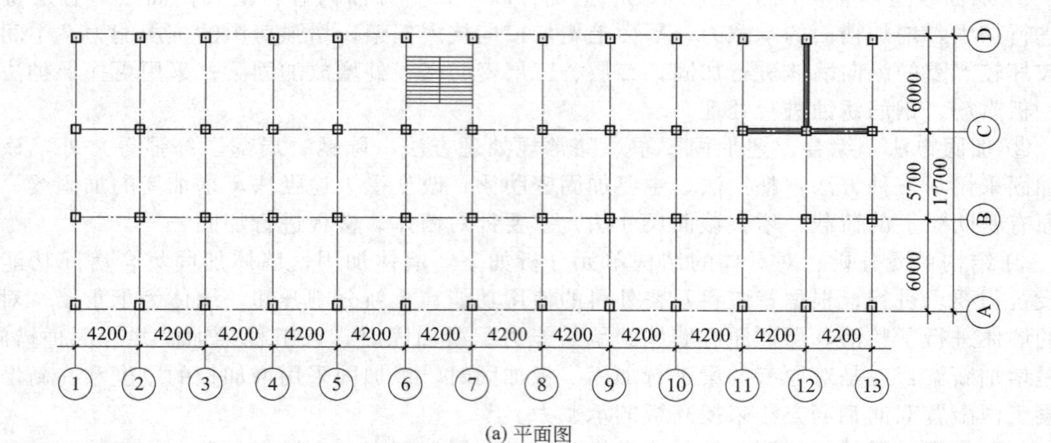

(a) 平面图

(b) 剖面图

图 10-24 八层框架结构

10.1.9.1 抗震鉴定

（1）第一级鉴定

① 该宾馆平立面规则为框架-填充墙结构，但填充墙为厚 100mm 的空心砖砌体墙，不能作为抗侧力构件。

② 该宾馆整个场地比较均匀，属于Ⅱ类场地，未发现不均匀沉陷等情况，框架嵌固于箱形基础顶板上。

③ 女儿墙采用现浇钢筋混凝土墙，高 1.1m，无砖砌女儿墙。

④ 框架结构经 25 年使用，已有局部裂缝，但未发现钢筋锈蚀、露筋情况，主体结构无明显倾斜，但填充墙有破损、开裂、墙顶与梁间有水平裂缝等情况。

⑤ 结构各部位构造，经与抗震鉴定标准要求对照，列于表 10-6 中。

表 10-6　结构构造尺寸鉴定

鉴定项目	鉴定标准规定值	实际值	鉴定意见
混凝土强度等级	C18	200 号(C18)	符合鉴定要求
框架结构受力体系	双向框系	双向框架	符合鉴定要求
梁纵向钢筋锚固	$25d$	$35d$	符合鉴定要求
框架节点构造	刚接	现浇刚接	符合鉴定要求
柱截面最小宽度/mm	400	400	符合鉴定要求
柱轴压比	<0.8	0.83	不符合鉴定要求
角柱最小配筋率	1.0%	8Φ16,0.89%	不符合鉴定要求
中、边柱最小配筋率	0.8%	0.89%	符合鉴定要求
柱顶端及底端箍筋	ϕ8@150	ϕ8@150	符合鉴定要求
梁端箍筋	@150	ϕ8@150	符合鉴定要求
柱剪跨比	4	3.3/0.5=6.6	无短柱现象
空心砖填充墙砂浆强度等级	M5	M5	符合鉴定要求
空心砖填充墙厚度	240	100	填充墙为非抗侧力构件,易倒塌
空心砖填充墙与柱连接	2ϕ6	2ϕ6	符合鉴定要求
空心砖填充墙 $l>5$m 与梁连接	应有连接	无连接	不符合鉴定要求

⑥ 宾馆无钢筋混凝土剪力墙，空心砖填充墙厚度 100mm，不能作为抗侧力的抗震墙，因此抗震墙之间楼、屋盖的最大长宽比无法与《建筑抗震鉴定标准》（GB 50023—2009）的 9 度要求的 2.0 比较。

鉴于多项不符合《建筑抗震鉴定标准》（GB 50023—2009）要求，须进行第二级抗震鉴定。

（2）第二级抗震鉴定

① 框架结构楼层的弹性地震剪力

a. 各层的荷载代表值　楼层的建筑面积为：50.9×18.2=926.38

8 层荷载代表值为：12×926.38=11117kN

2～7 层荷载代表值为：14×926.38=12969kN

1 层荷载代表值为：16×926.38=14822kN

b. 基本自振周期　按近似方法计算（因采用 100mm 厚空心砖隔墙取 $\alpha_0=0.8$）：

$$T_1=0.1\alpha \text{獵}=0.1\times0.8\times8=0.64$$

在Ⅱ类场地：$T_g=0.35$

$$T_1=0.64>1.4T_g=0.49$$

$$\delta_n=0.08T_1+0.01=0.08\times0.64+0.01=0.0612$$

$$\alpha_{max}=0.32(9\text{度区})$$

$$\alpha_1=\left(\frac{0.3}{0.64}\right)^{0.9}\times 0.32=0.1618$$

c. 底部总剪力　计算如下：

$$\sum G=11117+12969\times 6+14822=103753\text{kN}$$

$$G_{eq}=0.85\sum G=0.85\times 103753=88190\text{kN}$$

$$F_{ek}=\alpha_1 G_{eq}=0.1618\times 88190=14270\text{kN}$$

$$\Delta_n=\delta_n F_{ek}=0.0612\times 14270=873\text{kN}$$

$$F_i=\frac{G_iH_i}{\sum G_iH_i}(F_{ek}-\Delta F_n)$$

$$=\frac{G_iH_i}{\sum G_iH_i}(14270-873)$$

$$=13397\frac{G_iH_i}{\sum G_iH_i}$$

d. 各楼层的弹性地震剪力　按上式进行楼层的弹性地震水平力和地震剪力计算，列于表 10-7 中。

表 10-7　8 层框架楼层弹性地震剪力计算

层	H_i/m	G_i/kN	G_iH_i	$\frac{G_iH_i}{\sum G_iH_i}$	F_i	ΔF_n	V_i	M_i
8	34.5	11117	383536	0.188	2521	873	3394	117093
7	29.8	12969	386476	0.190	2540		5934	74619
6	25.9	12969	335897	0.165	2207		8141	57161
5	22.0	12969	285318	0.140	1875		10016	41250
4	18.1	12969	234739	0.115	1608		11624	29105
3	14.2	12969	184160	0.090	1210		12834	17182
2	10.3	12969	133581	0.066	877		13712	9033
1	6.4	14822	94861	0.046	624		14336	3993
		103753	2038568					Σ349437

② 各楼层柱按偏压柱正截面的受弯核算柱受剪承载力列表，计算于表 10-8 中。

混凝土强度等级 C18，f_{ck} 为 12.1N/mm²。钢筋纵筋和箍筋均为Ⅰ级钢，f_{yk} 为 235N/mm²。3 层以下由于 $N>\xi_{bk}f_{cmk}bh_0$，应先求得 ξ，然后再求算 M_{cy} 和 V_{cy1}。

现以 1 层的中柱为例，则有：

$$\xi=[(\xi_{bk}-0.8)N-\xi_{bk}f_{yk}A_s]/[(\xi_{bk}-0.8)f_{ck}bh_0-f_{yk}A_s]$$

$$=\frac{(0.6-0.8)\times 2511\times 10^3-0.6\times 235\times 3217}{(0.6-0.8)\times 12.1\times 500\times 465-235\times 3217}$$

$$=\frac{-5022001-453597}{-618450-755995}=\frac{-955797}{-1374445}=0.695$$

$$M_{cy}=f_{yk}A_s(h_0-a_s')+\xi(1-0.5\xi)f_{ck}bh_0^2-N(0.5h-a_s')$$

$$=235\times 3217\times(465-35)+0.695\times(1-0.5\times 0.695)\times 12.1\times 500\times 465^2-2511\times 10^3\times(0.5\times 500-35)$$

$$=325\times 10^6+652\times 10^6-540\times 10^6=437\text{kN}\cdot\text{m}$$

表 10-8　8 层框架偏压柱正截面受弯核算受剪承载力

层	柱列	N /kN	柱截面 b /mm	柱截面 h /mm	柱截面 h_0 /mm	柱截面 h_0-a_s' /mm	$0.6f_{ck}bh_0$ /kN	竖筋	A_s/mm²	$f_{yk}A_s(h_0-a_s)$ /kN·m	$1-N/f_{ck}bh$	$0.5Nh\times10$ /kN·m	M_{cy} /kN·m	H_n /m	V_{cy1} /kN
		①	②	③	④	⑤	⑥	⑦	⑧	⑨	⑩	⑪	⑨+⑪	⑫	⑬
8	边	252	450	500	465	430	1670	3ϕ16	603	61	0.916	58	119	4.1	58
	中	269	450	400	365	330	1310	3ϕ16	603	47	0.888	48	95	4.1	46
7	边	547	450	500	465	430	1670	3ϕ16	603	61	0.817	121	182	3.3	110
	中	583	450	400	365	330	1310	4ϕ20	1257	97	0.756	83	180	3.3	109
6	边	842	450	500	465	430	1670	3ϕ16	603	61	0.719	151	212	3.3	128
	中	897	450	400	365	330	1310	4ϕ25	1963	152	0.625	112	264	3.3	160
5	边	1137	450	500	465	430	1670	3ϕ20	942	95	0.620	176	271	3.3	164
	中	1211	450	500	465	430	1670	4ϕ28	2463	249	0.595	180	429	3.3	260
4	边	1432	450	500	465	430	1670	3ϕ22	1140	115	0.521	187	302	3.3	183
	中	1525	450	500	465	430	1670	4ϕ28	2463	249	0.490	187	436	3.3	264
3	边	1727	450	500	465	430	1670	3ϕ22	942	95					
	中	1839	450	500	465	430	1670	4ϕ28	2463	249					
2	边	2022	450	500	465	430	1670	3ϕ22	942	95					
	中	2153	450	500	465	430	1670	4ϕ32	3217	325	$N>0.6f_{cnk}bh_0$				
1	边	2359	500	500	465	430	1856	3ϕ22	942	95					
	中	2511	500	500	465	430	1856	4ϕ32	3217	325					

现将 3 层以下列表，计算于表 10-9 中。

表 10-9　3 层以下偏压柱正截面受弯核算受剪承载力

层	柱列	N	$-0.2N\times10^3$ /kN	$0.6f_{yk}A_s$ /kN	①−② /kN	$-0.2f_{ck}bh_0$ /kN	$f_{yk}A_s$ /kN	④−⑤ /kN	$\zeta=$ ③/⑥	$f_{yk}A_s(h_0-a_s')$ /kN·m	$\zeta(1-0.5\zeta)f_{ck}bh_0^2$ /kN·m	$N(0.5h-a_s')$ /kN·m	M_{cy} ⑧+⑨−⑩ /kN·m	H_n /m	V_{cy1} /kN
			①	②	③	④	⑤	⑥	⑦	⑧	⑨	⑩	⑪	⑫	⑬
3	边	1727	345	133	478	556	221	777	0.615	95	587	371	311	3.3	188
	中	1839	368	347	715	556	579	1135	0.630	249	558	395	412	3.3	250
2	边	2022	404	133	537	556	221	777	0.691	95	585	435	245	3.3	148
	中	2153	430	454	884	556	756	1312	0.674	325	578	463	440	3.3	267
1	边	2359	472	133	605	618	221	839	0.721	95	663	507	251	5.75	87
	中	2511	502	454	956	618	756	1374	0.695	325	652	540	437	5.75	152

③ 各楼层柱按斜截面核算受剪承载力列表，计算于表 10-10。

表 10-10　8 层框架柱斜截面受剪承载力计算

层	柱列	N /kN	b /mm	h_0 /mm	H_n /m	$\lambda=H_n/2h_0$	λ取值	$\frac{0.16}{3+1.5}f_{ck}bh_0$ /kN	箍筋	A_{sv} /mm²	$f_{yvk}\frac{A_{sv}}{S}h_0$ /kN	$0.3f_{ck}bh$ /kN	N取值/kN	$0.056N$ /kN	V_{cy2} /kN
		①	②	③	④	⑤	⑥	⑦		⑧	⑨	⑩	⑪	⑫	⑦+⑨+⑫
8	边	252	450	465	4.1	4.41	3	90	ϕ8@150	101	37	817	252	14	141
	中	269	450	365	4.1	6.03	3	71	ϕ8@150	101	29	653	269	15	115

续表

层	柱列	N /kN	b /mm	h_0 /mm	H_n /m	$\lambda=H_n/2h_0$	λ取值	$\frac{0.16}{3+1.5}f_{ck}bh_0$ /kN	箍筋	A_{sv} /mm²	$f_{yvk}\frac{A_{sv}}{S}h_0$ /kN	$0.3f_{ck}bh$ /kN	N取值/kN	$0.056N$ /kN	V_{cy2} /kN
		①	②	③	④	⑤	⑥	⑦		⑧	⑨	⑩	⑪	⑫	⑦+⑨+⑫
7	边	547	450	465	3.3	3.55	3	90	ϕ8@150	101	37	817	547	31	158
	中	583	450	365	3.3	4.5	3	71	ϕ8@150	101	29	653	583	32	132
6	边	842	450	465	3.3	3.55	3	90	ϕ8@150	101	37	817	817	46	173
	中	897	450	365	3.3	4.5	3	71	ϕ8@150	101	29	653	653	37	137
5	边	1137	450	465	3.3	3.5	3	90	ϕ8@150	101	37	817	817	46	173
	中	1211	450	465	3.3	3.5	3	90	ϕ8@150	101	37	817	817	46	173
4	边	1432	450	465	3.3	3.5	3	90	ϕ8@150	101	37	817	817	46	173
	中	1525	450	465	3.3	3.5	3	90	ϕ8@150	101	37	817	817	46	173
3	边	1727	450	465	3.3	3.5	3	90	ϕ8@150	101	37	817	817	46	173
	中	1839	450	465	3.3	3.5	3	90	ϕ8@150	101	37	817	817	46	173
2	边	2022	450	465	3.3	3.5	3	90	ϕ8@150	101	37	817	817	46	173
	中	2153	450	465	3.3	3.5	3	90	ϕ8@150	101	37	817	817	46	173
1	边	2359	500	465	5.75	6.2	3	100	ϕ8@150	101	37	907	907	51	188
	中	2511	500	465	5.75	6.2	3	100	ϕ8@150	101	37	907	907	51	188

④ 各楼层综合抗震能力系数

a. 角柱最小配筋率不符合第一级鉴定要求，但符合非抗震设计要求，故相关楼层（6层、7层、8层）体系影响系数 ψ_1 取 0.8。一层轴压比 $\frac{2511\times10^3}{12.1\times500\times500}=0.83>0.8$，故 ψ_1 取 0.9。

b. 各层采用空心砖填充墙厚 100mm，不能作为抗侧力构件，与梁无连接，且楼、屋盖长宽比超过规定，局部影响系数 ψ_2 取 0.8。

c. 楼层综合抗震能力指数计算，列于表 10-11。

表 10-11　8 层结构综合抗震能力指数 β_0 计算

层	柱列	V_{cy1} /kN	V_{cy2} /kN	V_{cy} 取值 /kN	柱数量/根	柱列受剪承载力/kN	楼层受剪承载力/kN	V_y /kN	$\varepsilon_y=\frac{V_{cy}}{V_c}$	φ_1	φ_2	β_0
8	边	58	141	58	26	1508	2704	3394	0.798	0.8	0.8	0.510
	中	46	115	46	26	1196						
7	边	110	158	110	26	2860	5694	5934	0.960	0.8	0.8	0.614
	中	109	132	109	26	2834						
6	边	128	173	128	26	3328	6890	8141	0.846	0.8	0.8	0.542
	中	160	137	137	26	3562						
5	边	164	173	164	26	4264	8762	10016	0.875	1.0	0.8	0.700
	中	260	173	173	26	4498						
4	边	183	173	173	26	4498	8996	11624	0.714	1.0	0.8	0.619
	中	264	173	173	26	4498						
3	边	188	173	173	26	4498	8996	12834	0.701	1.0	0.8	0.561
	中	250	173	173	26	4498						

续表

层	柱列	V_{cy1}/kN	V_{cy2}/kN	V_{cy}取值/kN	柱数量/根	柱列受剪承载力/kN	楼层受剪承载力/kN	V_y/kN	$\varepsilon_y=\frac{V_{cy}}{V_c}$	φ_1	φ_2	β_0
2	边	148	173	148	26	3848	8346	13712	0.609	1.0	0.8	0.487
	中	267	173	173	26	4498						
1	边	87	188	87	26	2262	6214	14336	0.433	0.9	0.8	0.312
	中	152	188	152	26	3952						

⑤ 第二级鉴定意见

a. 宾馆各楼层综合抗震能力指数相差很多，必须进行全面加固，才能符合9度区抗震要求。

b. 宾馆各楼层未设有抗侧力有效的抗震墙，不符合抗震要求，应该增设。

c. 宾馆各楼层的空心砖填充墙，墙厚仅100mm，墙长度5.6m＞5m，顶部与梁没有连接，为易倒塌构件，应予加固。

d. 本例仅计算横向框架，据估计纵向框架楼层综合抗震能力指数也小于1.0，必须同样考虑进行抗震加固。

10.1.9.2 抗震加固

（1）加固方案

① 宾馆综合抗震能力指数相差较多，主要是8层框架采用无抗震墙的全框架结构不合理，应该改造成框架-剪力墙结构较为理想。

② 宾馆的框架构造尺寸，除了顶部三层的角柱只配8ϕ16纵向钢筋，配筋率0.89%，不符合第一级鉴定要求，其他构造尺寸，如最小截面宽度，柱端和梁端箍筋尚能符合《建筑抗震鉴定标准》（GB 50023—2009），因此框架本体尚可继续使用，而着重于增设剪力墙。

③ 100mm厚空心砖填充墙为非抗侧力构件，而且平面处易于倒塌，$l=5.55\text{m}>5\text{m}$，与梁又没有连接，可考虑加钢筋网水泥砂浆面层进行加固；或作为隔墙在梁墙交接处用钢夹套连接。

（2）加固设计

① 准备在宾馆横向1～6层设8道钢筋混凝土剪力墙，7～8层设6道剪力墙，如图10-25所示，墙的厚度及配筋如下：

5层、6层、7层、8层采用C25、厚140mm竖向和横向配双层ϕ200；3层、4层采用C25、厚160mm竖向和横向配双层ϕ10@200；2层采用C25、厚180mm竖向和横向配双层ϕ10@200；1层采用C25、厚200mm竖向和横向配双层ϕ12@200。其中4道横向剪力墙设于靠近两端的第一柱距（7～8层Ⓐ-Ⓑ轴间不设剪力墙），2道设于楼梯两侧，2道设于⑤和⑨轴线。

② 宾馆纵向各层在Ⓑ-Ⓒ轴线1～6层设12道柱间钢筋混凝土剪力墙，并且应与横向剪力墙毗连设置，7～8层设8道剪力墙（②-③间、⑧-⑩间不设纵向剪力墙）。

③ 钢筋混凝土剪力墙与原框架的梁柱，每隔600mm用锚筋埋入构件内10d，另一端与墙内钢筋焊接。

④ 原有空心砖隔墙与顶部框架梁间增设ϕ6@600拉筋加强。

⑤ 增设剪力墙后，楼、屋盖的最大长宽比为12.6/17.7＝0.71＜2，符合9度区要求。

（3）加固验算　增设剪力墙后，房屋自振周期将减少，但本例按粗略计算，主要注重加固验算，故楼层弹性地震剪力近似仍按原计算取值。

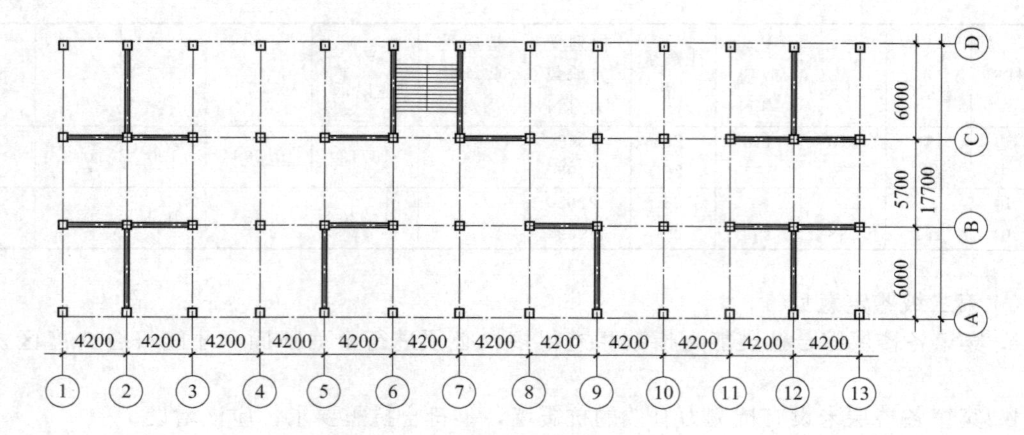

图 10-25 八层框架加固平面图

实际工程的加固验算，也可按加固后结构体系计算。

① 新增钢筋混凝土剪力墙受剪承载力　对带边框柱的钢筋混凝土剪力墙的层间受剪承载力，可按下式计算：

$$V_{wy}=\frac{1}{\lambda-0.5}(0.4f_{tk}A_w+0.1N)+0.8f_{yvk}\frac{A_{sh}}{S}h_0$$

式中，当采用 C25 时，$f_{tk}=1.78\text{N/mm}^2$。1 层 $\lambda=\frac{H_n}{2h_0}=\frac{5.75}{2\times5.465}=0.526<1.5$，取 1.5。

对式中 $0.1N$ 项，由于剪力墙是后加的，为偏安全取 $N=0$。当采用Ⅱ级钢筋时，$f_{yvk}=335\text{N/mm}^2$。当采用Ⅰ级钢筋时，$f_{yvk}=235\text{N/mm}^2$。

1 层当墙厚 400mm，双层双向配筋 $\phi12@200$ 时：

$$V_{wy}=\frac{1}{1.5-0.5}\times(0.4\times1.78\times400\times5500+0)+0.8\times335\times\frac{2\pi\times\left(\frac{12}{2}\right)^2}{200}\times5465$$

$=1566\times10^3+1657\times10^3=3223\times10^3\text{N}=3223\text{kN}$

2 层当墙厚 250mm，双层双向配筋 $\phi12@200$ 时：

$$V_{wy}=\frac{1}{1.5-0.5}\times(0.4\times1.78\times250\times5500+0)+0.8\times235\times\frac{2\pi\times\left(\frac{10}{2}\right)^2}{200}\times5465$$

$=979\times10^3+807\times10^3=1786\times10^3\text{N}=1786\text{kN}$

3～5 层当墙厚 200mm，双层双向配筋 $\phi12@200$ 时：

$$V_{wy}=\frac{1}{1.5-0.5}\times(0.4\times1.78\times200\times5500+0)+0.8\times335\times\frac{2\pi\times\left(\frac{10}{2}\right)^2}{200}\times5465$$

$=783\times10^3+807\times10^3=1590\times10^3\text{N}=1590\text{kN}$

6～8 层当墙厚 200mm，双层双向配筋 $\phi12@200$ 时：

$$V_{wy}=\frac{1}{1.5-0.5}\times(0.4\times1.78\times200\times5500+0)+0.8\times235\times\frac{2\pi\times\left(\frac{8}{2}\right)^2}{200}\times5465$$

$=783\times10^3+516\times10^3=1299\times10^3\text{N}=1299\text{kN}$

② 影响系数

a. 体系影响系数　角柱最小配筋率没有变动，故6～8层ψ_1仍取0.8；由于上下均增加剪力墙，1层中柱轴压比难以确切证实改善，故ψ_1仍取0.9。

b. 局部影响系数　增设剪力墙长宽比符合要求，同时空心砖填充墙或隔墙加固后，局部影响系数可取1.0。

③ 加固后楼层横向综合抗震能力指数　在表10-12中按下式计算，且不考虑填充墙，得出：

$$V_y=\sum V_{cy}+0.7\sum V_{my}+0.7\sum V_{wy}$$

表10-12　用剪力墙加固后楼层综合抗震能力指数β_s计算

楼层	原楼层受剪承载力/kN	V_{wy}/kN	剪力墙数量	$0.7\sum V_{wy}$/kN	V_y/kN	V_c/kN	$\varepsilon_y=\frac{V_y}{V_c}$	ψ_1	ψ_2	$\beta_0=\psi_1\psi_2\varepsilon_y$
8	2704	1299	6	5456	8160	3394	2.404	0.8	1.0	1.923
7	5694	1299	6	5456	11150	5934	1.879	0.8	1.0	1.503
6	6890	1299	8	7274	14164	8141	1.740	0.8	1.0	1.392
5	8762	1590	8	8904	17666	10016	1.764	1.0	1.0	1.764
4	8996	1590	8	8904	17900	11624	1.540	1.0	1.0	1.540
3	8996	1590	8	8904	17900	12834	1.395	1.0	1.0	1.395
2	8346	1786	8	10002	18348	13712	1.338	1.0	1.0	1.338
1	6214	3223	8	18049	24263	14336	1.692	0.9	1.0	1.523

④ 加固后，楼层纵向综合抗震能力指数计算从略。

⑤ 加固验算结果认为，可按上述方法进行抗震加固。

10.2 砖混结构的检测与加固

10.2.1 某多层砖混房屋裂缝原因分析及结构加固

(1) 工程概况　长沙市某单位一栋6层砖混宿舍，长44.6m，宽9m，高18m，建筑面积为2408.4m^2，建成于1982年。该房屋墙体多处斜裂缝，墙体裂缝集中分布在东西两端单元纵墙上，尤以西端最为严重。屋面天沟、雨篷出现横向断裂裂缝，雨水渗漏，以东西两端最为严重。屋顶东西两端纵墙上出现多处斜裂缝。内墙从顶层至二层出现斜裂缝且裂缝逐年增多，裂缝宽度不断扩大，最大裂缝宽度5mm。局部墙体有被压碎的迹象，很明显该房屋已处于承载能力极限状态，应及时处理。宿舍平面图如图10-26所示。

(2) 开裂原因分析　经房屋的基础沉降、墙体倾斜、裂缝分布及宽度、墙体强度、结构损失检测，房屋的地基基础未产生过大的不均匀沉降，房屋墙体也未产生过大的倾斜。该房屋由于是空间受力，当部分住户拆除墙体和在承重墙上开洞时，导致纵横墙内力重分布，纵墙自重改由横墙承担，承重横墙压应力增高，变形加大，墙体产生沉降和斜裂缝。经计算，西单元③轴线局部墙体计算应力已达极限状态，有破坏的可能。由于混凝土屋（楼）盖和砖砌体组成的砖混房屋是个空间结构，当自然界温度发生变化时，房尾各部分都会发生各自不同的变形。结果由于彼此间制约作用而产生内应力，而混凝土和砖砌结构又都是抗拉强度弱的材料，当构件中因制约作用所产生的拉应力超过其极限抗拉强度时，不同形式的裂缝就会出现。温度裂缝多分布在房顶层墙面的两端，且多数发生在门窗洞口上下，呈八字形。当气温升高后，屋顶板沿长度的伸长比墙体大，使顶层砖砌体受拉、受剪，拉应力和剪应力的分布是沿纵墙中间为0，两端最大，因此八字形缝多发生在顶层墙体两端附近。屋顶处天沟和雨篷有断裂现象，主要是由于温度收缩和墙体变形所致。房屋顶屋两端的纵墙斜裂缝产生的原因是由于屋顶现浇天沟及圈梁在温度变化影响下的伸缩变形导致墙体斜裂缝产生。楼板产生高差错动，是墙体产生不均匀沉降或压缩所致，而不均匀沉降或压缩又与墙体内力的重分布和应力集中有关。内承重墙过大的压缩变形导致与之相邻的纵墙产生沉降斜裂缝。

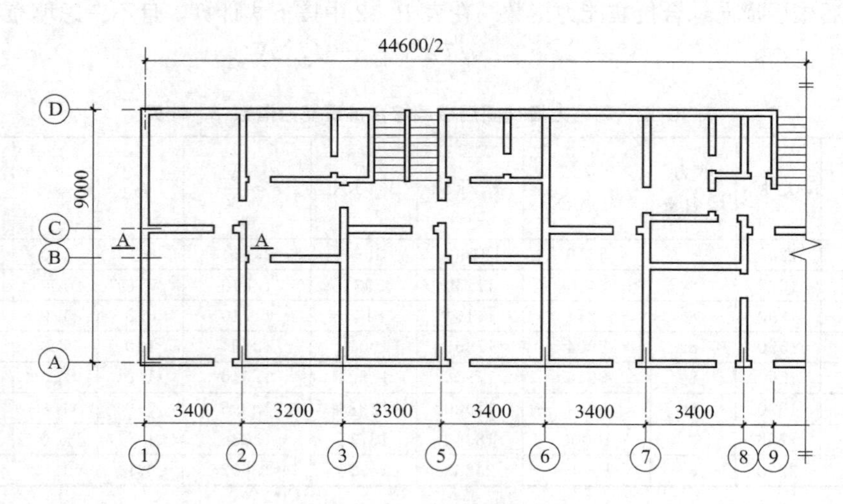

图 10-26 宿舍平面图

（3）加固方案设计

① 加固方案的确定　受限于住房不能搬迁，为了降低造价，缩短工期，经过多方案比较，深入探讨和分析，决定对于局部墙体通过恢复原结构来实现对楼房的加固，屋面天沟、雨篷及墙体采用钢筋网加固方法。

② 计算方法　根据《砌体结构设计规范》（GB 50003—2011）及《钢结构设计规范》（GB 50017—2017）进行加固设计。

③难点问题的处理　对于基础至二层②轴线处Ⓑ-Ⓒ轴局部墙体的加固，二层Ⓑ轴线上②-③轴线间墙体被住户拆除是造成墙体开裂的主要原因。经截面平均应力、局部受压、截面承载能力验算，轴线Ⓑ-Ⓒ轴处承载能力不满足现行设计规范对承载力极限状态的要求，加固时应严格控制。

对于二层Ⓑ轴线上②-③轴间墙体的加固，加固设计的基本思想是通过恢复原结构来实现对楼房的加固，根据结构的破坏状况，经过计算，决定采用热轧工字钢25b，做两根钢立柱，每根立柱上设300mm×200mm、厚度为12mm的钢板一块，钢板与工字钢间设12mm厚加劲肋。将工字钢与加劲肋、钢板焊牢，焊缝厚度为6mm，立柱下端设350mm×248mm、厚度为20mm的钢板一块，工字钢与钢板之间设靴梁，将立柱与靴梁钢板焊牢，焊缝厚度为6mm。二层②轴线开门位置用一定比例的膨胀剂配制成膨胀混凝土分几次浇灌而成。

（4）施工方法及施工顺序

① 使用材料　国产UEA型膨胀剂，SPD-1型减水剂，热轧工字钢25b，钢板采用3号钢板，钢筋Ⅰ级，钢材各项性能指标满足规范要求。加固混凝土采用C20混凝土。

② 加固处理的施工顺序　该工程的加固施工顺序为：Ⓑ轴线②-③轴墙体加固→②轴线Ⓑ-Ⓒ轴墙体加固→房屋顶层两端纵墙裂缝的处理→屋面天沟、雨篷裂缝处理→其他问题处理。

③ 施工工艺及步骤　施工技术要求应满足《混凝土结构工程施工质量验收规范》（GB

50204—2015）的规定。Ⓑ轴线③-③轴线间墙体加固施工工艺及步骤如下：在钢立柱下垫一块尺寸同下端的钢板，并且将钢锲子楔入垫板与柱下板之间，将柱与上层墙顶紧，将二层②层线上开门位置用膨胀砖分次浇灌，第一次支模到门枢顶 30cm 处浇混凝土，第二次支模将门枢封住，在门框上部开一个小槽。浇混凝土，此时硅中加减水剂，用混凝土灌满，捣实。在Ⓑ轴线1-③-③轴线间支模（留出门位置），分两次浇灌砖。第一次支模到梁底 30cm 处浇混凝土，第二次支模到梁底，在梁下开一个小槽。此时也应加入减水剂，强度达 70%时拆模。

10.2.2 某二层砖混建筑结构加固

（1）工程概况　某地上二层砖混结构建筑，于 2008 年末交工使用，基础形式为片石砌筑条形基础，地基未换填处理，屋盖为钢筋混凝土现浇板，建筑总高为 7.4m；基础垫层素混凝土强度等级为 C10，条形基础采用片石，梁、板混凝土强度为 C25，局部纵横墙交接处内置构造柱、过梁为 C20。该建筑物于 2014 年 4 月 6 日晚 18 时左右突然被发现房屋墙体出现异常响动，随后房屋西侧墙墙体出现裂缝，走廊铝合金窗变形，玻璃破碎，走廊地面下陷，一层西侧房间地面鼓起。某地上建筑经现场检查发现，建筑物周围无散水等防水措施，地下管道（建筑物周边设有直埋暖气及上水管道）有漏水现象。经观测，建筑物西侧下沉（沉降量 196mm），上部多处承重墙体斜向贯通开裂，目前最大裂缝宽度在 8～10mm 之间。多数墙体存在变形以及由于沉降产生的受力裂缝。窗门洞间墙横向贯通开裂如图 10-27 所示。墙体两侧横向、斜向两处开裂如图 10-28 所示。

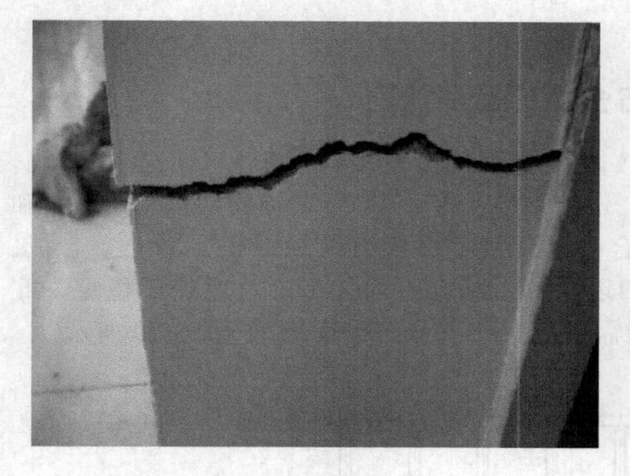

图 10-27　窗门洞间墙横向贯通开裂

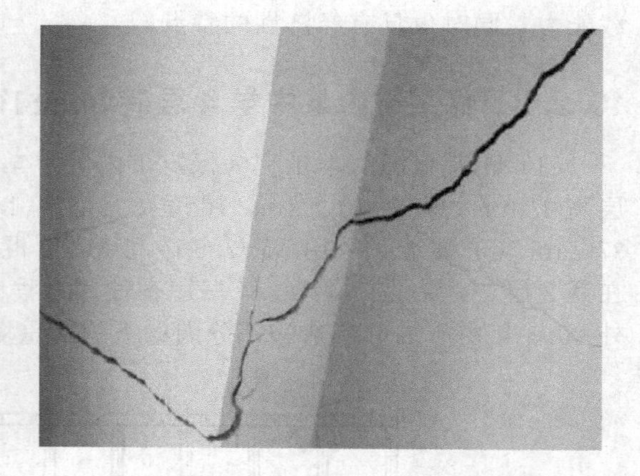

图 10-28　墙体两侧横向、斜向两处开裂

侧移倾角限值，即对多层砌体结构，其结构顶点侧向位移大于 40mm。该结构顶点侧移最大矢量 41.1mm，超过了结构顶点位移 40mm 的要求。

（2）原因分析　在使用过程中存在地表水长期渗入现象，并且地下管道（建筑物周边设有直埋暖气及上水管道）有漏水现象，且当地为自重湿陷性黄土。由于地基土遭水浸泡，导致地基土整体结构破坏，地基承载能力下降，从而引起地基基础的不均匀沉降。由于地基基础的不均匀沉降（沉降量 196mm），引起上部多处承重墙体斜向贯通开裂；建筑物各层楼板形式为钢筋混凝土现浇板结构，未设置圈梁，局部设置构造柱，整体性较差；多数墙体由于地基基础不均匀沉降引起的开裂或倾斜，结构整体性遭到破坏；而且地基基础的不均匀沉降导致了多数墙体开裂，且裂缝宽度较大，严重破坏了墙体的承载功能，已不适于继续承载。同时，结构构件的构造和整体性也遭到损坏。

（3）加固方法　针对该建筑物目前的情况，本书提出针对地基与上部结构的加固方法。

① 地基加固　由于地基为湿陷性黄土地基，故采用树根桩法进行加固，具体加固顺序为：先从基础上方向下打孔，直径10cm，孔深6m，然后注入水泥砂浆，水泥砂浆由于压力到达土体软弱位置，形成直径约为500mm的马牙槎，与土体紧紧咬合，形成较大的摩擦阻力，树根桩间隔为1.2m。树根桩的优点在于：由于其施工的管道口径很小，需要的工作面较小，能够方便地使用小型钻机进行施工，而且施工的噪声和振动都较小；压力灌浆也可以，桩的外表面比较粗糙，增加桩体与土体之间的黏结力，使桩与地基成为一体。同时该方法也具有造价低、经济适用等特点，降低了房屋地基的加固成本。

② 主体加固　考虑到墙体承载力的恢复并尽量不影响其使用功能，故采用嵌缝粘钢法进行墙体的加固，现将墙体两侧砖缝当中的砂浆清除，然后注入结构胶，放入钢片紧紧黏结，然后做好表面抹灰。这种方法可以使两侧墙体紧密连接，补充墙体由于裂缝而削弱的连接力与承载力，使墙体恢复使用功能，嵌缝粘钢法钢片的嵌入间隔为4皮砖。嵌缝粘钢法不需要加大墙体的面积，比起钢丝网片混凝土板墙的加固方法，该方法具有简便易行、能够有效增强墙体的抗剪能力、不占用房屋原有的使用面积等优点。

③ 防水措施　由于该建筑地基未经处理，仍然为湿陷性黄土，因此如果加固后地基浸水，则可能会由于土体结构重新排列造成湿陷，使树根桩失去承载力，造成建筑进一步沉降，因此在建筑物四周施工灰土桩作为止水帷幕，桩长6m，施工时相邻灰土桩相互咬合，形成帷幕，能够有效防止外来水源浸泡地基。该方法也能够使湿陷性黄土挤密，具有提高地基承载能力的作用，因此配合树根桩，第一能够防止地下水的浸入，第二能够提高地基的承载能力，同时也具有经济性的特点。

10.2.3　保定市内某中学4层砖混结构宿舍楼的检测加固

（1）工程概况　本工程为保定市内某中学4层砖混结构宿舍楼，建于20世纪80年代，层高3.3m，总高度13.2m，屋顶女儿墙高1.0m，无地下室。内、外墙分别为240mm和370mm实心砖墙，采用MU7.5砖和M2.5混合砂浆砌筑，楼板为预制钢筋混凝土空心板。在其2层、4层设有圈梁。该房屋在使用过程中逐渐发生基础不均匀沉降，后趋于稳定，此外2003年由于内部改造，部分圈梁下的承重墙需拆除。砖混楼房平面图如图10-29所示。

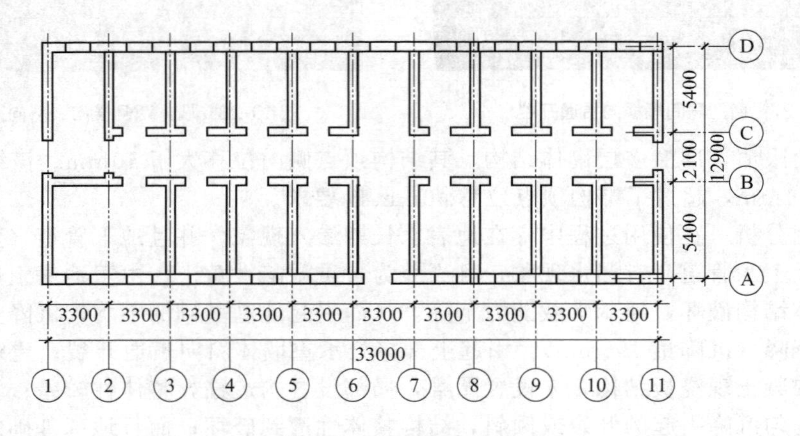

图10-29　砖混楼房平面图

（2）工程抗震鉴定结论　按照《建筑抗震鉴定标准》（GB 50023—2009）要求，对该房屋进行了两级鉴定。结论如下：该结构为刚性体系，其整体性及易损部位经判别能够满足《建筑抗震鉴定标准》（GB 50023—2009）中的要求，通过对墙体的砂浆及砖的抽样检测，结果表明其实际强度能达到原设计规定的强度要求。通过对各楼层纵横墙综合抗震能力指数的计算，各楼层纵横向综合抗震能力均能满足要求。但由于4层⑨轴线处Ⓐ～Ⓑ间的承重墙被拆除，圈梁作承重梁使用，因此需对圈梁进行加固。

10.2.4 砖混结构加固加层实例分析

(1) 工程概况 实验楼加固加层改造工程是三层内廊式混合结构（中间门厅部分为四层），建于1963年，楼长88.8m，宽14.24～17.84m，层高3.80m，内廊宽2.4m，开间多为3.6m。原设计由江苏省建设厅勘察设计院设计。基础采用墙下毛石混凝土条形基础，基础以坚硬黏土作为持力层。上部采用240mm厚（局部370mm厚）砖墙，砖设计标号为100号，砂浆为50号，基础毛石为100号。原有结构未设置构造柱，但沿墙每开间均设附壁配筋砖柱，局部大空间采用预制混凝土梁承重。楼板采用预制多孔楼板屋盖，内廊为预制混凝土小平板楼盖，卫生间、楼梯间为现浇混凝土结构，仅在外墙设置预制圈梁。原建筑面积$4026m^2$，现要求加高为五层，局部六层，总面积$6700m^2$。

(2) 基础验算及加固 经鉴定原基础沉降变形稳定，改造工程在加层情况下，按改造后建模复核计算，局部不满足，应扩大基础断面以满足新增荷载要求，新老基础通过钢筋拉结，以保证新旧基础协同工作（图10-30）。基础加固施工应注意以下几个方面。

① 加固工作不应破坏原有结构，一般情况下宜少扰动原有地基基础，同时不应扰动土的原状结构，如经扰动，应挖除扰动部分，用毛石回填。

② 基础挖槽后应由设计、施工和建设单位等共同验槽，发现问题及时处理。

③ 开挖基槽时应注意对原建筑物的影响，对其主要承重结构应进行临时支承，必要时应当采取卸载措施。

④ 基础加固时应对与原混凝土构件的连接部位进行凿毛，除去浮渣、尘土，冲洗干净，涂刷水灰比为0.4～0.45的水泥浆一道。

⑤ 与旧墙体连接部位应清除干净，用水冲刷。新老基础通过植筋进行拉结，植筋时应保证将植筋孔清理干净，砌体植筋与混凝土植筋由于材质及强度不同，应做好对植筋质量的控制及植筋胶的选择（可选择用环氧胶泥锚固），以保证新旧基础协同工作。

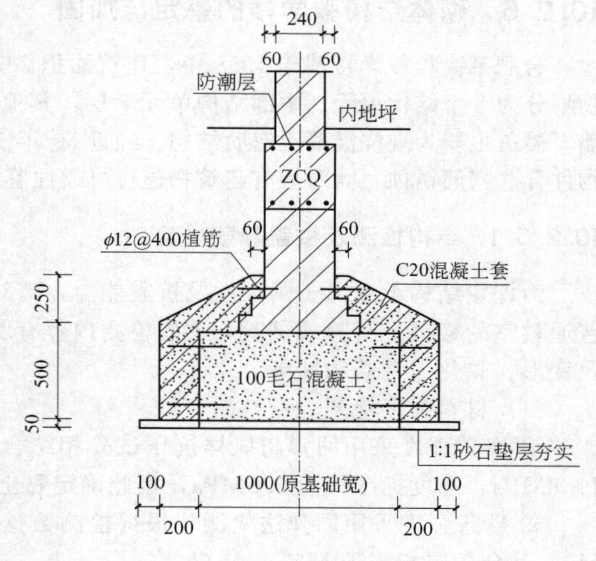

图10-30 基础加固图

⑥ 施工时应重视施工监测，以保证施工质量和施工安全。

(3) 墙体强度验算、抗震验算及加固措施 经验算，除三层墙体受压承载力满足要求外，一层、二层受压承载力及所有层抗震验算均不满足要求，必须进行加固。对抗震及抗压不能满足加层设计要求的墙体，目前可采用的加固方法主要有钢筋网水泥浆法加固、钢筋混凝土板墙加固、增设圈梁、构造柱、钢拉杆等。根据本工程原有结构未设置构造柱，但沿墙每开间均设附壁配筋砖柱的特点，选择将原有的壁柱采用钢筋混凝土围套加固法加固，同时在内纵墙与横墙交界部位间隔增设构造柱，纵墙与山墙交界处增设构造柱，内墙在增设构造柱相应部位设钢拉杆，与原结构外墙预制圈梁形成整体。构造柱处增加现浇混凝土局部扩展基础，并确保与砖墙有可靠连接，以保证新旧基础协同工作。原有三层屋面全部掀除，墙体部位设置现浇圈梁。屋面及楼面均为现浇梁板结构，与原有构造柱及壁柱部分连为一体，以满足建筑物的整体性及抗震性的要求。墙体采用单面钢筋网砂浆面层加固法及双面砂浆面层加固法加固墙体。

采用钢筋混凝土围套加固法加固壁柱及增加构造柱施工时应注意的事项及体会。

① 对于无筋砖壁柱，竖向钢筋应通长设置，下端伸至基础顶面，中间穿过各楼层，上端伸至加固层上层楼板表面，箍筋分为开口、闭合两种，箍筋应穿过主梁。当梁高小于400mm 时，可于梁上下表面用较大直径的加强箍等代替。

② 对于穿板部分，楼板钻孔不得截断板钢筋。

③ 将墙与混凝土结合面上的粉刷层铲除干净，并凿开灰缝，凿开深度凹入墙面 5mm，最后用压力水冲洗干净，并冲水湿透。

④ 针对施工单位提出的闭合箍筋绑扎起来较为困难的问题，采用两根 U 形箍错开焊接或绑扎的方法代替原有图集做法，既保证了施工效果，又解决了施工困难。对于闭合箍筋墙钻孔部分，现有相关规范及图集对钻孔大小一般均未做要求，施工单位一般选择钻孔直径稍大于钢筋直径。但由于构造要求，箍筋端口应有弯头，施工起来较为困难。

10.2.5 砌体结构教学楼的鉴定与加固

合肥某高校教学楼建于 1958 年，建筑面积 23700m²，总长度约 220m，2 道变形缝将建筑物划分为 3 个结构单元，中部结构单元 7 层，其他结构单元 4～6 层。竖向为实心黏土砖承重墙，楼盖主要为现浇混凝土密肋结构。经近 50 年使用，该建筑屋面渗漏严重，雨篷等混凝土构件普遍露筋锈蚀，需对现有建筑物进行可靠性鉴定和抗震鉴定，并据此进行结构加固。

10.2.5.1 结构检测及楼盖静载试验

为评定结构承载力、耐久性及抗震能力，需对结构的材质、损伤进行检测，并选择一个普通教室的楼盖进行静载试验，主要检测内容有墙体砖强度、砂浆强度、混凝土强度、开裂及变形、碳化、钢筋锈蚀等。

（1）材料强度检测

① 墙砖强度采用回弹与取样抗压试验相结合的方法确定，测得墙砖抗压强度平均值为 10.8MPa，强度标准值为 5.5MPa，据此确定黏土砖强度等级 MU7.5。

② 砂浆强度采用回弹法检测，根据检测数据，偏于安全地取底层砂浆强度等级相当于 M6，其余各层相当于 M3。

③ 混凝土强度检测采用钻芯与超声波回弹综合法，综合推定强度为 14.7MPa。在对混凝土结构构件进行验算时，取混凝土强度等级相当于 C15。

（2）损伤及变形检测　本工程内墙粉刷层完好，外墙为清水墙。调查表明，除局部外墙如雨篷及落水管处风化深度达 5～6mm 外，总体墙面风化深度小于 4mm，属轻度风化。墙体基本无裂缝，仅在端部顶层存在八字形温度裂缝，宽度小于 1mm，这也反映地基基础满足承载力要求，无不均匀沉降。混凝土实测碳化深度达 30mm 以上，超过保护层厚度，混凝土构件无顺筋裂缝，经凿开检查，钢筋基本未锈蚀。

（3）楼盖静载试验　密肋楼盖剖面图如图 10-31 所示。由于此种形式现已很少采用，为了检验现有密肋楼盖在竖向静载作用下的可靠性，并为楼地面可能铺设面砖而进一步增加荷载的可行性提供依据，选择一个普通教室楼盖进行静载试验。

① 试验荷载　经对肋间填料密度的调查计算，确定楼盖的恒载标准值 $G_k=3.2\text{kN/m}^2$，活载标准值 $Q_k=2.0\text{kN/m}^2$。对楼盖结构正常使用性的检验，取检验荷载为 $G_k+Q_k=5.2\text{kN/m}^2$。对楼盖结构承载能力的检验，考虑该楼盖为正常设计施工，最终破坏形式应为适筋梁弯曲破坏，取承载能力检验系数 $[\gamma_u]=1.20$，则承载力检验荷载 $(1.2G_k+1.4Q_k)[\gamma_u]=7.97\text{kN/m}^2$。采用黏土砖分垛分级、均布加载，扣除楼盖自重后最大加载为 4.9kN/m^2。

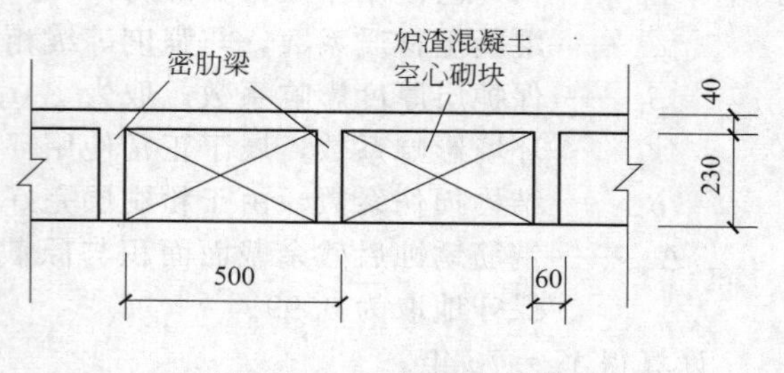

图 10-31　密肋楼盖剖面图

② 荷载挠度曲线　楼盖试验荷载与跨中最大挠度曲线表明，楼盖在整个试验荷载作用下均处于线弹性状态。在正常使用极限状态下实测挠度 0.82mm，推算自重挠度为 1.26mm；考虑荷载长期作用影响，楼盖的最大总挠度约为 $(0.82+1.26)\times1.8=3.74\text{mm}$，远小于 1/200 的允许限值。

③ 裂缝宽度　整个试验过程直到最大加载，密肋梁最大裂缝宽度小于 0.1mm，裂缝形式符合正常弯曲受力开裂特征。

④ 主筋应力　实测试验荷载下的跨中主筋应变增量，推算主筋自重应变，从而测得主筋的最大工作应力。跨中主筋在最大试验荷载作用下的实测应力为 90.6MPa，仅占屈服应力的 37%，可见主筋处于低应力状态。

静载试验表明，楼盖满足安全性和使用性要求，并具有较大承载潜力。

10.2.5.2　墙体承载力验算

根据实测墙厚，进行承重墙体的承载力验算。本书列出各层每种墙厚的抗力与荷载效应之比的最大值和最小值。表 10-13 中上排数据为在该墙厚时抗力与荷载效应之比的最小值，下排为最大值。

表 10-13　抗力与荷载效应之比

墙厚/mm	抗力与荷载效应之比						
	1层	2层	3层	4层	5层	6层	7层
240			0.93 3.12	0.83 3.38	0.75 5.51	1.12 11.18	0.93 8.14
360	0.74 3.43	0.79 3.43	0.73 3.48	0.61 12.39			
500	0.83 3.43	0.78 3.67					

10.2.5.3　耐久性评价

该建筑物已接近设计使用基准期，对其剩余耐久年限的评估是处置决策的重要依据。剩余耐久年限由砖砌墙体和混凝土楼盖中的较低者控制。以下分别对混凝土楼盖和墙体进行耐久年限的估算。

混凝土楼盖的剩余耐久年限按下式推算：

$$Y_r=Y_0\left(\frac{0.1}{1.05-A_{sr}/A_{so}}\right)\alpha_c\beta_c\gamma_c\delta_c$$

式中　Y_0——构件已使用年限，实际为45年；

α_c——混凝土材质系数，与强度等级相关，取为0.85；

β_c——保护层厚度影响系数，取为1.0；

γ_c——环境影响系数，属于正常使用环境，取为1.1；

δ_c——结构损伤系数，由于粉刷层完好，取为1.0；

A_{sr}/A_{so}——钢筋锈蚀后残余截面面积与原截面面积之比，根据构件中无顺筋裂缝，偏于保守地取为0.99。

计算得 $Y_r=70$ 年。

砌体结构剩余耐久年限的评估，主要以砌体结构的风化、剥落、砂浆粉化等原因导致砌体截面削弱的速度为推算依据。以墙体截面削弱到1/4作为砌体构件耐久极限，按下式推算：

$$Y_r=\left(\frac{\alpha_m t_{mo}}{t_{mo}-t_{mr}}-1\right)Y_0$$

式中　t_{mo}——墙体原厚度，为使相对损伤率最大，取最小墙厚240mm；

t_{mr}——墙体扣除风化层的残余墙厚，取风化深度4mm；

α_m——砌体结构耐久极限系数，取为0.25。

计算得 $Y_r=70$ 年。

从上述计算可见，该建筑物耐久性由混凝土楼盖控制，其剩余耐久年限约为70年，因此具有加固价值。

10.2.5.4　可靠性鉴定评级

依据对结构变形和裂缝等的实测、构造措施的评价及承载力的验算，对该楼按构件、子单元和鉴定单元各分三个层次分别进行安全性和使用性鉴定，最后按照安全性和使用性等级的关系，依据鉴定标准评定可靠性等级见表10-14。可靠性鉴定评级时不考虑抗震因素。

表10-14　教学楼各层次可靠性评级

部位		安全性等级	使用性等级	可靠性等级
构件	混凝土构件	a_u、b_u	a_s	a、b
	墙体	a_u、b_u、c_u、d_u	a_s	a、b、c、d
子单元	地基基础	A_u	A_s	A
	上部承重结构	C_u	A_s	C
	围护系统	A_u	C_s	C
结构单元	中部单元	C_{su}	C_{su}	Ⅲ
	东西单元	C_{su}	C_{su}	Ⅲ

注：墙体承载力评级，根据墙体受压抗力与荷载效应之比。比值≥1.0者为 a_u 级，≥0.95者为 b_u 级，≥0.90者为 c_u 级，<0.90者为 d_u 级。

10.2.5.5　抗震鉴定

依据前述检测结果，经过查阅图纸，对该楼进行抗震鉴定。

(1) 三个结构单元的构造尺寸基本符合第一级鉴定的各项要求，综合评价满足抗震鉴定要求，不再进行第二级鉴定。

(2) 建筑场地属Ⅱ类场地，为抗震有利地段。该建筑已建成45年，没有发现不均匀沉降，底层墙面未见沉降裂缝，说明该场地土质良好，地震时不会因为地基破坏而加重上部结构的破坏，可不进行地基基础抗震鉴定。

(3) 易引起局部倒塌的部件抗震鉴定。女儿墙高度为1m，虽稍超过0.9m的规定，但其沿周边全封闭，设有混凝土压顶，且房屋为刚性结构，可认为满足抗震鉴定要求；建议拆除突出屋面的烟囱；该楼北立面入口为独立承重砖柱的门廊，4 根砖柱截面尺寸均为 1200mm×1200mm，在两个方向均有连系梁拉结，砌筑砂浆强度等级为 M6，高度达 7.6m。考虑到入口为主要疏散通道，建议对砖柱进行抗震加固。

10.2.5.6 加固

（1）因本工程墙体中未见受力裂缝，采用钢筋网喷射细石混凝土进行单面加固。其中，钢筋网砂浆层增加了墙体的整体性和抗震强度，部分起到圈梁构造柱的作用。计算组合砖砌体的承载力时，对新加墙面须引入强度折减系数 α。经计算采用拓扑双向网格@250，$\delta=50$mm，水泥砂浆用 M10。每隔 1m 采用 $\phi6$ 钢筋拉结。砖墙加固如图 10-32 所示。

（2）根据抗震鉴定，采用外包钢加固法加固独立砖柱，可以在基本不增加砌体尺寸的情况下，较多地提高承载力，大幅度增加抗侧力和延性，从本质上改变砌体脆性破坏的特征。外包角钢采用 L50×5mm，缀板用－60mm×12mm。砖柱加固如图 10-33 所示。

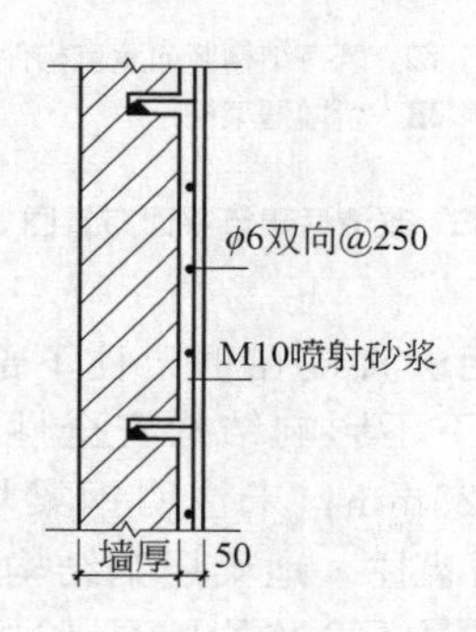

图 10-32 砖墙加固

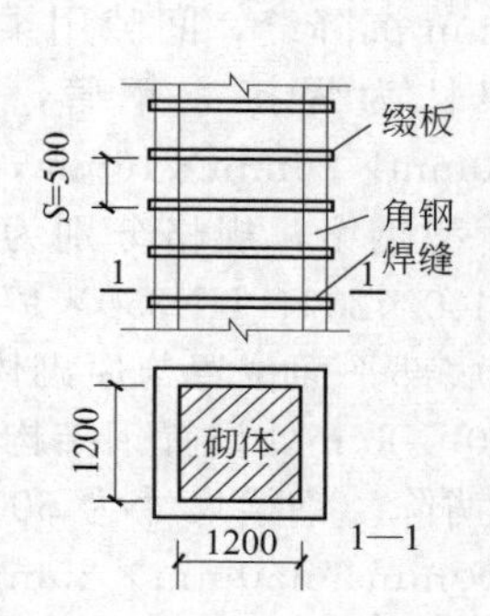

图 10-33 砖柱加固

10.3 钢结构的检测与加固

10.3.1 某影剧院大空间隔层改造设计及施工

（1）工程概况　绍兴东浦某影剧院，设计于 20 世纪 80 年代初，是砖混结构体系房屋，楼面为装配式预制板，屋面为大跨度钢屋架。该建筑北侧①-④轴区域，Ⓒ-Ⓔ轴地垄墙基础砌至标高 1.100m 处搭设舞台。舞台四周墙体采用钢筋混凝土条基，Ⓑ-Ⓕ轴框架柱下采用独立基础及基础连系梁，既有建筑基础平面布置图如图 10-34 所示（阴影区域）。地基基础设计承载力为 80kN/m²，旧建筑使用年限较长，地基土压缩沉降已稳定，地基土匀一，承重墙体未出现不均匀沉降所致裂缝。

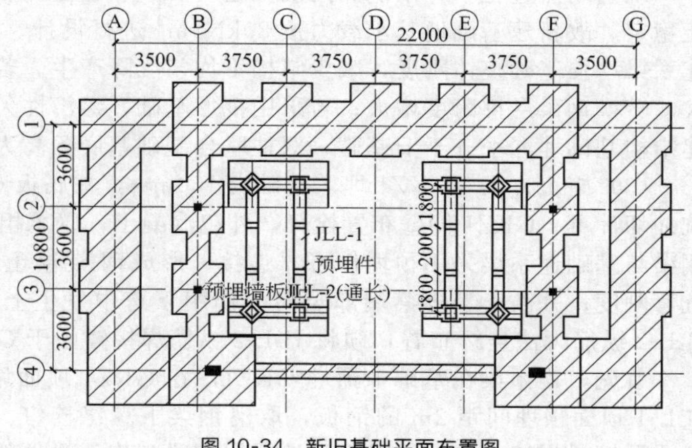

图 10-34 新旧基础平面布置图

现拟对大空间舞台隔层改造，

在标高±0.000m、5.100m、9.600m处新增楼面，作为贵宾接待室和会议室，房间中间不得布置框架柱。改造后工程将成为小镇规划展示馆。改造后建筑平面布置图如图10-35所示。

（2）设计方案　本工程若利用旧结构墙体作为竖向承重构件，则需要对旧结构进行检测加固，新增楼面竖向荷载引起的基底附加应力会扩散到旧建筑的地基上，产生新的局部附加沉降。检测加固工期长且成本高，鉴于本工程工期要求，综合考虑采用新、旧建筑结构相互分离的设计方案。

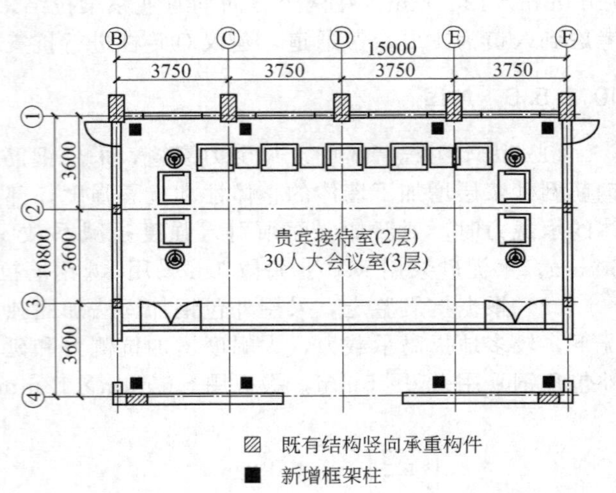

图10-35　改造后建筑平面布置图

新增楼层因建筑使用功能要求，框架柱须沿边缘布置，与旧结构墙体之间仅留有200mm的施工工作面，楼面与原砌体墙设置100mm沉降缝，间隙用柔性材料填塞。框架柱为焊接方钢管，尺寸为400mm×400mm×16mm×16mm，楼面钢梁为轧制H型钢梁，规格分别为HN500×200、HN400×200、HN350×175。

框架柱底部平面位置与原砌体承重墙条基位置重叠，无法直接在框架柱下部设置基础，故在标高－0.100m处设置钢结构钢管转换梁托柱，将舞台下不影响结构安全性的既有地垄墙砖砌基础凿除。钢梁尺寸为600mm×650mm×25mm×25mm；未注明钢梁均为GKL1，其尺寸为400mm×650mm×25mm×25mm，等宽于上部框架柱。地梁层钢结构梁柱刚接节点均采用梁贯通形式，以增强悬挑梁整体性，防止因焊缝质量不合格影响悬挑梁根部节点承载力。悬挑梁节点区域各500mm范围内（包括梁上起柱节点）矩形构件翼缘与腹板间或壁板间的连接焊缝均采用全熔透坡口焊缝，增强节点塑性区域整体性。

地梁层选用钢构件的优点如下。

① 钢构件可在工厂加工制作，加快工程进度，免去混凝土悬挑梁支模、养护、强度达到要求的怠工时间。

② 现浇地坪层与旧墙体基础顶面间高差为850mm，且需考虑新建结构地基沉降预留间隙，悬挑梁高度限制在650mm，而钢悬挑梁自重轻、延性好，相同高度下具有更高承载力。

现场勘探过程中，未观测到既有建筑沉降、墙体开裂等现象，表明地基土密实、力学性能稳定，故新建基础地基承载力按80kN/m^{2}进行设计。双柱联合基础减小基底应力，基础连系梁增强基础整体刚度，减少结构不均匀沉降产生。若采用独立基础，基础平面尺寸将增大，转换钢梁悬挑跨度增大；若采用筏形基础，经济性欠佳。为避免对旧基础产生扰动，新建结构基础埋深平齐于旧基础，双柱联合基础基底标高为－1.350m。

（3）施工方案　GKZ1埋入基础内150mm，柱底板600mm×600mm，满足局部承压与抗冲切计算；GKZ1侧壁布置栓钉，外包混凝土，以承担悬挑转换梁节点处弯矩。矩形转换钢梁与基础连系梁采用预埋件可靠连接，形成钢-混凝土组合梁整体受力变形，增强悬挑梁抗弯刚度；并防止悬挑梁端部竖向力作用下跨中发生上翘。GKZ1的存在导致基础连系梁JLL-2纵筋无法连续布置，须将JLL-2纵筋焊接锚固于GKZ1上，以承担基础负弯矩。

首先，连系梁在基础中预埋GKZ1，在GKZ1顶面增设端板；在②轴及③-②轴连系梁JLL-1顶面预埋间距2m的钢板，取消钢梁下翼缘栓钉。其次，将钢梁放置于连系梁上部，地梁层钢梁焊接成整体。最后，地梁层钢梁与连系梁顶部预埋板焊接成整体。

该方案优点如下。

① 现场混凝土浇筑与工厂钢箱型梁制作同时作业，提高基础与地梁层施工进度。

② 浇筑基础连系梁时，顶部无钢梁存在，混凝土浇筑方便。

缺点如下。

① 基础连系梁与钢结构梁之间整体性较差。

② 矩形钢梁须进行原位焊接，钢梁下翼缘对接焊缝无工作空间。

(4) 矩形钢梁防腐问题　矩形钢梁顶标高为－0.100m，构件位于室内地坪下方，属于Ⅱa 环境类别。为防止构件腐蚀，工厂常规防腐涂装后，现场采用湿拌法喷射混凝土在构件表面形成 30mm 厚保护层。矩形梁端部设置封口板，避免构件内壁被腐蚀。

10.3.2 某多层钢结构楼房检测鉴定及加固设计

(1) 工程概况　某大型商场内中庭加建的钢框架结构，建于 2011 年，总建筑面积约 12180m^2，地下 1 层，地上 6 层，各层层高为：负 1 层 4.20m，1 层 6.00m，2～4 层 4.80m，5 层 4.2m，6 层 4.3m，为上人屋面。结构平面形状为 L 形，1～6 层承重框架柱为箱形钢柱，负 1 层为型钢混凝土柱，主要为 H 型钢梁，楼板为楼承板，基础为桩基础。主体结构完工后，因业主对钢结构的施工质量或材料质量有怀疑，为彻底了解该钢结构的施工质量及安全可靠性、确保使用安全，对该楼房进行质量及安全检测鉴定，并根据检测结果及现行规范对该钢结构进行了加固设计与施工。

(2) 原钢结构质量安全检测鉴定　结合现场实际情况及相关现场检测技术标准制定了相应的质量检测方案，通过对结构外观、焊缝、连接质量、材料质量、结构安装偏差及变形等方面的检测，得出以下结论。

① 尺寸测量　各楼层层高及钢结构轴线尺寸、构件详细尺寸与原设计基本一致，符合原设计要求。

② 钢结构外观质量　钢材的表面未发现有明显的裂纹、锈蚀、麻点或划伤等质量缺陷，基本符合设计要求。焊缝外观质量较差。框架梁之间刚接节点翼缘的焊接不符合原设计翼缘为全熔透坡口焊接的设计要求；在 2 层及 5 层钢柱对接焊缝的表面上可清晰地发现表面气孔、表面夹渣、未焊满、咬边、接头不良等现象，外观质量不符合设计及规范的要求。

涂层表面未发现明显的漏涂，表面未发现明显的脱皮、泛锈、龟裂和起泡等缺陷，防火涂层的厚度不足，不满足设计及规范要求。

③ 焊缝质量　钢柱对接焊缝不符合设计要求及《钢结构工程施工质量验收规范》(GB 50205—2020) 的要求；焊缝内部缺陷超声波探伤评定等级为Ⅳ级，不符合《焊缝无损检测　超声检测　技术、检测等级和评定》(GB/T 11345—2013) 的Ⅰ级焊缝质量要求，不符合设计要求。

④ 结构连接质量　各层钢结构框架梁之间的连接基本未按原设计要求对翼缘进行焊接；框架梁与次梁之间刚性连接节点未按原设计要求安装及焊接，翼缘之间未焊接，加劲肋未抵至次梁下翼缘（图 10-36）；钢柱对接连接焊缝质量不合格，即钢结构主要结构构件的连接不符合设计要求。

⑤ 结构变形　钢结构各层框架钢梁、钢柱均出现较严重的因安装施工不当引起的变形及接口错位等现象，施工偏差明显超过规范允许值，大部分钢柱有明显的垂直度偏差，不符合原设计及规范要求。

(3) 加固设计　根据检测结论及分析结果，通过对加固方案的适用性、可靠性、可操作性、施工周期和经济性等多方面的综合考量，确定针对钢结构框架梁、柱及相关连接节点的最优加固方案。

由钢结构体系特点可知，不宜在结构构件服役受力状态下进行大量焊接处理，而且采用焊接加固方法仍无法纠正原结构的安装施工偏差等问题。考虑到商场空间较大，经综合分析采用外包钢筋混凝土法对钢框架梁、柱进行加固处理，在避免对原结构大量焊接的同时，混凝土层亦可兼作防火层，具有节省工期、坚实可靠等特点。

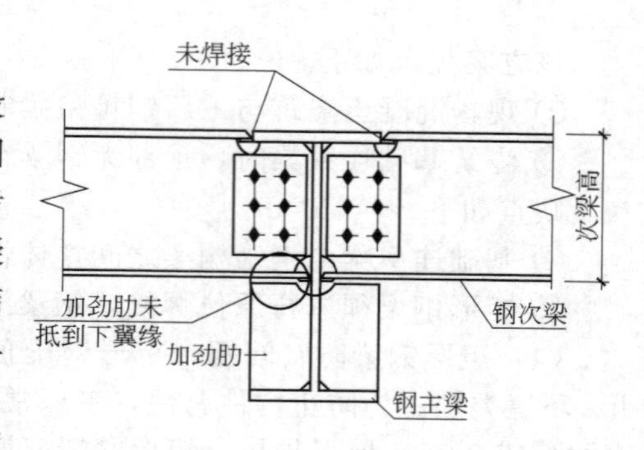

图 10-36 主次梁刚接连接节点

① 钢柱的加固设计　各层框架钢柱存在垂直度偏差及驳接位施工质量不合格等问题，加固处理后，可有效提高框架柱承载能力及刚度，同时通过外包混凝土层恢复框架柱垂直度。以轴⑬/Ⓓ柱为例详细介绍加固设计方法。建筑物耐火等级为一级，钢柱耐火极限为3h，根据相关防火规范，钢柱以混凝土作保护层其厚度不小于12cm。现取150mm作为外包混凝土层厚度，满足防火保护层厚度要求。其中2层、5层为钢柱驳接节点层，因检测结果不合格必须先进行局部加固处理，因此先在柱驳接位置采用四围加焊钢板的方法局部加固。计算加固柱结构时，原钢柱不考虑同时参与计算，即假设原钢柱失效，柱按混凝土箱形截面等效为惯性矩和面积都相等的工字形截面计算强度及配筋。

对框架钢梁加固时应充分利用原钢梁，构成完整的钢骨混凝土结构，但实际上钢梁对接点翼缘未做焊接连接，不能保证完整有效地传递弯矩、剪力等，需弥补此缺陷。经综合分析，采取在缺陷部位增加过渡筋及局部箍筋加密的方法解决该问题，避免焊接作业。按SATWE模拟计算结果配置型钢混凝土框梁及悬挑梁跨内主筋及箍筋，再浇筑混凝土，外包混凝土厚度梁底增加50mm、梁侧每侧增加80mm。对于上下翼缘过渡筋的配置，则不考虑型钢作用，按钢筋混凝土框架梁SATWE模拟计算结果进行配置，其锚固搭接长度按规范，保证该加固方案的经济可靠。

② 部分钢梁节点加固措施　主次梁刚性连接节点部位采用补焊方式进行加固处理。施工时应尽量减少该项焊接对整体结构安全的影响，调整好该项施工顺序。补焊时要求对原梁底做临时支顶，卸荷情况下施焊，上翼缘施焊需局部开凿楼板。

③ 基础加固设计　建筑原结构基础均为桩基础，因加固后结构整体自重荷载增大，经验算原有部分桩基承载能力明显不足，需要对部分基础采取补强措施。采用新增锚筋承台锚杆静压桩法对8个承载不足的桩基础进行补强，以有效增加原桩基础的承载能力。

新增承台采用化学植筋方式与原桩基础承台连接，植筋锚固长度应满足规范要求，新旧承台间须进行界面处理，承台配筋按实际验算结果确定。加桩采用219×8钢管桩，采用液压千斤顶施压压入，单桩设计承载力为400kN，以施压荷载为800kN时半小时内桩沉降量不大于2mm作为收桩条件。

(4) 结构静载试验及后期监测　为验证已完成钢结构加固梁的工作情况，以及检查加固结构在原设计正常使用荷载的标准值3.5kN/m^{2}作用下梁的工作情况，对加固梁进行了静载试验。根据现场检测结果，得出该长主梁跨中变形曲线及钢筋应变增量曲线，如图10-37、图10-38所示。

最大挠度为0.25mm，是跨度的1/42400，远小于规范规定的挠度限值要求；跨中最大应变为38$\mu\varepsilon$，即钢筋的应力为7.6MPa。可见加固后梁承载能力能满足正常使用荷载要求，安全性得到大幅度提高，说明该加固方案起到了较明显的效果。加固完成后对建筑做过全面的质量检查，未发现结构开裂等现象，未发现不均匀沉降引起的房屋损坏及其他异常情况，证明加固结构是安全可靠的。

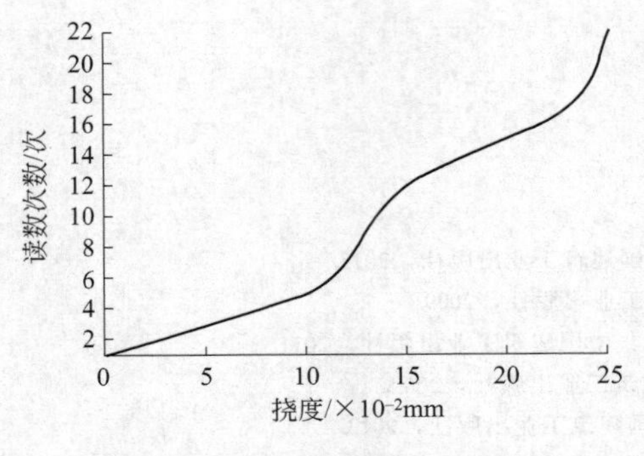

图 10-37 梁跨中加载变形曲线

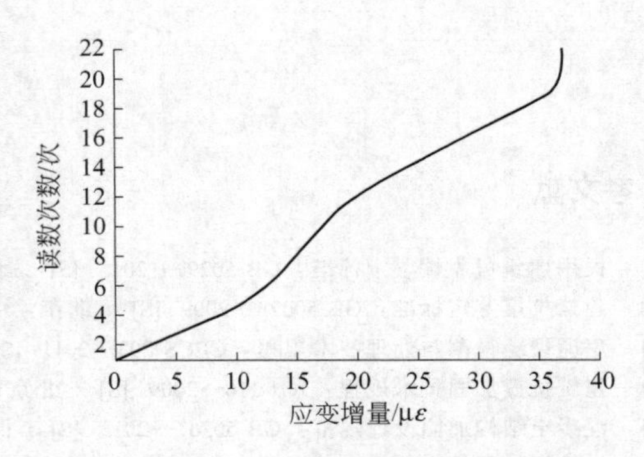

图 10-38 梁主筋应变增量曲线

10.3.3 门式刚架轻型房屋钢结构厂房的加固

(1) 工程背景 北京某乳品厂改扩建工程中采用轻钢结构厂房。厂房沿纵向中线分为两大部分：一部分有夹层，下部为生产车间，上部为办公用房；另一部分没有夹层，全部为生产车间。平面图如图 10-39 所示。厂房占地 50m×132m，由 15 榀 25m×2 跨门式刚架组成。每两榀刚架间距（柱距）从 6m 至 10m 不等，厂房檐高为 7.6m，屋顶标高为 9.1m。厂房其中的一跨带夹层，该工程不设吊车。柱与梁的截面均采用焊接工字钢。下层夹层柱出于装修方便的考虑采用箱形截面，钢材采用 Q235。

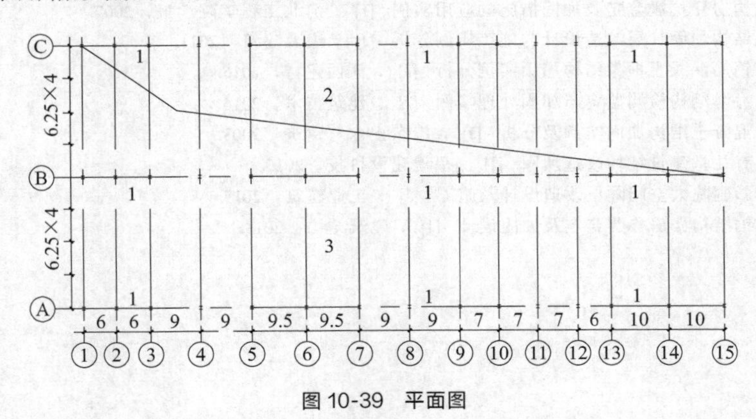

图 10-39 平面图

(2) 加固设计 本工程是由于使用荷载大于设计值，同时去掉了结构的某些受力构件，造成部分刚架实际应力超过钢材设计强度，同时也造成了较大的变形。对于由于增大了使用荷载所引起的应力过大，可以考虑采用“加大原结构构件截面”的方法加以解决。但由于此时厂房内设备已处于试生产状态，准备于同年 5 月 1 日正式生产，特别是在 10m 柱距刚架下面为变电室，变电器和变电设备处于工作状态，不许停电。这样上部结构加固不允许动火（包括焊接和火焰切孔），而且工作面（在吊顶以上的部分）只有 0.8m，所以最后采用粘钢加固技术。对工字钢进行增大截面加固，一般都是将钢板粘在工字钢的上下翼缘处，这样可最大限度地发挥加固钢板的强度。

(3) 加固施工

① 粘钢法施工过程 酸洗油漆→用砂纸打磨至出现金属表面→上胶→粘钢板。

② 恢复支承系统经过分析，内部墙体的开裂为取消支承所致，后与各方面协商恢复前面取消的 3 榀支承，但改为较为美观的圆钢管加球节点形式，然后再将开裂裂缝修复，使用证明，不再开裂。

参考文献

[1] 民用建筑可靠性鉴定标准：GB 50292—2015 [S]．北京：中国建筑工业出版社，2015.
[2] 建筑抗震鉴定标准：GB 50023—2009 [S]．北京：中国建筑工业出版社，2009.
[3] 房屋裂缝检测与处理技术规程：CECS 293—2011 [S]．北京：中国建筑工业出版社，2011.
[4] 建筑抗震加固技术规程：JGJ 116—2009 [S]．北京：中国建筑工业出版社，2009.
[5] 混凝土结构加固设计规范：GB 50367—2013 [S]，北京：中国建筑工业出版社，2013.
[6] 钢结构加固技术标准：GB 51367—2019 [S]．北京：中国建筑工业出版社，2020.
[7] 砌体结构加固设计规范：GB 50702—2011 [S]．北京：中国建筑工业出版社，2011.
[8] 既有建筑地基基础加固技术规范：JGJ 123—2000 [S]．北京：中国建筑工业出版社，2000.
[9] 建筑结构加固工程施工质量验收规范：GB 50550—2010 [S]．北京：中国建筑工业出版社，2010.
[10] 杨英武．结构试验检测与鉴定 [M]．杭州：浙江大学出版社，2013.
[11] 卜良桃．建筑结构检测鉴定与加固概论及工程实例 [M]．北京：中国环境科学出版社，2013.
[12] 胡忠君．建筑结构试验与检测加固 [M]．武汉：武汉理工大学出版社，2017.
[13] 李国胜．建筑结构裂缝及加层加固疑难问题的处理 [M]．北京：中国建筑工业出版社，2013.
[14] 谈忠坤．建筑结构检测鉴定与加固实例 [M]．北京：中国建筑工业出版社，2016.
[15] 杨丹妮．某多层砖混房屋裂缝原因分析及结构加固实例 [J]．中外建筑，2000.
[16] 姚立伟．某砖混建筑结构加固实例分析与研究 [J]．中华建筑，2015.
[17] 贺云．砖混结构房屋抗震鉴定及加固措施的应用实例 [J]．河北工程学院学报，2007.
[18] 徐振齐．砖混结构加固加层改造设计与施工实例分析 [J]．山西建筑，2011.
[19] 孙玉春．既有钢筋混凝土框架结构加固实例分析 [J]．江西建材，2016.
[20] 李莎．框架剪力墙结构检测鉴定与加固处理实例 [J]．建筑技术，2016.
[21] 张梅婷．钢筋混凝土结构加固实例及分析 [J]．广东土木与建筑，2003.
[22] 林朱清．某既有礼堂建筑结构改造加固 [J]．福建建设科技，2015.
[23] 俞燕飞．锡麟影剧院大空间隔层改造设计及施工 [J]．工业建筑，2017.
[24] 张德华．多层钢结构楼房检测鉴定及加固设计 [J]．建筑结构，2013.